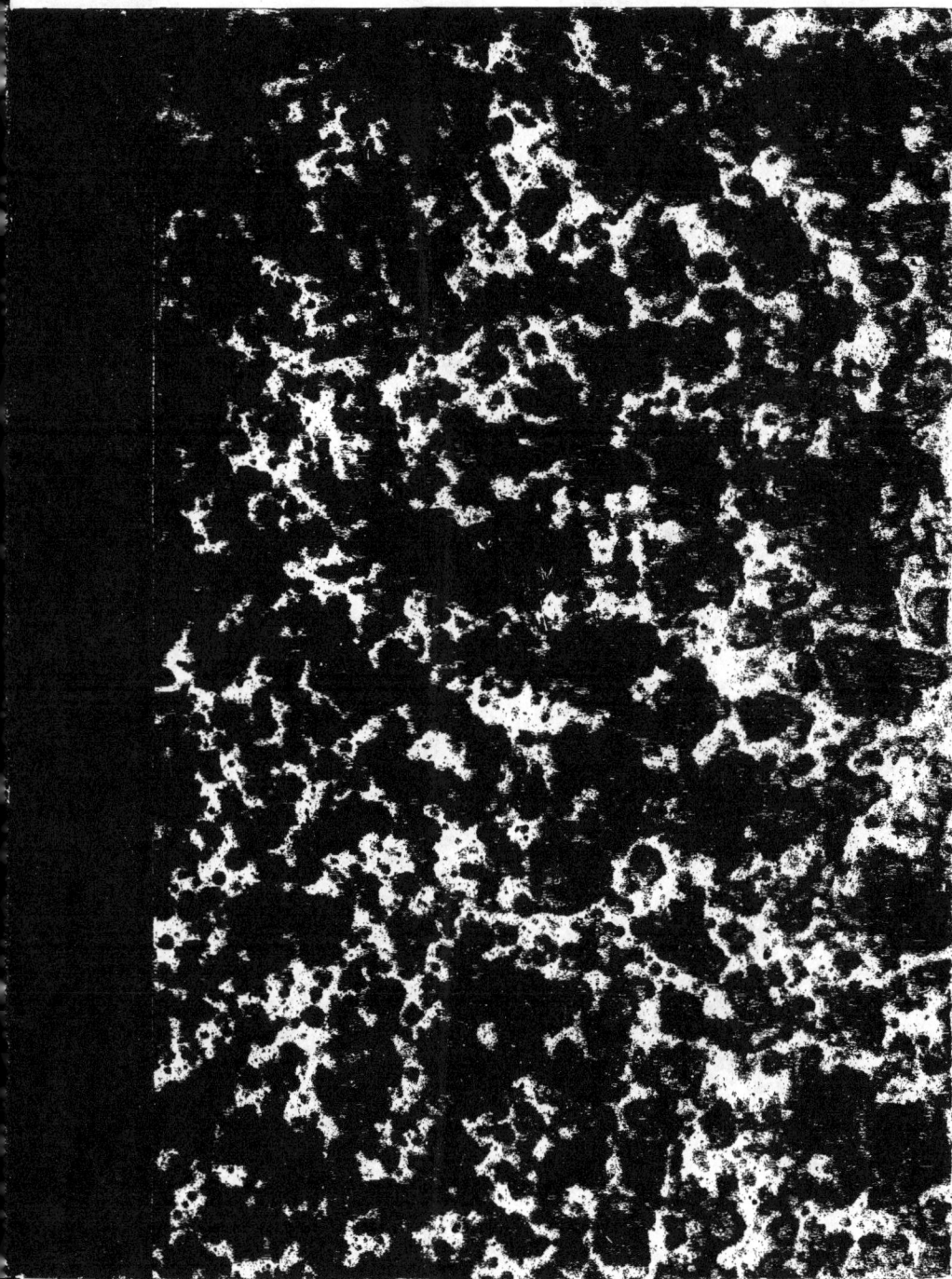

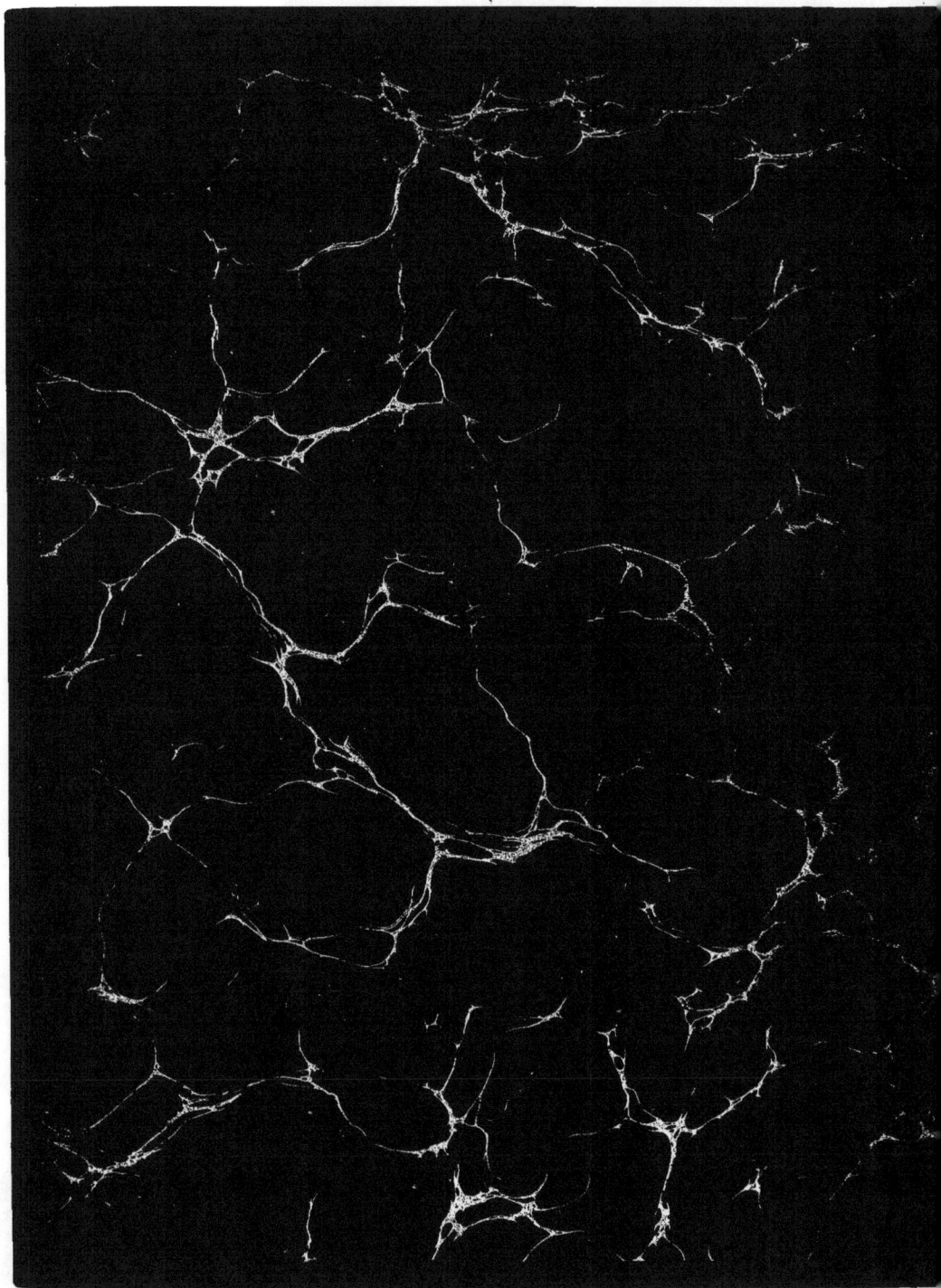

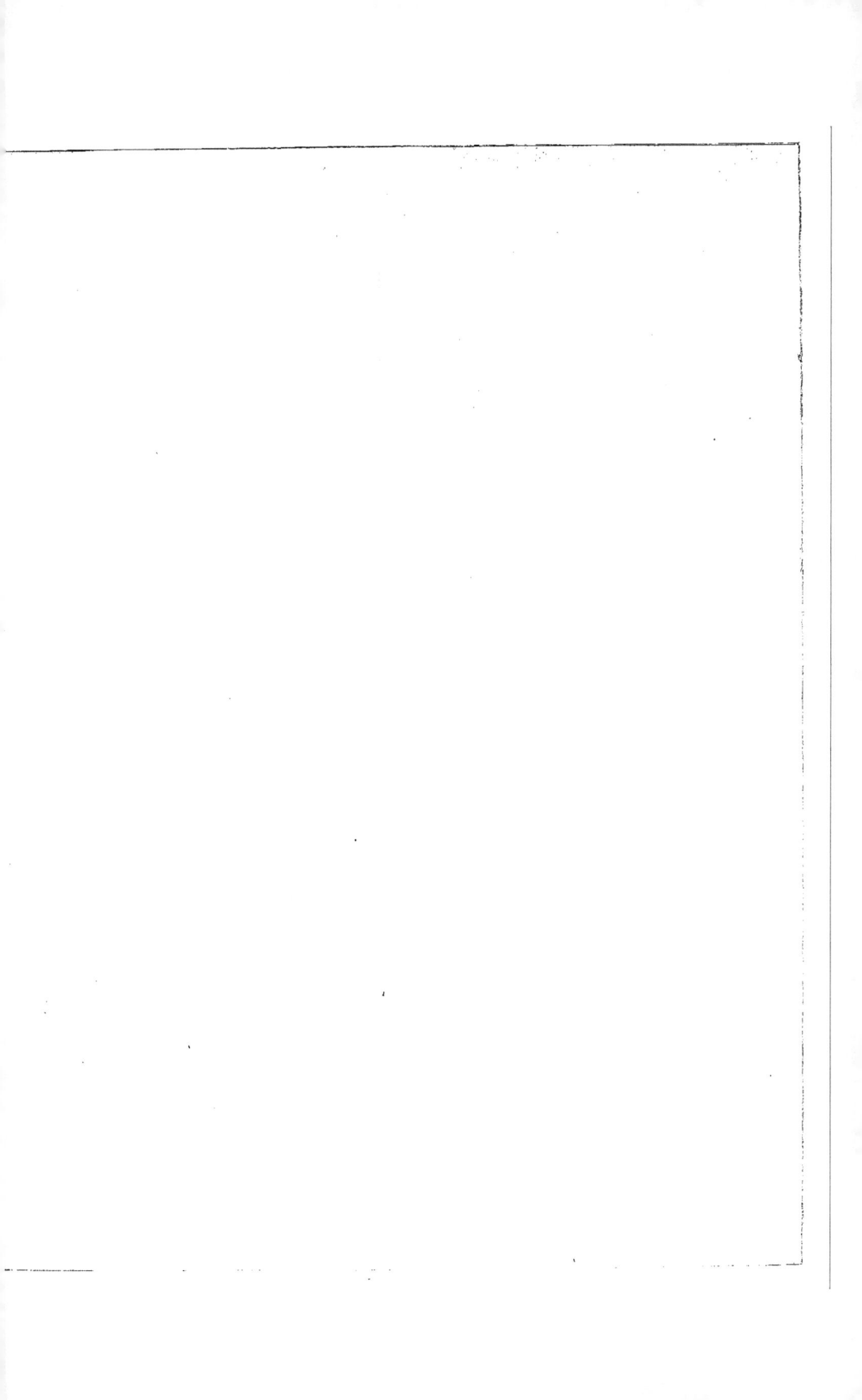

MENUISERIE DESCRIPTIVE.

NOUVEAU

VIGNOLE DES MENUISIERS.

PARIS. — IMPRIMÉ PAR E. THUNOT ET Cⁱᵉ, RUE RACINE, 26.

MENUISERIE DESCRIPTIVE.

NOUVEAU

VIGNOLE DES MENUISIERS,

OUVRAGE THÉORIQUE ET PRATIQUE,

UTILE AUX OUVRIERS, MAÎTRES ET ENTREPRENEURS:

composé

DES ÉLÉMENTS DE LA GÉOMÉTRIE DESCRIPTIVE,
DES RÈGLES DES CINQ ORDRES D'ARCHITECTURE, ET L'ORDRE DE PŒSTUM,
DE LA MENUISERIE DE CLÔTURE, DE REVÊTEMENT ET DE DISTRIBUTION,
DU TRAIT DES ARÊTIERS ET DES ESCALIERS DE DIFFÉRENTS GENRES,
DES OUVRAGES CINTRÉS EN PLAN ET EN ÉLÉVATION, PERSIENNES, CROISÉES, PORTES, CHAMBRANLES, ETC.,
DES ARRIÈRE-VOUSSURES DE DIFFÉRENTS GENRES, ARCHIVOLTES, CALOTTES, TROMPE,
PLAFOND DE VOÛTE OU COURBE SUR ANGLE,
DE LA MENUISERIE DES ÉGLISES, AUTELS, CONFESSIONNAL, CHAIRE A PRÊCHER,
BANC-D'ŒUVRE, STALLES DE CHŒUR ET BUFFET D'ORGUES.

CONTENANT 84 PLANCHES,

dessinées et gravées en taille-douce par l'auteur, pour plus de précision dans le trait.

PAR A.-G. COULON,

ANCIEN MENUISIER, PROFESSEUR DE DESSIN LINÉAIRE ET DE TRAIT.

Troisième Édition,
Revue et corrigée par l'Auteur.

PARIS.

CHEZ Vᵉ DALMONT, LIBRAIRE DES CORPS IMPÉRIAUX DES PONTS ET CHAUSSÉES ET DES MINES,
Quai des Augustins, 49;
CHEZ RORET, LIBRAIRE, RUE HAUTEFEUILLE, 12, AU COIN DE CELLE SERPENTE;
CHEZ CAUDRILIER, SUCC. DE A. GRIM, LIBRAIRE D'ARCHITECTURE, BOULEVARD SAINT-MARTIN, 19;
CHEZ MALLET-BACHELIER, IMPRIMEUR-LIBRAIRE DU BUREAU DES LONGITUDES, DE L'ÉCOLE POLYTECHNIQUE,
DE L'ÉCOLE CENTRALE DES ARTS ET MANUFACTURES, QUAI DES AUGUSTINS, 55;
CHEZ L'AUTEUR, RUE TRAVERSE-SAINT-GERMAIN, 10;
Et dans les départements chez tous les principaux Libraires.

1855

INTRODUCTION.

————◦◦◦————

Après avoir travaillé et conduit des travaux de menuiserie pendant l'espace de vingt années, et avoir démontré le dessin linéaire et le trait appliqués à la menuiserie, depuis l'année 1818, j'ai pris la résolution d'entreprendre cet ouvrage, dans l'espoir qu'il sera d'une grande utilité aux menuisiers; n'ayant pas eu d'ouvrage complet sur la menuiserie depuis le traité de menuiserie intitulé l'*Art du Menuisier*, par M. Roubo, imprimé en 1769, ouvrage très-étendu qui devait naturellement satisfaire les besoins de son époque. Un ouvrage semblable, traité d'après le goût et le genre actuel, serait, pour cette classe nombreuse de menuisiers, comme un réservoir où ils pourraient puiser les connaissances qui leur manqueraient de leur art; cet excellent ouvrage est maintenant très-rare et d'un prix très-élevé; cela met le plus grand nombre des ouvriers dans l'impossibilité de se le procurer. Mon unique but dans cet ouvrage est de rendre service aux menuisiers, principalement aux ouvriers en bâtiments; j'ai, pour parvenir à mon but, employé les moyens qui m'ont paru les plus convenables pour remplacer l'ouvrage de Roubo par un ouvrage qui soit

1

à la portée de tous les ouvriers, en l'établissant selon les besoins et le goût actuel. J'ai réduit de moitié la dimension du format et le nombre des planches, afin d'en pouvoir réduire aussi le prix, et par ce moyen faciliter ainsi les ouvriers à pouvoir l'acheter; j'ai choisi le format in-quarto comme étant le plus avantageux pour les planches, étant assez grand pour que les figures aient assez d'étendue pour être intelligibles. J'ai traité en abrégé les ouvrages simples (c'est-à-dire ceux qui n'offrent pas beaucoup de difficulté pour l'exécution), afin de traiter les ouvrages de trait d'une manière plus étendue. Je me croirai heureux si je peux parvenir à mon but.

L'accueil flatteur dont le public, et principalement les ouvriers menuisiers ont bien voulu honorer la première édition de cet ouvrage, m'a rempli le cœur d'une douce joie et m'impose l'obligation de dire à leur louange et à leur honneur, que beaucoup d'entre eux, malgré la fatigue d'un travail pénible pendant la journée, ont employé les moments de repos à étudier les principes nécessaires à leur art; par ce moyen ils ont acquis les connaissances indispensables pour bien exécuter les différents ouvrages, difficiles d'exécution, qu'ils pourront être chargés de faire dans le cours de leur vie. Ils ont employé à la pénible étude les moments que la jeunesse emploie ordinairement aux plaisirs; s'ils ont éprouvé quelques moments d'ennui et de tristesse, ils sont bien dédommagés de leurs peines par les charmes que les connaissances qu'ils ont acquises procurent à leur esprit, par un plaisir pur et sans mélange qui pénètre l'âme et par l'avantage qu'ils ont d'être préférés aux ouvriers ignorants qui ne connaissent que la simple routine de leur art.

Mais aussi cet accueil, honorable pour moi, m'impose le devoir d'apporter la plus scrupuleuse attention dans la revision de cet ouvrage et de le compléter par une augmentation de quatre grandes planches, doubles du format, contenant les principales parties de la décoration des églises, que les circonstances fâcheuses des troubles qui ont eu lieu dans les années qui ont précédé la première édition, m'ont fait retrancher de mon premier projet.

Maintenant, grâce à Dieu, les passions sont calmées, la tranquillité règne, et nous jouissons des bienfaits de la paix intérieure; chaque corps d'état peut profiter de ce temps de calme pour perfectionner et développer l'élégance de ses ouvrages.

La sagesse commande aux artistes et aux artisans de ne rien négliger dans ce temps précieux dont les instants passent avec trop de rapidité, et d'employer toute leur intelligence et leur capacité au perfectionnement de leur art.

La menuiserie étant une partie de luxe du bâtiment ne peut rester en arrière, aussi voyons-nous maintenant, principalement dans les églises, des ouvrages nouveaux d'une très-grande élégance. A l'époque actuelle le goût n'est fixé sur aucun genre, il varie sur les genres des différentes époques qui nous ont précédés; mais le principe généralement adopté par les hommes de talent est de suivre, pour les palais et édifices que l'on restaure ou que l'on orne de quelques nouvelles constructions, le goût et le genre de l'édifice, soit en menuiserie ou autres ouvrages.

Pour les travaux des églises, il semble que nous avons un penchant naturel à imiter nos anciens prédécesseurs, dont les monuments qui nous restent, des différentes époques, nous prouvent qu'ils ont employé les plus grands talents pour construire et orner les édifices consacrés au service divin.

C'est dans les églises que sont les plus beaux morceaux d'ouvrages, les chefs-d'œuvre des beaux-arts, en architecture, sculpture et peinture. Les menuisiers aussi des temps anciens et modernes, à l'exemple de ces hommes qui ont fait la gloire de leur siècle, ont, dans la construction des ouvrages destinés à orner les édifices religieux, fait usage de leur talent et employé toute leur capacité pour y réunir la beauté, le luxe et l'élégance.

Comme l'a dit un célèbre orateur de l'éloquence sacrée : il semble qu'une lumière divine est venue éclairer ceux qui se sont appliqués aux ouvrages religieux.

Parmi nos édifices, une grande partie est construite selon l'ordre de l'architecture gothique qui nous vient des Goths, peuple du nord de l'Italie ; elle diffère de l'architecture antique que les Romains ont reçue des Grecs, par ses arcades en ogive et ses colonnes élancées très-multipliées, qui la caractérisent, lui donnent de la solidité et quelque chose de merveilleux, à cause de sa légèreté et de l'artifice de son travail, qui inspire à la vue un sentiment de respect et semble avoir quelque chose de religieux.

Nos édifices construits depuis l'époque du règne de François Ier sont presque tous selon l'ordre d'architecture moderne qui tient beaucoup de l'antique, mais varie par le mélange plus ou moins de l'antique avec la gothique.

Les quatre planches d'augmentation que j'ai ajoutées aux quatre-vingts de la première édition, je les ai composées d'un goût tiré de plusieurs époques. La première, pour la décoration d'une façade d'autel, j'ai choisi l'époque du règne de Louis XIII, époque qui semble avoir été celle où la menuiserie a fait le plus de progrès. Je l'ai ornée de colonnes torses tracées dans les proportions de celles de Saint-Pierre, à Rome, d'après les règles établies par *Vignole*, et semblables à celles qui portent le baldaquin et ornent l'autel de l'église du Val-de-Grâce, à Paris, considérée comme ce que nous avons de plus beau et de plus élégant, chef-d'œuvre et modèle d'architecture. La deuxième planche, pour la décoration d'un banc d'œuvre, est composée en partie du goût tiré de l'époque du règne de François Ier (qui est celle de la renaissance des arts) et en partie de l'époque de Louis XIII et Louis XIV. La troisième, pour la décoration des stalles de chœur et le lambris formant le dossier et revêtement, ainsi que la quatrième pour la décoration d'un buffet d'orgues ; je les ai composées décorées des ornements de l'architecture gothique dont j'ai étudié et puisé les· principes à la magnifique église de Saint-Denis, tombeau de nos anciens rois, à la superbe Sainte-Chapelle, à Paris, bâtie à l'époque du règne de saint Louis, dont l'exécution est la plus pure et la plus régulière de nos édifices gothiques, que la ville de Paris fait restaurer depuis quelques années, aussi à l'antique église de Saint-Germain-l'Auxerrois, restaurée, ces années dernières, d'une manière admirable, et à la vaste métropole Notre-Dame de Paris, ainsi qu'à plusieurs autres anciens édifices dont les Goths ont orné Paris.

L'architecture gothique, comme je l'ai déjà dit, a quelque chose de religieux par ses parties élancées, d'une grande élévation, qui semblent vouloir communiquer avec le ciel, qui annoncent quelque chose de prodigieux par ses voûtes dont la clef retombante est suspendue en l'air comme par une puissance invisible. Toutes ces dispositions lui donnent un caractère qui convient parfaitement aux églises. Cependant l'architecture romaine avec ses ornements, principalement ses moulures, comme elle était mise en œuvre sous le règne de Louis XIII et sous celui de Louis XIV, a un caractère de sévérité, de grandeur et de majesté; ses ornements sont gracieux, d'un goût majestueux et d'une grande élégance; mais elle a moins de hardiesse et de légèreté que la gothique et paraît plus convenable pour les palais que pour les églises.

DIVISION DE L'OUVRAGE.

Je donnerai au commencement de cet ouvrage un petit chapitre divisé en cinq articles, consacrés aux connaissances préliminaires de la menuiserie.

Dans le premier article je parlerai de l'origine du nom *menuisier;*

Dans le second article, de la menuiserie en général et de ses progrès ;

Dans le troisième article, des bois que l'on emploie, de leur qualité et de leur usage ;

Dans le quatrième article, de la force de divers bois et des moyens de la calculer ;

Dans le cinquième et dernier article, je ferai un examen des connaissances indispensables aux menuisiers.

A la suite de ce petit chapitre, je ferai l'explication des planches par ordre de numéros.

Les planches et leur explication, formant la matière principale de cet ouvrage, seront divisées en quatre parties.

La première partie contiendra les éléments de géométrie descriptive applicable au toisé ou métrage des ouvrages et au trait ; les règles des cinq ordres d'architecture, d'après Vignole, des colonnes torses et l'ordre de Pœstum ; la construction des colonnes, bases et chapiteaux, avec leur piédestal et entablement établis en menuiserie, creux avec des bois de moyenne épaisseur ; sorte de détail entièrement consacré aux menuisiers.

Cette première partie, comprenant la géométrie et l'architecture, sera composée de vingt planches.

Dans la seconde partie, je traiterai des outils nécessaires pour façonner les ouvrages; des moulures, et de la manière de tracer géométriquement leurs profils ; des embrèvements de différents genres ; de divers assemblages, à trait de Jupiter et autres. Ensuite de la menuiserie de clôture, jalousies, persiennes, châssis de comble ou *châssis en tabatière ;* croisées avec volets ou *guichet,* garnies de chambranles ; portes d'allée simples, portes bâtardes ou *bourgeoises,* portes-cochères ; des devantures de boutique de différents genres, suivis de la menuiserie de l'intérieur des appartements : portes simples à un vantail, garnies de chambranles et attique ; lambris d'appui, cymaises, plinthes ; parquet d'assemblage en feuilles, en bâton rompu, et en point de Hongrie ; portes à deux vantaux pour les grands appartements, avec lambris de hauteur et décoration. Ensuite je parlerai des ouvrages de trait, des opérations géométriques pour la réduction des profils, et des moulures des frontons ; de la coupe des onglets aux corniches en pans coupés et à ressauts ; de la coupe des onglets des moulures ou corniches cintrées et droites. Je terminerai cette seconde partie par les arêtiers droits et cintrés ; les auges, trémies, pétrins et toitures pyramidales. Cette seconde partie sera composée de vingt-quatre planches.

La troisième partie sera entièrement consacrée aux escaliers de tous les genres et de leur plafond, en commençant par les échelles doubles et les marchepieds, et terminée par un escalier à limons *en entonnoir*. Cette troisième partie sera composée de dix-huit planches.

Dans la quatrième et dernière partie je traiterai des ouvrages cintrés en plan et en élévation et dans les voûtes, persiennes, croisées, portes, chambranles ou corniches. Ensuite des plafonds d'embrasure, arrière-voussures pleines ou en *plein bois*, et d'assemblage, évasées, de biais, en corne de bœuf, en queue de paon, de Saint-Antoine, de Marseille et de Montpellier ; des archivoltes d'embrasure, évasées et en tour creuse d'assemblages avec panneaux ronds au milieu ; des calottes pleines et d'assemblage ; des trompes et plafonds de voûte d'assemblage. Cette partie sera terminée par la menuiserie des églises, autels, confessionnal, chaire à prêcher, banc-d'œuvre, stalles et buffet d'orgues. Cette quatrième et dernière partie sera composée de vingt-deux planches.

A la suite de l'explication des planches, je donnerai la manière de calculer arithmétiquement le toisé ou métrage et le prix des ouvrages, en mesures anciennes et en mesures nouvelles, en linéaire, superficie et cube ; un modèle de mémoire de marchandeur et un modèle de mémoire de maître ou entrepreneur suivis d'une table de conversion des anciennes mesures, *toises*, *pieds*, etc., en mesures nouvelles, *mètres*, *décimètres*, etc.

Cet ouvrage sera terminé par un VOCABULAIRE des principaux termes employés dans la géométrie, l'architecture et la menuiserie et suivi de la table des matières contenues dans cet ouvrage.

MENUISERIE DESCRIPTIVE.

NOUVEAU

VIGNOLE DES MENUISIERS

PAR COULON,
ANCIEN MENUISIER, PROFESSEUR DE DESSIN LINÉAIRE ET DE TRAIT.

De l'origine du nom Menuisier.

D'après Roubo, les menuisiers étaient autrefois appelés *huchers*, du mot *huche*, qui désigne une espèce de coffre de bois propre à pétrir et à mettre le pain (ce mot huche est encore en usage dans plusieurs provinces de la France); on les a aussi appelés *huissiers*, à cause de l'ancien mot *huis*, qui signifie la porte d'une chambre, lequel nom est encore resté aux poteaux de charpente ou de menuiserie qui encadrent les baies des portes, dans les pans de bois ou les cloisons de distribution. Les menuisiers ont conservé les différents noms dont je viens de parler, jusqu'à la fin du xive siècle, qu'un arrêt rendu le 4 septembre 1382, en augmentant les statuts de cette communauté, ordonna qu'à l'avenir on les appellerait *menuisiers*, du mot latin *minutarius* ou *minutianus*, ce qui signifie un ouvrier qui travaille à de menus ouvrages. Les menuisiers étaient autrefois dépendants du maître charpentier du roi; on ne sait pas combien a duré cette juridiction; mais ce qui est certain (d'après le *Dictionnaire des Arts et Métiers*), c'est qu'il leur fut donné des statuts au mois de décembre 1290, par le sieur Charles de Montigny, garde de la prévôté. Depuis ce temps on leur donna encore d'autres règlements où l'on confirma les anciens. Le dernier de ces règlements est du mois d'août 1645.

2

De la Menuiserie en général.

On divise la menuiserie en deux parties (je ne parle que de celle du bâtiment), dont l'une est appelée menuiserie de *clôture*, et l'autre menuiserie de *revêtement et de distribution* (Roubo les appelle menuiserie mobile et menuiserie dormante). La menuiserie de clôture comprend tous les ouvrages ouvrants et fermants, servant tant à la commodité qu'à la sûreté des bâtiments, comme portes, croisées, volets, contre-vents, persiennes et autres parties mobiles servant de fermeture. La menuiserie de revêtement ou de distribution comprend tous les ouvrages servant à la décoration et les distributions des appartements, comme lambris, cloisons, alcôves, parquets (*planchers*), et toutes autres espèces d'ouvrages destinés à rester en place. Parmi ces ouvrages, il en est qui sont plus difficiles pour l'exécution les uns que les autres, suivant leur emplacement et la forme qu'on leur donne, et qui occasionnent du débillardement dans les bois qui les composent; alors on les distingue des autres ouvrages ordinaires, et on les appelle *ouvrages de trait*.

La menuiserie est très-ancienne en France; on peut même fixer l'époque de son origine à l'époque des premiers habitants, qui, pour se garantir de la rigueur des saisons, se sont construit des habitations. Alors la menuiserie était nécessaire pour la fermeture des issues et pour différents objets de commodité. La société des hommes s'étant multipliée, les menuisiers ont en même temps augmenté en nombre et ont dû chercher à perfectionner leurs ouvrages. La menuiserie a pris plus ou moins d'élégance, suivant que les temps qui s'écoulaient étaient plus ou moins heureux; on ne compte guère que depuis le règne de Louis XIII, vers 1630, le développement d'élégance et de beauté que l'on remarque maintenant. Cependant le règne de François Ier, cent ans auparavant, fut le règne où les beaux-arts ont pris naissance en France; il est probable que la menuiserie s'est aussi perfectionnée; mais les temps malheureux qui ont suivi ce règne et en ont arrêté le progrès jusqu'à la fin du règne de Louis XIII, où les temps, devenant plus tranquilles, ont donné la facilité aux ouvriers de faire usage de leurs talents pour perfectionner leur art.

Le nombre des menuisiers venant à augmenter, ils se sont divisés en deux corps, qui sont les *menuisiers en bâtiments* et les *menuisiers ébénistes*; après ils se sont encore successivement divisés en différents corps; on en compte maintenant cinq, dont chacun forme une classe d'ouvriers assez nombreuse; le premier, sont les *menuisiers en bâtiments* et ne font que les ouvrages du bâtiment; le second, sont les *menuisiers ébénistes*, qui font les meubles en bois étrangers et français, plaqués sur des bois français; le troisième, sont les *menuisiers en meubles*, qui ne font que des meubles en bois français ou étrangers, mais sans plaqués; le quatrième, sont les *menuisiers en carrosses* (ou *en voitures*), qui ne font que des caisses de berlines ou cabriolets, et autres voitures suspendues; le cinquième, sont les *menuisiers mécaniciens* ou *menuisiers en mécaniques*, qui ne font que des mécaniques de toutes espèces. Ces cinq corps différents ont pris naissance dans le corps des menuisiers en bâtiments; il en est resté toujours le plus considérable; les principes sont les mêmes entre eux, il n'y a que les différentes sortes d'ouvrages qui les distinguent les uns des autres.

Des bois employés dans la menuiserie.

Les menuisiers emploient presque toutes les espèces de bois que produit le sol français, et même aussi des bois étrangers; dans la menuiserie des bâtiments, ceux dont on fait le plus usage sont : le chêne, le châtaignier, le hêtre, le noyer, le sapin, le tilleul, le peuplier et le tremble; on distingue ces diverses sortes de bois en deux classes : la classe des bois durs et la classe des bois tendres. Le chêne, le châtaignier, le hêtre et le noyer font partie de la classe des bois durs; le sapin, le tilleul, le peuplier et le tremble font partie de la classe des bois tendres.

Les bois étrangers sont rarement employés dans la menuiserie des bâtiments; quelquefois on emploie l'acajou, l'amarante, le palissandre, le citronnier et l'ébène pour des ouvrages de luxe.

A Paris, dans les ouvrages de bâtiments, on n'emploie guère que le chêne et le sapin; le châtaignier est si rare, qu'on ne le distingue pas du chêne. On emploie quelquefois le peuplier ou le tremble pour faire des panneaux, en place de sapin, mais ce n'est que pour des ouvrages très-légers; le sapin est préférable par sa durée et sa force, qui sont supérieures à celles du peuplier et du tremble.

Du chêne de Champagne.

Le chêne de Champagne que l'on emploie à Paris est débité de diverses dimensions, que l'on nomme dans le commerce *échantillons*, auxquels on donne à chacun un nom particulier.

Celui débité depuis six jusqu'à neuf lignes (*treize à vingt millimètres*) d'épaisseur sur huit à neuf pouces (*vingt-deux à vingt-cinq centimètres*) de largeur, se nomme *feuillet;* on le nomme aussi panneau, à cause que cet échantillon n'est guère employé qu'à faire des panneaux.

Celui débité depuis dix jusqu'à treize lignes (*vingt-trois à trente millimètres*) d'épaisseur sur huit à neuf pouces (*vingt-deux à vingt-cinq centimètres*) de largeur, se nomme *entrevoux* ou bois de pouce (*de vingt-sept millimètres*).

Celui débité depuis quinze jusqu'à dix-huit lignes (*trente-quatre à quarante-deux millimètres*) d'épaisseur, sur huit à neuf pouces (*vingt-deux à vingt-cinq centimètres*) de largeur, se nomme *planche* ou bois de quinze lignes (*de trente-quatre millimètres*); c'est cet échantillon qui sert de base pour le prix des autres échantillons.

Celui débité à vingt et une lignes (*quarante-sept millimètres*) d'épaisseur, sur huit à neuf pouces (*vingt-deux à vingt-cinq centimètres*) de largeur ; cet échantillon n'a pas de nom particulier, on le nomme planche ou bois de vingt et une lignes (*quarante-sept millimètres*), et planche de dix-huit lignes (*quarante et un millimètres*), quand elles n'ont que dix-huit lignes (*quarante et un millimètres*) d'épaisseur,

Celui débité depuis deux pouces (*cinquante quatre millimètres*) jusqu'à deux pouces et demi (*soixante-huit millimètres*) d'épaisseur, sur onze pouces et demi (*trente et un centimètres*) à douze pouces (*trente-trois centimètres*) de largeur, se nomme *doublette*. Le nom de doublette à cet échantillon lui vient de ce qu'il se compte dans le commerce le double de celui de quinze lignes d'épaisseur (*trente-quatre millimètres*).

Celui débité depuis quatre pouces (*onze centimètres*) jusqu'à quatre pouces et demi (*treize centimètres*) d'épaisseur, sur onze pouces et demi (*trente et un centimètres*) à douze pouces (*trente-trois centimètres*) de largeur, se nomme *battant de porte cochère*, à cause qu'il n'est guère employé qu'à faire des battants de porte cochère. Cet échantillon se compte dans le commerce quatre fois celui des planches de quinze lignes (*trente-quatre millimètres*) d'épaisseur. Les bois débités en planches de plus grandes dimensions que les échantillons dont je viens de parler se nomment tous en commun *madriers*.

Il est encore deux échantillons débités plus carré, c'est-à-dire moins méplat; ils se nomment *chevrons* et *membrures*.

Le chevron ordinaire est débité à trois pouces (*huit centimètres*) d'épaisseur, sur trois pouces à trois pouces et demi (*huit à dix centimètres*) de largeur, et se compte dans le commerce au même prix que l'entrevoux.

Il y a aussi un autre échantillon de chevron qui est plus fort que le précédent; il est débité à trois pouces et demi (*dix centimètres*) d'épaisseur, sur trois pouces trois quarts à quatre pouces (*onze centimètres*) de largeur; cet échantillon est assez rare et se vend le même prix que la planche de quinze lignes (*trente-quatre millimètres*).

La membrure est débitée à trois pouces (*huit centimètres*) d'épaisseur, sur cinq pouces et demi à six pouces (*seize centimètres*) de largeur, et se vend le même prix que la planche de quinze lignes (*trente-quatre millimètres*).

Tous ces échantillons dont je viens de parler sont de différentes longueurs, depuis six pieds (*deux mètres*) jusqu'à douze pieds (*quatre mètres*), et se comptent dans le commerce au cent de toises, *actuellement au cent de mètres*, conformément à l'ordonnance royale du 16 juin 1839, qui prescrit de ne faire usage dans le commerce que des nouvelles mesures. C'est, comme je l'ai déjà dit, la planche de quinze lignes (*trente-quatre millimètres*) d'épaisseur qui sert de base et d'unité aux prix. Ce bois est transporté, de la Champagne à Paris, par trains qui flottent sur la Marne; par conséquent il est flotté, ce qui ne lui ôte rien de sa bonne qualité, seulement il est plus désagréable à travailler par les grains de sable qui se sont attachés à sa surface et pénétré dans ses pores en flottant; on peut l'employer à toutes sortes d'ouvrages, à l'extérieur comme à l'intérieur des bâtiments, principalement pour les bâtis; ses fils étant assez droits et très-serrés lui donnent de la solidité pour les assemblages. On peut aussi l'employer pour faire des panneaux, quand il est bien sec. Le feuillet qui a flotté fait de très-bons panneaux, surtout quand il se trouve débité dans le sens des mailles, ce qui est d'une grande importance pour la solidité des panneaux. Étant ce que l'on appelle débité sur mailles, il est moins sujet à se coffiner et se retire moins.

Les mailles du chêne sont des espèces de ligaments placés transversalement, qui retiennent et lient les couches de ses fils ensemble. Une planche débitée sur mailles se fend difficilement, tandis que celle qui est débitée dans le sens contraire se fend souvent d'elle-même à l'air. Les mailles ont encore l'avantage de la beauté; les nuances qu'elles produisent sont très-agréables à l'œil par leurs couleurs transparentes et brillantes.

Généralement le chêne de Champagne est d'une bonne qualité, tant sous le rapport de la durée que sous celui de la solidité.

Du Chêne de Fontainebleau.

Ce chêne est supérieur à celui de Champagne pour la menuiserie par sa beauté ; son grain étant plus gras et plus tendre le rend plus doux à le travailler ; mais il a moins de durée, surtout étant placé à l'extérieur ; ses planches ont le défaut d'être souvent gercées au cœur et d'être percées de trous de vers qui ont jusqu'à neuf lignes (*deux centimètres*) de diamètre : *ces sortes de vers les rongent avant d'être abattus.* Les trous de ces vers et les gerçures font éprouver un grand déchet dans les planches ; alors son meilleur emploi est pour cadres ou moulures. Son débit est par échantillons semblables à ceux du chêne de Champagne et se compte dans le commerce au cent de toises *ou de mètres* de planches. C'est la planche débitée à un pouce (*vingt-sept millimètres*) d'épaisseur sur neuf pouces (*vingt-cinq centimètres*) de largeur, et de six pieds (*deux mètres*) de longueur, qui sert de base et d'unité. Tous les échantillons sont réduits au prix du cent de planches de six pieds (*deux mètres*) qui produit cent toises linéaires (*ou toises courantes*) de planches, ou au cent de mètres linéaires.

Du Chêne des Vosges.

Les Vosges nous fournissent un très-beau bois de chêne, propre aux ouvrages élégants de la décoration des appartements ; il surpasse le chêne de Fontainebleau pour la beauté, et réunit la solidité.

Sa durée, dans un endroit sec, égale celle du chêne de Champagne ; son grain est gros et très-doux à travailler ; il est un peu plus poreux que celui de Fontainebleau. Sa couleur est belle ; il n'est pas sujet aux défauts autant que les deux autres espèces de chênes dont je viens de parler. On peut l'employer aux bâtis, cadres ou panneaux. Néanmoins, pour des ouvrages destinés à porter quelques fardeaux, le chêne de Champagne est préférable ; son meilleur usage est pour des panneaux. On peut dire que pour faire un ouvrage qui puisse réunir à la fois la solidité, la beauté et la durée, il faut le composer de bâtis de chêne de Champagne, cadres ou moulures de chêne de Fontainebleau et panneaux de chêne des Vosges. Un ouvrage construit de cette manière, étant poli à la cire ou au vernis, doit réunir toutes les qualités désirables. Dans le commerce, ce bois se vend de même que celui de Fontainebleau; il n'y a qu'un prix pour tous les échantillons qui sont tous réduits au cent de toises *ou au cent de mètres* de planches d'un pouce (*vingt-sept millimètres*) d'épaisseur sur neuf pouces (*vingt-cinq centimètres*) de largeur. Ce bois est débité par des moulins, ce qui le rend plus droit que les précédents, et n'est pas flotté; alors il n'a pas le défaut d'être graveleux.

Du Chêne de Hollande ou du Nord.

Ce bois se compte dans le commerce de même que celui de Fontainebleau et celui des Vosges; son prix est plus élevé que celui des autres; il passe pour être le supérieur, en réunissant en lui toutes les bonnes qualités des précédents. Les uns prétendent que cette espèce de chêne vient des forêts du Nord, voisines des côtes, que les Hollandais vont le chercher dans ces pays et le transportent en Hollande en grume, où ils le font débiter sur mailles avec beaucoup de soin par leurs scieries mécaniques, ce qui occasionne beaucoup de déchet et les échantillons plus étroits.

D'autres prétendent aussi que les Hollandais viennent le chercher dans les Vosges, le transportent en grume en Hollande, et après l'avoir laissé pendant quelque temps sous les eaux, dans leurs canaux, ils le débitent sur mailles, comme je l'ai dit ci-devant; alors le séjour qu'il passe dans les eaux lui donne de la qualité en rendant son grain plus serré et moins poreux, se tourmentant moins et offrant plus de solidité et de durée. Néanmoins, sa qualité lui vient de son débit sur mailles qui, comme je l'ai déjà dit en parlant du chêne de Champagne, est une qualité très-importante qui donne de la beauté et de la solidité; cependant il y a un petit défaut, car il est presque impossible de rendre la surface d'un panneau sur mailles exactement unie; tels soins que l'on prenne à faire couper le rabot, il coule toujours un peu sur la maille, qui est beaucoup plus dure que les parties qui l'entourent, et l'endroit de chaque maille reste un peu plus élevé. Si l'on emploie le râcloir pour le polir, c'est pire qu'avec le rabot. Lorsque le bois est couvert d'une faible épaisseur de peinture et vernis, le transparent du vernis fait apercevoir les mailles du bois, qui paraissent un peu saillantes. Malgré ce défaut, on doit préférer le bois sur mailles, rapport à ses bonnes qualités. Les anciens avaient très-bien connu l'avantage du bois sur mailles, puisque, pour leurs panneaux, ils ne faisaient usage que des planches refendues au *coutre* et sur mailles. On en voit encore aujourd'hui la preuve dans les panneaux des vieux lambris. Il paraît que ce genre de débit a été supprimé pour économiser le bois et la main-d'œuvre à le travailler. Néanmoins, on l'emploie encore maintenant pour faire les petites planches destinées à faire des panneaux de parquets en feuilles, que l'on nomme bois *merrain* (ou, en termes d'ouvriers, *cresson* ou *courson*). Ces petites planches portent de neuf à quinze lignes (*vingt à trente-quatre millimètres*) d'épaisseur sur six à huit pouces (*seize à vingt-deux centimètres*) de largeur et douze à quinze pouces (*trente-deux à quarante centimètres*) de longueur; leur qualité d'être fendue au *coutre*, suivant les fils du bois et sur mailles, est indispensable pour faire des bons panneaux de parquets en feuilles.

Du Chêne du Bourbonnais.

Ce bois nous vient du ci-devant Bourbonnais. Celui que l'on transporte à Paris n'est guère débité que de deux échantillons, dont le premier est composé de planches débitées depuis un pouce (*vingt-sept millimètres*) jusqu'à quatorze lignes (*trente-deux millimètres*) d'épaisseur sur huit à neuf pouces (*vingt-deux à vingt-cinq centimètres*) de largeur, et de diverses longueurs, depuis quatre pieds (*un mètre trente centimètres*) jusqu'à douze pieds (*trois mètres quatre-vingt-dix centimètres et quatre mètres*), quelquefois plus, mais rarement. Le second échantillon est composé de planches débitées depuis quinze lignes (*trente-quatre millimètres*) jusqu'à vingt-deux lignes (*cinq centimètres*) d'épaisseur, sur neuf à dix pouces (*vingt-quatre à vingt-sept centimètres*) de largeur et de même que le premier de toutes longueurs. On trouve quelquefois des chevrons, des membrures et des doublettes, mais assez rarement.

En général, ce bois est très-mal scié; on peut trouver dans la même planche douze et dix-huit lignes (*vingt-sept et quarante millimètres*) d'épaisseur d'un bout à l'autre.

Cette espèce de bois offre un avantage par ses diverses longueurs et épaisseurs, qui évite d'avoir une grande quantité pour être assortis, mais il a beaucoup de défauts; son mauvais débit occasionne plus de déchet et plus de main-d'œuvre pour le travailler, en outre il est noueux, dur, difficile à travailler, défectueux et se tourmente beaucoup; il est naturellement beaucoup chargé d'aubier, qui se décompose entièrement et tombe en poussière dans l'espace de deux à trois années, et si on n'a pas le soin d'extraire l'aubier du bon bois, les vers entrent dans le bon bois, et le perdent quelques années après. Si on l'emploie pour des ouvrages placés dans des endroits humides, il se pourrit; dans des endroits secs, il se pique; c'est pourquoi il est rebuté de la menuiserie des bâtiments; aussi, il est le meilleur marché de toutes les espèces de chêne.

On ne doit employer cette espèce de chêne que pour des ouvrages grossiers et auxquels on ne tient pas à une longue durée.

Du châtaignier.

Le châtaignier possède toutes les bonnes qualités du chêne pour les ouvrages de menuiserie; mais il est si rare, surtout à Paris, que le peu qu'il en vient de la Champagne n'est pas distingué et se trouve confondu avec les planches de chêne. Il est naturellement plus doux à travailler que le chêne; sa couleur est semblable à celle du chêne; ses mailles sont plus petites; ses pores sont placés avec un peu de ressemblance au frêne; on peut l'employer à tous les ouvrages de menuiserie; on prétend que la vermine ne s'y attache jamais. Autrefois cette espèce de bois était beaucoup plus commune; nous voyons encore presque toute la charpente des combles de nos anciens édifices construite en châtaignier.

De l'acajou.

L'acajou est un bois étranger; il nous vient des îles de l'Amérique; le plus estimé est celui de Saint-Domingue; sa couleur est rouge. Les menuisiers en bâtiment n'emploient l'acajou que dans les riches appartements pour être alors poli à la cire ou au vernis; mais, comme ce bois est très-cher, souvent on le débite en feuilles minces que l'on nomme placage et que l'on colle sur d'autres bois français. Cet emploi n'est pas la partie des menuisiers en bâtiments, c'est la partie des ébénistes. Lorsque les menuisiers en bâtiments en font usage, ils l'emploient comme ils emploieraient le chêne massif. Ce bois se vend en grume ou en madriers de diverses dimensions et se vend au poids au cent de *kilogrammes* (autrefois au cent de livres); son prix varie beaucoup suivant sa qualité plus ou moins belle.

3

Des bois de sapin.

La qualité du sapin varie de même que celle du chêne, suivant le pays
d'où il vient. A Paris, on en distingue de quatre sortes employés dans la menuiserie des bâtiments, qui sont : le sapin du Nord, le sapin de la Lorraine,
le sapin d'Auvergne et le sapin de bateaux.

Du sapin du Nord ou sapin rouge (dit de Hollande).

Le sapin du Nord, qui est de couleur rouge, est la première qualité de tous
les sapins, par sa beauté, sa douceur à le travailler, sa solidité et sa durée,
qui est supérieure à tous les autres sapins. Pour les ouvrages de bâtiment,
c'est le meilleur bois après le chêne ou le châtaignier. Il résiste à l'humidité
plus que le chêne de mauvaise qualité. On peut l'employer pour les assemblages ; il se coupe bien et fait de bons assemblages. Cette supériorité lui
vient premièrement de sa qualité naturelle ; secondement, de ce qu'il n'est
pas saigné avant d'être abattu, comme les sapins de France. La matière résineuse qu'il contient rend ses pores plus pleins, les nuances de ses veines plus
belles, lui donne de la solidité et le rend plus doux à le travailler, principalement ses nœuds plus tendres à couper. Ses pores étant remplis d'une matière indissoluble dans l'eau sont moins spongieux et pompent moins l'humidité, par conséquent il est moins sensible aux changements de temps que les
autres sapins. On peut l'employer à l'extérieur comme à l'intérieur ; mais il a
le défaut de faire des taches à la peinture par la résine qui découle quelquefois de ses nœuds après être travaillé. Son nom de sapin du Nord lui vient de
ce qu'il est tiré des contrées du Nord, principalement de la Norwége ; les
Hollandais vont le chercher dans ce pays par mer, le transportent en Hollande où ils le font débiter par leurs scieries, ensuite ils le transportent par
mer dans nos ports, où ils le vendent aux marchands français : quelquefois
ils le transportent directement de la Norwége dans les ports de France où
ils le vendent sans être débité ; alors les marchands français le font débiter.
Le commerce de ce bois par les Hollandais paraît être ce qui lui a fait donner
le nom de sapin de Hollande, nom qui est peu usité maintenant. Les Norwé-
giens aussi le transportent de leur pays dans nos ports, comme aussi des na-
vires français vont le chercher en Norwége.

Il y a une autre espèce de sapin qui vient aussi du Nord, qui est blanc sans aucune veine rouge ; la qualité de cette espèce de sapin est inférieure à celle du sapin dont les veines sont un peu rouges. On distingue ces deux sortes de sapins du Nord par les noms sapin rouge et sapin blanc. La plus grande partie de ces sapins, qui vient à Paris, est débitée en madriers de trois pouces (*huit centimètres*) d'épaisseur, sur huit pouces (*vingt-deux centimètres*) de largeur, et de toutes longueurs depuis six pieds (*deux mètres*), jusqu'à vingt-quatre pieds (*huit mètres*), rarement plus, et se vend au cent de toises linéaires (*ou courantes*), maintenant au cent de *mètres* linéaires. Lorsqu'il est en grume simplement équarri, il se vend au *stère*, autrefois à la pièce ou à la solive.

Du sapin de Lorraine.

Ce sapin, que l'on emploie à Paris, est flotté. Il arrive à Paris sur plusieurs rivières ou canaux, par trains qui flottent dans l'eau ; c'est ce qui lui donne un peu de gravier à sa surface qui, comme je l'ai déjà dit en parlant du chêne, est désagréable pour l'ouvrier qui le travaille. Ce sapin étant débité par des moulins, est scié bien droit ; la longueur des planches est d'ordinaire de onze et douze pieds (*trois mètres soixante centimètres et quatre mètres*) la plus grande partie ; elles ont douze pouces (*trente-deux centimètres*) de largeur, et un pouce (*vingt-sept millimètres*) d'épaisseur, la plus faible partie, elles n'ont que huit pouces (*vingt-deux centimètres*) de largeur. Le feuillet a les mêmes dimensions en longueur et largeur, et n'a que six à huit lignes (*treize à dix-huit millimètres*) d'épaisseur ; il se compte, dans le commerce, au cent de planches réduites à huit pouces (*vingt-deux centimètres*) de largeur, sur onze pieds (*trois mètres soixante centimètres*) de longueur. Ce sapin est le plus beau après celui du Nord, mais il est moins solide et offre moins de durée ; il est dépourvu de sa matière résineuse par les saignées qu'on lui a faites avant de l'abattre, qui diminuent sa qualité en laissant ses pores vides et spongieux ; cela le rend aussi plus léger, plus facile à sécher, et prend mieux la colle ; mais il est plus rude à le travailler, surtout ses nœuds qui sont d'une dureté excessive.

Du sapin d'Auvergne.

Les planches de sapin d'Auvergne portent ordinairement douze pouces (*trente-deux centimètres*) de largeur, et quinze lignes (*trente-quatre millimètres*) d'épaisseur, sur douze pieds (*trois mètres quatre-vingt-dix centimètres à quatre mètres*) de longueur. Cet échantillon se nomme sapin de quinze lignes, ou *trente-quatre millimètres*, ou *forte qualité*. Il y a aussi un échantillon qui a deux pouces à deux pouces et demi (*cinq à sept millimètres*) d'épaisseur, sur la même largeur et longueur que le précédent, quelquefois plus, mais rarement. Cet échantillon se nomme *madriers*, et se compte dans le commerce pour deux planches de quinze lignes (*trente-quatre millimètres*) d'épaisseur. Le sapin d'Auvergne est saigné et flotté de même que celui de Lorraine; sa qualité est un peu plus dure et ordinairement plus noueuse, moins belle que celui de Lorraine.

Du sapin de bateaux.

Il n'y a guère qu'à Paris où l'on fait usage de cette espèce de bois, qui provient des déchirages de bateaux. Les planches sont de diverses dimensions; leur épaisseur varie depuis six lignes (*treize millimètres*) jusqu'à trois pouces (*huit centimètres*), leur largeur aussi varie depuis six pouces (*seize centimètres*) jusqu'à dix-huit pouces (*cinquante centimètres*), et leur longueur depuis trois pieds (*un mètre*) jusqu'à soixante pieds (*vingt mètres*). La dimension de deux à trois pouces (*cinq à huit centimètres*) d'épaisseur, sur douze à dix-huit pouces (*trente-deux à cinquante centimètres*) de largeur et cinquante à soixante pieds (*seize à vingt mètres*) de longueur, se nomme plat-bord et se vend à la paire, le reste se vend à la toise ou *au mètre* superficiel. Ce bois est naturellement très-défectueux; les planches sont percées de beaucoup de trous formés par les chevilles qui les tenaient attachées au pourtour du bateau; elles ont aussi le défaut d'avoir dedans beaucoup de pointes de clous, principalement sur les rives, ce qui rend la main-d'œuvre plus longue et désagréable; c'est pourquoi l'emploi le plus avantageux que l'on peut faire de ce bois est pour les ouvrages bruts. Il y a aussi du chêne de bateaux qui a tous les défauts du sapin, et que l'on n'emploie guère qu'à faire des cloisons de caves, ou des planches à bouteilles.

Du tilleul.

Le tilleul est la meilleure de toutes les espèces de bois tendres, tant sous le rapport de la solidité que sous celui de la durée. Il est très-doux à travailler, bon pour les bâtis et pour les panneaux ; les moulures sont faciles à pousser. Son principal emploi est pour les objets destinés à être sculptés, rapport à son corps gras, peu poreux ; ses fils très-liés ensemble le rendent peu facile à fendre et facile à couper en travers. Cette espèce de bois est rarement employée à Paris dans le bâtiment ; le peu qu'il en vient est employé par les fabricants de cadres, et les sculpteurs pour les bordures, cadres et autres ouvrages d'ornement.

Du peuplier.

Le peuplier est la plus commune de toutes les espèces de bois tendres, principalement à Paris et dans les environs ; il est aussi le meilleur marché ; on l'emploie quelquefois dans la menuiserie des bâtiments pour des ouvrages légers, en remplacement du sapin, mais sa qualité est inférieure. Ce bois est spongieux, mou et de peu de durée ; il n'est ordinairement débité que de deux sortes d'épaisseurs : la première, qui est de six à huit lignes (*treize à dix-huit millimètres*) que l'on nomme *volige*, et la seconde, de douze à quatorze lignes (*vingt-sept à trente-deux millimètres*) que l'on nomme *planche*. Ces deux sortes ont huit à neuf pouces (*vingt-deux à vingt-cinq centimètres*) de largeur, et les longueurs varient de six à neuf pieds (*deux à trois mètres*), rarement au-dessus. Il se vend au cent de toises linéaires (*ou courantes*) ou au cent de *mètres*. Le prix varie selon l'épaisseur.

Du tremble.

A Paris et dans les environs, le tremble n'est pas aussi commun que le peuplier ; à l'égard de sa qualité et de son emploi ce sont les mêmes que le peuplier.

Il est une autre espèce de tremble, que l'on nomme *grisard*, qui est supérieur en qualité. Il est plus dur, moins spongieux, ses pores plus serrés, et offre plus de solidité et de durée. Ses nuances sont rougeâtres parsemées de gris, c'est ce qui lui donne le nom de *grisard*. Il peut être employé pour les assemblages et les panneaux, les cadres et les moulures, et même pour des ouvrages cintrés, et peut remplacer le tilleul pour les ouvrages sculptés.

Il y a aussi une autre espèce de tremble que l'on nomme blanc *de Hollande*. Cette espèce de bois a les mêmes qualités que le grisard et peut-être employée aux mêmes ouvrages. Ses nuances sont plus claires; il est ordinairement plus droit, et par conséquent plus facile à corroyer.

Du noyer et du hêtre.

Le noyer et le hêtre ne sont guère employés, à Paris, par les menuisiers en bâtiments, que pour faire des tables de cuisine et des établis, ou des petits ouvrages de luxe polis à la cire ou au vernis. La plus grande partie de ces bois est débitée en madriers, qui portent jusqu'à six pouces (*seize centimètres*) d'épaisseur, et trois pieds (*un mètre*) de largeur. Les madriers de hêtre sont aussi employés à faire des tables de bouchers, que l'on nomme *étaux*. Généralement le noyer et le hêtre sont beaucoup plus employés dans les meubles que dans le bâtiment.

Du platane et du charme.

On emploie quelquefois *le platane* pour les parquets en point de Hongrie et ceux à bâton rompu; il a ses mailles et ses veines placées avec beaucoup de ressemblance à celles du hêtre, mais sa qualité est supérieure.

Le charme est aussi employé comme le platane pour les parquets dont on veut varier les couleurs. Il est très-dur, ses pores très-serrés, ses veines sont peu nuancées de couleur blanche; il est aussi employé aux manches et aux fûts des outils de moulures.

DE LA FORCE DE DIVERS BOIS.

Je croirais manquer dans cet ouvrage si je ne donnais quelques connaissances de la force du chêne et du sapin, sans donner, d'une manière étendue, des raisons et des principes dont le détail deviendrait trop long. Ainsi, sans entrer dans les détails des calculs algébriques qui ne pourraient aisément être à la portée de tous les ouvriers, je me bornerai seulement à faire connaître plusieurs expériences faites par plusieurs académiciens , qui sont MM. *Parent, de Buffon et Bellidor.*

Expériences faites par M. Parent.

Un morceau de chêne d'une moyenne dureté, sec et sans nœuds, de cinq lignes (*onze millimètres*) d'épais sur six lignes (*quatorze millimètres*) de large et cinq pouces et demi (*quinze centimètres*) de long posé de champ, (*c'est-à-dire le plus large sur les deux côtés et les deux faces plus étroites dessus et dessous*), retenu par un de ses bouts, a soutenu à l'autre bout un poids de 23 livres (11 *kilo.* 258 ½ *grammes*) (1).

Un autre morceau pareil en grosseur et double en longueur, posé de champ sur deux points d'appui, un à chaque bout, a soutenu dans son milieu un poids de 34 livres et demie (16 *kilo.* 887 *grammes* ½).

Un autre morceau, pareil en grosseur et en longueur à celui dont je viens de parler, mais de chêne tendre, et serré par ses deux bouts, a soutenu dans son milieu un poids de 51 livres (24 *kilo.* 964 ½ *grammes*.

Un morceau de sapin moyennement dur, pareil en grosseur et en longueur au premier morceau de chêne dont j'ai parlé, posé de champ et retenu par un de ses bouts, a soutenu à l'autre bout un poids de 37 livres (18 *kilo.* 111 *grammes* ½).

Un autre morceau de sapin, pareil en tout au second morceau de chêne dont j'ai parlé, posé sur deux points d'appui, a soutenu dans son milieu un poids de 68 livres (33 *kilo.* 286 *grammes*).

Un autre morceau pareil, mais serré par ses deux bouts sur ses deux points d'appui, a soutenu dans son milieu un poids de 106 livres (51 *kilo.* 887 *grammes*.

Il résulte de ces expériences, que le sapin porte plus lourd que le chêne, et que la pièce de bois qui n'est arrêtée que d'un bout, n'ayant que la moi-

---

(1) L'ancienne livre de Paris, 16 onces, pesait 489 grammes ½. Le gramme, unité des poids , pèse un centimètre cube d'eau distillée , à la température de glace fondante équivalent à 18 grains $\frac{4040}{1884}$ ou à peu près ¼ de gros, ancien poids.

tié de la longueur des autres, et de même grosseur, porte moins lourd. Elle peut être comparée à toutes les pièces de bois que l'on poserait en bascule, comme par exemple, les traverses des potences ou autres ouvrages semblables.

Expériences faites par M. de Buffon.

M. de Buffon a fait des èxpériences sur quatre barreaux de chêne, de trois pieds (0ᵐ,975 *millimètres*) de long et d'un pouce (0ᵐ,027 *millimètres* carré de grosseur, pris au centre de l'arbre, posés horizontalement sur deux points d'appui, un de chaque bout. Le premier morceau pesait 26 onces $\frac{21}{32}$ (0 *kilo*. 825 *grammes*), et a supporté dans son milieu, l'instant avant que de rompre, un poids de 301 livres (147 *kilo*. 340 *grammes*); le second pesait 26 onces $\frac{18}{32}$ (0 *kilo*. 813 *grammes*), et a supporté un poids de 289 livres (141 *kilo*. 465 *grammes*); le troisième pesait 26 onces $\frac{16}{32}$ (0 *kilo*. 811 *grammes*), et a supporté un poids de 272 livres (133 *kilo*. 144 *grammes*); le quatrième pesait 26 onces $\frac{15}{32}$ (0 *kilo*. 810 *grammes*), et a supporté un poids de 272 livres (133 *kilo*. 144 *grammes*).

Le même bois pris à la circonférence de l'arbre (c'est-à-dire le plus éloigné du centre à côté de l'aubier, sans pour cela avoir aucune partie de l'aubier), les quatre morceaux pareils aux précédents en grosseur et en longueur, le premier pesait 25 onces $\frac{26}{32}$ (0 *kilo*. 790 *grammes*), et a supporté dans son milieu, l'instant avant que de rompre, un poids de 262 livres (128 *kilo*. 249 *grammes*); le second pesait 25 onces $\frac{20}{32}$ (0 *kilo*. 784 *grammes*), et a supporté un poids de 258 livres (126 *kilo*. 291 *grammes*); le troisième pesait 25 onces $\frac{14}{32}$ (0 *kilo*. 778 *grammes*), et a supporté un poids de 255 livres (124 *kilo*. 823 *grammes*); le quatrième pesait 25 onces $\frac{11}{32}$ (0 *kilo*. 775 *grammes*), et a supporté un poids de 255 livres (124 *kilo*. 823 *grammes*).

Quatre pareils morceaux pris tout en aubier, le premier pesait 25 onces $\frac{5}{32}$ (0 *kilo*. 770 *grammes*), et a supporté un poids de 248 livres (121 *kilo*. 396 *grammes*); le second pesait 24 onces $\frac{31}{32}$ (0 *kilo*. 764 *grammes*), et a supporté un poids de 242 livres (118 *kilo*. 459 *grammes*); le troisième pesait 24 onces $\frac{30}{32}$ (0 *kilo*. 763 *grammes*), et a supporté un poids de 241 livres (117 *kilo*. 969 *grammes*); le quatrième pesait 24 onces $\frac{24}{32}$ (0 *kilo*. 757 *grammes*), et a supporté un poids de 240 livres (117 *kilo*. 480 *grammes*).

Ces expériences prouvent que plus le bois est pesant, plus il est fort.

Autres expériences qui prouvent que plus le bois est pris près de sa racine,
plus il est pesant et fort.

On abat un chêne, on en tire deux solives, chacune de quatre pouces ($0^m,108$ *millimètres*) carrés de grosseur et chacune de neuf pieds (2 *mètres* 924 *millimètres*) de longueur, prises au bout l'une de l'autre; celle du bas de l'arbre pèse 77 livres (37 *kilo.* 792 *grammes*), celle du haut pèse 71 livres (34 *kilo.* 755 *grammes*). La première (celle du bas), posée horizontalement sur deux points d'appui, un de chaque bout, est chargée dans son milieu en 14 minutes; elle ploie de 4 pouces 10 lignes ($0^m,131$ *millimètres*), ensuite elle éclate, elle baisse de 7 pouces 6 lignes ($0^m,203$ *millimètres*) et rompt sous un poids de 4,100 livres (2006 *kilo.* 950 *grammes*). La seconde (celle du haut) est chargée en 12 minutes; elle ploie de 5 pouces 6 lignes ($0^m,149$ *millimètres*), ensuite elle éclate, elle baisse de 9 pouces ($0^m,244$ *millimètres*) et rompt sous un poids de 3,950 livres ($1,933$ *kilo.* 525 *grammes*).

Ces expériences prouvent que le bois des branches n'est pas aussi fort que celui du corps de l'arbre.

Expériences de M. Bellidor.

Deux solives en chêne sec et bien sain, chacune de douze pieds ($3^m,898$ *millimètres*) de longueur, dont une de six pouces ($0^m,162\frac{1}{2}$ *millimètres*) carrés de grosseur et l'autre de cinq pouces ($0^m,135$ *millimètres*) sur sept pouces ($0^m,189$ *millimètres*) de grosseur. Celle de six pouces ($0^m,162\frac{1}{2}$ *millimètres*) carrés de grosseur et douze pieds ($3^m,898$ *millimètres*) de longueur, qui produit au toisé trois pieds cubes ($0^m,103$ *millimètres*) (supposé peser 60 livres (29 *kilo.* 360 *grammes*) le pied cube), pèsera 180 livres (88 *kilo.* 110 *grammes*), et portera dans son milieu, étant posée horizontalement sur deux points d'appui, un de chaque bout, et engagée dans les murs, un poids de 16,200 livres ($7,929$ *kilo.* 900 *grammes*). La seconde, celle de cinq pouces ($0^m,135$ *millimètres*) sur sept pouces ($0^m,189$ *millimètres*) de grosseur et de même longueur que la première, produit au toisé 5,040 pouces cubes ($99,457$ *centimètres cubes*), pèsera 175 livres (85 *kilo.* 662 *grammes*), et étant, de même que la première, engagée des deux bouts dans les murs et posée de champ, portera dans son milieu un poids de 18,375 livres ($8,994$ *kilo.* $562\frac{1}{2}$ *grammes*).

Ces expériences font voir que les bois destinés à être posés horizontalement pour porter quelque fardeau doivent être méplats et posés de champ.

Méthode simple et facile (sans employer les calculs algébriques, seulement avec le secours des calculs arithmétiques) pour connaître le poids que peut porter dans son milieu une pièce de bois de chêne sec et sain engagée des deux bouts.

Première opération en mesures anciennes.

Il faut chercher la superficie d'un des bouts en pouces carrés, puis multiplier cette superficie par le nombre de pouces que la pièce contient en hauteur sur un de ses bouts, ensuite diviser le produit par le nombre des pieds qu'elle contient en longueur; le quotient servira de troisième terme dans la proportion suivante : 1 est à 900 comme le troisième terme est au quatrième; ce dernier terme donnera le nombre des livres que pourra porter la pièce de bois dans son milieu.

EXEMPLE.

Je suppose une solive pareille à la dernière dont j'ai parlé, d'après les expériences de M. *Bellidor*, de 12 pieds de longueur, contenant 5 pouces sur 7 pouces de grosseur, posée de champ (c'est-à-dire les deux faces les plus larges sur les côtés, et les deux plus étroites dessus et dessous). Alors la dimension de hauteur est celle de 7 pouces, et la dimension de largeur est celle de 5 pouces. Je cherche la superficie d'un des bouts, en multipliant 7 par 5, le produit me donne 35 pouces de superficie que je multiplie par la hauteur 7 pouces; ce dernier produit me donne 245, que je divise par 12 pieds, longueur de la pièce; le quotient me donne $20\frac{5}{12}$. Ensuite je pose la règle de trois suivante, $1 : 900 :: 20\frac{5}{12} : x$. Je multiplie le second terme par le troisième (c'est-à-dire 900 par $20\frac{5}{12}$); le produit me donne 18,375, qui est le nombre des livres que la pièce de bois peut porter dans son milieu l'instant avant de rompre.

Deuxième opération en mesures nouvelles.

Comme à la précédente chercher la superficie d'un des bouts en centimètres carrés, puis multiplier cette superficie par le nombre de centimètres que la pièce contient en hauteur sur un de ses bouts, ensuite diviser le produit par le nombre de décimètres qu'elle contient en longueur; le quotient servira de troisième terme dans la proportion suivante : 1 est à 72 *kilo.* 705 *grammes* comme le troisième terme est au quatrième; ce dernier terme donnera le nombre des kilogrammes que pourra porter la pièce de bois dans son milieu.

EXEMPLE.

Une solive supposée à peu près pareille à la précédente, contenant 4 mètres de longueur, 19 centimètres de hauteur et 14 centimètres de largeur posée de champ, comme il est dit ci-devant aux expériences de M. *Bellidor ;* sa grosseur étant de 19 centimètres sur 14 centimètres, la superficie d'un de ses bouts est le produit de 19 multiplié par 14, lequel donne 266 centimètres carrés; multipliant cette superficie par le nombre de centimètres de la dimension de hauteur, qui est 19 centimètres, le produit sera de 5054 et doit être divisé par le nombre de décimètres que contient la longueur, supposée de 4 mètres contient 40 décimètres, lequel nombre 40 est diviseur du produit 5054, le quotient donne $126\frac{14}{40}$ ou réduit $\frac{7}{20}$, lequel quotient, $126\frac{7}{20}$, est le troisième terme. Je pose la proportion suivante : 1 : 72 *kilo.* 705 *grammes* :: $126\frac{7}{20}$: ∞; multipliant le second terme 72 *kilo.* 705 *grammes* par le troisième terme $126\frac{7}{20}$, le produit donne 9186,276; en considérant le kilogramme comme unité, les trois derniers chiffres sont des décimales et sont des grammes, comme au second terme qui était le multiplicande; ainsi le produit est de 9,186 *kilo.* $276\frac{3}{4}$ *grammes* et forme le quatrième terme de la proportion, puisque le premier terme qui doit le diviser est 1 (l'unité). Ce quatrième terme est le nombre des kilogrammes que peut porter cette pièce de bois dans son milieu l'instant avant de rompre.

On peut, en opérant comme pour celles-ci, calculer la force de toutes autres pièces de bois de chêne, soit en mesures anciennes, soit en mesures nouvelles, seulement avec cette différence que, en se servant des mesures anciennes, pouces et pieds, les deux premiers termes de la proportion sont : 1 est à 900 livres anciennes, et que, en se servant des mesures nouvelles, centimètres et décimètres, les deux premiers termes de la proportion sont : 1 est à 72 kilo. 705 grammes.

Il est bon de faire connaître aussi que plus le poids s'écarte du milieu de la solive plus elle résiste à la pesanteur.

PREMIER EXEMPLE.

En supposant une solive pareille en tout à celle de la première opération, mais ayant son fardeau au tiers de sa longueur (éloigné de 4 pieds d'un des bouts) : alors sa longueur de 12 pieds ne compte que comme une longueur de 8 pieds. D'après le calcul de la première opération, le produit de la superficie d'un de ses bouts, par la hauteur, est de 245, qui, au lieu de le diviser par 12, doit être divisé par 8 ; le quotient est de $30\frac{5}{8}$, qui, multiplié par 900, produit 27,562 livres $\frac{1}{2}$, poids que peut porter la pièce de bois chargée au tiers de sa longueur.

DEUXIÈME EXEMPLE.

Une solive supposée pareille à celle de la deuxième opération en mesures nouvelles, mais ayant son fardeau au quart de la longueur (éloigné de 1 mètre d'un des bouts), sa longueur de 4 mètres ne compte que comme une longueur de 2 mètres.

D'après le calcul de la deuxième opération, le produit de la superficie d'un de ses bouts multiplié par la hauteur, est de 5054 ; qui, au lieu de le diviser par 40, doit être divisé par 20 ; le quotient est de $252\frac{14}{20}$ ou réduit $\frac{7}{10}$ qui, multiplicateur de 72 kilog. 705 grammes, produit 18,372 kilo. 553 grammes $\frac{1}{2}$, poids que peut porter la pièce de bois chargée au quart de sa longueur ; lequel poids est le double de celui trouvé dans la deuxième opération, étant placé au milieu de la solive.

Cependant pour le service il ne faudrait pas charger au poids que l'on calcule la force, parce que la pièce chargée pourrait rompre et causer des accidents funestes ; on peut la charger à moitié du poids sans craindre aucun danger.

Tous ces détails prouvent que les pièces de bois posées horizontalement sont plus fortes, étant d'une forme méplate, qu'étant carrées.

Il n'en est pas de même pour les pièces posées verticalement (*d'aplomb*) ; leur forme doit être la plus carrée possible, ou ronde, pour que leur force soit également répartie ; il faut que leurs côtés soient également éloignés de l'axe. Une pièce de bois posée debout, et dont la base forme un carré, un polygone ou un cercle, ayant la grosseur proportionnée à la longueur, serait d'une force extrême. Le sapin de bonne qualité, dans cette position debout, est encore plus fort que le chêne. (*Il est très-essentiel d'employer des bois secs et sains pour les ouvrages destinés à porter quelque fardeau.*)

Examen des connaissances nécessaires aux menuisiers.

Après avoir appris par pratique, pendant plusieurs années d'apprentissage, la manière de couper et façonner le bois, d'assembler et de construire les ouvrages ordinaires, les menuisiers ont tous besoin d'apprendre le dessin, principalement les menuisiers en bâtiments, pour pouvoir exécuter les plans donnés par l'architecte ou tout autre ordonnateur. Le dessin linéaire et le trait leur sont indispensables. La géométrie leur est très-nécessaire, étant le principal élément du dessin linéaire et du trait. Cette science, qui est utile à tous les arts, est pour les menuisiers un guide indispensable et sûr.

Les principes d'architecture sont essentiels pour mettre de la régularité dans les décorations.

EXPLICATION DES PLANCHES.

PREMIÈRE PARTIE.

DES ÉLÉMENTS DE LA GÉOMÉTRIE DESCRIPTIVE.

La géométrie, d'après l'histoire, a pris naissance en Égypte, qui semble avoir été le berceau des connaissances humaines. La géométrie, imparfaite et obscure dans son origine, a commencé par des mesures et des opérations assez grossières ; le cours des siècles l'a perfectionnée, et nous sommes redevables aux célèbres *Descartes, Newton, Leibnitz*, d'avoir frayé les routes pénibles de cette science, et de lui avoir ouvert une carrière nouvelle de perfectionnement.

La géométrie se divise en trois parties. La première ne considère que la connaissance de l'étendue en longueur, sans largeur ni profondeur ; on la nomme *longimétrie*.

La seconde considère l'étendue en longueur et en largeur ; on la nomme *planimétrie*.

La troisième considère l'étendue en longueur, en largeur et en profondeur ; on la nomme *stéréométrie*.

Elle contient aussi une quatrième partie, composée des trois premières, que l'on nomme *trigonométrie*.

Dans la connaissance de l'étendue on considère quatre parties, qui sont le *point*, la *ligne*, la *surface* et le *solide*.

Le point géométrique est considéré comme n'ayant aucune dimension, sans longueur ni largeur, tel que serait un point infiniment petit.

La ligne est considérée ayant une dimension qui est sa longueur ; elle fait partie de la *longimétrie*.

La surface est considérée ayant deux dimensions, qui sont la longueur et la largeur, et fait partie de la *planimétrie*.

Le solide est considéré ayant trois dimensions, la longueur, la largeur et la profondeur, et fait partie de la *stéréométrie*.

Des lignes. — Planche 1.

Il y a trois sortes de lignes : la *droite*, la *courbe* et la *mixte*.

La ligne droite est considérée être le chemin le plus court d'un point à un autre, ayant tous ses points dans une même direction. Voy. la ligne *ab*, fig. 1.

La ligne courbe est celle dont ses points ne suivent pas une même direction. Voy. les lignes *a* et *b*, fig. 9.

La ligne mixte est composée d'une partie droite et d'une partie courbe. Voy. la ligne *d*, fig. 9.

Les lignes droites portent différents noms, selon leur position.

Une ligne placée de niveau se nomme *horizontale*.

Une ligne d'aplomb se nomme *verticale*, et elle est perpendiculaire à la ligne *horizontale*. Voy. la fig. 7, la ligne *ab* est horizontale, et la ligne *cd* est verticale ou perpendiculaire.

Toute ligne droite qui coupe d'équerre une autre ligne quelconque est nommée *perpendiculaire*.

Toute ligne droite qui ne coupe pas perpendiculairement une autre ligne, c'est-à-dire n'est pas d'équerre sur une autre ligne, est nommée ligne *oblique*. Voy. les lignes *a* et *b*, fig. 8. Lorsque deux lignes conservent une distance égale entre elles, dans toute leur longueur, elles se nomment *parallèles*. Voy. les lignes *c* et *d*, fig. 8. Les lignes *a* et *b* sont des *parallèles obliques*.

Les lignes courbes peuvent être aussi parallèles comme sont les lignes *a* et *b*, fig. 9. La courbe *c* n'est pas parallèle.

Parmi les lignes courbes, on en distingue de deux sortes : une ligne tracée avec le compas est nommée *courbe régulière;* une ligne courbe, dont tous les points ne sont pas également éloignés d'un point qui est le centre, se nomme *courbe irrégulière.* Voy. fig. 9. Les lignes *a* et *b* sont des courbes *régulières,* et la ligne *c* est une courbe *irrégulière.*

Dans toute figure quelconque, à quatre côtés, la ligne droite, qui est tirée d'un des angles à l'autre angle opposé, se nomme *diagonale.* Voy. la ligne *ab*, fig. 25. Dans un polygone, la ligne qui part d'un angle pour joindre un autre angle en passant par le centre, se nomme aussi *diagonale.* Voy. la ligne *ab*, fig. 36. La ligne élevée du centre du polygone, perpendiculaire à un des côtés, se nomme *apothème.* Voy. la ligne *cd*, fig. 36.

Du cercle et des lignes qui lui sont assujetties. — Planche 1.

On nomme cercle la surface enveloppée par une ligne tracée avec le compas, que l'on appelle vulgairement *rond*. La ligne qui enveloppe le cercle se nomme *circulaire* ou *circonférence*. Le point formé par la pointe du compas, au milieu du cercle, se nomme *centre*. Voy. fig. 15. Le point *a* est le point de *centre*, et la ligne *b* est la *circulaire* ou *circonférence*. La ligne droite tirée dans le cercle passant par le centre et terminée de ces deux bouts à la circonférence, se nomme *diamètre*. Voy. la ligne *ab*, fig. 17. Toute ligne droite qui part du centre d'un cercle et se termine à la circonférence, se nomme *rayon*. Voy. les lignes *abc*, fig. 16. La surface entre les rayons *a* et *b* se nomme *secteur*. Voy. la partie ombrée, fig. 16. Toutes les lignes droites qui touchent à la circonférence d'un cercle, sans y pénétrer, se nomment *tangentes*. Voy. les lignes *gi* et *gh*, fig. 16. La ligne droite, qui traverse le cercle et coupe la circonférence à deux endroits, se nomme *sécante*. Voy. la ligne *cd*, fig. 17. La surface entre la sécante et la circonférence se nomme *segment*. Voy. la partie ombrée, fig. 17. La ligne droite qui touche à la circonférence par ses deux extrémités se nomme *corde* ou *sous-tendante*. Voy. la ligne *ef*, fig. 17. La ligne perpendiculaire, élevée du milieu de la corde et terminée à la courbe, se nomme *flèche*. Voy. la ligne *g*, fig. 17. On nomme figures *concentriques* les cercles ou autres figures qui ont un même centre, et figures *excentriques* celles qui ont chacune leur centre particulier. Voy. fig. 18. Les lignes circulaires *a* et *b* forment des figures *concentriques*, et les lignes *dc* forment des figures *excentriques*.

La circonférence du cercle se divise en 360 parties égales que l'on nomme *degrés;* quelle que soit la grandeur du cercle, il contient toujours 360 *degrés*.

Voy. fig. 15. Les distances entre chacune des petites lignes, également éloignées l'une de l'autre, au pourtour de la circonférence, contiennent cinq degrés ; les lignes un peu plus longues sont éloignées l'une de l'autre de dix degrés. Les degrés servent à mesurer les angles.

Des angles. — Planche 1.

On distingue trois sortes d'angles auxquels on donne trois noms différents, rapport aux lignes qui les forment, et trois autres noms différents, rapport à leur grandeur.

1° Lorsqu'un angle est formé par deux lignes droites, il se nomme *rectiligne*. Voy. les trois angles *a*, *b* et *c*, fig. 10, 11 et 12.

2° Lorsqu'un angle est formé par deux lignes courbes, il se nomme *curviligne*. Voy. l'angle *a*, fig. 13.

3° Lorsqu'un angle est formé par une ligne droite et une ligne courbe, il se nomme *mixtiligne*. Voy. l'angle *a*, fig. 14.

Si on considère les angles par rapport à leur grandeur, on les distingue par trois noms différents, qui sont : *droit*, *obtus* et *aigu*.

L'angle *droit* est formé par une ligne élevée perpendiculairement sur une autre ligne, et a pour mesure 90 degrés, qui sont le quart du cercle. (Cet angle se nomme vulgairement *d'équerre*.) Voy. l'angle *a*, fig. 10.

L'angle *obtus* a pour ouverture plus de 90 degrés ; il est connu sous le nom d'angle *ouvert* ou angle *gras*. Voy. l'angle *c*, fig. 12.

L'angle *aigu* a pour ouverture moins de 90 degrés ; il est connu sous le nom d'angle *fermé* ou angle *maigre*. Voy. l'angle *b*, fig. 11.

Les angles se distinguent encore par différents noms, selon leur position à l'égard du cercle. Voy. fig. 16. L'angle formé par les deux rayons *a* et *b*, au centre du cercle, se nomme *angle central*. Celui qui touche à la circonférence, étant formé par les lignes *c* et *d*, se nomme *angle inscrit*. Celui formé par les lignes *f* et *e*, n'étant pas au centre du cercle, se nomme *angle excentrique*. Et celui formé au dehors du cercle, par les deux tangentes *gh* et *gi*, se nomme *angle circonscrit*.

Une portion quelconque de la circonférence se nomme *arc* ou *arc de cercle*.

Les arcs contiennent un nombre quelconque de degrés, qui est leur mesure. Il est assez d'usage de nommer *sections* les petits arcs que l'on fait pour établir des points quelconques sur des lignes droites ou courbes.

5

Manière d'élever une perpendiculaire (1) *sur une ligne droite entre deux points donnés.* — Planche 1.

Soit la ligne *ab*, fig. 1, et les deux points donnés *a* et *b*. Prenez une ouverture de compas plus grande que la moitié de la distance du point *a* au point *b*. Avec cette ouverture, mettez la pointe du compas sur un des points *a* ou *b*; décrivez l'arc de cercle *cd* figuré en ligne ponctuée; faites-en autant ayant la pointe du compas sur l'autre point. Ces deux arcs se rencontrent aux points *c* et *d*. Ensuite des deux sections *c* et *d* tirez une ligne droite : elle sera perpendiculaire à la ligne *ab*, et passera entre les points *a* et *b*.

Autre manière d'élever une perpendiculaire. — Planche 1.

Soit la ligne *adb*, fig. 2. Fixez le point *d* où vous voulez élever la perpendiculaire; ensuite fixez les deux points *a* et *b* à distances égales du point *d*; puis, avec une ouverture de compas quelconque, faites la section *c* ayant la pointe du compas sur les points *a* et *b*; tirez de la section *c* au point *d* une ligne droite, elle sera perpendiculaire à la ligne *adb*.

Manière d'élever une perpendiculaire à l'extrémité d'une ligne droite.—Planche 1.

Soit sur la ligne *ab*, fig. 3, le point *a* où l'on veut élever la perpendiculaire. Prenez une ouverture de compas quelconque, et du point *a* fixez le point *c* de manière que l'arc coupe la ligne *ab* au point *a*, et dans un autre endroit pour fixer le point *b*; décrivez un arc indéfini, et du point *b* de cet arc tirez une ligne droite au point *c* : cette ligne prolongée coupera l'arc au point *d*; ensuite tirez la ligne *da*, elle sera perpendiculaire à la ligne *ab*.

Autre manière d'élever une perpendiculaire à l'extrémité d'une ligne.—Planche 1.

Soit la ligne *cb*, fig. 4. Faites à volonté cinq distances égales du point *b* au point *c*; portez quatre de ces distances du point *b* au point *a*; prenez

---

(1) La ligne perpendiculaire est connue, en terme d'ouvrier, sous le nom de ligne d'équerre ou trait carré.

l'ouverture du compas des cinq distances, et du point de la troisième distance *d* faites la section *a;* tirez la ligne *ab* : elle sera perpendiculaire à la ligne *cb;* la ligne *ad* contient cinq distances, la ligne *ab* en contient quatre, et la ligne *bd* en contient trois. On peut par ce moyen fabriquer une *équerre* avec trois tringles de bois, seulement qu'elles aient une rive droite : donnez à la première 3 pieds de longueur, à la seconde 4 pieds, et à la troisième 5 pieds; réunissez-les par leurs extrémités : l'angle qui sera formé par la réunion de celle de 3 pieds et celle de 4 pieds sera droit ou d'*équerre* (*Cette découverte vient d'Archimède*). On peut employer les nouvelles mesures à cette opération en se servant de décimètres ou centimètres au lieu des pieds.

Manière de diviser une ligne droite en parties égales, sans chercher. —Planche 1.

Soit la ligne *ac,* fig. 5, que l'on veut diviser du point *a* au point *c* en dix parties égales. Tirez à volonté, du point *a,* la ligne oblique *ab,* indéfinie en longueur; ensuite ouvrez le compas de division à peu près de la dixième partie de la distance *ac;* avec cette ouverture de compas marquez des points à partir du point *a* sur la ligne oblique *ab;* comptez dix distances, et fixez le point *b* à la dixième distance; puis du point *b* tirez une ligne oblique au point *c;* ensuite, des autres points qui sont sur la ligne *ab,* tirez des lignes obliques parallèles à la ligne *cb* : ces parallèles obliques divisent la ligne *ac* en dix parties égales. Cette opération est très-utile pour diviser ou compartir les lames sur les battants de persienne.

Autre opération pour diviser plusieurs lignes proportionnellement. —Planche 1.

Soit la ligne *h,* fig. 6, divisée en dix parties égales, tirez des lignes parallèles à distances égales, autant que vous voudrez; fixez le point *a* également éloigné, et du point *a* tirez des lignes obliques à chaque point de division de la ligne *h;* ces lignes obliques couperont les lignes parallèles et les diviseront toutes chacune en dix parties égales; les divisions de chaque ligne seront proportionnelles, comme les lignes sont proportionnelles entre elles.

Des Triangles. — Planche 1.

Le triangle est une figure terminée par trois côtés et trois angles, que l'on considère ou par rapport à ses côtés ou par rapport à ses angles. En le considérant par rapport à ses côtés, on en distingue de trois sortes, auxquels on donne à chacun un nom particulier. Le triangle qui a ses trois côtés égaux se nomme *équilatéral*. Voy. fig. 19. Le triangle qui n'a que deux côtés égaux se nomme *isocèle*, voy. fig. 20; et le triangle qui a ses trois côtés inégaux se nomme *scalène*. Voy. fig. 21. En le considérant par rapport à ses angles, on en distingue aussi de trois sortes, auxquels on donne trois noms différents : le triangle qui a un angle droit se nomme *rectangle*, voy. fig. 22 ; le triangle qui a un angle obtus se nomme *amblygone* ou *obtusangle*, voy. fig. 23; le triangle qui a ses trois angles aigus se nomme *oxygone* ou *acutangle*, voy. fig. 24.

Tous les triangles, comme les autres figures planes, lorsqu'elles sont formées par les lignes droites, elles se nomment *rectilignes;* lorsqu'elles sont formées par des lignes courbes, elles se nomment *curvilignes ;* et lorsqu'elles sont formées par des lignes droites et des lignes courbes, elles se nomment figures *mixtilignes.* Le triangle fig. 33 est un triangle *curviligne;* la fig. 34 est une figure *quadrilatère mixtiligne.*

Dans tout triangle il y a trois côtés et trois angles. On prend ordinairement le côté inférieur pour base. L'angle opposé à la base se nomme *sommet;* la ligne perpendiculaire abaissée du sommet sur la base se nomme *hauteur du triangle.* Voy. fig. 19. La ligne *a b* est la base, l'angle *c* est le sommet. La perpendiculaire *c d* est la hauteur. Cette perpendiculaire partage le triangle *équilatéral* en deux triangles *rectangles* égaux ; le triangle *isocèle* serait de même partagé en deux triangles *rectangles* égaux, puisque la ligne perpendiculaire abaissée du sommet sur la base le partage en deux parties égales.

Il peut arriver que cette perpendiculaire tombe en dehors du triangle, comme au triangle *amblygone*, fig. 23; pour lors, afin d'avoir la hauteur, il faut prolonger la base jusqu'à ce qu'elle rencontre la perpendiculaire. Dans un triangle *amblygone* on fait souvent évanouir cette difficulté, quand on peut prendre le plus grand côté pour base. Dans le triangle *rectangle* , fig. 22, la ligne *a b* est la *base ;* la ligne *a c* est à la fois le côté et la hauteur, puisqu'elle est perpendiculaire à la base. La ligne *b c* se nomme *hypoténuse ;* elle est toujours la plus longue des trois ; car dans tout triangle rectangle la surface du carré de son *hypoténuse* égale la surface des deux carrés de la base et du côté. C'est sur ce principe qu'est fondée la manière d'élever une perpendiculaire, fig. 4, dont j'ai déjà parlé (1). Si dans un triangle rectangle on avait besoin de connaître les angles, on peut, en connaissant un des angles aigus, connaître l'autre. La somme des trois angles de tout triangle rectiligne quelconque égale 180 degrés, ou deux angles droits. On connaît déjà que le triangle rectangle a un droit de 90 degrés, pour lors la somme réunie de deux autres angles égale 90 degrés (*un angle droit*). Alors, pour connaître le nombre de degrés de l'angle que l'on ne connaît pas, il faut soustraire de 90 degrés le nombre de degrés de l'angle que l'on connaît, le reste sera le nombre de degrés de l'angle cherché. Par exemple, si un des deux angles a pour mesure 60 degrés, l'autre en aura 30 ; et si l'un a 45 degrés, l'autre aura aussi 45 degrés, puisque les deux doivent avoir ensemble 90 degrés. *Ce moyen est applicable à tous les triangles ; mais il faut connaître deux angles.*

---

(1) On peut, en connaissant la longueur de la base et celle du côté d'un triangle rectangle, connaître la longueur de l'hypoténuse, en cherchant la surface du carré de la base et celle du carré du côté, les ajouter ensemble, et faire du total l'extraction de la racine carrée : l'extraction sera la longueur de l'hypoténuse. — EXEMPLE. En supposant la base du triangle rectangle de 3 pieds de longueur, et le côté ou hauteur du triangle de 4 pieds, la surface du carré de la base sera de 9 pieds, qui est le produit de 3 pieds multiplié par 3 pieds ; et la surface du carré du côté ou hauteur sera de 16 pieds, qui est le produit de 4 pieds multiplié par 4 pieds. En ajoutant ou réunissant 9 pieds avec 16 pieds, la somme sera de 25 pieds, qui est le total de la surface des deux carrés de la base et du côté. En faisant l'extraction de la racine carrée de 25 pieds, il vient pour racine 5 pieds, et reste rien, puisque 5 multiplié par 5 produit 25 ; alors la longueur de l'hypoténuse est de 5 pieds. On peut employer les nouvelles mesures ou toutes autres, cela ne change rien à l'exactitude. *Cette opération est utile pour connaître la longueur des écharpes ou autres pièces de bâtis posées diagonalement ou obliquement aux montants et traverses.* Mais comme la longueur de l'hypoténuse ou de la diagonale d'une figure quadrilatère est incommensurable dans certains nombres, on ne peut se servir de cette opération que pour des cas où l'on n'aurait pas besoin d'une grande précision : par exemple, on peut s'en servir pour le débit des bois.

Des Figures quadrilatères. — Planche 1.

Le nom quadrilatère est pour toutes les figures planes bornées par quatre côtés. Chacune de ces figures porte un nom particulier, rapport à ses angles ou à ses côtés.

Si les quatre côtés sont égaux et les quatre angles droits, elle se nomme *carré*, ou pour mieux la distinguer *carré parfait*. Voy. fig. 25.

Si les quatre angles sont droits, les deux côtés opposés parallèles et égaux, elle se nomme *parallélogramme rectangle*. Voy. fig. 26.

Si les deux côtés opposés sont parallèles et égaux, ayant deux angles obtus et deux aigus, elle se nomme *parallélogramme obliquangle*. Voy. fig. 27.

Si les quatre côtés sont égaux, dont les opposés sont parallèles, ayant deux angles obtus égaux et deux aigus aussi égaux, elle se nomme *rhombe* ou *losange*. Voy. fig. 28.

Si elle n'a que ses côtés opposés d'égaux et parallèles, ayant deux angles obtus égaux et deux angles aigus aussi égaux, elle se nomme *rhomboïde* ou *losange oblong*. Cette figure ressemble au *parallélogramme obliquangle*; il n'y a que sa position qui lui donne un nom différent. Voy. fig. 29.

Si les quatre côtés sont inégaux, mais ayant deux angles droits à sa base inférieure et les deux côtés parallèles, et ayant un angle aigu et un obtus à sa base supérieure, elle se nomme *trapèze régulier*. Voy. fig. 30.

Si deux côtés sont égaux, ayant deux angles aigus égaux à sa base inférieure, et deux angles obtus égaux à sa base supérieure, elle se nomme *trapèze isocèle*. Voy. fig. 31.

Si les quatre côtés et les quatre angles sont inégaux, elle se nomme *trapèze irrégulier* ou *trapézoïde*. Voy. fig. 32.

Des Polygones réguliers. — Planche 1.

Une figure ou un polygone est régulier, lorsque tous les angles et les côtés sont égaux. Tout polygone qui a ses côtés et ses angles inégaux se nomme *polygone irrégulier*. Un polygone peut être circonscrit ou inscrit à un cercle.

Le *polygone circonscrit* est celui dont tous les côtés sont des tangentes d'un cercle, et a pour apothème le rayon du cercle auquel il est circonscrit. Voy. fig. 35.

Le *polygone inscrit* est celui dont chaque angle a le sommet dans la circonférence d'un cercle. Voy. fig. 36.

Il est à remarquer que quand un polygone est circonscrit à un cercle, ce cercle est appelé *inscrit*; et lorsque le polygone est inscrit, le cercle est appelé *circonscrit*. Cette remarque est applicable à toute autre figure quelconque qui serait *inscrite* ou *circonscrite*.

Le *triangle équilatéral* et le *carré parfait* sont mis au rang des *polygones réguliers*; ils peuvent être inscrits ou circonscrits à un cercle; alors, étant placés au rang des polygones, on leur donne à chacun un nom particulier:

Le triangle se nomme *trigone*, et le carré *tétragone*.

La figure qui est formée par cinq côtés, et par conséquent cinq angles, se nomme PENTAGONE. Voy. fig. 35.

Celle à six côtés se nomme HEXAGONE. Voy. fig. 36.

Celle à sept côtés se nomme EPTAGONE. Voy. fig. 37.

Celle à huit côtés se nomme OCTOGONE. Voy. fig. 38.

Celle à neuf côtés se nomme ENNÉAGONE. Voy. fig. 39.

Celle à dix côtés se nomme DÉCAGONE. Voy. fig. 40.

Celle à onze côtés se nomme ENDÉCAGONE. Voy. fig. 41.

Celle à douze côtés se nomme DODÉCAGONE. Voy. fig. 42.

Celle à quinze côtés se nomme PENTÉDÉCAGONE.

Celle à mille côtés se nomme CHILIOGONE.

Celle à dix mille côtés se nomme MYRIAGONE.

Celles qui ne portent pas de nom particulier, on les distingue par le nombre des côtés sous le nom (commun à tous) de polygone. On donne aussi aux figures irrégulières le nom de symétriques.

En considérant le cercle au rang des polygones, on l'appelle *polygone infinitaire*. On peut faire un polygone d'un aussi grand nombre de côtés que l'on veut; alors plus il aura de côtés, plus il ressemblera au cercle.

Manière de tracer les Polygones réguliers. — Planche 1.

La manière de tracer un polygone régulier quelconque consiste à faire un cercle de la grandeur que l'on veut le polygone, ensuite diviser la circonférence en autant de parties égales que l'on veut de côtés au polygone, puis mener des lignes droites d'un point à l'autre, le plus près des points de division de la circonférence. En continuant cette opération au pourtour, on aura autant de lignes droites que l'on aura établi de divisions. Chaque ligne formera un côté du polygone.

DES CORPS SOLIDES.

Planche 2.

La figure 1 représente un *parallélipipède*. C'est un corps borné par six parallélogrammes rectangles.

La figure 2 représente un *prisme quadrangulaire droit*. C'est un corps dont les quatre faces du pourtour sont des parallélogrammes rectangles et les deux bases des carrés.

La figure 3 représente un *prisme quadrangulaire oblique*. Il ne diffère du précédent que par son axe qui est oblique à sa base.

La figure 4 représente un *prisme triangulaire droit*. La base est un triangle équilatéral.

La figure 5 représente un *prisme triangulaire oblique*. Il diffère du précédent par son axe, qui est oblique à sa base.

La figure 6 représente un *prisme pentagonal droit*. Sa base est un pentagone.

La figure 7 représente un *prisme pentagonal oblique*.

La figure 8 représente une *pyramide quadrangulaire droite*. Sa base est un carré.

La figure 9 représente une *pyramide quadrangulaire oblique*. Sa base est un carré et son axe est oblique.

La figure 10 représente une *pyramide triangulaire droite*. Sa base est un triangle équilatéral.

La figure 11 représente une *pyramide triangulaire oblique*. Sa base est un triangle et son axe est oblique.

La figure 12 représente une *pyramide pentagonale tronquée*. Sa base est un pentagone.

La figure 13 représente un *cylindre droit*. Sa base est un cercle, et son axe est perpendiculaire à sa base.

La figure 14 représente un *cylindre oblique*. Sa base est un cercle et son axe est oblique.

La figure 15 représente un *cône droit*. Sa base est un cercle et son axe est perpendiculaire à sa base.

La figure 16 représente un *cône oblique*. Sa base est un cercle et son axe est oblique.

La figure 17 représente un *cône droit tronqué*.

La figure 18 représente une *sphère elliptique* ou *sphère allongée*.

La figure 19 représente une *sphère*.

La figure 20 représente un *tétraèdre*. C'est un corps borné par quatre triangles équilatéraux égaux.

La figure 21 représente un *hexaèdre*. C'est un corps borné par six carrés égaux. (Ce corps se nomme aussi *cube*).

La figure 22 représente un *octaèdre*. C'est un corps borné par huit triangles équilatéraux égaux.

La figure 23 représente un *dodécaèdre*. C'est un corps borné par douze pentagones réguliers égaux.

La figure 24 représente un *icosaèdre*. C'est un corps borné par vingt triangles équilatéraux égaux. Ces cinq derniers corps sont nommés *polyèdres réguliers*.

Manière de convertir une Figure carrée en octogone. — Planche 2.

Soit le carré, fig. 25 ; tirez des angles du carré deux diagonales, ouvrez le compas de la moitié d'une des diagonales, mettez la pointe du compas sur un des angles du carré, et décrivez un arc qui doit être un quart de cercle ; faites-en autant à chacun des autres angles ; où les arcs auront coupé les côtés du carré, tirez une ligne droite d'un point à l'autre le plus près ; les lignes étant toutes les quatre terminées, l'octogone sera formé.

Manière de tracer un Pentagone sans former de cercle. — Planche 2.

Soit le pentagone *a d e f b*, fig. 26 ; tirez la ligne *a b* de ce que vous voulez donner de côté au pentagone ; mettez la pointe du compas sur le point *a*, ouvrez l'autre pointe jusqu'au point *b*, et décrivez un arc de cercle indéfini ; élevez du point *a* la perpendiculaire jusqu'au point *c* de l'arc ; divisez

6

en cinq parties égales l'arc entre le point *b* et le point *c;* portez une de ces
parties du point *c* pour fixer le point *d*, puis tirez la ligne *a d*, elle formera
un côté du pentagone; ensuite, avec l'ouverture du compas qui a servi à
décrire l'arc *b c d*, mettez la pointe sur le point *b*, et décrivez l'arc *a f* indéfini; ouvrez le compas du point *b* au point *d*, et décrivez l'arc *d e;* ensuite,
avec la même ouverture du compas, portez la pointe sur le point *a* et décrivez
l'arc *e f*, puis tirez les lignes des points *d* à *e*, de *e* à *f* et de *f* à *b;* ces lignes
étant terminées le pentagone sera formé.

Le principe sur lequel cette opération est fondée, est que l'angle d'un
pentagone a pour mesure 108 degrés : le quart du cercle contient 90 degrés;
en le divisant en cinq parties égales, chaque partie contiendra 18 degrés;
étant ajoutées avec les 90 degrés du quart du cercle, elles forment 108 degrés,
qui donnent l'angle du pentagone. D'après ce principe, on peut tracer tout
autre polygone; mais il est essentiel de savoir que les angles d'un polygone
régulier quelconque, valent ensemble le double d'angles droits moins 4.
Voici un *exemple :* un pentagone a 5 angles, le double produit 10 angles
droits, moins 4, reste 6 angles droits, contenant chacun 90 degrés, produisent ensemble 540 degrés, qui, divisés par le nombre des angles du pentagone 5, donnent 108 degrés au quotient, qui est bien le nombre de degrés
de l'angle d'un pentagone.

*Manière de trouver l'ouverture du Compas qui divise la circonférence d'un cercle
en autant de parties égales que l'on veut.* —Planche 2.

Soit le cercle, fig. 27, dont on désire diviser la circonférence en sept
parties égales, comme par exemple, pour tracer un *eptagone inscrit :* tirez
la ligne *a b* qui passe par le centre du cercle, divisez cette ligne, qui est le
diamètre du cercle, en autant de parties égales que vous voulez diviser la
circonférence, ouvrez votre compas de la grandeur du diamètre *a b*, décrivez
l'arc *b c* ayant la pointe du compas sur le point *a*, et avec la même ouverture du compas mettez la pointe sur le point *b* et décrivez l'arc *a c;* ensuite
du point de section *c* des deux arcs, tirez une ligne droite qui passe par
le second point de division du diamètre; cette ligne, en coupant la circonférence, vous fixera le point *d;* alors, en ouvrant le compas du point *d* au
point *a*, vous aurez l'ouverture qui divisera la circonférence du cercle en
autant de parties égales que vous aurez divisé le diamètre. Ainsi l'ouverture
du compas *d a* a divisé la circonférence en sept parties égales, puisque le

diamètre a été divisé en sept parties égales. (*Cette opération est utile pour tracer les polygones inscrits.*)

Opération pour trouver la grandeur d'un cercle qui inscrit un polygone régulier quelconque, dont les côtés seraient bornés. — Planche 2.

Voyez la fig. 28, ouvrez le compas de la grandeur que vous voulez donner au côté du polygone ; avec cette ouverture, décrivez une circonférence de cercle ; alors, avec cette même ouverture, vous diviserez la circonférence en six parties, et vous inscrirez un *hexagone* ; tirez une ligne droite du point *e* au point *f*, qui passera par le centre de l'*hexagone*, élevez du centre la perpendiculaire *c d*, qui sera un rayon du cercle. Divisez cette perpendiculaire en six parties égales, chaque point de division sera un centre pour décrire la circonférence du cercle dont vous aurez besoin. Si vous voulez inscrire un *eptagone*, vous mettrez la pointe du compas sur le point le plus près du centre, et vous ouvrirez l'autre point jusqu'au point *a* ou le point *b ;* vous décrirez une circonférence de cercle ; ce cercle vous inscrira un polygone à sept côtés (*eptagone*), dont vous aurez borné le côté par l'ouverture du compas qui vous aura servi à décrire le premier cercle ; ensuite, en répétant la même opération sur le second point, on aura un cercle qui inscrira un polygone à huit côtés (*octogone*). Les côtés seront pareils aux côtés de l'*hexagone* et de l'*eptagone*. Les autres points vous serviront de même pour les autres polygones.

Opération pour faire passer une circonférence de cercle par trois points fixés à volonté (1). — Planche 2.

Soient les trois points *a*, *b*, *c*, fig. 29 ; tirez les deux lignes droites *a b* et *b c ;* entre le point *a* et le point *b* tirez une ligne perpendiculaire, et de même une autre entre le point *b* et le point *c ;* ces deux perpendiculaires se joignent au point *d*, qui est le centre pour décrire l'arc qui passera par les points fixés.

_____

(1) Cette opération est connue sous le nom de *trois points perdus.*

Manière d'élever une perpendiculaire au milieu et à l'extrémité d'une portion de cercle. — Planche 2.

Soit la portion de cercle ou courbe, fig. 30; du point *e*, où vous voulez élever la perpendiculaire, décrivez la portion du cercle *c d* à volonté; avec la même ouverture de compas mettez la pointe sur le point *c*, et décrivez l'arc *a b e;* du point *a* et du point *e*, faites la section *b*, la ligne *b c* est perpendiculaire à la ligne courbe *a c e;* pour tracer la perpendiculaire à l'extrémité de la courbe au point *e*, ouvrez le compas du point *a* au point *b;* avec cette ouverture de compas, mettez la pointe sur le point *c* et faites la section *d;* tirez la ligne droite du point *d* au point *e*, elle sera perpendiculaire à la ligne courbe *a c e*. Cette ligne tend au centre du cercle.

Manière de tracer une portion de cercle sans compas par le moyen de deux règles. — Planche 2.

Soit la courbe à décrire *a b c*, fig. 31; piquez deux clous ou autres pointes aux points *a* et *c;* clouez les deux règles l'une sur l'autre, de manière que l'angle soit au point *b*, en faisant couler les rives des règles contre les deux points *a* et *c*, l'angle *b* des règles décrira une portion de cercle.

Autre manière sans se servir de règles ni compas. — Planche 2.

Soit la corde *a d b* et la flèche *d c*, fig. 32; tirez une ligne droite du point *a* au point *c*, et une autre dn point *b* au point *c;* mettez la pointe du compas sur le point *a*, et d'une ouverture à volonté décrivez un arc indéfini; faites-en autant ayant la pointe sur le point *b*, divisez ces deux arcs en autant de parties égales que vous voulez, depuis la corde jusqu'aux lignes *a c* et *c b;* si par exemple comme est la figure, vous avez divisé l'arc depuis la ligne *a c* jusqu'à la corde *a d* en trois parties, vous porterez deux de ces parties sur la continuation de l'arc pour fixer les points *e*, *f*. Faites de même pour l'arc du point *b*, tirez des lignes rayonnantes du point *a* à chaque point de division de l'arc, et de même des lignes rayonnantes du point *b*, à chaque point de division sur son arc. Ces lignes se croiseront sur la flèche, où la ligne rayonnante la plus près de la corde coupera la ligne rayonnante de l'autre point la plus éloignée de la corde; elle fixera un point par lequel doit passer la ligne de circonférence de la portion de cercle. La rencontre des autres lignes rayonnantes fixera les autres points de passage de la ligne de circonférence (1).

Autre opération pour le même objet. — Planche 2.

Tracez un parallélogramme *a b e f*, fig. 33, de la longeur de la corde et de la hauteur de la flèche. Tirez la perpendiculaire *cd* au milieu de la corde; divisez la moitié de la corde en autant de parties égales que vous voulez; puis divisez les lignes *ae* et *bf* en pareil nombre que chaque moitié de la corde. De chacun des points de division, tirez des lignes au point *c*. Sur chacune de ces lignes abaissez des perpendiculaires de chacun des points de division de la corde, le point où ces perpendiculaires touchent à leur ligne est le point de passage de la ligne de circonférence de la portion de cercle. Les deux lignes *ac* et *bc* ayant chacune une ligne perpendiculaire à leur extrémité *a* et *b*, où ces deux perpendiculaires se rencontrent, elles déterminent le diamètre du cercle entier au point *d* : on peut se servir de ce point *d* pour donner la direction des lignes 1, 2, 3, 4, 5, 6, lesquelles partent de chacun des points de division de la corde, et rencontrent chacune une ligne perpendiculairement.

Différentes manières de tracer les Ovales et Ellipses. — Planche 3.

Ordinairement on appelle ovale une figure elliptique qui est tracée avec le compas, telles que sont les fig. 1, 2, 3, 4, 5 et 6; et on appelle ellipses les figures semblables, mais tracées par des opérations géométriques qui commandent et fixent les points de passage de la courbe de circonférence, telles que sont les fig. 7, 8, 9, 10 et 11. La fig. 12, qui a la forme du profil d'un œuf, est la seule que les géomètres appellent ovale.

La figure elliptique *ovale* ou *ellipse* est une figure plane enfermée par

---

(1) Cette opération, très-utile pour les grandes dimensions, par la facilité du tracé de ses lignes droites à l'aide du cordeau, m'a été enseignée par M. Provost, ancien architecte du Roi, près la chambre des pairs; je l'ai mise en œuvre pour le tracé du cintre de l'avant-scène au théâtre de l'Odéon, lors de sa reconstruction en 1819.

une ligne courbe, dont tous les points ne sont pas également éloignés d'un centre; c'est ce qui lui donne deux diamètres ou *axes*, la plus grande dimension se nomme *grand axe*, et la plus petite se nomme *petit axe*, ou *grand diamètre* et *petit diamètre*. Voy. fig. 4. La ligne *a b* est le grand axe, et la ligne *c d* est le petit axe; le point *g*, où ces deux axes se croisent, se nomme *centre commun*.

DES OVALES TRACÉS AU COMPAS.

Pour tracer l'Ovale, borné sur le grand axe, fig. 1. — Planche 3.

Divisez la longueur du grand axe en trois parties égales; décrivez deux cercles du centre *a* et du centre *b*; avec la même ouverture du compas décrivez les arcs des bouts, ayant la pointe sur l'extrémité du grand axe; ces arcs marquent les points de raccord des côtés avec les bouts; l'intersection des deux cercles aux points *d* et *c* sont les deux points de centre pour décrire les arcs des côtés de l'ovale.

Pour tracer l'Ovale suivant, fig. 2*, borné sur le grand axe.* — Planche 3.

Divisez le grand axe *a d* en quatre parties égales pour fixer les points *b* et *c;* mettez la pointe du compas sur le point *b;* ouvrez le compas jusqu'au point *a*, et décrivez l'arc *e a f;* avec la même ouverture de compas mettez la pointe sur le point *a*, et faites les sections *e* et *f;* avec la même ouverture de compas mettez la pointe sur le point *c*, et décrivez l'arc *g d h;* mettez la pointe du compas sur le point *d*, et faites les sections *g* et *h;* ensuite ouvrez le compas de la section *e* à la section *g;* avec cette ouverture de compas faites la section *i* ayant la pointe sur le point *e* et sur le point *g;* puis mettez la pointe du compas sur la section *i*, et décrivez l'arc *e g;* faites-en autant pour l'arc *f h*, l'ovale sera terminé.

Pour tracer l'Ovale, fig. 3*, dont les deux axes ne sont pas bornés.* — Planche 3.

Tracez au milieu le carré *a b c d* diagonalement sur les deux axes, prolongez les lignes des côtés, mettez la pointe du compas sur l'angle *a*, ouvrez le compas jusqu'à l'angle *c;* avec cette ouverture décrivez l'arc *g e;* faites de même pour l'arc *f h;* ensuite mettez la pointe du compas sur l'angle *d*, ouvrez le compas jusqu'au point *e* et décrivez l'arc *e f;* faites de même pour l'arc *g h*, ayant la pointe du compas sur le point *c*, l'ovale sera terminé. Le grand axe de cet ovale a pour longueur la diagonale et deux côtés du carré du milieu, auquel sont les quatre centres aux angles.

Des Ovales bornés sur le grand et sur le petit axe que l'on nomme ovales bornés.

Pour tracer l'Ovale borné, fig. 4. — Planche 3.

Après avoir déterminé à volonté la longueur du grand axe *a b* et le petit axe *c d*, prenez la moitié du petit axe *d g*, portez-la sur le grand axe du point *b* pour fixer le point *e*, mettez la pointe du compas sur le centre commun *g*, ouvrez-le jusqu'au point *e* et décrivez l'arc *e i;* avec la même ouverture du compas mettez la pointe sur le point *e* et décrivez l'arc *g i*, tirez une ligne droite des sections de ces deux arcs, elle fixera le point *h* sur le grand axe; mettez la pointe du compas sur le grand axe au point *h*, ouvrez-le jusqu'au point *i* et décrivez le quart de cercle *i f;* le point *f* sur le grand axe est le centre pour décrire l'arc du bout *b;* avec la même ouverture du compas décrivez l'arc *a* de l'autre bout, ensuite faites les sections et opérez pour le reste comme à l'ovale, fig. 2.

Pour tracer l'Ovale borné, fig. 5. — Planche 3.

Après avoir déterminé les deux axes, tracez sur le grand axe un triangle équilatéral dont la moitié du grand axe est un des côtés; mettez la pointe du compas sur le centre commun et décrivez l'arc *a c* pour fixer le point *c* sur le côté du triangle; tirez une ligne droite du point *a* au point *c*, prolongez cette ligne jusqu'à l'autre côté du triangle pour fixer le point *b*, mettez la pointe du compas sur le point *d*, et décrivez l'arc *b e* pour fixer le point *e* sur le grand axe; sans changer l'ouverture du compas, mettez la pointe sur le point *e* et décrivez l'arc du bout *b d;* de même de l'autre bout et les sections; le reste se termine comme pour l'ovale, fig. 2.

Pour tracer l'Ovale borné, fig. 6. — Planche 3.

Après avoir déterminé les deux axes, tirez une ligne droite de l'extrémité du grand axe à l'extrémité du petit axe du point *a* au point *b;* ensuite prenez la moitié du petit axe *b e*, portez cette distance sur le grand axe du point *a* pour fixer le point *d*, prenez la distance *d e* et portez-la *b c;* entre le point *c* et le point *a* tirez une perpendiculaire assez longue pour qu'elle coupe les deux axes, elle fixera deux points de centre sur les deux axes, dont celui sur le grand axe servira pour décrire l'arc du bout, et celui sur le petit axe pour décrire l'arc du côté; portez les deux autres centres sur le grand et le petit axe pareillement, et tirez les lignes comme l'indique la figure; le reste de l'ovale se termine comme celui fig. 3.

DES ELLIPSES TRACÉES PAR DES OPÉRATIONS GÉOMÉTRIQUES.

Pour tracer l'Ellipse, fig. 7. — Planche 3.

Après avoir déterminé les deux axes, mettez la pointe du compas sur le centre commun, et décrivez un quart de cercle de la grandeur du petit axe; divisez le quart de cercle en autant de parties égales que vous voulez, abaissez de chacun des points de division des lignes perpendiculaires sur le grand axe, tirez la ligne oblique *a e* égale à la moitié du grand axe, les perpendiculaires fixeront sur cette ligne les points *b, c, d;* prenez la distance *ab*, portez-la *af;* la distance *ac*, portez-la *ag*, et la distance *ad* portez-la *ah;* tirez des points *f, g, h* des lignes perpendiculaires au grand axe, où elles rencontreront les lignes parallèles au grand axe, elles fixeront les points de passage de la courbe de l'ellipse. Pour l'autre côté, il n'y aura qu'à copier les mêmes opérations.

Pour tracer l'ellipse, fig.8. — Planche 3.

Décrivez un cercle de la grandeur du petit axe et un de la grandeur du grand axe; tirez du centre commun des lignes rayonnantes, autant que vous voulez; des points où ces lignes rencontrent le grand cercle abaissez des perpendiculaires au grand axe, et des points où elles coupent le petit cercle, tirez des lignes parallèles au grand axe; où ces lignes parallèles joignent chacune la perpendiculaire qui est abaissée de l'extrémité de la même ligne rayonnante, elles fixent des points par lesquels doit passer la courbe de l'ellipse.

Pour tracer l'ellipse, fig. 9, nommée ovale du jardinier. — Planche 3.

Après avoir déterminé le grand axe *a b* et le petit axe *d g*, ouvrez le compas de la moitié du grand axe *a c;* avec cette ouverture mettez la pointe sur le point *d*, extrémité du petit axe, et décrivez les arcs des sections *e f;* mettez la pointe sur le point *g* et coupez les arcs des sections *e f;* ces deux points *e* et *f* se nomment les *foyers;* prenez une ouverture de compas à volonté *a h*, avec cette ouverture mettez la pointe du compas sur le foyer *e*, et décrivez le petit arc de la section *o;* ensuite ouvrez le compas du point *h* au point *b*, avec cette ouverture mettez la pointe du compas sur le foyer *f*, et coupez l'arc de section *o*. De la même manière faites la section *n* avec les ouvertures du compas *a i* et *i b;* opérez de même pour la section *m*, avec les ouvertures du compas *a J* et *J b;* les sections *m n o* et les points *a* et *d* marquent le passage de la courbe du quart de l'ellipse. Faites les mêmes opérations au pourtour pour le reste de l'ellipse.

Cette ellipse se nomme ovale du jardinier, parce que l'on peut la tracer avec un cordeau, en le fixant aux points *e f*, foyers de l'ellipse, et lui donnant la longueur nécessaire pour joindre l'extrémité du petit axe; les lignes ponctuées marquent les différentes positions du cordeau, et forment les rayons vecteurs de l'ellipse.

Pour tracer l'ellipse, fig. 10. — Planche 3.

Tracez le parallélogramme rectangle (*carré allongé*) du grand et du petit axe de l'ellipse, divisez les côtés du parallélogramme en autant de parties égales que vous voulez, de manière que les deux grands côtés soient divisés en même nombre que les deux petits côtés; tirez des lignes droites d'un des points du grand côté à un point du petit côté, autant de lignes droites comme de points sur chaque côté. Ces lignes forment des angles où elles se croisent, lesquels marquent le passage de la courbe de l'ellipse.

Pour tracer l'ellipse, fig. 11. — Planche 3.

Après avoir borné les deux axes, prenez une règle ou une tringle de bois qui soit droite d'une de ses deux rives, donnez à cette tringle la longueur de la moitié du grand axe, marquez sur cette tringle, à partir

7

d'un de ses bouts, la moitié du petit axe ; comme du bout *b* pour marquer le point *a*, posez la tringle en différentes positions, toujours ayant le point *a* sur le grand axe et le bout *c* sur le petit axe, le bout *b* de la tringle marquera la ligne courbe de la circonférence de l'ellipse. Cette tringle fait l'effet du compas elliptique ou *équerre mobile*.

Pour tracer la figure 12, nommée par les géomètres *ovale*, la partie supérieure, à partir de la ligne ponctuée *a b*, est un demi-cercle, et la partie inférieure est une demi-ellipse. En joignant ensemble la moitié d'un cercle et la moitié d'une ellipse, cette figure ovale se trouve formée. La longueur des lignes parallèles au petit axe *a b*, dans le demi-cercle, commande la longueur de chacune des lignes parallèles dans la demi-ellipse ; le grand axe de la demi-ellipse doit être divisé en même nombre que dans le demi-cercle.

DU DÉVELOPPEMENT DE LA SURFACE DES CORPS SOLIDES.

Développement de la surface d'un prisme triangulaire droit. — Planche 4.

Soit le prisme en élévation géométrale, fig. 1, son plan, qui est la figure de sa base, fig. 2, et le développement de la surface de ses trois côtés, fig. 3. Après avoir tracé le plan et son élévation géométrale, tirez deux lignes horizontales, une de la base supérieure et une de la base inférieure de l'élévation géométrale ; prenez les trois distances du périmètre du plan *a b c*, fig. 2, portez-les sur la ligne horizontale du bas, fig. 3, pour fixer les points *a b c a* ; de ces points, élevez des perpendiculaires jusqu'à la ligne horizontale du haut, le développement de la surface sera terminé tel que le représente la figure 3.

Pour tracer le développement du prisme quadrangulaire oblique, *fig.* 4. — Planche 4.

Après avoir tracé son plan, fig. 5, et son élévation géométrale, fig. 4, prolongez les lignes de la base inférieure et de la base supérieure de son élévation, tirez à la distance que vous voulez la ligne *a c* parallèle au côté de l'élévation, portez sur les lignes prolongées la distance *a b* du plan pour fixer le point *b* et le point *f* ; tirez la ligne *b f*, elle sera parallèle à la ligne *a e* ; tirez du point *a* une ligne perpendiculaire à la ligne *a e*, et du point *b* une ligne perpendiculaire à la ligne *bf*; prenez la distance *bc* au plan, portez cette distance au développement, fig. 6, du point *b* pour fixer le point *c*, et de même la distance du point *c* au point *d* du plan, pour fixer au développement du point *c* le point *d*, et de même pour la distance du point *d* au point *a*; tirez de ces points des lignes parallèles à la ligne *bf*, et des lignes droites d'un point à l'autre de *c* à *d* et *da*; faites de même pour le haut de la figure du développement, l'opération sera terminée.

DU DÉVELOPPEMENT DE LA SURFACE DES PYRAMIDES.

Pour tracer le développement de la surface de la pyramide triangulaire droite, fig. 8. — Planche 4.

Après avoir tracé son plan, fig. 7, et son élévation géométrale, fig. 8, tirez du point *d*, milieu du plan, la ligne *ded* parallèle au côté *bc* du plan perpendiculaire à la ligne *da*, et de même tirez la ligne *aa*; tirez à la distance que vous voulez du plan la ligne *ae* parallèle à la ligne *ad*, laquelle sert de base à la fig. 9; prenez la hauteur verticale de l'élévation, fig. 8, du point *e* au sommet *d*; portez cette hauteur, fig. 9, du point *e* pour fixer le point *d*; tirez la ligne *da*, prenez l'ouverture du compas *da*, fig. 9; avec cette ouverture décrivez l'arc de cercle indéfini *da*, fig. 10; fixez à volonté sur cet arc de cercle le point *a* et portez sur cet arc, à partir du point *a*, les distances *abca* que vous aurez prises de la distance d'un angle à l'autre sur le périmètre du plan, fig. 7; tirez des lignes droites des points *abca* et au centre *d*, fig. 10, le développement sera terminé.

Pour tracer le développement de la surface de la pyramide quadrangulaire oblique, fig. 12. — Planche 4.

Après avoir placé le plan, fig. 11, et l'élévation géométrale, fig. 12, abaissez une perpendiculaire du sommet *f* de l'élévation sur l'axe du plan *i*, fig. 11; tirez du point *i* la ligne *ef*, fig. 13, perpendiculaire à la ligne *bc* du plan, fig. 11; tirez à volonté la ligne *ge*, fig. 13, parallèle à la ligne *bc* du plan; prenez la hauteur *ef*, fig. 12; portez cette hauteur, fig. 13, du point *e* pour fixer le point *f*; tirez la ligne droite *fg*, ensuite tirez à volonté la ligne *ab*, fig. 14; élevez sur cette ligne laperpendiculaire *gf*; prenez la distance

g f, fig. 13 ; portez cette distance sur la perpendiculaire, fig. 14, du point *g*,
pour fixer le point *f;* prenez la distance *e b*, fig. 12, portez la fig. 14 du point *g*
pour fixer le point *b;* prenez au plan, fig. 11, la distance du point *a* au
point *b;* portez cette distance, fig. 14, du point *b* pour fixer le point *a;* tirez
les lignes *a f* et *b f*, fig. 14. Cette figure triangulaire est une face de la pyramide développée. Mettez la pointe du compas sur le point *f*, fig. 14, et ouvrez le compas jusqu'au point *a* pour décrire l'arc indéfini; ensuite, du
même centre *f*, décrivez l'arc *b c;* prenez la distance *d a* du périmètre du
plan, fig. 11 ; portez cette distance, fig. 14, du point *a* pour fixer le point *d*,
de même pour *b c* et pour *c d;* tirez une ligne droite du point *d* au point *a*, de
même de *b* à *c* et de *c* à *d*, et de ces mêmes points de lignes droites au
point *f*, le développement sera terminé.

Pour tracer le développement de la surface de la pyramide pentagonale tronquée,
fig. 16. — Planche 4.

Après avoir tracé le plan, fig. 15, et l'élévation géométrale, fig. 16, pour
tracer le développement, fig. 17, vous emploierez les mêmes moyens que
pour la pyramide triangulaire, fig. 8. Les ouvertures du compas qui ont dé-
crit les arcs de cercle *g* et *f* du développement, fig. 17, ont été prises *h g* et
h f, fig. 16, et les distances *a b c d e a* du plan, fig. 15, ont été portées sur le
grand arc *f* du développement, fig. 17.

DU DÉVELOPPEMENT DE LA SURFACE DES CYLINDRES.

Pour développer la surface du cylindre, fig. 18. — Planche 4.

Après avoir tracé le cercle du plan, fig. 19 (qui est la figure de la base
du cylindre), et l'élévation géométrale, fig. 18, tirez les deux lignes de développement, fig. 20, *f i* et *a d* perpendiculaires au côté du cylindre; ensuite, à une distance à volonté, tirez la ligne *af*, fig. 20, parallèle au côté du
cylindre, et qui sera perpendiculaire à la ligne *a d;* divisez la circonférence
du plan, fig. 19, en autant de parties égales que vous voulez; portez ces distances sur la ligne *a d*, à partir du point *a*, pour fixer le point *d*, fig. 20; de
chaque point de distance élevez des perpendiculaires à la ligne *a d* jusqu'à
la ligne *f i*, telles que sont les lignes élevées des points *d c b*, fig. 20, lesquelles

sont éloignées l'une de l'autre de la distance des points de division *a d e b* du plan, fig. 19 ; la ligne oblique *c d*, sur le développement, fig. 20, représente la ligne hélice qui tourne au pourtour du cylindre, fig. 18. Cette ligne est semblable à la ligne du pas d'une vis.

Pour développer la surface du cylindre oblique, fig. 21. — Planche 4.

Après avoir tracé le plan et l'élévation comme au précédent, divisez la circonférence du plan en autant de parties égales que vous voulez ; tirez du bout de chaque ligne parallèle au point où elles touchent à la base supérieure de l'élévation, fig. 21, des lignes ponctuées perpendiculaires aux côtés du cylindre ; ensuite tirez la ligne *a b* du développement, fig. 23, parallèle au côté du cylindre ; prenez avec le compas les distances des divisions de la circonférence du plan, fig. 22 ; portez ces distances, fig. 23, à partir du point *b*, sur chacune des lignes ponctuées, pour fixer les points *c d e f g h*, et de même jusqu'au point *i* ; tirez de ces points des lignes parallèles à la ligne *a b*, donnez à chaque ligne la même longueur que la ligne *a b*, vous ferez passer une courbe par ces points, hauts et bas, et le développement sera terminé.

DÉVELOPPEMENT DE LA SURFACE DES CÔNES.

Pour tracer le développement de la surface du cône tronqué, fig. 24. — Planche 4.

Après avoir tracé à volonté le cercle du plan, fig. 25, et l'élévation géométrale, fig. 24, figurez en lignes ponctuées l'axe du cône et les côtés comme s'il n'était pas tronqué ; divisez la circonférence du plan en autant de parties égales que vous voulez, ouvrez le compas du point *o*, sommet figuré de l'élévation jusqu'au point *a*, fig. 24 ; avec cette ouverture de compas, décrivez le grand arc du développement *dae*, fig. 26 ; tirez à volonté du centre *c* la ligne *c d;* ensuite prenez avec le compas les distances des divisions de la circonférence du plan, et portez ces distances sur l'arc *dae*, fig. 26, pour fixer le point *e* ; tirez du point *e* une ligne au centre *c*, elle bornera l'étendue du développement ; ensuite, avec l'ouverture du compas du point *o* au point *b*, fig. 24, décrivez l'arc *b*, fig. 26 ; de chaque point de distance sur l'arc *dae*, tirez des lignes droites vers le point *o*, le développement sera terminé. Les moyens employés pour développer la surface d'un cône sont les mêmes que pour une pyramide; car un cône peut être considéré comme une pyramide, dont la base est un cercle. *La ligne* d b *du développement représente la ligne spirale qui tourne au pourtour du cône.*

Pour développer la surface du cône oblique, fig. 27. — Planche 4.

Après avoir tracé le plan et l'élévation comme au précédent, tirez à volonté la ligne droite *h g a*, qui part du point *h*, sommet du cône, fig. 27; élevez perpendiculairement à la base du cône des lignes droites de chaque point de division de la circonférence du plan, fig. 28; mettez la pointe du compas sur le sommet *h*, et décrivez de chaque point sur la base des arcs jusqu'à la ligne *a g h*; de ces arcs, tirez les petites perpendiculaires à la ligne *ay*, comme sont les lignes *b c d e f*, prenez la longueur de chaque ligne *i j k l m* du plan, fig. 28; portez-les pour fixer les points *b c d e f*, fig. 27; prenez l'ouverture du compas *h a*, avec cette ouverture de compas décrivez l'arc *o* en lignes ponctuées, fig. 29; pour les autres arcs, prenez les ouvertures de compas *h b*, *h c*, *h d*, *h e*, *h f* et *h g*; avec ces ouvertures décrivez les arcs, ayant la pointe du compas sur le même centre *n*; tirez à volonté la ligne *n o*; portez les distances des points de division de la circonférence du plan à partir du point *o* sur chaque arc comme au développement du cylindre oblique; ensuite faites passer une courbe par tous ces points, et des mêmes points tirez les lignes droites au point du centre *n*, le développement sera terminé.

DÉVELOPPEMENT DE LA SURFACE DES CORPS RÉGULIERS.

Pour développer la surface du tétraèdre, fig. 1. — Planche 5.

(Le tétraèdre est borné par quatre faces qui sont quatre triangles équilatéraux égaux.) Faites quatre triangles équilatéraux égaux, tels que le représente la fig. 2, le développement sera terminé.

Pour développer la surface de l'hexaèdre (ou cube), fig. 3. — Planche 5.

Faites six carrés égaux pareils à celui de la fig. 3, tels que le représente le développement fig. 4.

Pour développer l'octaèdre, fig. 5. — Planche 5.

Faites huit triangles équilatéraux pareils à celui inscrit fig. 5, tels que le représente le développement, fig. 6.

Pour développer le dodécaèdre, fig. 7. — Planche 5.

Faites douze pentagones réguliers, pareils à celui inscrit fig. 7, tels que le représentent les fig. 8 et 9 du développement.

Pour développer l'icosaèdre, fig. 10. — Planche 5.

Ce développement est composé de vingt triangles équilatéraux, pareils au triangle du milieu de la fig. 10, tels que le représente la fig. 11.

Pour développer la surface de la sphère en fuseaux ou feuilles de laurier.
Planche 5.

Après avoir tracé le cercle du plan, fig. 13, tracez la figure de l'élévation du même diamètre que le plan ; divisez la circonférence du plan en autant de parties égales que vous voulez ; portez les distances de tous les points de division de la circonférence du plan sur la ligne *a b*, fig. 14, la dernière distance fixera le point *b*; de la distance *a b* décrivez-en deux cercles, ensuite tirez les lignes *c d* et *e f* tangentes aux cercles, elles seront parallèles à la ligne *a b*; entre chaque point de distance sur la ligne *a b*, élevez des perpendiculaires, elles fixeront des points sur les lignes *c d* et *e f*; décrivez un arc de cercle qui passe par les points *c a e*, il formera un côté du fuseau ; faites de même pour tous les autres fuseaux, et le développement sera terminé.

Pour développer la surface de la sphère par zones parallèles. — Planche 5.

Il faut considérer la sphère comme composée de plusieurs cônes droits tronqués ; la ligne *f e d*, fig. 13, représente l'axe d'un cône imaginaire, la ligne *f a b* est le côté du cône, et la ligne *e c b* le côté d'un autre cône. Mettez la pointe du compas sur le point *f*, ouvrez le compas jusqu'au point *a*, et de cette ouverture decompas décrivez l'arc *g*, fig. 15 ; fermez le compas *b f*,

et décrivez l'arc *h;* portez, à partir de la ligne du milieu *fj*, de chaque
côté sur l'arc *g*, les distances des divisions de la circonférence du plan,
cette courbe a pour étendue la moitié de la circonférence du plan ; mettez
la pointe du compas sur le point *j* de la courbe, fig. 15 ; ouvrez le compas
jusqu'à une des extrémités de la courbe, et décrivez l'arc de cercle dans
lequel seront inscrites les autres courbes ou zones ; pour la courbe *i* vous
ouvrirez le compas *e b* et *e c*, et pour la dernière vous ouvrirez le compas
d c, l'opération sera terminée, telle que la représente la fig. 15, qui est le
développement par zones parallèles du quart de la surface convexe de la
sphère.

Pour tracer le développement de la surface convexe de la sphère elliptique, fig. 16,
par fuseaux. — Planche 5.

On emploiera les mêmes moyens que pour la sphère précédente ; la distance *a b* du développement, fig. 18, est égale à la circonférence du cercle
du plan, fig. 17 ; la longueur *c d* des fuseaux, fig. 18, est égale à la moitié
de la circonférence de la figure elliptique, fig. 16.

DES SECTIONS CYLINDRIQUES OU COUPES DES CYLINDRES.

Planche 6.

On nomme section cylindrique toutes les coupes quelconques d'un cylindre. Si on coupe un cylindre perpendiculairement (*carrément*) à son axe,
la surface de sa coupe est un cercle qui est une figure semblable à sa base ;
tel est le cercle, fig. 2, lequel représente la figure de la base du cylindre
fig. 1. Si on coupe le cylindre obliquement à son axe, la surface de sa
coupe est une ellipse ; telle est l'ellipse fig. 1, produite par la coupe oblique
du cylindre. Si on coupe le cylindre de même obliquement, mais par une
ligne courbe, la surface de sa coupe est une figure elliptique ayant la figure
d'un œuf. Voyez fig. 6, qui est la figure développée de la coupe oblique du
cylindre, fig. 4, par une ligne courbe. Celle tracée au bout du cylindre est
la même, sans être développée ; sa longueur est moindre que celle fig. 6,
puisqu'elle a pour mesure la droite, qui part des points où la courbe a coupé
les côtes du cylindre, et que la fig. 6 a pour longueur la courbe de la coupe
étendue (développée).

Pour tracer la figure que produit la coupe oblique du cylindre, fig. 1.—Planche 6.

Après avoir tracé le cercle du plan, fig. 2, et la figure du cylindre en élévation, fig. 1, tirez à volonté la ligne oblique *a g*, fig. 1 ; divisez la circonférence du plan en autant de parties égales que vous voulez ; élevez des lignes perpendiculaires à l'axe *a b* du plan, qui partent chacune des points de la division du plan et s'arrêtent à la ligne oblique *a g* de l'élévation ; elles fixeront les points *b, c, d, e, f*, sur la ligne *a g* ; tirez de chacun de ces points des lignes perpendiculaires à la ligne oblique *a g* ; prenez au plan, fig. 2, la longueur de chacune des lignes perpendiculaires à l'axe *a b*, depuis ledit axe jusqu'au point où elles coupent la circonférence du plan ; portez ces longueurs sur chacune des lignes correspondantes perpendiculaires à la ligne oblique *a g*, fig. 1, à partir de la même ligne oblique et de chaque côté ; ces points de longueur fixeront le passage de la courbe (1).

Pour tracer la figure du développement de la surface convexe dudit cylindre coupé obliquement. — Planche 6.

Prenez la distance de chaque point de division de la circonférence du plan, portez toutes ces distances sur la ligne *h i*, fig. 3, et de chaque point élevez une perpendiculaire ; prenez la longueur de la ligne *i a*, depuis la base *h i* jusqu'à l'oblique *a g*, fig. 1 ; portez cette longueur, fig. 3, sur les deux perpendiculaires *h a* et *i a* ; faites de même pour les autres lignes *b c d e f g*, faites passer une courbe par tous les points de longueur, le développement sera terminé.

Pour tracer la figure que produit la coupe oblique et courbe du cylindre, fig. 4.
Planche 6.

Cette opération se fait par les mêmes moyens que pour le cylindre précédent. La figure indique les points qui commandent les lignes perpendiculaires à la ligne *a b*, fig. 4 ; ces perpendiculaires sont bornées en lon-

---

(1) Cette courbe est semblable à celle du calibre rallongé d'un limon ou crémaillère d'escalier plein cintre en plan.

gueur par celles du plan, fig. 5, prises de l'axe *ab* jusqu'aux points où elles coupent la circonférence. La figure de la coupe développée, représentée fig. 6, ne diffère de celle fig. 4 que par son grand axe *ab*, qui est plus long que l'axe *ab*, fig. 4, ayant pour longueur la courbe *ab*, fig. 4, qui est par conséquent plus longue que la droite *ab* qui est sa corde.

DES SECTIONS CONIQUES OU COUPES DES CÔNES.

De la parabole ou ellipse infinie. — Planche 6.

Après avoir tracé à volonté le plan du cône, fig. 9, et son élévation, fig. 8, tirez à volonté la ligne de coupe *cd* parallèle au côté *eg* du cône; fixez à volonté les points sur cette ligne *cd*, tirez de chacun de ces points des lignes horizontales, et de chaque point où elles coupent le côté *fg* du cône, abaissez des perpendiculaires sur l'axe *ab* du plan; de chaque point de ces lignes, sur l'axe du plan, décrivez des arcs de cercle, ayant la pointe du compas sur le centre du cercle du plan; abaissez de même des perpendiculaires des points fixés sur la coupe *cd*, ces perpendiculaires formeront autant de cordes avec les arcs du plan; tirez des lignes perpendiculaires à la ligne *cd* qui partent des points fixés; éloignez d'une distance à volonté la ligne *mn*, parallèle à la ligne *cd;* prenez la longueur de chaque corde en plan, et portez-la sur chaque ligne perpendiculaire à la ligne *mn*, comme par exemple, prenant la longueur de la corde du point milieu *m* au point *c*, étant pareille à *mh*, fig. 9, portez cette longueur *mi* et *mJ*, fig. 10, vous fixerez les points *iJ;* faites de même des autres cordes pour fixer les autres points, puis faites passer une courbe par ces points, vous aurez une figure qui ressemblera à la moitié d'une ellipse, que l'on nomme *parabole* ou *ellipse infinie*. Cette figure est la surface de la coupe du cône.

Différentes figures produites par les sections ou coupes des cônes. —Planche 6.

La coupe *ef*, parallèle à la base du cône, fig. 11, produit un *cercle* figuré au plan, fig. 12. La coupe *ab*, qui part du sommet et se termine sur la base, produit le *triangle*, fig. 13. La coupe *dc*, qui part d'un des côtés du cône et se termine à la base, produit l'*hyperbole*, fig. 14, courbe dont la corde est infinie. La coupe oblique *ab* du cône, fig. 15, qui part d'un des côtés et se termine à l'autre côté, produit une *ellipse*, fig. 17. Pour tracer cette ellipse, l'hyperbole, le triangle et le cercle, ce sont les mêmes opérations que pour la *parabole*, fig. 10, dont j'ai indiqué les moyens dans l'article précédent.

PÉNÉTRATION DES CORPS.

Pénétration d'une sphère dans un cylindre. — Planche 6.

Pour bien concevoir cette pénétration, figurez-vous le cylindre comme étant un arbre, et la sphère un boulet de canon, qui dans sa course aurait rencontré l'arbre, et aurait, par la force de sa vitesse, pénétré jusqu'au cœur de l'arbre, représenté par l'axe du cylindre *c d*, fig. 18. La ligne courbe produite par la rencontre de la surface du boulet avec la surface de l'arbre est représentée par la courbe *a e b*, fig. 18. Le trou que le boulet aurait fait dans l'écorce de l'arbre est figuré au milieu du développement, fig. 21 ; et l'ouverture dans l'arbre est figurée au cylindre posé horizontalement, fig. 20

Pour tracer les détails de cette pénétration, tracez le plan du cylindre et de la sphère, fig. 19, et l'élévation géométrale, fig. 18 ; divisez en parties égales la portion de la circonférence du cercle de la sphère qui pénètre dans le cylindre en élévation ; abaissez de ces points de division des lignes perpendiculaires sur l'axe *a b* du plan, de ces mêmes points de division sur le cercle de la sphère tirez des lignes horizontales jusqu'au côté du cylindre ; mettez la pointe du compas sur le centre de la sphère, et de chaque ligne décrivez un arc terminé à la circonférence du cercle du plan du cylindre ; des points où ces arcs touchent à la circonférence du cercle, élevez à chacun une perpendiculaire à l'axe du plan, ces perpendiculaires fixeront les points de passage de la courbe *a e b* à leur rencontre avec les lignes horizontales tirées des points de division de la circonférence de la sphère. Pour tracer le cylindre, fig. 20, prenez la hauteur *c d* du cylindre, fig. 18, et portez-la en longueur *a b*, fig. 20 : et de même pour les distances des lignes horizontales dans la sphère, prises en hauteur, fig. 18, et portées en longueur, fig. 20, les lignes parallèles à l'axe *a b*, qui partent des bouts des arcs, fig. 19, fixeront les points de passage de la courbe à leur rencontre avec les lignes, fig. 20. Pour tracer le développement, fig. 21, pour la figure entière, ce sont les mêmes opérations que pour le cylindre droit, pl. 4, fig. 18. Pour la figure produite par la pénétration de la sphère figurée au milieu du développement, les distances en hauteur *a b*, fig. 21, ont été prises sur la ligne *a b*, fig. 18, et les distances en largeur *c d*, fig. 21, ont été prises du point *c* au point *d* sur la circonférence du cercle du plan du cylindre, fig. 19.

Pénétration d'un cylindre dans un cône. — Planche 6.

Voyez l'élévation géométrale du cône avec le cylindre pénétrant, fig. 22, le plan du cône et du cylindre, fig. 23, le cône et le cylindre vus du côté de leur pénétration, fig. 24 et 25.

Les moyens de tracer les détails de cette pénétration sont-à peu près semblables à ceux employés précédemment pour la pénétration d'une sphère dans un cylindre.

Tracez premièrement le plan du cône et du cylindre de la grandeur que vous désirez, fig. 23, tirez une ligne de base qui passe par le centre du cercle du cône et celui du cylindre; ensuite de cette base aux extrémités des deux cercles, élevez des perpendiculaires pour tracer la figure de l'élévation géométrale du cône et du cylindre pénétrant de la hauteur que vous désirez, fig. 22. Sur la ligne du côté du cône en élévation, fixez à volonté des points à égale distance ou non; de ces points tirez des lignes horizontales parallèles à la base indéfinie en longueur, ces lignes représentent autant de sections(ou coupes) horizontales du cône et du cylindre imaginées pour l'opération. De ces mêmes points sur le côté du cône en élévation, fig. 22, abaissez des perpendiculaires sur la base du plan fig. 23, elles fixeront des points pour décrire des cercles concentriques au cercle du plan du cône, ces cercles fixeront des points sur la circonférence du cercle du plan du cylindre; de ces points élevez des perpendiculaires, jusqu'aux lignes horizontales correspondantes de l'élévation, elles fixeront les points pour tracer la ligne courbe de l'intersection des deux corps en la figure de l'élévation, fig. 22.

Pour tracer la figure du cylindre, vu du côté de la pénétration, fig. 25, prolongez la ligne de base du plan indéfinie, prenez la hauteur du cylindre en élévation, ainsi que les distances entre chaque ligne horizontale, fig. 22, portez cette hauteur avec les distances sur la ligne de base prolongée (laquelle est l'axe du cylindre), fig. 25, éloignée du plan d'une distance à volonté; puis des points des cercles concentriques sur la circonférence du plan du cylindre, tirez des lignes parallèles à l'axe du cylindre, ces lignes fixeront des points sur les lignes correspondantes du cylindre pour tracer la figure de la pénétration, fig. 25.

Pour tracer la figure du cône, vu du côté de la pénétration, fig. 24, élevez une perpendiculaire sur la ligne de base du plan prolongée à la distance que vous désirez ; de ce point de la perpendiculaire, tirez une ligne oblique à 45 degrés d'inclinaison, les lignes tirées des points du plan parallèle à la base fixeront des points sur la ligne oblique ; de ces points tirez des lignes parallèles à la perpendiculaire, elles fixeront des points à leur rencontre avec les lignes horizontales correspondantes de l'élévation, lesquels points borneront la figure du cône et celle de la pénétration, fig. 24. Cette figure de la pénétration dans le cône est semblable à celle du cylindre et ressemble à celle d'un œuf allongé. Les lignes d'opérations de ces figures tracées en lignes ponctuées indiquent assez les moyens de les figurer sans qu'il soit besoin d'une plus ample explication.

Pénétration d'une sphère dans un cône. — Planche 6.

Voyez la figure du cône en élévation géométrale, et la sphère pénétrant dans le cône, fig. 27, le plan du cône et celui de la sphère, fig. 28, le cône vu du côté de la pénétration fig. 26.

Pour figurer cette pénétration, tracez le plan du cône et celui de la sphère, pénétrant dans le cône comme vous le désirez, fig. 28, tirez une ligne de base qui passe par le centre du cercle du cône et celui de la sphère ; sur cette base, des points des deux centres élevez deux perpendiculaires, lesquelles seront les deux axes du cône et de la sphère en élévation géométrale, fig. 27 ; les lignes perpendiculaires élevées des extrémités du diamètre du plan du cône borneront la longueur de la base de l'élévation, vous fixerez la hauteur à volonté ; mais le cercle de la sphère en élévation doit être semblable à celui du plan ; la figure du cône et celle de la sphère en élévation étant terminées, tirez une ligne horizontale qui passe par le centre de la sphère en élévation, fig. 27, à partir du point de cette ligne sur la circonférence du cercle de la sphère qui pénètre dans le cône ; fixez à volonté, des points à distances égales, et tirez de ces points des lignes horizontales indéfinies, ces lignes fixeront des points sur le côté du cône et sur la circonférence du cercle de la sphère ; de ces points abaissez des lignes perpendicu-

laires sur la base du plan, elles fixeront des points pour décrire des cercles concentriques au cercle du cône et à celui de la sphère, aux points d'intersection
de la circonférence des cercles du cône avec ceux de la sphère correspondants. Faites passer une ligne courbe, elle déterminera la figure de la
pénétration vue en plan ; de ces mêmes points d'intersection des cercles,
élevez des lignes perpendiculaires jusqu'aux lignes horizontales correspondantes, elles fixeront des points pour tracer la courbe d'intersection des
deux corps en élévation géométrale, fig. 27.

Pour tracer la figure du cône, vu du côté de la pénétration fig. 26. —Planche 6.

Prolongez la ligne de base du plan, élevez à une distance à volonté, une
perpendiculaire (laquelle sera l'axe du cône), du point de cette perpendiculaire sur la base, tirez une ligne oblique inclinée à 45 degrés (autant
éloignée de la perpendiculaire que de l'horizontale); ensuite des points
d'intersection des cercles en plan, tirez des lignes parallèles à la base, elles
fixeront des points sur la ligne oblique ; de ces points, élevez des perpendiculaires jusqu'aux lignes horizontales correspondantes de l'élévation,
elles borneront la base de la figure du cône et la figure de la pénétration.
Voyez la fig. 26, avec les lignes ponctuées de l'opération, leurs correspon-
dances ensemble donnent des facilités pour concevoir la manière d'opérer
pour tracer les figures, et indiquent mieux les moyens qu'une longue
description.

DU TOISÉ OU MÉTRAGE DES SURFACES PLANES ET CONVEXES, ET DE LA SOLIDITÉ DES CORPS SOLIDES.

Manière de toiser ou métrer la surface de différentes figures planes.
Des triangles. — Planche 1.

La surface de tout triangle rectiligne quelconque, est égale au produit de
sa base par la moitié de sa hauteur, ou, ce qui revient au même, au produit
de sa hauteur par la moitié de sa base.

Exemple en mesures anciennes.

Soit le triangle *a b c*, fig. 19, sa base *a b* contenant 6 pieds de longueur,
et sa hauteur *c d* contenant 4 pieds, je multiplie sa base de 6 pieds, par

la moitié de sa hauteur, qui donne 2 pieds, le produit me donne 12 pieds ; ce produit est la surface ou *superficie* dudit triangle. Ainsi, pour tout autre triangle rectiligne quelconque, c'est la même manière. On peut se servir de la hauteur entière par la moitié de sa base, cela ne change pas le produit, puisque si je multiplie 4 pieds, qui est sa hauteur, par 3 pieds, moitié de sa base, le produit me donne pareillement 12 pieds.

Il est nécessaire de remarquer que pour toiser un triangle amblygone semblable à la fig. 23, la mesure de sa base se compte de l'angle *a* à l'angle *d*, et sa hauteur se compte du sommet *c* au point *b*, de la perpendiculaire *c b*, abaissée du sommet sur la base prolongée. Pour faire évanouir cette difficulté, on peut prendre le plus grand côté *a c* pour base ; alors, en abaissant une perpendiculaire de l'angle *d* sur la base *a c*, on aura la hauteur dudit triangle ; en multipliant cette hauteur par la moitié de la base *a c*, le produit sera la superficie du triangle. Ainsi, dans tout triangle rectiligne quelconque, pour toiser la surface on ne considère que deux dimensions, qui sont la base et la hauteur. Si on multiplie la base par la hauteur, le produit sera le double de la surface ou *superficie*.

Exemple en mesures nouvelles.

Soit le triangle ambligone *a d c*, planche 1, fig. 23. Sa base *a d* contenant 3 *mètres* et sa hauteur *bc* du sommet abaissé perpendiculairement sur la base prolongée contenant 5 *mètres*; je multiplie la base de 3 *mètres*, par la moitié de la hauteur qui donne 2 *mètres* 50 *centimètres*, le produit me donne 7 *mètres* 50 *centimètres de superficie;* si je multiplie la hauteur 5 *mètres* par la moitié de la base 1 *mètre* 50 *centimètres*, le produit est pareil au précédent de 7 *mètres* 50 *centimètres*.

Pour faire évanouir cette difficulté, en prenant le plus grand côté *a c* pour base, contenant 6 *mètres* de longueur, abaissant de l'angle *d* une ligne perpendiculaire sur le grand côté *a c* considéré comme base, la hauteur de cette perpendiculaire contenant 2 *mètres* 50 *centimètres*, je multiplie la base 6 *mètres* par la moitié de la hauteur 2 *mètres* 50 *centimètres*, laquelle me donne 1 *mètre* 25 *centimètres;* le produit donne 7 *mètres* 50 *centimètres*, ou si je multiplie la moitié de la base 3 *mètres*, par la hauteur entière 2 *mètres* 50 *centimètres*, le produit vient pareil au précédent de 7 *mètres* 50 *centimètres* ou autrement en multipliant la base 6 *mètres* par la hauteur 2 *mètres* 50 *centimètres*, le produit donne 15 *mètres* double des produits précédents ;

en prenant la moitié de ce produit on aura la superficie réelle du triangle, et elle sera pareille aux autres produits des opérations précédentes.

Pour toiser ou métrer la surface d'un carré ou d'un parallélogramme rectangle.

Il faut multiplier la longueur de sa base par la hauteur du côté.

Pour toiser ou métrer la surface d'un parallélogramme obliquangle.

Il faut multiplier la longueur de sa base par la hauteur perpendiculaire d'une base à l'autre. Le *rhombe* et le *rhomboïde* peuvent se toiser ou métrer de la même manière, en prenant un des côtés pour base.

Pour toiser ou métrer la surface d'un trapèze régulier.

Il faut multiplier la longueur de sa base par la moyenne hauteur de ses deux côtés. (On obtient cette moyenne hauteur en ajoutant ensemble la mesure des deux côtés, et du total en prendre la moitié, laquelle sera la moyenne hauteur.)

Pour le trapèze isocèle.

Il faut multiplier la moyenne de ses deux bases par la hauteur perpendiculaire d'une base à l'autre.

Pour le trapézoïde.

Il faut en former deux triangles, par une ligne diagonale que l'on mène d'un angle à l'autre angle opposé; abaisser deux perpendiculaires des deux autres angles sur cette diagonale. En multipliant la moyenne des deux perpendiculaires par la diagonale, le produit sera la surface.

Pour toiser ou métrer la surface d'un polygone régulier quelconque.

Il est nécessaire de connaître que dans un polygone régulier on peut former autant de triangles isocèles que le polygone a de côtés, en menant de chaque angle une ligne droite au centre du polygone. Alors les côtés du polygone serviront de base à chaque triangle et seront tous égaux. Les côtés des triangles formés par les lignes menées des angles du polygone au centre seront égaux, et par conséquent isocèles; les bases des triangles formeront le contour du polygone, que l'on appelle *périmètre*, et auront pour hauteur le rayon du cercle inscrit. Alors, pour toiser ou métrer la surface d'un polygone régulier quelconque, il faut multiplier le *périmètre* par la moitié du *rayon* du cercle inscrit, ou la moitié du *périmètre* par le *rayon*; le produit sera la surface du polygone; autrement toiser ou métrer un des triangles séparément et multiplier le produit par le nombre des côtés du polygone.

Pour toiser ou métrer la surface d'un cercle dont on connaît le diamètre.

La surface d'un cercle est égale à la surface d'un triangle qui aurait pour base la circonférence du cercle et pour hauteur le rayon. Alors, par ce moyen, il est nécessaire de connaître la circonférence. *Archimède* a trouvé que le rapport du diamètre à la circonférence était de 7 à 22, c'est-à-dire que le cercle qui aurait 7 pieds ou 7 mètres de diamètre aurait 22 pieds ou 22 mètres de circonférence (*pourtour*). Ainsi, pour trouver la circonférence d'un cercle dont on connaît le diamètre, on établit les proportions suivantes dans une règle de trois. 7 est à 22 comme le diamètre du cercle *que l'on connaît* est à la circonférence *que l'on cherche*. Pour faire ce calcul, il faut multiplier le diamètre par 22, et diviser le produit par 7, le quotient sera la circonférence *que l'on cherche*. Lorsque l'on connaît la circonférence, pour connaître la surface du cercle il faut multiplier la circonférence par la moitié du rayon qui est le quart du diamètre; le produit sera la surface du cercle, ou, ce qui revient au même, multiplier le quart de la circonférence par le diamètre entier, ou la moitié de la circonférence par le rayon, qui est la moitié du diamètre; le produit sera la surface du cercle.

On peut, par un moyen plus simple, trouver la circonférence d'un cercle : il faut multiplier le diamètre par 3 et $\frac{1}{7}$, le produit sera la circonférence et sera la même que par les moyens précédents.

On peut, par un moyen semblable, toiser la surface d'un cercle sans avoir besoin de connaître la circonférence : il faut multiplier le rayon par lui-même, ensuite multiplier le produit par 3 et $\frac{1}{7}$, ce dernier produit sera la surface du cercle.

Pour toiser ou métrer la surface d'un ovale ou d'une ellipse dont on

9

connaît les deux axes ; multipliez la moitié du grand axe par la moitié du
petit axe, ensuite multipliez le produit par 3 et $\frac{1}{7}$, ce dernier produit sera la
surface de l'ellipse.

Exemple en nouvelles mesures.

Je suppose le grand axe contenant 6 *mètres*, le petit axe contenant 4 *mètres ;* la moitié du grand axe sera de 3 *mètres* et la moitié du petit axe sera
de 2 *mètres ;* en multipliant 3 *mètres* par 2 *mètres*, le produit donne 6 *mètres*
qu'il faut multiplier par 3 et $\frac{1}{7}$, le produit donne 18 *mètres* 857 *millimètres*.
Ce dernier produit est la superficie de l'ovale ou de l'ellipse proposée. Comme
je l'ai déjà dit, cette opération est applicable au cercle aussi bien qu'à
l'ovale et à l'ellipse.

Autre rapport du diamètre à la circonférence.

Le rapport trouvé par *Archimède*, de 7 à 22, donne une circonférence un
peu plus longue que la vraie. *Adrien Metius* a trouvé le rapport du diamètre
à la circonférence de 113 à 355. Ce rapport approche plus près du vrai que
celui d'*Archimède ;* mais il offre plus de difficulté dans le calcul. Pour se
servir de ce rapport, il faut multiplier le diamètre par 355 et diviser le produit par 113 ; le quotient sera la circonférence.

De la surface d'un parallélipipède.

Le parallélipipède est composé de six faces, qui sont des parallélogrammes.
Cherchez la surface de chacun des parallélogrammes, réunissez les surfaces
par une addition, le total sera la surface du parallélipipède, ou, comme les
côtés opposés sont égaux , cherchez la surface des trois côtés différents et
multipliez les produits réunis par 2 : le dernier produit sera la surface totale
du parallélipipède.

De la solidité d'un parallélipipède.

La solidité est la matière que contient un corps solide (1). Pour connaître

---

(1) Chercher la solidité d'un corps solide quelconque, c'est toiser ou mesurer la quantité
de matière que le corps solide contient : par exemple , chercher la solidité d'un parallélipi-

la solidité d'un parallélipipède, il faut chercher la surface d'une de ses faces comme base, et multiplier cette surface par la hauteur perpendiculaire à sa base, le produit sera la solidité.

De la surface d'un prisme droit.

La surface d'un prisme droit est composée d'autant de parallélogrammes rectangles que sa base a de côtés, plus la surface de ses deux bases; pour en avoir le contenu, il faut multiplier le périmètre ou contour du plan par la hauteur du prisme et ajouter à ce produit la surface des deux bases; le total sera la surface du prisme.

De la solidité d'un prisme droit.

La solidité d'un prisme quelconque est égale au produit de sa base par la hauteur perpendiculaire; cherchez la surface de la base et multipliez cette surface par la hauteur du prisme, le produit sera la solidité.

De la surface d'un prisme oblique.

La surface d'un prisme oblique est composée de différents parallélogrammes; cherchez la surface de chacun des parallélogrammes et la surface des deux bases, réunissez-les par une addition, le total sera la surface du prisme.

De la solidité d'un prisme oblique.

La solidité d'un prisme oblique est égale à celle d'un prisme droit de même base et de même hauteur; multipliez là surface de sa base par la hauteur perpendiculaire (d'aplomb) du prisme, le produit sera la solidité.

De la surface des pyramides droites.

La surface d'une pyramide droite est composée d'autant de triangles

---

pède ou d'un prisme, c'est comme si l'on toisait ou métrait une pièce de bois de charpente pour connaître combien elle contient de *solives* ou *pièces*, de stères ou décistères; c'est le toisé ou métrage cubique.

isocèles que la base a de côtés; multipliez le périmètre (*contour*) du plan par la moitié de la hauteur perpendiculaire d'un des triangles de la surface, le produit étant ajouté à la surface de la base, le total sera la surface de la pyramide.

De la solidité des pyramides droites.

La solidité d'une pyramide quelconque est égale au tiers de la solidité d'un prisme de même base et de même hauteur; multipliez la surface de la base par le tiers de la hauteur perpendiculaire du sommet abaissée sur la base, le produit sera la solidité de la pyramide.

De la surface des pyramides obliques.

La surface d'une pyramide oblique est composée d'autant de triangles que la base a de côtés ; comme les triangles ne sont pas égaux il faut chercher la surface de chacun des triangles et réunir les surfaces avec celle de la base par une addition, le total sera la surface de la pyramide.

De la solidité des pyramides obliques.

La solidité d'une pyramide oblique est égale à celle d'une pyramide droite de même base et de même hauteur. Multipliez le produit de la surface de la base par le tiers de hauteur perpendiculaire (*d'aplomb*) du sommet abaissée sur la base, le produit sera la solidité de la pyramide.

De la surface des pyramides tronquées.

La surface d'une pyramide tronquée est composée d'autant de trapèzes que la base a de côtés ; si la pyramide est droite, les trapèzes seront isocèles; si elle est oblique, les trapèzes seront irréguliers. Cherchez la surface de chacun des trapèzes et réunissez-les ensemble, avec la surface des deux bases, par une addition, le total sera la surface de la pyramide tronquée.

De la solidité des pyramides tronquées.

Pour avoir la solidité d'une pyramide tronquée quelconque, il faut figurer la pyramide comme n'étant pas tronquée, en prolongeant les côtés de la pyramide ; chercher la solidité de cette pyramide en multipliant la surface de sa base par le tiers de la hauteur totale ; ensuite chercher la solidité de la petite pyramide formée par le prolongement des côtés et retrancher cette solidité de celle de la grande pyramide ; le reste sera la solidité de la pyramide tronquée.

De la surface convexe d'un cylindre droit.

La surface convexe d'un cylindre droit est égale au produit de la circonférence de sa base par la hauteur du cylindre. Multipliez la circonférence de la base par la hauteur du cylindre, le produit sera la surface convexe du cylindre. Si l'on veut avoir la surface totale du cylindre, il faut ajouter à ce produit la surface des deux bases du cylindre.

De la solidité d'un cylindre droit ou oblique.

La solidité d'un cylindre est comme celle d'un prisme, le produit de la surface de sa base, multiplié par la hauteur du cylindre, donne la solidité ; cherchez la surface du cercle de la base du cylindre et multipliez cette surface par la hauteur du cylindre, le produit sera la solidité du cylindre. Il en est de même pour les cylindres obliques. La solidité d'un cylindre oblique est égale à celle d'un cylindre droit de même base et de même hauteur. *Il est essentiel de remarquer que la hauteur se mesure verticalement* (c'est-à-dire d'aplomb), *et non sur le côté oblique.*

De la surface convexe d'un cylindre oblique.

La surface convexe d'un cylindre oblique n'est pas, comme sa solidité, égale à celle d'un cylindre droit de même base et de même hauteur. Pour en avoir la surface convexe, il faut mesurer le contour perpendiculairement aux côtés du cylindre et multiplier la longueur du contour perpendiculaire par la longueur d'un des côtés du cylindre ; le produit sera la surface convexe du cylindre oblique. Pour en avoir la surface totale, il faut ajouter la surface des deux bases. Un cylindre droit et un cylindre oblique, de même base et de même hauteur, sont égaux en solidité, mais ils ne sont pas égaux en surface, la surface du cylindre oblique est plus grande que celle du cylindre droit. Il en est de même des prismes.

De la surface convexe d'un cône droit.

Un cône est une pyramide dont la base est un cercle. Pour en avoir la surface convexe, multipliez la circonférence de sa base par la moitié du côté de sa figure, le produit sera la surface convexe du cône; car la surface convexe d'un cône droit est égale à la surface d'un triangle qui a pour base une ligne droite égale à la circonférence de la base du cône, et pour hauteur le côté du cône.

Le développement de la surface d'un cône droit donne une figure semblable à un secteur; ainsi le secteur, dont l'arc est égal à la circonférence de la base du cône et le rayon égal au côté du cône, sa surface est aussi égale à celle du cône et peut être considérée comme un triangle, dont la base est égale à l'arc du secteur, et la hauteur égale au rayon.

De la solidité d'un cône droit ou oblique.

La solidité d'un cône droit ou oblique est égale au tiers de la solidité d'un cylindre de même base et de même hauteur; multipliez la surface de la base par le tiers de la hauteur perpendiculaire au sommet abaissé sur la base, le produit sera la solidité d'un cône, soit droit ou oblique.

De la surface convexe d'un cône oblique.

Pour obtenir la surface convexe d'un cône oblique, prenez la moyenne des deux côtés extrêmes du cône oblique, ajoutez cette moyenne au côté d'un cône droit imaginé, de même base et de même hauteur que le cône oblique, multipliez ce produit par le quart de la circonférence de la base, ce dernier produit sera la surface convexe du cône oblique; ou prendre la moyenne des deux côtés extrêmes du cône oblique, ajouter cette moyenne au côté du cône droit imaginé, de même base et de même hauteur que le cône oblique, la surface du cône oblique est à la surface du cône droit, comme la moyenne des deux côtés du cône oblique, ajoutée avec le côté du cône droit imaginé, est avec les deux côtés réunis du cône droit.

De la surface convexe d'un cône tronqué.

La surface d'un cône tronqué est égale au produit de la moyenne de la

circonférence de ses deux bases, par le côté du cône ; cherchez la circonférence de chacune des deux bases du cône, additionnez-les ensemble et
prenez la moitié du total ; multipliez cette moitié, qui est la moyenne
circonférence des deux bases, par la longueur du côté du cône tronqué, le
produit sera la surface convexe du cône tronqué. Cette surface est considérée comme un trapèze isocèle, dont la base inférieure est égale à la circonférence de la base inférieure du cône, et la base supérieure égale à la
circonférence de la base supérieure, et dont la hauteur perpendiculaire
entre les bases du trapèze est égale à la longueur ou hauteur du côté du
cône tronqué.

De la solidité d'un cône tronqué.

Un cône tronqué est semblable à une pyramide tronquée. *Voyez pour les
pyramides tronquées ci-devant* : 1° la solidité d'un cône tronqué ou d'une
pyramide tronquée s'obtient en cherchant la solidité du cône entier et sous-
trayant la solidité du petit cône de la partie tronquée, le reste est la solidité
du cône tronqué ; 2° ou en prenant les deux rayons des deux bases, les
ajoutant ensemble et cherchant le grand carré, en multipliant leur somme
réunie par elle-même, puis ôter de ce grand carré, le produit du rayon de
la base inférieure multiplié par le rayon de la base supérieure, le reste sera
la superficie du carré du rayon d'un cône non tronqué, de même hauteur
du cône tronqué, et dont la solidité sera égale à celle du cône tronqué.
Pour l'application, prenez le rayon de la base inférieure, ajoutez-le avec
le rayon de la supérieure, multipliez la longueur des deux rayons réunis
par elle-même pour avoir la superficie du grand carré des deux rayons
réunis ; ensuite cherchez la superficie d'un parallélogramme rectangle dont
la base serait égale au rayon de la base inférieure, et le côté égal au rayon
de la base supérieure ; ôtez cette superficie ou surface de celle du grand
carré des deux rayons réunis, le reste multipliez-le par 3 et $\frac{1}{7}$, et multipliez
le produit par le tiers de la hauteur perpendiculaire du cône tronqué, ce
dernier produit sera la solidité du cône tronqué.

De la surface convexe de la sphère.

La surface convexe de la sphère est égale à la surface convexe du cylindre
circonscrit ; elle est aussi quadruple de celle de son grand cercle : 1° comme
la surface ou superficie convexe d'un cylindre est égale au produit de la

circonférence de la base par sa hauteur, pour avoir la surface ou superficie convexe de sa sphère, multipliez la circonférence de son grand cercle par le diamètre, le produit sera la surface convexe de la sphère ; 2° ou cherchez la surface de son grand cercle et multipliez le produit par 4, le dernier produit sera la surface convexe de la sphère et reviendra au même qu'à la première manière.

De la solidité de la sphère.

La solidité de la sphère est égale aux deux tiers de la solidité du cylindre circonscrit. La sphère peut être considérée comme composée d'une infinité de pyramides dont les sommets seraient tous réunis au centre de la sphère, et les bases formeraient la surface convexe de la sphère ; d'après ce principe, en multipliant la surface convexe de la sphère par le tiers du rayon, le produit sera la solidité de la sphère, ou en la considérant comme les deux tiers du cylindre circonscrit, pour en avoir la solidité, multipliez la surface ou superficie de son grand cercle par les deux tiers du diamètre, le produit sera la solidité de la sphère.

De la surface convexe d'une sphère elliptique ou ellipsoïde.

La surface d'une sphère elliptique est à peu près égale à la surface convexe du cylindre circonscrit ; pour en obtenir la surface, on peut, sans faire une grande erreur, multiplier la circonférence du cercle du petit axe de la sphère elliptique par le grand axe : le produit donne la surface, laquelle est un peu plus grande que la surface réelle.

De la solidité d'une sphère elliptique ou ellipsoïde.

La solidité d'une sphère elliptique ou ellipsoïde est égale à celle d'une sphère, dont l'axe ou diamètre est égal à une moyenne proportionnelle entre le grand et le petit axe de la sphère elliptique ; pour trouver cette moyenne proportionnelle, multipliez le grand axe par le petit axe, et du produit faites l'extraction de la racine carrée ; la racine carrée sera la moyenne proportionnelle entre le grand et le petit axe ; ensuite, pour avoir la solidité de la sphère elliptique, servez-vous de cette moyenne comme axe ou diamètre d'une sphère ; cherchez la circonférence d'un cercle qui aurait cette moyenne pour diamètre ; multipliez la circonférence par le diamètre pour avoir la surface (1) ; ensuite multipliez la surface par le sixième du diamètre, ce dernier produit sera la solidité de la sphère elliptique.

De la surface des cinq corps réguliers.

La surface du *tétraèdre* est composée de quatre triangles équilatéraux égaux ; cherchez la surface d'un des trianges, et multipliez le produit par 4, ce dernier produit sera la surface totale.

La surface de l'*hexaèdre* ou *cube* est composée de six carrés égaux ; cherchez la surface d'un des carrés, et multipliez le produit par 6 ; ce dernier produit sera la surface totale.

La surface de l'*octaèdre* est composée de huit triangles équilatéraux égaux ; cherchez la surface d'un des triangles, et multipliez le produit par 8 ; ce dernier produit sera la surface totale.

La surface du *dodécaèdre* est composée de douze pentagones réguliers égaux ; cherchez la surface d'un des pentagones, et multipliez le produit par 12 ; ce dernier produit sera la surface totale.

La surface de l'*icosaèdre* est composée de vingt triangles équilatéraux egaux ; cherchez la surface d'un des triangles, et multipliez le produit par 20 ; ce dernier produit sera la surface totale.

De la solidité des cinq corps réguliers.

Le *tétraèdre* peut être considéré comme une pyramide triangulaire droite ; multipliez la surface ou superficie de sa base par le tiers de la hauteur perpendiculaire du sommet abaissé sur la base, le produit sera la solidité du tétraèdre.

Pour l'*hexaèdre* ou *cube*, multipliez la surface ou superficie de sa base par la hauteur, laquelle est égale au côté du carré de sa base ; le produit sera la solidité du cube.

Pour l'*octaèdre*, il faut le considérer comme composé de huit pyramides triangulaires droites, dont les sommets seraient réunis au centre de l'oc-

---

(1) Cette surface est à peu près celle de la sphère elliptique.

taèdre, et les bases formeraient la surface ; multipliez la surface totale de l'octaèdre par le sixième de la hauteur perpendiculaire d'une des faces à la face opposée, le produit sera la solidité de l'octaèdre.

Pour le *dodécaèdre*, il faut, de même que pour l'octaèdre, le considérer comme composé de douze pyramides pentagonales droites; multipliez la surface totale du dodécaèdre par le sixième de la hauteur perpendiculaire d'une des faces à la face opposée, le produit sera la solidité du dodécaèdre.

Pour l'*icosaèdre*, il faut, de même qu'aux deux précédents, le considérer comme composé de vingt pyramides triangulaires droites; multipliez la surface totale de l'icosaèdre par le sixième de la hauteur perpendiculaire d'une des faces à la face opposée, le produit sera la solidité de l'icosaèdre.

DE L'ARCHITECTURE EN GÉNÉRAL.

Architecture (du mot latin *architectura*, qui signifie manière ou art de bâtir). Son origine, d'après *Vitruve*, est presque aussi ancienne que la société des hommes, qui, pour se mettre à l'abri pendant les mauvais temps, et se garantir des animaux féroces, se sont construit des habitations. Ils ont dû commencer par se loger dans les cavités de la terre; mais les familles devenant plus nombreuses, et ne trouvant pas les cavités suffisantes pour se loger, le besoin les força à se construire d'autres habitations avec des branches d'arbres et des feuillages, auxquels ils donnèrent une forme conique pour faciliter l'écoulement des eaux. Ces cabanes n'étaient ni solides ni commodes. Les besoins excitèrent un nouveau développement d'industrie pour se construire des cabanes plus solides et plus commodes. Ils firent choix des arbres que le hasard avait placés à peu près à distances égales, et formant une figure carrée ou polygonale. On coupa les arbres à une hauteur convenable et de niveau, on plaça d'autres arbres horizontalement sur ces troncs coupés, pour porter d'autres arbres plus petits qu'ils placèrent transversalement, comme des solives, pour former le plancher, et d'autres arbres ou branches d'arbres furent placés au-dessus des solives dans une direction inclinée pour l'écoulement des eaux. Voilà l'origine des ordres de l'architecture, perfectionnés par les Grecs et ensuite par les Romains, lesquels maintenant forment l'ornement des édifices et des palais. Le piédestal représente le massif qu'ils faisaient avec des cailloux et de la boue au bas des arbres pour les garantir de l'humidité. Les arbres sont remplacés par des colonnes ; les ligatures que l'on mettait au bas et dans le haut, pour empêcher que les arbres ne se fendissent, sont remplacées par une base et un chapiteau ornés de moulures et de divers ornements ; l'architrave représente l'arbre posé horizontalement sur les troncs des autres arbres. Les triglyphes et les métopes de la frise de l'ordre dorique, représentent les bouts des solives et les distances entre elles ; la corniche représente la saillie des solives inclinées qui formaient le comble et la couverture, et le fronton représente l'inclinaison de la couverture.

On divise l'architecture en *antique*, *gothique* et *moderne.*

L'*antique* passe pour être la plus belle par son caractère grand et sévère, ses proportions bien raisonnées, établies avec harmonie ; ses profils de moulures d'un bon goût, la juste application de ses ornements, formant un ensemble d'un aspect majestueux de force et d'élégance. Sa composition, basée sur les effets naturels des productions de la terre : le bois (qui paraît avoir été la première matière que les hommes employèrent pour la construction de leurs habitations), placé naturellement dans l'ordre vertical, mais artificiellement dans l'ordre horizontal, lequel a conservé plus de régularité. Les Romains l'ont puisée des Grecs et l'ont augmentée et perfectionnée ; elle a subsisté seule jusqu'à la décadence de l'empire romain ; alors les Goths introduisirent l'architecture *gothique.*

La *gothique*, composée par les *Goths (peuples du nord de l'Italie)*, est basée sur les principes de l'*antique ;* plus régulière dans l'ordre vertical, moins dans celui horizontal. Elle diffère de l'*antique* par la multiplicité de ses petites colonnes élancées et ses arcades en ogives, qui la caractérisent, lui donnent de la solidité, de la légèreté et du merveilleux, à cause de son travail artificieux et minutieux : mais d'un caractère moins sévère et plus efféminé que l'*antique*, les profils de ses moulures moins riches et ses ornements appliqués avec moins de goût ; néanmoins dans sa composition on découvre de la combinaison ; la forme prismatique de ses principaux membres, basée sur les éléments scientifiques des connaissances humaines : la géométrie, les effets naturels de la cristallisation, de l'accroissement des minéraux, etc. La hardiesse et l'élévation de ses membres délicats ; ses parties de voûtes retombant en pendentifs, comme suspendues en l'air, tout son ensemble élancé, lui donnent un aspect qui inspire un sentiment de respect religieux ; elle semble parfaitement convenir aux grands édifices. C'est ainsi que les anciens en ont fait l'application ; car la plupart de nos édifices religieux sont construits en architecture gothique, laquelle a subsisté en France jusqu'à l'époque, de la renaissance des arts, sous le règne de François 1ᵉʳ, où l'on a commencé à composer une architecture nouvelle par le mélange de l'*antique* avec la *gothique.*

La *moderne* tient des deux premières par un mélange plus ou moins des ordres grecs et romains avec les arcades et autres membres de la gothique (l'église Saint-Eustache, à Paris, en est un exemple).

Les goûts ont varié selon les époques; celle généralement adoptée maintenant est l'architecture ancienne; on la nomme architecture romaine, parce que ses proportions sont puisées dans les antiquités romaines.

Sous le règne de Louis XIII et celui de Louis XIV, elle a été mise en œuvre avec beaucoup de pureté et d'un goût admirable; la forme gracieuse de ses riches ornements appliqués avec goût, lui donne un aspect de magnificence et un caractère de sévérité qui ne lui ôtent rien de son élégance.

RÈGLES DES CINQ ORDRES D'ARCHITECTURE, D'APRÈS VIGNOLE (1).

Un ordre est composé de trois membres, qui sont: le *piédestal*, la *colonne* et l'*entablement.*

Du premier membre.

Le piédestal (nommé en latin *stylobates*), est celui qui porte les deux autres (on lui donne le nom de *stylobate* lorsqu'il porte plusieurs colonnes); il se divise en trois parties, qui sont la *base*, le *dé* et la *corniche.*

La base (nommée en latin *fulmentum*, qui signifie appui, soutien) est la partie inférieure du piédestal, sur laquelle est posé le dé.

Le dé (nommé en latin *truncus*, qui signifie tronc) est la partie entre la base et la corniche du piédestal.

---

(1) *Vitruve. Palladio, Scamosi, Vignole* et plusieurs autres, ont établi les règles et les proportions des cinq ordres; celles données par *Jacques Barozzio de Vignole* ayant été généralement préférées, j'ai suivi dans mes détails les proportions établies par ce dernier.

La corniche (du mot latin *corona*, qui signifie couronne) est la partie supérieure du piédestal, et forme saillie au pourtour du dé.

Du second membre.

La colonne (du mot latin *columna*) est le plus délicat et le plus élégant des membres ; il pose sur le piédestal et porte l'entablement ; il se divise en trois parties, qui sont la *base*, le *fût* et le *chapiteau*.

La base (du mot latin *basis*, qui signifie fondement, pied, soubassement) est la partie inférieure de la colonne, et pose sur le piédestal.

Le fût (du mot latin *fustis*, qui signifie bâton) est la principale partie de la colonne ; il prend de la base au chapiteau, en forme cylindrique plus forte dans le bas, ressemblant au tronc d'un arbre.

Le chapiteau (du mot latin *capitellum*, qui signifie petite tête ou chapiteau de colonne) termine et couronne la colonne. C'est par les ornements du chapiteau que l'on distingue les ordres.

Du troisième membre.

L'entablement (du mot latin *tabulatum*, qui signifie plancher, étage) est le membre supérieur de l'ordre, et pose sur le chapiteau de la colonne ; il se divise, de même que les autres membres, en trois parties, qui sont l'*architrave*, la *frise* et la *corniche*.

L'architrave (du mot latin *epistylium*, qui signifie poitrail, sablière) est la partie inférieure de l'entablement, et pose sur le chapiteau de la colonne.

La frise (du mot latin *zophorus*). D'après Vitruve *une frise*, partie entre l'architrave et la corniche, et d'après les Grecs *partie qui porte des figures d'animaux*, est la partie au-dessus de l'architrave et au-dessous de la corniche, et sert à séparer l'architrave de la corniche.

La corniche (du mot latin *corona*, qui, comme je l'ai dit de celle du piédestal, signifie couronne, et d'après *Vitruve*, corniche) est la partie supérieure de l'entablement ; elle couronne à la fois l'entablement et les deux autres membres par sa grande saillie.

Des différents ordres.

Parmi les ordres on en compte cinq principaux, qui sont : le *toscan*, le *dorique*, l'*ionique*, le *corinthien* et le *composite* ; le toscan et le composite sont de l'invention des Romains : le dorique, l'ionique et le corinthien sont des Grecs. On emploie assez fréquemment l'ordre de *Pœstum*, que l'on nomme aussi *dorique de Pœstum.*

Il y a encore d'autres ordres, tels que le *rustique*, le *persique*, le *cariatide.* le *gothique* et l'*attique.*

Le rustique se distingue par ses colonnes ornées de bossages.

Le persique a des statues d'esclaves qui portent l'entablement en place de colonnes.

Le cariatide a des statues de femmes qui portent aussi l'entablement en place de colonnes.

Le gothique se distingue par ses colonnes élancées, et ses archivoltes en triangles, formant un angle au milieu, que l'on nomme *ogives.*

L'attique est un ordre de pilastres, n'ayant pas de frise à l'entablement.

Proportions des cinq premiers ordres.

Comme je l'ai dit ci-devant, un ordre est composé de trois membres, le piédestal, la colonne et l'entablement. D'après *de Vignole*, ils gardent toujours la même proportion entre eux.

Le piédestal a toujours le tiers de la hauteur de la colonne, et l'entablement le quart de cette même hauteur.

La base de la colonne a toujours pour hauteur la moitié du diamètre de sa colonne dans le bas.

Suivant le goût moderne, la colonne est cylindrique (égale de grosseur) depuis le bas jusqu'au tiers de sa hauteur, compris base et chapiteau ; et depuis le tiers de la hauteur elle va en diminuant jusqu'au-dessous du chapiteau, et conserve pour grosseur, dans le haut, les cinq sixièmes de son diamètre dans le bas.

La proportion de la grosseur et de la hauteur des colonnes varie à chaque ordre.

La colonne de l'ordre toscan a pour hauteur sept fois son diamètre dans le bas ; de l'ordre dorique, elle a huit fois ; de l'ordre ionique, elle a neuf fois ; de l'ordre corinthien et du composite, elle a dix fois.

La proportion des chapiteaux varie de même à chaque ordre.

Méthode pour établir les membres des cinq ordres selon leurs proportions.
Planche 7.

Voy. fig. 1. La ligne *a b c d* représente la hauteur totale de l'ordre; divisez cette hauteur en dix-neuf parties égales. Les quatre premières, depuis *a* jusqu'à *b*, seront pour le piédestal; les douze suivantes *b c* seront pour la colonne, et les trois dernières *c d* pour l'entablement; ce qui donne pour le piédestal le tiers, et pour l'entablement le quart de la colonne.

Si vous voulez un ordre sans piédestal, divisez la hauteur que vous voulez donner en quinze parties égales, comme de *b* à *d;* la colonne en aura toujours douze, et l'entablement trois.

Pour connaître le diamètre que doit avoir la colonne dans le bas, divisez la hauteur de la colonne en autant de parties égales qu'elle doit avoir de fois son diamètre pour hauteur.

Le diamètre de la colonne sert à établir la mesure; il se divise en deux parties égales, dont une d'elles sert de mesure que l'on nomme *module*. Ainsi toutes les colonnes ont toujours deux modules de diamètre dans le bas. Le module se divise en douze parties pour le toscan et le dorique, et en dix-huit parties pour l'ionique, le corinthien et le composite. Ces divisions de module se nomment *parties* ou *minutes*.

Comme je l'ai déjà dit, la colonne toscane doit avoir pour hauteur sept fois son diamètre, qui lui donne quatorze modules de hauteur; si vous voulez établir de l'ordre toscan, vous diviserez la hauteur de la colonne *b c* en quatorze parties égales pour former l'échelle de proportion. Voyez l'échelle *e f*, fig. 1. Si vous voulez de l'ordre dorique, vous diviserez cette même hauteur en seize parties. Voyez l'échelle *g h*. Ou de l'ordre ionique, vous diviserez en dix-huit parties. Voyez l'échelle *i j*. Et pour les ordres corinthien et composite, vous diviserez en vingt parties. Voyez l'échelle *k l*.

Manière de tracer la diminution des colonnes. — Planche 7

Voyez fig. 3. Après avoir tracé le profil de la base et du chapiteau, divisez la hauteur de la colonne en trois parties égales; tirez au tiers de la hauteur la ligne *a b*, perpendiculaire à l'axe de la colonne, décrivez le demi-cercle *a c b* de deux modules de diamètre; abaissez des points *a* et *b*, extrémités du diamètre, deux lignes parallèles à l'axe, jusqu'à la base. Ensuite, ayant le diamètre de la colonne commandé au-dessous du chapiteau, abaissez une ligne parallèle à l'axe jusqu'au demi-cercle, cette ligne fixera le point *c* sur le demi-cercle; divisez la portion de circonférence du point *c* au point *a* en six parties égales; divisez de même la hauteur de la colonne, depuis le tiers (de la ligne *a b*) jusqu'au-dessous du chapiteau, en six parties égales; tirez de ces points de division des lignes perpendiculaires à l'axe de la colonne; ensuite élevez de chaque point de division, entre *a* et *c*, des lignes parallèles à l'axe, jusqu'à ce qu'elles rencontrent chacune une des lignes des divisions de la hauteur. Tels que l'indique la fig. 3, les points de rencontre de ces lignes marquent le passage de la ligne de la colonne qui est un peu courbée.

Manière de construire le fût d'une colonne en menuiserie. — Planche 7.

Tirez une ligne droite au milieu de la colonne, qui sera l'axe de la colonne; cette ligne étant déterminée par la hauteur de la colonne, à plusieurs endroits de la hauteur décrivez des cercles dont le diamètre sera commandé par la grosseur que doit avoir la colonne aux divers endroits de la hauteur. Par exemple, le cercle *a* du bas de la colonne et celui *b* du tiers de la hauteur, ont chacun deux modules de diamètre; celui du haut, *d*, n'a que deux modules moins un tiers de module, qui est un sixième de moins que celui du bas; le cercle *c*, qui est entre le tiers de la hauteur et le haut, n'a pas de mesure déterminée en modules; c'est l'opération, fig. 3, pour la diminution des colonnes, qui commande son diamètre. Ces quatre cercles étant tracés, divisez-les chacun en autant de parties égales que vous voulez mettre de douves, chaque cercle commandera la largeur des douves à chaque endroit fixé en hauteur; depuis le bas jusqu'au tiers de leur hauteur, elles conserveront leur largeur égale; ensuite, depuis le tiers de leur hauteur jusqu'au haut, elles diminueront dans les mêmes proportions que la colonne, de sorte que chaque rive formera une ligne courbe; la ligne tracée au milieu de la largeur de la douve est la seule ligne droite. Dans chaque douve il faut conserver une largeur de bois en plus pour la languette d'embrèvement, comme elle est figurée en ligne ponctuée à la rive du côté droit, et de même sur la longueur conserver les languettes du haut et du bas pour embréver avec le chapiteau et la base.

La figure 1 représente la coupe et profils d'un piédestal, colonne et entablement de l'ordre toscan, détaillés en menuiserie.

La figure 4 représente la base de la colonne en plan, vue dessus.

La figure 5 représente le chapiteau de la colonne en plan, vue dessous.

Et la figure 6 représente le plan du piédestal, et les embrèvements des quatre faces à joint sur angle.

Des colonnes torses et la manière de les tracer. — Planche 7.

Les colonnes torses sont des objets d'ornement plus que de soutien, leur forme contournée en spirale leur ôte de la solidité en leur donnant du luxe et de l'élégance; il convient mieux de les construire en bois qu'en toute autre matière; par cela elles appartiennent à la menuiserie.

Les anciens ont puisé cette forme dans la nature des jeunes arbres auxquels une tige de lierre ou de chèvrefeuille est venue s'attacher, et dans son accroissement, les a enveloppés circulairement en montant, et a formé naturellement la ligne spirale.

Les Goths ont torsé leurs colonnes de différentes manières et les ont ornées de lierre, vigne ou chèvrefeuille. Les Romains ont orné le maître-autel de Saint-Pierre, à Rome, de colonnes torses, lesquelles servent de modèle pour ce genre de colonne; dans l'église de l'ancienne abbaye du Val-de-Grâce, à Paris, le maître-autel est orné de six colonnes torses qui portent le baldaquin; construites sous le règne de Louis XIV, à l'imitation de celles de Saint-Pierre, à Rome, elles sont considérées comme ce que nous avons de plus beau et de plus élégant dans ce genre de colonne et servent aussi de modèle. Leur chapiteau est de l'ordre composite; elles sont cannelées suivant leur contour en spirale depuis la base jusqu'au tiers de leur hauteur; les cannelures sont couronnées par un astragale orné de feuillage (*Voyez* pl. 81, *les colonnes qui décorent la façade de l'autel*).

Pour tracer les détails de la courbure du contournement. *Voyez* pl. 7, fig. 8, le fût de la colonne en élévation géométrale et le plan, fig. 7. Tracez premièrement l'échelle de proportion de la longueur que vous désirez la colonne compris base et chapiteau; divisez cette longueur en 20 parties égales, dont une formera le module, lequel doit être divisé en 18 parties comme je l'ai dit ci-devant pour l'ordre corinthien et le composite (*Voyez l'échelle k l*). Le fût de la colonne, sans base ni chapiteau, doit avoir 17 modules de hauteur, sa grosseur dans le bas doit être de

11

2 modules de diamètre, celle du haut doit avoir 1 module 12 parties ;
tracez la figure de la colonne, diminué dans le haut d'un sixième, en vous
servant de l'opération indiquée ci-devant, *fig.* 3, comme d'une colonne
droite ; ensuite, sur l'axe prolongé, décrivez un cercle de 2 modules de
diamètre, lequel sera le plan *fig.* 7. Divisez le cercle du plan en huit parties égales par quatre lignes passant par le centre ; puis, sur le même
centre, décrivez un petit cercle du tiers du diamètre de la colonne, *contenant* 12 *parties ;* ce petit cercle se trouvera divisé en huit parties par les
lignes de la division du grand cercle ; de ces points de division du petit
cercle, élevez des lignes parallèles à l'axe de la colonne en élévation ; ensuite divisez la hauteur du fût de la colonne en 48 parties égales, tirez des
lignes horizontales à chaque division, ces lignes fixeront des points sur
chaque ligne parallèle, pour tracer la ligne spirale, ou *hélice,* autour du petit
cylindre figuré au milieu de la figure de la colonne ; prenez sur chacune des
lignes horizontales la grosseur de la colonne figurée droite, à partir de l'axe
jusqu'au côté ; portez ces mesures sur les mêmes lignes, à partir de la ligne
hélice du petit cylindre ; elles fixeront les points de passage de la ligne
courbe du contour.

La figure de l'élévation, *fig.* 8, et celle du plan, *fig.* 7, avec les lignes ponctuées de l'opération, indiquent assez la manière de tracer le contournement des colonnes torses, pour qu'il soit inutile de donner une plus
longue explication ; mais il est utile d'observer que, pour le premier demi-
tour du bas et celui du haut, la ligne hélice se termine aux extrémités sur
l'axe et en plan sur le centre (*Voyez la ligne spirale dans le petit cercle du
plan*) ; le petit cylindre est considéré conique aux extrémités, pour que la
courbure du contournement se termine au filet de la base et à l'astragale du
chapiteau. Le grand cercle du plan marque la grosseur de la colonne
compris la courbure du contournement, et contient 2 *modules* 12 *parties ;* le
diamètre, plus un tiers de la grosseur ordinaire des colonnes : proportions de celles de Saint-Pierre, à Rome, et celles du Val-de-Grâce, à
Paris.

Si l'on voulait faire le contournement plus courbé, il faudrait faire le petit
cercle au plan plus grand ; de même, si on le désirait moins courbé, il
faudrait le faire plus petit.

On peut torser les colonnes de l'ordre ionique et du corinthien, qui est
semblable au composite ; néanmoins c'est le composite qui convient le

mieux; l'ionique est tolérable : mais il serait ridicule de torser les colonnes des ordres dorique et toscan.

De l'ordre Toscan. — Planche 8.

L'ordre toscan a pris naissance en Toscane, d'où lui vient son nom; c'est le plus simple et le plus matériel des cinq ordres. *De Vignole* dit : « N'ayant trouvé entre les antiquités de Rome aucun ornement toscan du- » quel j'aie pu former une règle, comme je l'ai fait des autres quatre or- » dres suivants, je me suis servi de l'autorité de Vitruve, liv. IV, chap. 7, » où il dit que la colonne toscane doit avoir la hauteur de sept de ses pro- » pres grosseurs, avec la base et le chapiteau. Pour l'entablement, lequel » est composé de l'architrave, la frise et la corniche, il me semble chose » convenable qu'on y garde la règle que j'ai trouvée des autres ordres; » c'est à savoir, que l'entablement soit le quart de la hauteur de la colonne, » laquelle est de 14 modules avec la base et le chapiteau; et ainsi l'archi- » trave, frise et corniche, auront ensemble 3 modules $\frac{1}{2}$, qui est le quart de » 14 modules. »

La colonne a plus d'un sixième de sa grosseur de diminution dans le haut, seulement dans cet ordre, comme étant le plus matériel et des- tiné à porter les autres ordres; ainsi au lieu d'avoir 1 module 8 parties de diamètre dans le haut, comme la colonne de l'ordre dorique, de Vignole lui donne 1 module 7 parties, comme elle est cotée à la figure avec les au- tres détails. La hauteur totale de cet ordre est de 22 modules 2 parties. Le piédestal a pour hauteur le tiers de la hauteur de la colonne, qui est de 4 modules 8 parties, y compris sa base et sa corniche, lesquelles ont cha- cune 6 parties. Il reste au dé 3 modules 8 parties de hauteur, et pour largeur, sur chacune de ses faces carrées, 2 modules 9 parties. La saillie de la corniche et de la base est de 4 parties. La colonne a 14 modules de hauteur, y compris base et chapiteau; la base a 1 module de hauteur y compris le filet supérieur et a 4 parties $\frac{1}{2}$ de saillie; le fût de la colonne a 12 modules de hauteur y compris l'astragale; le chapiteau a 1 module de hauteur et 5 parties de saillie; l'architrave a 1 module de hauteur; le listel de la gorge a 2 parties de saillie; la frise a 1 module 2 parties de hauteur sans aucune saillie; la corniche a 1 module 4 parties de hauteur et 1 module 6 parties de saillie. Les détails des membres de moulures sont cotés sur la planche en hauteur et en saillie. Les fragments figurés sur une plus grande échelle indiquent la manière de construire cet ordre en menuiserie. Il y a deux échelles de proportions tracées au bas de la planche ; celle de 6 modules sert pour le piédéstal et l'entablement, et celle de 2 modules sert pour les fragments en détails de menuiserie.

Noms des moulures et parties lisses qui ornent les membres de l'ordre TOSCAN. — Planche 8.

A, socle du piédestal. B, filet. C, gorge du dé du piédestal. D, talon. E. listel du talon formant la corniche du piédestal. F, socle de la base de la colonne. G, tore. H, filet, I, gorge du fût de la colonne. J, astragale. K, frise ou gorge du chapiteau. L, filet. M, quart de rond. N, larmier. O, filet. Le filet et le larmier se nomment ensemble *tailloir de chapiteau*. P, face de l'architrave. Q, listel de la gorge de l'architrave. R, la frise. S, talon. T, filet. U, larmier. V, filet. X, baguette. Y, quart de rond. La partie au-dessus de la corniche se nomme socle ou *acrotère ;* elle détermine la saillie de la corniche et doit être à l'aplomb du nu de la frise ; sa hauteur n'est pas déterminée, elle peut varier selon les circonstances.

Entre-colonne de l'ordre TOSCAN. — Planche 9.

La hauteur totale est de 17 modules $\frac{1}{2}$, dont 14 modules pour la colonne et 3 modules $\frac{1}{2}$ pour l'entablement. Les colonnes sont éloignées l'une de l'autre de 6 modules 8 parties du milieu ou axe d'une colonne au milieu de l'autre colonne. Il reste 4 modules 8 parties de distance d'un fût à l'autre, dans le bas, comme les cotes l'indiquent sur la planche. Les détails des proportions pour les moulures des bases, chapiteaux et entablements sont indiqués planche 8. Ainsi, quand on voudra faire des entre-colonnes ou *entre-colonnements* de l'ordre toscan, on divisera la hauteur totale en 17 parties $\frac{1}{2}$, l'une desquelles sera le module, et on suivra les proportions comme l'indiquent les planches 8 et 9, lesquelles sont cotées en détails. Si l'on est borné par la hauteur de la colonne, alors on divisera cette hauteur en 14 parties, l'une desquelles sera le module. Sur la même planche sont figurés les profils et coupe du milieu d'une colonne avec l'entablement en détails de menuiserie.

Portique de l'ordre TOSCAN *sans piédestal.* — Planche 10, fig. 1.

Quand on voudra faire des portiques de l'ordre toscan sans piédestal, on divisera la hauteur totale que l'on désirera donner aux portiques, en 17 parties $\frac{1}{2}$, comme aux entre-colonnements du même ordre, dont une desquelles sera le module; la colonne aura 14 modules de hauteur, et l'entablement 3 modules $\frac{1}{2}$. La hauteur totale de la baie du portique sera de 13 modules, et sa largeur sera de la moitié de sa hauteur, 6 modules $\frac{1}{2}$. Les jambages ou trumeaux, sur lesquels sont engagées les colonnes, auront 3 modules en largeur, et doivent avoir pour épaisseur 2 modules; mais cette épaisseur peut varier selon les sirconstances. Les colonnes sont engagées de 9 parties dans les trumeaux. Vignole donne comme règle générale que les portiques doivent avoir un vide (c'est-à-dire la baie), deux fois la largeur en hauteur, afin qué la baie forme deux carrés pour hauteur, mesure prise au milieu de l'arcade, et que les colonnes doivent sortir des jambages ou trumeaux d'un tiers de module plus que leur moitié, afin que la sailiie de l'imposte ne dépasse pas la moitié de la grosseur de la colonne. Les mesures cotées sur la planche 10, et les détails cotés planche 8, indiquent le reste des détails.

Portique de l'ordre TOSCAN *avec piédestal.* — Planche 10, fig. 2.

La hauteur totale est de 22 modules 2 parties, dont 4 modules 8 parties au piédestal, 14 modules à la colonne, et 3 modules 6 parties à l'entablement; la baie du portique a 17 modules 6 parties de hauteur, et 8 modules 9 parties de largeur; les jambages ou trumeaux ont 4 modules en largeur et 2 modules d'épaisseur; les colonnes sont détachées des trumeaux et des pilastres qui sont derrière les colonnes sur les trumeaux, comme le représente le plan figuré au bas du portique. Les proportions cotées sur la figure et les détails cotés planche 8, indiquent suffisamment pour l'exécution. Le profil de la corniche d'imposte et celui de l'archivolte sont côtés en détail, et figurés au-dessus du portique sans piédestal, planche 10. Pour exécuter ce portique il n'y a qu'à suivre les mesures cotées.

De l'ordre Dorique. — Planche 11.

L'ordre dorique passe pour être le plus ancien de tous les ordres ; il vient des Grecs, et a pris son nom de *Dorus*, qui fit élever un temple de cet ordre dans *Argos*.

La hauteur totale de cet ordre est de 25 modules 4 parties, dont 5 modules 4 parties au piédestal, y compris sa base et sa corniche ; 16 modules à la colonne, y compris sa base et son chapiteau, et 4 modules à l'entablement, lequel est composé de l'architrave, la frise et la corniche. Ce chapiteau et cet entablement ont été composés par Vignole de diverses reliques d'entre les antiquités romaines, et se nomment *doriques mutulaires*, à cause des mutules, espèce de gros modillons qui soutiennent le larmier de la corniche. Le chapiteau et l'entablement figurés planche 12, se nomment *doriques denticulaires*, à cause des denticules qui ornent la corniche au lieu de mutules. Vignole a tiré ce chapiteau et cet entablement doriques denticulaires du théâtre de Marcellus, à Rome. La frise des deux entablements est ornée de *triglyphes* (Voyez la figure *l* au-dessus du chapiteau, planche 11, et les détails figurés au trait, planche 12) ; au-dessous de chaque triglyphe, sur la face supérieure de l'architrave, sont 6 gouttes ou clochettes au-dessus de chaque triglyphe, et au même aplomb, est une mutule (voyez figure *g*) ; chaque mutule est ornée dessous de 36 gouttes espacées dans un carré d'un module de côté (voyez la figure du plafond du larmier vue dessous) ; la largeur de la mutule est d'un module ; les triglyphes sont éloignés l'un de l'autre de 1 module $\frac{1}{2}$; cet espace entre chaque triglyphe se nomme métope, et forme une figure carrée ; dans chacune des métopes on place différents ornements, tels que patères (voyez figure *h*, têtes de bœufs desséchées, qui sont les principaux ornements de l'ordre dorique, représentant les têtes de bœufs offerts en sacrifice (voyez planche 12), ou différentes armures de guerre, boucliers, casques, cuirasses, etc. La proportion des triglyphes et des métopes en largeur, est disposée de manière qu'il doit toujours y avoir un triglyphe à l'aplomb de chaque colonne, aux entre-colonnes et aux portiques ; les mutules et les denticules suivent les aplombs au milieu de chaque triglyphe, ce qui fait la régularité de cet ordre. Les profils figurés, construits en menuiserie par fragments en plus grande dimension, d'après l'échelle de 2 modules, donnent les détails des proportions en hauteur et en saillie pour toutes les moulures des membres de cet ordre ; le développement du plafond du larmier, figuré même dimension, fait connaître les ornements à un angle et les suivants entre chaque mutule. A l'angle est la foudre sculptée en bas-relief, dans un caisson carré ; de chaque côté sont deux petits caissons en losange, ornés d'une rosace ; à côté du caisson en losange est le plafond de la mutule orné de 36 gouttes ou clochettes, entre chaque mutule reste un caisson carré orné d'une rosace. Le plan *d*, figuré au-dessus de la base de la colonne, et le plan *e* figuré au-dessous du chapiteau, représentent le fût de la colonne ornée de vingt cannelures, qui se touchent à vive arête ; le creux de ces cannelures se trace de deux manières : la première par un triangle équilatéral, comme l'indique la figure *a*, et la seconde par un demi-cercle, comme l'indique la figure *b ;* la première donne les angles des arêtes moins aigus, et paraît destinée pour l'extérieur ; la seconde donne les angles des arêtes plus aigus, et paraît destinée pour l'intérieur. En menuiserie, comme le bois a plus de consistance que la pierre, on peut employer la seconde à l'extérieur comme à l'intérieur ; mais il faut toujours qu'il y ait une cannelure au milieu de la colonne ; suivant la face du piédestal ou de l'entablement.

Entre-colonne de l'ordre DORIQUE. — Planche 12.

Quand on voudra faire des entre-colonnes de l'ordre dorique denticulaire ou mutulaire, on divisera la hauteur en 20 parties égales, l'une desquelles sera le module : la colonne aura 16 modules de hauteur, y compris sa base et son chapiteau ; lesquels ont chacun 1 module de hauteur, et l'entablement aura 4 modules de hauteur, compris architrave, frise et corniche ; les colonnes doivent être éloignées l'une de l'autre de 7 modules ½, du milieu d'une colonne au milieu de l'autre colonne, qui donne 5 modules ½ de vide entre chaque colonne : les mesures des détails des moulures de la base, en hauteur et en saillie, sont indiquées planche 11, au profil en menuiserie, et les mesures des détails pour la hauteur et saillie des moulures du chapiteau et de l'entablement, aux profils du chapiteau et de l'entablement *dorique denticulaire* figurés sur la planche 12, donnant les détails de la construction en menuiserie en plus grande dimension, d'après l'échelle de 2 modules. La figure du plafond du larmier y est développée d'après la même échelle, et fait connaître les ornements du plafond, à partir d'un angle. Les gouttes ou clochettes sont toujours à l'aplomb de chaque triglyphe , dont les mesures des détails sont cotées à la figure tracée au trait au-dessus, indiquant le profil des canaux ou gravures du triglyphe, en coupe distinguée par une teinte, et ayant $\frac{1}{8}$ partie de saillie sur le nu de la frise.

Les denticules dans cet ordre , aux entre-colonnes comme aux portiques, doivent toujours avoir 2 parties de largeur en plein , et 1 partie en vide, ce qui donne 3 parties de distance d'un milieu de denticule au milieu de l'autre denticule. On peut à sa volonté employer aux entre-colonnes et aux portiques, l'entablement denticulaire figuré planche 12, ou celui mutulaire figuré planche 11, vu que les proportions de hauteur et de saillie sont les mêmes au total.

Portique de l'ordre DORIQUE *sans piédestal.* — Planche 13.

La hauteur totale est, comme aux entre-colonnes, de 20 modules , dont 16 modules à la colonne et 4 modules à l'entablement; la baie a 7 modules de largeur et 14 modules de hauteur; les jambages ont 3 modules de largeur et 2 modules d'épaisseur ; les colonnes sont engagées dans les jambages de 9 parties, comme il a été dit à celui de l'ordre toscan , planche 10 ; la figure en élévation, et le plan figuré au bas avec les profils figurés en grand , planches 11 et 12, indiquent le reste des détails pour la construction.

Portique de l'ordre DORIQUE *avec piédestal.* — Planche 13.

La hauteur totale est de 25 modules 4 parties, dont 5 modules 4 parties au piédestal, y compris sa base et sa corniche : 16 modules à la colonne , y compris sa base et son chapiteau, et 4 modules à l'entablement , y compris l'architrave, la frise et la corniche. La baie a 20 modules de hauteur et 10 modules de largeur; les jambages ont 5 modules de largeur sur 2 modules d'épaisseur. Vignole dit qu'il donne 5 modules de largeur aux jambages du portique avec piédestal, et 3 modules à ceux du portique sans piédestal avec la proportion de largeur de chacun des vides , laquelle doit être la moitié de la hauteur, pour que la distribution des métopes et triglyphes vienne juste, de manière qu'il y ait toujours un triglyphe à l'aplomb des colonnes, et un au milieu du portique. Les détails des proportions du profil de la corniche d'imposte et celui de l'archivolte sont figurés et cotés en détails au bas de la planche ; le plan, figuré au bas du portique, représente la colonne détachée du jambage, comme à celui de l'ordre toscan; les cotes des mesures, figurées sur cette planche et les détails, planches 11 et 12, sont suffisants pour indiquer la manière de construire ces portiques, sans qu'il soit besoin d'une plus longue explication.

Ordre Ionique. — Planche 14.

Cet ordre a pris son nom dans l'*Ionie*, partie d'Asie, du nom d'*Ion l'Athénien*. Le module se divise en 18 parties pour cet ordre et les deux suivants, Vignole dit : Ayant à faire de l'ordonnance *ionique* avec piédestal, toute » la hauteur doit être divisée en 28 parties $\frac{1}{2}$, et de l'une d'icelles est fait » le module, lequel est divisé en 18 parties, ce qui se fait d'autant, que » cette ordonnance, pour être plus gentille que la toscane et dorique, a » aussi les divisions plus menues. » Le piédestal doit avoir le tiers de la colonne qui est de 18 modules, aura 6 modules de hauteur, la colonne 18 modules, et l'entablement le quart de la colonne, aura 4 modules $\frac{1}{2}$ de hauteur, dont l'architrave aura 1 module $\frac{1}{4}$, la frise 1 module $\frac{1}{2}$, et la corniche 1 module $\frac{3}{4}$, et aura autant de saillie que de hauteur. La base du piédestal a 9 parties de hauteur et 8 parties de saillie. Le dé du piédestal a 5 modules de hauteur, y compris le filet du bas et celui du haut, qui appartiennent au dé, et a 2 modules 14 parties de largeur, laquelle est commandée par l'aplomb de la saillie de la base de la colonne; la corniche du piédestal a 9 parties de hauteur et 10 parties de saillie. La base de la colonne a 1 module de hauteur et 7 parties de saillie ; le fût de la colonne a 16 modules 3 parties de hauteur, y compris le filet du bas, qui appartient au fût et non pas à la base, comme aux ordres toscan et dorique. La colonne est ornée de 24 cannelures, séparées par des listels, et creusées en demi-cercle, dont le centre est placé sur la ligne de circonférence de la colonne. Pour régler la largeur de ces listels, il faut diviser la vingt-quatrième partie de la circonférence de la colonne en cinq parties égales; une de ces parties est pour le listel, et les quatre autres pour la cannelure. Il doit y avoir une cannelure au milieu de la face, comme à l'ordre dorique et aux autres ordres suivants; le chapiteau a 15 parties de hauteur, et est orné de deux volutes, dont le centre de l'œil doit être éloigné d'un module de la ligne du milieu de la colonne sur la face. La corniche de l'entablement est ornée de denticules, lesquels doivent avoir 4 parties de largeur en plein et 2 parties en vide, ce qui donne 6 parties de distance d'un milieu à l'autre.

Les profils figurés plus grands, d'après l'échelle de 2 modules donnant les détails de construction en menuiserie, donnent toutes les proportions des hauteurs et des saillies en détails.

Du chapiteau IONIQUE *et de la manière de tracer la volute.* — Planche 15.

Voyez le plan et l'élévation géométrale de la moitié du chapiteau vue de face, et à côté le chapiteau entier vu de côté ; ces figures donnent les proportions de détails en hauteur et en saillie, il n'y a que la volute qui offre plus de difficulté pour la tracer.

Opération pour tracer la volute IONIQUE. — Planche 15.

La volute doit avoir 16 parties de hauteur et 14 parties de largeur, dont 9 parties en hauteur du centre de l'œil au point *a*, et 8 parties en largeur du centre de l'œil au point *b*, il reste 7 parties au-dessous du centre de l'œil, et 6 parties sur le côté en largeur; les dimensions de la volute étant tracées et les deux axes placés d'après les dimensions, perpendiculaires l'un à l'autre, décrivez au milieu le cercle de l'œil de deux parties de diamètre; dans ce cercle inscrivez un carré, de manière que les axes de la volute soient les diagonales. Voyez *le cercle de l'œil tracé au milieu de la volute*, *et celui* F *tracé à côté d'une plus grande dimension*, *afin de mieux distinguer les points et les numéros des points.* Les lignes 1, 3 et 2, 4 passent par le centre où elles se croisent, et sont parallèles aux côtés du carré de l'œil; divisez-les chacune en six parties égales, pour fixer les points 1, 2, 3, 4 aux extrémités, et les autres points 5, 6, 7, 8, 9, 10, 11 et 12 sur les points de division, comme l'indique la figure F; mettez la pointe du compas sur le point 1 de l'œil, ouvrez le compas jusqu'au point *a*, et décrivez le quart de cercle *a b*, ensuite mettez la pointe du compas sur le point 2, et ouvrez-le jusqu'au point *b* pour décrire le quart de cercle *b c;* faites de même pour le quart de cercle *c d ,* ayant la pointe du compas sur le point 3 ; et pour le quart de cercle *d e,* ayant la pointe du compas sur le point 4, lequel point *e* sera fixé à la rencontre de la courbe avec la droite tirée du point 4 et passant sur le point 5. Vous continuerez les autres tours de la volute de même que le premier, ayant la pointe du compas sur les points 5, 6, 7, 8, 9, 10, 11 et 12, comme points de centre pour chacun des quarts de cercle. La première ligne courbe de la volute étant terminée; pour tracer la seconde ligne, comme elle est éloignée de la première, à son départ, d'une partie, qui forme le listel, et que ce listel est le tiers du canal de la volute, il faut lui conserver cette même proportion jusqu'à l'œil de la volute. Pour cela, divisez la distance entre chaque point en quatre parties égales; vous vous servirez pour point de centre, de ceux de ces points qui seront le plus près des points qui vous auront servi pour tracer la première courbe de la volute, et vous tracerez cette seconde courbe qui forme le listel de la volute, par les mêmes moyens que pour tracer la première courbe.

Sur la même planche est figurée une autre opération pour tracer la volute. Voyez le cercle G, représentant le cercle de l'œil de la volute ; les points numérotés indiquent les centres pour tracer les quarts de cercle formant la courbe de la volute. La figure H représente l'œil de la volute orné d'une rosace. Sur la face du chapiteau, il doit y avoir deux modules de distance du centre de l'œil d'une volute au centre de l'œil de l'autre volute.

De la base ATTIQUE, *et de la manière de tracer la* SCOTIE. — Planche 14.

La base attique n'appartient à aucun ordre; on peut la mettre à la colonne dorique, ionique, corinthienne ou composite; mais elle convient mieux à la colonne composite ou celle ionique ; elle est même souvent préférée à la base ionique ; naturellement elle convient à tous les ordres, excepté à l'ordre toscan où elle serait ridicule, vu qu'elle est trop élégante pour un ordre si simple. Vignole dit : « Cette base, Vitruve la nomme *atticurga*, » lib. III, chap. 3, comme étant trouvée originairement et mise en œuvre » par les Athéniens : de notre temps, on use de la mettre en œuvre indiffé- » remment, sous le dorique, ionique, corinthien et composite; toutefois elle » a plus d'alliance avec le composite qu'avec nul autre, et est aussi tolérable » en la ionique quand on ne se sert de la propre base d'icelle ; mais sous les » autres ordonnances je la jugerais du tout impertinente, et en produirais » beaucoup de raisons. »

Opération pour tracer la SCOTIE.

Voyez la figure du profil de la base avec les proportions cotées planche 14, et au-dessous l'opération pour tracer la scotie tracée au trait. La scotie est une moulure creuse, en forme de gorge, qui sépare les deux tores de la base; tracez les deux filets ayant chacun $\frac{1}{2}$ partie, et éloignés l'un de l'autre de 3 parties, tirez à volonté la perpendiculaire $b\,g$, laquelle détermine la saillie du filet du bas et celle du tore supérieur; tirez la perpendiculaire $e\,a\,f$, éloignée de celle $b\,g$ de 1 partie $\frac{3}{4}$; divisez la distance $e\,f$ en trois parties égales, dont une fixera le centre a; décrivez sur le centre a l'arc indéfini $e\,c\,d$; avec la même ouverture du compas, du point e fixez sur l'arc le point c; mettez la pointe du compas sur le point c et décrivez l'arc $e\,a\,d$, lequel fixera le point d; tirez une ligne droite du point d au centre a, prolongez-la jusqu'à la ligne $b\,g$, elle fixera le point b, lequel sera le centre pour décrire l'arc $d\,g$ qui termine la figure de la scotie. Cette opération diffère de celle donnée par Vignole, à laquelle le bas creusait sur le filet. Voyez pl. 21, fig. 33. La perpendiculaire du filet supérieur est divisée en cinq parties; la ligne horizontale est tirée à la seconde partie, laquelle est un centre pour décrire le quart de cercle du haut; tirez la ligne oblique du filet du bas au point de la ligne horizontale, divisez-la en deux parties, et du milieu tirez une ligne d'équerre; où cette ligne d'équerre coupera la ligne horizontale, elle fixera le point de centre pour décrire l'arc du bas qui termine la figure.

Pour les ouvrages de l'extérieur il y a un inconvénient à se servir de cette opération, parce que les eaux pluviales séjourneraient dans le creux du bas; par la première opération il n'y a pas cet inconvénient.

Entre-colonne de l'ordre IONIQUE. — Planche 15.

Quand on voudra construire des entre-colonnes ioniques, on divisera la hauteur totale en 22 parties $\frac{1}{2}$, une de ces parties sera le module, la colonne aura 18 modules de hauteur et l'entablement 4 modules $\frac{1}{2}$; la distance des colonnes est de 6 modules $\frac{1}{2}$ d'un axe à l'autre ou de milieu à milieu, et de 4 modules $\frac{1}{2}$ de vide d'une colonne à l'autre, comme est cotée la figure planche 15.

Portique de l'ordre IONIQUE *sans piédestal.* — Planche 16.

La hauteur totale est de 22 modules $\frac{1}{2}$, dont 18 modules à la colonne et 4 modules $\frac{1}{2}$ à l'entablement; les jambages ont 3 modules de largeur sur 2 modules d'épaisseur; la largeur de la baie est de 8 modules $\frac{1}{2}$, et la hau-

teur est de 17 modules. Vignole dit : « que la largeur du vide sera de 8 mo-
» dules ½ et la hauteur de de 17 modules, qui sera le double de la largeur,
» règle qu'on doit observer fermement en tous arcs de semblables orne-
» ments (1), toutes et quantes fois que la grande nécessité ne nous con-
» traint pas de faire autrement. » Les détails des proportions pour les bases,
chapiteaux et entablements sont indiqués planches 14 et 15 avec les détails
de construction en menuiserie.

Portique de l'ordre IONIQUE *avec piédestal.* — Planche 16.

La hauteur totale est de 28 modules ½, dont 6 modules au piédestal,
18 modules à la colonne et 4 modules ½ à l'entablement ; les jambages ont
4 modules de largeur et 2 modules d'épaisseur ; la baie a 11 modules de
largeur et 22 modules de hauteur. Les délails des proportions et constructions en menuiserie sont indiqués planches 14 et 15. Sur cette planche 16
est figuré en plus grande dimension le profil de la corniche d'imposte et
celui de l'archivolte pour ce portique, dont les proportions sont cotées
en détail, en largeur et en saillie.

Ordre CORINTHIEN. — Planche 17.

Cet ordre passe pour être le chef-d'œuvre de l'architecture. Voici ce que
Vitruve dit de l'origine de cet ordre : « Une jeune fille de Corinthe étant
» morte, sa nourrice plaça sur sa tombe une corbeille contenant divers
» bijoux que la jeune personne avait aimés. Cette corbeille, recouverte
» d'une tuile, fut placée par hasard sur une plante d'*acanthe;* les feuilles de
» cette plante, venant à pousser, environnèrent la corbeille et se recour-
» bèrent au-dessous de la tuile. Le célèbre *Callimacus* ou *Callimaque* en con-
» çut l'idée du chapiteau corinthien. »

La hauteur totale est de 32 modules, le module se divise en 18 parties
comme à l'ordre ionique, le piédestal a 7 modules de hauteur. Vignole
dit : « Si le piédestal de cette ordonnance corinthienne est le tiers de la
» colonne, il tiendra 6 modules ⅔ ; mais on pourra bien le faire de 7 mo-

---

(1) Par ces termes Vignole entend tous les portiques avec ou sans piédestal, et de tous
les ordres.

» dules pour plus grande solidité, fort conforme et convenable à cette
» ordonnance délicate, et aussi pour que le dé du piédestal revienne à
» deux carrés » (c'est-à-dire que la hauteur soit le double de la largeur).
La base du piédestal a 12 parties en hauteur et 8 parties en saillie ; le dé
a 5 modules 10 parties en hauteur et 2 modules 14 parties en largeur ; la
corniche du piédestal a 14 parties en hauteur et 8 parties en saillie ; la
base de la colonne a 1 module en hauteur et 7 parties en saillie ; le fût de
la colonne a 16 modules 12 parties en hauteur ; la grosseur est 2 modules
de diamètre dans le bas et 1 module 12 parties dans le haut ; le pourtour
est orné de 24 cannelures pareilles à celles de l'ordre ionique (Voyez *pour
la proportion des cannelures et des listels*, planche 14) ; le chapiteau a 2 modules 6 parties de hauteur (la saillie n'est déterminée que par l'opération
pour tracer le plan) ; l'architrave a 1 module 9 parties de hauteur et 5
parties de saillie ; la frise a 1 module 9 parties de hauteur et n'a pas de
saillie, elle est destinée à recevoir divers ornements ; la corniche a 2 modules de hauteur et 2 modules 2 parties de saillie, elle est ornée de denticules, oves et modillons ; les denticules ont 4 parties de largeur en plein
et 2 parties en vide, ce qui donne 6 parties du milieu d'un denticule au
milieu de l'autre ; au-dessus de chaque denticule il y a un ove, tous les
quatre denticules il y a un modillon toujours à l'aplomb du milieu d'un
denticule, lesquels doivent toujours se trouver à l'aplomb des colonnes ;
entre chaque modillon il y a un caisson ravalé dans l'épaisseur du larmier
et orné d'une rosace. Voyez le développement du plafond du larmier,
figuré à côté des profils en menuiserie en plus grande dimension, d'après
l'échelle de 2 modules, et le profil en coupe du milieu d'un caisson et
d'une rosace aux profils de la corniche en menuiserie. Les cotes des proportions en hauteur et en saillie indiquent le reste des détails pour exécuter
cet ordre.

Opération pour tracer le chapiteau CORINTHIEN. — Planche 17.

Tracez premièrement le plan du fût de la colonne, d'après la mesure de
son diamètre dans le haut, de 1 module 12 parties ; sur le même centre
décrivez un cercle de 4 modules de diamètre, et inscrivez dans ce cercle un
carré ; ensuite, sur un des côtés du carré, élevez un triangle équilatéral.
Le sommet *a* dudit triangle sera le point de centre pour décrire les courbes
du tailloir, en observant 4 parties aux cornes du tailloir.

Ensuite tracez la figure en élévation géométrale vue sur l'angle (Voyez *la figure; toutes les hauteurs sont cotées en détail*); de l'astragale au tailloir, tirez la ligne oblique *cd;* cette ligne déterminera la saillie des feuilles; ensuite abaissez la saillie des feuilles de chaque rang sur le plan, pour terminer la figure du plan. D'après le plan tracé, vous élèverez du plan la figure du chapiteau en élévation géométrale, vue de face. Les figures indiquent le reste des détails.

Ce chapiteau est construit en menuiserie, ayant un tambour ou boisseau formant le vase, autour duquel on rapporterait le bois nécessaire pour sculpter les feuillages ; mais on pourrait à volonté le faire assez épais pour sculpter les feuillages dans la masse du tambour ou boisseau.

Entre-colonne de l'ordre CORINTHIEN. — Planche 18.

La hauteur totale est de 25 modules, dont 20 modules de hauteur à la colonne, y compris sa base et son chapiteau, et 5 modules de hauteur à l'entablement, lequel est composé de l'architrave, de la frise et de la corniche. La distance des colonnes est de 6 modules, 12 parties d'un axe à l'autre, ou de milieu à milieu. Les détails des proportions et de la construction en menuiserie sont indiqués planche 17.

Portique de l'ordre CORINTHIEN *sans piédestal.* — Planche 18.

La hauteur totale est de 25 modules, dont 20 modules à la colonne et 5 modules à l'entablement; les jambages ont 3 modules de largeur et 2 modules d'épaisseur; la baie a 9 modules de largeur et 18 modules de hauteur. Voyez planche 17 pour les détails des proportions et construction en menuiserie.

Portique de l'ordre CORINTHIEN *avec piédestal.* — Planche 18.

La hauteur totale est de 32 modules, dont 7 modules au piédestal, y compris sa base et sa corniche ; 20 modules à la colonne, y compris sa base et son chapiteau, et 5 modules à l'entablement. La largeur des jambages est de 4 modules, et leur épaisseur de 2 modules. La baie à 12 modules de largeur et 25 modules de hauteur. Vignole dit qu'il donne à ce portique plus de deux carrés du vide en hauteur, comme plus convenable à cause de

la gentillesse de cette ordonnance. Voyez pour les détails des proportions
et pour la construction en menuiserie, planche 17. Sur cette même
planche 18 est figuré le profil de la corniche d'imposte et celui de l'archivolte
en plus grande dimension, donnant tous les détails des proportions des
moulures en hauteur et en saillie.

Ordre Composite. — Planche 19.

L'ordre composite ou *romain* a pris naissance à Rome. Il doit son origine
aux Romains, qui le composèrent de tout ce qu'ils trouvèrent de beau dans
l'ordre ionique et dans l'ordre corinthien. Vignole dit : « Les anciens Ro-
» mains, empruntant une partie de la ionique et une autre partie de la
» corinthienne, ont fait un tel composé pour unir ensemble en une seule
» partie tout ce qu'ils pouvaient recouvrer de beauté. » Les proportions sont
les mêmes que celles du corinthien; il ne diffère que dans ses détails. La
corniche a deux parties de moins en saillie (1), la hauteur de la corniche,
frise et architrave, composant l'entablement, est de 5 modules comme
au corinthien; la hauteur de la colonne, y compris sa base et son chapiteau,
est de 20 modules semblables au corinthien; la hauteur du piédestal est,
de même que celle du piédestal corinthien, de 7 modules. La hauteur
totale de l'ordre est de 32 modules comme celle du corinthien; les
volutes du chapiteau sont pareilles à celles du chapiteau ionique; les
feuillages sont semblables à ceux du chapiteau corinthien. Les denticules
ont 6 parties de largeur en plein et 3 parties en vide, qui donnent 9 parties
de distance de milieu à milieu. Le plan du chapiteau est, de même que
celui du corinthien, inscrit dans un cercle de 4 modules de diamètre;
voyez pour le détail la figure, et pour le tracé, voyez la manière indiquée
au chapiteau corinthien, planche 17. Les profils figurés en plus grande
dimension, d'après l'échelle de deux modules, donnant les détails de la construction de cet ordre en menuiserie, donnent aussi les mesures des
proportions cotées en hauteur et en saillie; le module est divisé en 18 parties,
comme à l'ordre ionique et corinthien.

---

(1) Sur la planche elle est cotée 2 modules 2 parties, pareille à celle de l'ordre corinthien.
Pour réduire la saillie de 2 parties, le larmier n'aura que 8 parties au lieu de 10 parties de
saillie.

L'entre-colonne, les portiques, avec ou sans piédestal, de l'ordre composite, ont les mêmes proportions que ceux de l'ordre corinthien. Voici ce que dit Vignole à cet égard, en parlant du piédestal : « Le piédestal composite » garde les proportions du corinthien, il n'y a autre différence de membre » qu'en sa corniche et sa base, comme l'on peut connaître par la figure ; et » d'autant que l'ornement composé a les mêmes proportions avec le corin- » thien, j'ai jugé n'être nécessaire d'en faire des entre-colonnes et des por- » tiques à part, me rapportant à ceux du corinthien. »

De l'ordre de Pœstum. — Planche 20.

Les mesures de cet ordre sont cotées en pieds et pouces, comme elles ont été mesurées au temple de Neptune, à Pœstum (*pour les convertir en modules, il n'y a qu'à considérer le pied comme module, et le pouce comme partie de module*). Les gouttes figurées au plafond du larmier de la corniche sont creusées dans l'épaisseur de chaque mutule, au lieu d'être en saillie comme celles de l'ordre dorique. Le triglyphe de l'angle n'est pas à l'aplomb du milieu de la colonne : l'astragale du haut du fût de la colonne, au lieu d'être en saillie, est creusée. Les colonnes n'ont pas de base, et leur diminution est en ligne droite du bas de la colonne jusqu'au-dessous du chapiteau. Elles ont deux pieds de diamètre de moins dans le haut que dans le bas ; les cannelures sont à vive-arête comme celles de l'ordre dorique. Le pourtour de la colonne contient vingt-quatre cannelures ; les figures, planche 20, indiquent le reste des détails.

Des pilastres.

Les pilastres sont des piliers carrés ou méplats, formant avant-corps plus ou moins saillants ornés de bases et chapiteaux, et suivent les mêmes proportions des colonnes de chaque ordre, à l'exception de leur fût, qui ne diminue pas de largeur dans le haut, et doit être égal de largeur dans toute sa hauteur. Néanmoins quelquefois, selon le goût, on les diminue de largeur dans le haut, d'après les mêmes proportions des colonnes ; cette disposition d'être diminués dans le haut convient mieux aux pilastres carrés (lesquels doivent être détachés) qu'aux pilastres méplats, lesquels sont ordinairement accompagnés de parties d'assemblages. Alors, pour

conserver les champs des parties qui joignent aux pilastres égaux de largeur dans toute la hauteur, il faut les détacher des pilastres par un autre champ formant avant-corps ou arrière-corps, lequel doit avoir en largeur au moins la saillie de la base du pilastre ou celle du chapiteau.

DEUXIÈME PARTIE.

DES OUTILS NÉCESSAIRES AU MENUISIER.

Parmi les différents corps d'état du bâtiment, c'est au menuisier qu'il faut le plus d'outils pour façonner son ouvrage. Pour parler de chaque outil séparément, le détail en deviendrait trop long; je me bornerai aux principaux, figurés planche 21.

De la Scie allemande. Voyez fig. 1. — Planche 21.

Le nom de *scie allemande* donné à cette espèce de scie paraît lui venir de l'Allemagne, où probablement on en fit usage avant qu'elle fût connue en France. La lame de la scie est pareille à celle d'une scie à débiter ou à celle d'une scie à refendre; elle est montée sur deux tourillons mobiles, comme une scie à chantourner, pour pouvoir incliner la lame à volonté; son usage est de remplacer la scie à refendre pour les bois de moyenne épaisseur. Étant montée plus légèrement que la scie à refendre, l'ouvrier fatigue moins, et l'on peut s'en servir sur le côté de l'établi. Sa plus grande utilité est pour tirer de large les parties pleines quelconques après qu'elles sont assemblées.

De la Varlope. Voyez fig. 2. — Planche 21.

La varlope est le principal outil du menuisier. Son usage est pour corroyer le bois, et pour dresser les rives des planches ou autres objets que l'on destine à être joints ensemble; en général, pour tout ce qui exige une surface droite. Ordinairement les menuisiers font leurs varlopes eux-mêmes. Pour les faire, il faut choisir le bois le plus dur et le plus coulant possible ; ses grains doivent être serrés et ses fils droits. *C'est le cormier qui est généralement préféré.*

La forme ou *tournure* que l'on donne à la varlope varie selon les pays. Celle qui est représentée fig. 2 est d'une forme flamande ; elle est mainte-nant généralement adoptée à Paris. Autrefois c'était la forme anglaise qui était adoptée. La varlope d'une forme ou façon anglaise était plus épaisse au milieu de la longueur, a l'endroit du fer, que des deux bouts : par cette disposition la varlope était plus solide, vu que l'endroit de la lumière, où est le fer, était renforcé par la plus forte épaisseur du bois. La forme ou façon que l'on donne à une varlope ne diminue ni n'augmente sa qualité ; c'est la qualité du bois de son fût et de sa lumière (*qui est l'endroit où le fer est posé*) qui rendent une varlope plus ou moins bonne. La pente ou inclinaison que l'on donne au fer rend l'outil plus ou moins dur à pousser: plus la pente ou inclinaison du fer est debout, plus l'outil est dur à pousser, mais il fait moins d'éclats; plus il est incliné, plus il est doux à pousser, mais il fait plus d'éclats. Il faut donc une moyenne à la pente ou inclinaison du fer, pour que l'outil ne soit pas trop dur à pousser et qu'il ne fasse pas trop d'éclats.

La longueur de la varlope est ordinairement de 28 pouces (*soixante seize centimètres*), son épaisseur de 3 pouces (*huit centimètres*), et sa largeur de 2 pouces 8 lignes (*soixante-douze millimètres*) pour recevoir un fer de 2 pouces de largeur (*cinquante-quatre millimètres*). Les demi-varlopes sont plus petites : la longueur est de 21 pouces (*cinquante-sept centimètres*), la hauteur ou épais-seur est de 2 pouces 9 lignes (*soixante-quatorze millimètres*), et la largeur de 2 pouces 3 lignes (*soixante et un millimètres*), pour recevoir un fer de 18 lignes de largeur (*quarante et un millimètres*).

A la varlope, au rabot, au guillaume, et aux outils de moulures, la pente du fer doit être moins inclinée, pour éviter les éclats. A la demi-varlope et aux bouvets, la pente du fer doit être un peu plus inclinée, pour qu'ils soient plus doux à pousser. Pour régler la pente de la coupe ou inclinaison du fer de la varlope, du rabot, du guillaume et des outils de moulures, voyez le cercle *C*, fig. 3. Pour tracer cette coupe, tirez une ligne perpendiculaire (*d'équerre*) à la rive du dessous de l'outil, à l'endroit où vous voulez la coupe ; décrivez un cercle de la grandeur que vous vou-

lez; divisez le diamètre du cercle sur la ligne perpendiculaire, en trois
parties égales : ayant l'ouverture du compas du tiers du diamètre, mettez
la pointe du compas sur les extrémités du diamètre, et fixez sur la circonférence du cercle les points 1 et 2; ensuite tirez une ligne droite du
point 1 au point 2 : cette ligne sera la pente ou inclinaison de la coupe de
l'outil.

De la coupe des demi-varlopes et bouvets. — Planche 21.

Pour tracer et régler la pente ou inclinaison de cette coupe, tirez la
ligne *b*, fig. 3, perpendiculaire à la rive du dessous de l'outil; divisez la ligne
perpendiculaire en trois parties égales; à chacune des parties des extrémités,
formez un triangle équilatéral sur la ligne perpendiculaire; tournez un des
triangles d'un côté, et l'autre de l'autre côté de la ligne perpendiculaire; des
angles 3 et 4 des deux triangles opposés, tirez une ligne oblique : cette ligne
oblique marque la pente ou inclinaison de la coupe, laquelle est plus inclinée
que la précédente.

Autre manière pour tracer la coupe des outils à fer double. — Planche 21.

Pour surmonter les inconvénients des éclats, on met un double fer sur
le fer coupant, et courbé un peu par le bout, pour qu'il pose parfaitement
sur le fer coupant, de manière à ce que les copeaux ne puissent pas s'introduire entre les deux fers. On approche à volonté le fer du dessus, et
aussi près du coupant de l'autre que l'on veut : ce second fer empêche les
éclats de se faire, même dans le bois le plus à contre-fil, mais l'outil est
un peu plus dur à pousser. Pour le rendre plus doux à pousser, on donne
un peu plus d'inclinaison au fer. Cette inclinaison ou *pente* peut être ré-
glée ainsi (voyez la ligne *a*, fig. 3) : tirez, comme pour les coupes précédentes, une ligne perpendiculaire à la rive du dessous de l'outil ; divisez
la hauteur du point 1 au point 2 en douze parties égales; portez onze de
ces parties sur la ligne de la rive de l'outil, comme du point 1 au point 3 ;
tirez une ligne droite du point 3 au point 2 : cette ligne oblique sera la pente
ou inclinaison du fer de l'outil, que l'on nomme *coupe de l'outil*, laquelle
est plus inclinée que les deux précédentes. On peut mettre la pente du
fer de l'outil plus inclinée : l'outil sera plus doux à pousser, mais il faudra
pour éviter les éclats, approcher plus près du coupant le fer double du

dessus, et le fer coupant aura besoin d'être affuté plus souvent. Autrefois
que l'on ne faisait pas usage d'outils à fer double, comme à présent, pour
replanir et polir la surface de l'ouvrage, lorsque le bois était à contre-fil, on
se servait du rabot à dents. Cette espèce de rabot avait le fer cannelé dessus
du bout coupant; ces cannelures formaient des dents au tranchant qui
empêchaient les éclats. Après le rabot à dents on se servait pour polir la
surface de l'ouvrage, du rabot debout, lequel avait la pente du fer très-peu
inclinée; à présent on se sert encore du guillaume debout pour polir la surface des ravalements ou feuillures. En général, pour tous les outils à simple
fer, pour qu'ils ne fassent pas d'éclats, il faut que la pente du fer ne soit pas
beaucoup inclinée.

Du RABOT. Voyez fig. 4. — Planche 21.

Sa longueur est ordinairement de 8 à 9 pouces (*ving-deux à vingt-cinq centimètres*), son épaisseur de 2 pouces ½ à 3 pouces (*soixante-huit à quatre-vingt-
un millimètres*), et sa largeur de 2 pouces à 2 pouces ¼ (*cinquante-quatre à
soixante-huit millimètres*), pour recevoir un fer de 15 à 18 lignes (*trente-quatre
à quarante et un millimètres*) de largeur. Le fût du rabot doit être comme
celui de la varlope, en bois dur et coulant. (*Les rabots sont à fer simple ou
à fer double.*) Le rabot à fer simple sert ordinairement pour blanchir les
planches ou pour affleurer les joints des parties pleines et pour tous autres
ouvrages qui n'exigent pas une surface bien polie. Le rabot à fer double
sert pour replanir tous les ouvrages dont la surface est unie et exige des
soins. (On se sert de *rabot rond* pour les parties creuses; de *rabot cintré* pour
les parties cintrées, et de *rabot en navette* ou rabot rond et cintré, pour les
parties creuses et cintrées.)

Des BOUVETS. Voyez fig. 5. — Planche 21.

Cette figure représente un bouvet dont on se sert pour faire les languettes
d'embrèvement des planches; ces sortes d'outils sont toujours par paire,
dont un sert à faire les languettes, et l'autre à faire les rainures; il en faut
une paire pour chaque épaisseur de planche. Ceux pour les planches d'une
faible épaisseur sont souvent montés sur un même fût; alors, pour celui à
faire les rainures, la languette qui soutient le fer serait trop faible en bois,
on la met en fer ou en cuivre; mais on doit toujours préférer le fer,

parce que le fer coule beaucoup mieux sur le bois que le cuivre, et rend l'outil moins dur à pousser. (*Il y a aussi des bouvets pour faire les feuillures ou les ravalements que l'on nomme bouvet de deux pièces; c'est un bouvet simple à faire des rainures monté sur un conduit mobile que l'on approche et éloigne à volonté.*)

Des OUTILS DE MOULURES. Voyez fig. 6. — Planche 21.

Les outils de moulures, ou *outils à pousser des moulures*, sont des espèces de bouvets ou rabots, dont le fer tranchant est affuté suivant le contour du profil de la moulure que l'outil est destiné à pousser. Le fût de l'outil est pareil au profil de la moulure (c'est-à-dire opposé au contour du profil de la moulure). Il faut autant d'outils différents que de différents profils de moulures,

Du COMPAS A VERGE *ou Compas trusquin.* Voyez fig. 7. — Planche 21.

Cette sorte de *compas à verge*, connu aussi sous le nom de *compas trusquin*, représenté fig. 7, est beaucoup en usage chez les menuisiers; pour les grandes dimensions, il est plus commode et plus juste que les compas ordinaires, parce qu'il n'est pas sujet à se déranger. Il a une de ses deux poupées qui est mobile, afin de pouvoir la placer à la distance que l'on veut de l'autre, qui est immobile, et par le moyen de la clef on la fixe immobile. Aux deux poupées sont deux pointes de fer ou d'acier, lesquelles servent pour tracer comme les pointes d'un compas ordinaire.

Du COMPAS ELLIPTIQUE *ou équerre mobile.* Voyez fig. 8. — Planche 21.

Cet instrument, nommé *compas elliptique* ou *compas à ovale*, est aussi connu sous le nom d'*équerre mobile*. Cet instrument ne sert que pour tracer des *ellipses* ou *ovales*, et n'est pas beaucoup en usage; c'est pourquoi il n'est pas connu de beaucoup d'ouvriers. Cependant il est très-utile pour tracer des ellipses; avec son secours, on a beaucoup plus tôt fini de tracer une ellipse que par une opération géométrique. Sa verge et sa poupée sont semblables à celles du compas à verge, fig. 7; cette verge est retenue à deux coulisseaux mouvants qui circulent chacun dans une des coulisses qui sont perpendiculaires (d'équerre) l'une à l'autre. On peut, par le moyen du point *b* mobile à la verge (*comme le représente la fig.* 8), tracer une ellipse dont les deux axes seraient bornés ; pour cela, il faut éloigner la poupée du point *a* d'une distance égale à la moitié du grand axe ; ensuite placer le point *b* qui est mobile, éloigné de la poupée d'une distance égale à la moitié du petit axe ; avec le compas elliptique ainsi préparé, vous tracerez une ellipse qui aura les deux axes demandés (ou *bornés*).

De l'Équerre a onglet *ou équerre onglet.* Voyez fig. 9. — Planche 24.

La fig. 9 représente une équerre à onglet, avec les lignes d'opération pour la tracer. Tirez la ligne droite *ab ;* sur cette ligne droite, décrivez le demi-cercle *ac b*, de la grandeur que vous désirez ; avec la même ouverture de compas, mettez là pointe sur le point *a*, et décrivez l'arc *e f d ;* du point où cet arc aura coupé la circonférence du demi-cercle, vous fixerez le point *f ;* tirez les lignes droites *fa* et *fb ;* elles forment la figure d'un triangle rectangle, dont l'angle *f* est droit, et a pour mesure 90 degrés.

L'angle *a* est semblable à l'angle d'un triangle équilatéral, et a pour mesure 60 degrés, et l'angle *b* a pour mesure 30 degrés ; élevez au centre *e* la ligne perpendiculaire *ec*, elle fixera sur la circonférence du demi-cercle le point *c ;* tirez la ligne *c b*, elle formera avec la ligne de base *b a* un angle de 45 degrés ; ensuite tirez la ligne *a d* parallèle à la ligne perpendiculaire *ec*, et le talon de l'équerre *d c*, parallèle à la ligne *a b ;* figurez la largeur du talon de l'équerre comme vous le désirez, l'équerre sera terminée. La ligne *c b* de 45 degrés servira pour tracer les onglets des angles droits (d'équerre), et la ligne *fb* de 30 degrés servira pour tracer les onglets des angles d'un triangle équilatéral ou de 60 degrés, ainsi que la ligne *fa* pour les coupes ordinaires du même triangle.

DES MOULURES EN GÉNÉRAL.

Les moulures sont les ornements qui décorent les ouvrages de menuiserie, comme elles décorent l'architecture dont la menuiserie fait partie. Les moulures en usage dans la menuiserie sont puisées dans l'architecture ; les profils sont à peu près semblables, à l'exception de leur saillie ou relief qu'on met ordinairement plus faible aux profils en menuiserie qu'à ceux de l'architecture. Les moulures de l'architecture ont presque généralement autant de

saillie ou relief que de largeur. Celles usitées dans la menuiserie sont plus
ou moins méplates, selon le goût et souvent selon l'épaisseur du bois. Ce
sont les moulures qui caractérisent les différents ouvrages de menuiserie ,
de simplicité ou d'élégance.

On distingue deux sortes de moulures : les premières, que l'on nomme
moulures *droites* ou *unies*, telles que les *plinthes*, *champs ravalés*, *plates-
bandes*, *frises*, *faces d'architrave*, *de larmiers*, *d'impostes*, etc. Les secondes,
que l'on nomme moulures *creuses* ou *rondes* ou *contournées*, telles que les
doucines, *quarts de rond*, *baguettes*, *tores*, *cavets*, *gorges*, *scoties*, *congés*, *astra-
gales*, etc., et généralement toutes espèces de moulures d'une forme con-
tournée, régulières ou irrégulières. Celles composées de parties droites
et parties courbes se nomment *mixtes*, et participent au nom de la moulure
qu'elles dérivent.

Opérations géométriques pour tracer les profils des moulures. — Planche 21.

Soit la doucine, fig. 10. Après avoir tracé l'épaisseur et la largeur que
vous voulez donner à la moulure, tirez la ligne oblique *ab ;* divisez-la
en deux parties égales pour fixer au milieu le point *c ;* mettez la pointe
du compas sur un des points des extrémités, comme le point *a ;* ouvrez
le compas du point *a* au point *c ;* avec cette ouverture de compas, décrivez
l'arc *cd ;* avec la même ouverture de compas, mettez la pointe sur le
point *c*, et décrivez l'arc *ad ;* la section formée par ces deux arcs fixera le
point *d ;* mettez la pointe du compas sur le point *d*, et décrivez l'arc *ac*,
lequel forme le rond de la moulure ; avec la même ouverture de compas,
faites la section *e* pour du point de centre *e* décrire l'arc *cb*, lequel
forme le creux de la moulure et se raccorde avec l'arc *ac* au point du
milieu *c ;* le profil de la doucine sera terminé. *Cette opération, pour les
doucines qui n'ont pas beaucoup de relief, rend le profil plus prononcé que par
l'opération suivante.*

Autre opération pour tracer le profil des doucines. — Planche 21.

Soit la doucine, fig. 11. Après avoir tracé la ligne oblique *ab*, d'après la
largeur et l'épaisseur que l'on désire donner à la moulure, divisez la
ligne *ab* en deux parties égales pour fixer au milieu le point *c ;* ensuite,
tirez les deux lignes *ae* et *bd*, perpendiculaires à la ligne de base *fg ;*

14

entre le point *a* et le point *b*, tirez une ligne perpendiculaire à la ligne oblique *a b*, laquelle fixera le point *e* à sa rencontre avec la ligne *a e;* mettez la pointe du compas sur le point *e*, et ouvrez le compas jusqu'au point *a*, décrivez l'arc *ac;* faites la même opération pour l'arc *cb;* le profil de la doucine sera terminé. Le profil de la doucine est un peu moins prononcé par cette opération que par l'opération précédente; néanmoins, cette opération est préférable à la première, parce qu'elle rend le profil de la moulure plus ou moins prononcé, selon que la moulure a plus ou moins de relief; au lieu que la première opération rend le profil moins prononcé dans une moulure qui a beaucoup de relief, que dans une moulure qui n'a pas beaucoup de relief.

Le nom de *doucine* à cette moulure n'est pas généralement reconnu. Beaucoup d'architectes la nomment *talon;* en province, on la nomme *bouement*, *bouvement* ou *bourement*. De ces différents noms, c'est celui de *doucine* qui est connu dans le Dictionnaire de la langue française.

Pour les différents autres profils de moulures suivants, même planche, la manière de les tracer est indiquée à la figure de chacun d'eux par les lignes ponctuées, qui marquent à leur rencontre le point de centre pour décrire les arcs qui forment leur profil.

Il y a beaucoup de moulures dont le contour du profil n'est pas composé de courbes régulières ; ces profils se tracent à la main sans compas. Alors on leur donne la tournure que l'on désire à l'œil.

Noms des moulures figurées. — Planche 21.

Fig. 10 et 11, *doucine;* 12, *congé* ou *gorge;* 13, *rond entre deux carrés;* 14, *boudin à carré;* 15, *boudin à baguette;* 16, *doucine à baguette;* 17, *pœstum à tarabiscot;* 18, *pœstum sans tarabiscots*, ordinairement employé pour orner les petits bois de croisée (1); 19 et 20, *doucine à tarabiscot*, ordinairement employée comme le pœstum pour orner les petits bois de croisée; 21, *boudin à baguette*, dégagé derrière par un *gorget à carré*, et *tarabiscoté en bec de corbin;* 22, *talon* ou *talon renversé;* 23, *talon renversé à carré;* 24, *talon renversé à baguette;* 25, 26 et 27, *cavets;* 28 et 29, *quart de rond*, à carré et à baguette; 30, *cavet à baguette;* 31, *doucine à carré;* 32, *tannevas* : cette

_____

(1) Quelquefois on pousse un tarabiscot au milieu pour séparer les deux Pœstum.

moulure est peu en usage; 33, *gorge* ou *scotie*, semblable à la scotie de la base attique.

Les embrèvements sont des assemblages en long composés d'une rainure et d'une languette ; quelquefois on les fait à doubles rainures et à doubles languettes, suivant l'épaisseur du bois.

Voyez la fig. 1ʳᵉ : elle représente trois planches embrévées ou jointes ensemble à rainures et languettes.

La fig. 2 est un embrèvement à languette bâtarde, dont une partie forme arrière-corps.

La fig. 3 est un joint d'assemblage à double feuillure et à recouvrement à l'angle d'un pan coupé et formant ressaut.

La fig. 4 est un embrèvement à rainure et languette à l'angle d'une partie en pan coupé.

La fig. 5 est un embrèvement à rainures et languettes, ayant une partie flottante dont le joint apparent est sur l'angle d'un pan coupé.

La fig. 6 et la fig. 7 sont pour le même objet que la fig. 5, mais dont le joint est assemblé à feuillures et à joint sur l'angle.

Les fig. 8 et 9 sont des embrèvements à rainures et languettes à un angle formant retour d'équerre.

La fig. 10 est avec le joint sur l'angle et d'onglet.

Les fig. 11 et 12 sont pareilles, mais à feuillures.

Les fig. 13, 14 et 15 sont de même des embrèvements à rainure et languettes, pour les assemblages des parties en retour d'équerre, formant sur la face arrière ou avant-corps.

Les fig. 16 et 17 représentent la manière de construire les parties pleines, aussi longues que l'on veut, sans employer des bois de longueur.

La fig. 16 représente les joints du bout des planches, assemblés d'équerre et à rainures et languettes.

La fig. 17 représente les joints du bout des planches en sifflet ; ce joint a besoin d'être collé pour être solide.

La fig. 18 représente la manière d'économiser le bois dans les ouvrages cintrés, en collant la partie qui sort du creux pour en former le rond ou *bouge*.

DES ASSEMBLAGES. — Planche 22.

Les assemblages à tenons et mortaises sont assez connus des menuisiers pour me dispenser d'en parler; je me suis borné à figurer trois assemblages *à queue d'aronde.*

Les fig. 19 et 20 représentent deux parties pleines assemblées à queues d'aronde, que l'on nomme *queues apparentes.*

La fig. 21 représente un assemblage à queues d'aronde recouvertes; cette espèce d'assemblage se fait ordinairement aux têtes des tiroirs.

Les fig. 22 et 23 représentent un assemblage à queues d'aronde recouvertes et d'onglet, que l'on nomme assemblages *à queues perdues.*

Et les fig. 24 et 25 représentent les parties vues sur le champ.

Il est essentiel d'observer de mettre les joints des parties pleines dans une queue, ou entre deux entailles, comme l'indiquent les fig. 19 et 20, pour que les joints se trouvent liés par les assemblages.

Des assemblages ou traits d'allongements. — Planche 22.

Les assemblages ou traits, que l'on fait pour rallonger le bois, se font de différentes manières.

La première et la plus simple, que l'on nomme *en sifflet* ou *flûte*, est représentée fig. 26, 27 et 28 : les fig. 26 et 27 font voir les deux morceaux séparés, et la fig. 28 représente les deux morceaux assemblés. Cet assemblage n'est solide qu'autant qu'il est retenu par des chevilles ou des clous, et collé.

La seconde manière est de faire une entaille à demi-bois aux deux morceaux, comme les représentent les fig. 29, 30 et 31 : les fig. 29 et 30 font voir les deux morceaux séparés, et la fig. 31 les représente assemblés. Cet assemblage se nomme *à entaille à moitié bois* ou *à mi-bois*, et a besoin d'être retenu par des chevilles ou des clous, et collé.

La troisième est de faire un tenon dans un des morceaux, et un enfourchement dans l'autre, comme les représentent les fig. 32, 33 et 34 : les fig. 32 et 33 font voir les deux morceaux séparés, et la fig. 34 les représente assemblés. Cet assemblage se nomme *à enfourchement*, et a besoin d'être retenu par des chevilles ou des clous, et collé.

La quatrième est d'assembler les deux morceaux ensemble à queue d'aronde, comme les représentent les fig. 35, 36 et 37 : les fig. 35 et 36 font voir les deux morceaux séparés, et la fig. 37 les représente assemblés. Cet assemblage est pour les pièces destinées à retenir l'écartement.

La cinquième est d'assembler les deux morceaux ensemble entaillés à demi-épaisseur du bois et assemblés à double queue d'aronde, comme les représentent les fig. 38, 39 et 40; les fig. 38 et 39 font voir les morceaux séparés, et la fig. 40 les représente assemblés. Cet assemblage est plus solide que le précédent pour tenir l'écartement.

La sixième est une espèce de sifflet, mais ayant les bouts retenus dans des entailles pratiquées à chaque morceau, comme les représentent les fig. 41, 42 et 43 ; les fig. 41 et 42 font voir les deux morceaux séparés, et la fig. 43 les représente assemblés. Cet assemblage se nomme *à sifflet renforcé*, et a besoin d'être retenu par des chevilles ou des clous, et d'être collé.

La septième est un assemblage à sifflet renforcé, ayant une clef qui remplace les chevilles ou les clous, pour retenir les deux morceaux assemblés, comme le représentent les fig. 44, 45 et 46: les fig. 44 et 45 font voir les deux morceaux séparés, et la fig. 46 les représente assemblés. Cet assemblage est une espèce de faux trait de Jupiter, et a besoin d'être collé pour être solide.

Des traits de Jupiter. — Planche 22.

Le nom de trait de Jupiter donné à cette espèce d'assemblage paraît lui venir de la forme de ses entailles, qui ressemblent à la foudre, comme elle est représentée dans les ornements du plafond du larmier de la corniche de l'entablement de l'ordre dorique.

Les traits de Jupiter se font de plusieurs manières.

La première, qui est la plus simple, est représentée fig. 47, 48 et 49 : les fig. 47 et 48 font voir les deux morceaux séparés, et la fig. 49 les représente assemblés. La clef au bas de la figure sert à faire approcher les joints et tenir les morceaux assemblés ; l'entaille pour la clef est faite sur les deux morceaux. Il est essentiel de laisser un peu de bois à chacune des entailles du côté du bout, pour que la clef en forçant fasse approcher les joints des deux morceaux. Cette manière de faire les traits de Jupiter est plus en usage dans la charpente que dans la menuiserie.

La seconde manière, qui est celle des menuisiers, est représentée

fig. 50, 51, 52 et 53 : les fig. 50 et 51 font voir les deux morceaux séparés,
et la fig. 52 les représente assemblés. La fig. 53 est la clef, laquelle sert à
tenir les morceaux assemblés et à faire approcher les joints des bouts. Les
fig. 54, 55 et 56 représentent un trait de Jupiter semblable, mais ayant une
languette sur le plat, laquelle sert à retenir et à empêcher les morceaux de
couler lorsqu'ils sont assemblés. La fig. 57 représente la clef pour serrer et
tenir le trait de Jupiter assemblé.

La troisième manière, employée par les charpentiers et par les menuisiers,
est représentée fig. 58, 59 et 60 : les fig. 58 et 59 font voir les deux morceaux
séparés, et la fig. 60 les représente rassemblés. La fig. 61 représente la clef.
Cette manière conserve plus de force au bois que la manière précédente,
par ses entailles obliques.

Pour une pièce destinée à être dans une position horizontale et à porter
quelques fardeaux, c'est ce genre de trait qui doit être employé préférablement aux précédents ; mais en menuiserie, et avec du bois bien sec, on peut
faire un assemblage d'allongement qui offre plus de solidité et de force.
Celui représenté fig. 62, 63 et 64 se nomme assemblage *à queue de carpe* ou
triple sifflet : les fig. 62 et 63 font voir les deux morceaux séparés, et la
fig. 63 les représente assemblés. Cet assemblage étant bien collé, est le plus
solide de tous pour les pièces posées horizontalement et destinées à porter
quelques fardeaux. Il a un inconvénient : c'est que n'ayant pas de joints à
bois debout, on ne peut pas au juste fixer la longueur, vu qu'en frappant les
morceaux par le bout, pour les assembler, on les fait approcher plus ou
moins ; alors on ne peut pas déterminer la longueur avant d'être assemblés
et collés. Pour remédier à cet inconvénient, j'ai conçu l'idée de faire cet
assemblage en forme de trait de Jupiter, semblable à celui représenté
fig. 47, 48 et 49, en conservant toujours les mêmes dispositions de la queue
de carpe, fig. 62, 63 et 64. Voyez la fig. 65, elle représente un des morceaux
préparés, vu de champ ; et la fig. 66 fait voir le même morceau vu du
côté du plat. Cet assemblage est un trait de Jupiter triple ; la même clef sert
à la fois pour les trois parties. Il est facile de juger que ce trait de Jupiter
est plus solide que les autres dont on a fait usage jusqu'à présent, vu qu'il
a toujours une partie opposée aux deux autres, et par conséquent elle retient
de toute sa force le faible des deux autres.

DE LA MENUISERIE DE CLÔTURE.

Des Jalousies. — Planche 23.

Les jalousies sont des espèces de persiennes que l'on place aux croisées,
à l'extérieur ou à l'intérieur, mais le plus généralement à l'extérieur. Elles
ne sont d'aucune utilité sous le rapport de la fermeture ; seulement elles
empêchent les rayons du soleil de pénétrer dans l'intérieur des appartements, afin de les rendre plus frais. Les lattes ou lames des jalousies sont
montées sur trois rangs de rubans de fil, qui les retiennent à distances
égales, comme le représente la fig. 1. Lorsque l'on veut ouvrir la jalousie,
on fait monter toutes les lames dans le haut, par le moyen des cordons
ou cordes, lesquels passent au milieu de la largeur de chaque lame aux
deux rangs de rubans des extrémités, puis dans des poulies placées à
la partie du haut que l'on nomme la tête de la jalousie. On place les cordes
de manière que les deux bouts se trouvent à droite pour les faire monter
ou descendre ; et, à gauche, on place les deux autres cordes, dont une
passe dans une poulie de la tête, lesquelles servent à faire mouvoir les
lames dans leur largeur, pour les incliner à volonté et dans le sens que l'on
désire.

Voy. fig. 1 : la partie marquée *a* représente la tête de la jalousie vue
dessus, laquelle fait voir la manière dont les poulies sont placées, et com-
ment les cordes sont passées. Ordinairement on fait cette tête de 1 pouce à
15 lignes (*vingt-sept à trente-quatre millimètres*) d'épaisseur, sur 3 à 4 pouces
(*huit à onze centimètres*) de largeur, et de la longueur nécessaire pour être
retenue dans les tableaux ou embrasures de la baie.

La première lame après la tête est marquée *b*, au bas de la jalousie. Cette
lame est un peu plus mince et un peu plus étroite que la tête, on la nomme
la lame mouvante ; c'est à elle que l'on attache les trois chaînes de rubans ;
et par ses bouts on place deux vis ou clous à tête, qui servent de tourillons
et sont retenus dans deux agrafes en fil de fer placées à la tête de la jalousie.
Cette lame porte aussi les deux cordes qui servent à la faire mouvoir, et à la
fois les autres lames.

La lame du bas est figurée *d*. Cette lame est plus épaisse que les autres
lames du milieu, afin qu'elle soit plus lourde et qu'elle fasse tendre les
trois chaînes de rubans ; sa largeur est semblable à celle du haut et aux

autres, et son épaisseur est ordinairement de 5 à 6 lignes (*onze à quatorze millimètres*).

Toutes les autres lames du milieu sont pareilles ensemble à celle que représente la figure marquée *c*. Ordinairement on leur donne une ligne et demie à 2 lignes (*trois à cinq millimètres*) d'épaisseur ; leur largeur est de 3 à 4 pouces (*huit à onze centimètres*), toujours de 4 à 6 lignes (*neuf à quatorze millimètres*) de moins que la largeur de la tête (1) ; et leur longueur est bornée par la largeur de la baie de la croisée à laquelle elles sont destinées.

Des Persiennes. — Planche 23.

Les persiennes se placent toujours à l'extérieur des croisées ou portes ; elles remplacent les contre-vents et les jalousies ; elles arrêtent les rayons du soleil comme les jalousies, et servent de fermeture comme les contre-vents. Voyez la fig. 2 : elle représente la face en élévation géométrale d'une persienne cintrée en élévation, ayant son plan de largeur figuré au bas, et son profil de hauteur figuré au côté gauche. Ordinairement les persiennes se font en chêne ; les bâtis ont 15 lignes (*trente-quatre millimètres*) d'épaisseur sur 3 pouces (*quatre-vingt-un millimètres*) de largeur ; les lames ont 6 lignes (*quatorze millimètres*) d'épaisseur sur trois pouces (*quatre-vingt-un millimètres*) de largeur, et sont assemblés dans les battants avec une entaille et un tenon rond que l'on nomme tourillon. La pente des lames

---

(1) Cette largeur de 4 à 6 lignes (*neuf à quatorze millimètres*) que l'on donne de plus à la tête qu'aux lames, est pour les jalousies garnies d'un pavillon. Le pavillon d'une jalousie est composé d'une planche mince, ayant 6 à 10 lignes (*treize à vingt-trois millimètres*) d'épaisseur, sur 8 à 9 pouces (*vingt-deux à vingt-cinq centimètres*) de largeur, que l'on arrête avec des clous ou des vis sur la tête de la jalousie, et du côté du dehors, pour garantir les rubans et cordes de la pluie, quand la jalousie est ouverte (c'est-à-dire les lames montées en haut). On donne au pavillon la largeur nécessaire pour cacher toutes les lames, et le dessus de la tête entre le plafond du tableau de la baie. Ce pavillon recouvre sur le nu du mur en dehors de la baie ; et forme saillie de son épaisseur. Cette disposition assujettit la jalousie à un droit de voirie ; alors on ne doit poser les jalousies qu'après en avoir obtenu la permission des autorités compétentes. En général, tout ce qui ouvre en dehors sur la voie publique et forme saillie sur le nu des murs, est assujetti à un droit de petite ou de grande voirie, et l'on ne doit poser ces ouvrages qu'après en avoir obtenu la permission et acquitté les droits fixés.

est à peu près de 45 degrés; mais on met plus ou moins de pente, selon la largeur du bois que l'on emploie aux lames et l'épaisseur des bâtis.

Opération géométrique pour diviser les lames d'une persienne.— Planche 23.

Soit le battant d'une persienne, fig. **3**. La partie en teinte foncée représente le champ du battant, et la partie en teinte plus claire représente le plat, c'est-à-dire l'épaisseur et la largeur du battant. Après avoir tracé les deux lames des bouts qui touchent aux traverses du haut et du bas, tirez la ligne *c* d'équerre au battant, de manière à laisser le recouvrement que vous désirez aux lames; tirez une ligne oblique sur le plat du battant qui part du bout de la première lame *b* jusqu'à l'angle opposé, telle que la ligne *ba*; ouvrez le compas du point *b* au point *c*, qui est la ligne d'équerre du recouvrement des lames. Avec cette ouverture de compas fixez les points sur la ligne oblique *ab*, à partir du point *b* jusqu'au point *a*. Prenez, pour fixer le point *a*, celui des points qui se trouvera le moins oblique avec le bout *e* de la lame du haut; tirez une ligne oblique (ou d'équerre si elle s'y trouve) du point *a* au point *e*; placez une fausse-équerre suivant cette ligne *ae*, et, avec la fausse-équerre ainsi placée, tirez des lignes de chacun des points fixés sur la ligne oblique *ba* : ces lignes marquent, sur la ligne du battant, les points de chacune des lames. Les distances sont égales, et la division se trouve terminée. A l'égard de l'épaisseur des lames, vous la porterez à chacune des lignes.

Cette opération est fondée sur l'opération géométrique pour diviser une ligne droite en parties égales, pl. I, fig. 5.

Opération pour tracer la fausse-coupe des lames d'une persienne cintrée en élévation.
Planche 23.

Voyez la persienne, fig. 4. Après avoir tracé les lames sur le profil de champ du battant du milieu, représenté à droite de la fig. 4, tracez la figure de l'élévation géométrale vue de face, fig. 4; tirez, des quatre angles de la lame dont vous voulez tracer la coupe, des lignes horizontales, pour fixer sur la face de l'élévation les points *ab*, *cd*, *ef* et *gh*, sur les lignes ponctuées, qui marquent la profondeur de l'entaille de l'embrèvement des lames. Ensuite tirez, des mêmes angles de la lame, des lignes d'équerre à la pente de la lame. A une distance à volonté, tirez la ligne *i*

15

parallèle à la pente de la lame; prenez la distance du point *b* au point *a*; portez cette distance sur la première ligne correspondante, du point de la ligne *i*, pour fixer le point 1; ensuite prenez la distance du point *c* au point *d*, pour fixer sur la ligne correspondante, à partir du point de la ligne *i*, le point 2. Faites de même de la distance *ef*, pour fixer sur la ligne correspondante le point 3, et de la distance *gh* pour fixer le point 4; tirez une ligne droite du point 1 au point 3, et une autre ligne droite du point 2 au point 4 : ces lignes marquent la fausse-coupe et le gauche du bout de la lame qui doit être assemblé dans la partie cintrée. Vous emploierez la même opération pour toutes les lames qui sont dans la partie cintrée de la persienne. Quelquefois, pour épargner ce travail, on monte le bâti, et on prend les mesures de chacune des lames aux entailles quand le bâti est monté.

La fig. 5 représente le profil d'une traverse du milieu d'une persienne, étant ravalée, formant deux lames.

La fig. 6 représente la traverse du bas ou celle du haut, corroyée suivant la pente des lames.

La fig. 7 représente la traverse du bas ou celle du haut corroyée d'équerre, et le profil des lames préparées pour être ornées de moulures sur le listel.

La fig. 8 représente le profil d'une persienne à lames mouvantes et ornées de moulures.

Des Croisées. — Planche 24.

Les croisées se font de plusieurs manières, par rapport à leur fermeture au milieu, ou par rapport à leurs bâtis dormants. La fermeture des battants au milieu, comme elle est représentée au plan de largeur, fig. 4, et à celui fig. 7, se nomme fermeture *à gueule de loup*. Autrefois on les fermait à feuillures, quelquefois double, comme le représente le profil fig. 8, laquelle est encore en usage pour les portes croisées, afin de pouvoir n'ouvrir qu'un des deux vantaux. Mais la fermeture à gueule de loup ferme mieux; aussi est-elle maintenant généralement adoptée. Les manières différentes par rapport au bâti dormant sont que, dans la première, le bâti dormant est fait avec du bois plus épais que celui employé aux châssis, pour qu'il forme une côte en saillie en dedans, pour porter les volets ou guichets; et qu'il forme aussi une côte en dehors, comme le représente le plan, fig. 4. La seconde, que l'on nomme croisée à l'anglaise, est de faire les bâtis dormants avec du bois de même épaisseur que les châssis : alors, pour former la côte du dedans destinée à recevoir les volets, les châssis saillissent en dehors, et la languette de la noix est faite dans le bâti dormant au lieu de l'être, comme à la première, dans les châssis. Cette manière économise un peu le bois pour les bâtis dormants, mais la croisée est moins solide. Ordinairement les bâtis dormants d'une croisée ordinaire de moyenne grandeur se font en bois de 2 pouces (*cinquante-quatre millimètres*) d'épaisseur, et les châssis se font en bois de 15 lignes (*trente-quatre millimètres*) d'épaisseur. Lorsque les croisées sont trop grandes pour les faire ouvrir de toute la hauteur, on coupe la hauteur par une traverse, que l'on nomme *traverse d'imposte*. La partie du haut, on la fait ouvrir séparément, ou quelquefois elle n'ouvre pas. Quand il y a des impostes aux baies des croisées, on fait régner la traverse d'imposte de la croisée avec l'imposte de la baie.

Voyez planche 24. La fig. 1 représente une croisée avec imposte, vue de face en élévation géométrale, ayant un *volet* ou *guichet* de fermé, retenu par une espagnolette et ornée d'un chambranle préparé pour loger les volets dans les embrasures.

La fig. 2 représente le plan de largeur de la croisée, avec les volets ouverts et fermés, et le chambranle ayant une partie en retour d'équerre pour former la largeur nécessaire à l'embrasure, afin de pouvoir loger les feuilles des volets.

La fig. 3 représente le profil ou plan de hauteur de la même croisée.

Les fig. 4 et 5 font voir les détails de la croisée et des volets, figurés d'une plus grande dimension, afin de mieux distinguer les profils.

Les fig. 6 et 7 représentent le plan de hauteur, et celui de largeur d'une croisée à l'anglaise.

Des Portes d'allée ou portes simples de l'extérieur. — Planche 25.

Les portes d'allée, ou portes à un vantail pour fermeture à l'extérieur, se font ordinairement en chêne. Leur hauteur est de 7 à 8 pieds (*deux mètres vingt-sept centimètres à deux mètres soixante centimètres*), et leur largeur de 3 à 4 pieds (*quatre-vingt-dix-sept centimètres et demi à un mètre trente centimètres*). Les bâtis portent 2 pouces (*cinquante-quatre millimètres*) d'épaisseur. (Quand on veut plus de légèreté, on les fait en chêne de 15 lignes (*trente-*

quatre millimètres) d'épaisseur. On embrève le panneau du bas à table saillante, pour plus de solidité et plus de durée. Alors le panneau est fait avec du bois de même épaisseur que les bâtis. Quelquefois on taille la surface du panneau en pointe de diamant, en diminuant l'épaisseur en pente sur chacun des côtés du panneau, suivant les lignes diagonales; le milieu du panneau forme la pointe. Le panneau du haut est ordinairement assemblé à petit cadre ou à grand cadre embrevé; les battants et traverses ont 3 à 4 pouces (*huit à onze centimètres*) de large.

Voyez la vue de face en élévation géométrale, fig. 1, avec son plan de largeur figuré au bas, et le profil de hauteur figuré au côté droit. Les détails sur les bâtis, cadres, panneaux et embrèvements sont figurés en plus grande dimension, fig. 2.

Des Portes bâtardes ou portes bourgeoises. — Planche 25.

Les portes bâtardes ou bourgeoises sont des portes d'entrée à l'extérieur, à deux vantaux, plus grandes que les portes d'allée, et plus petites que les portes cochères. Leur hauteur est de 8 à 9 pieds (*deux mètres soixante centimètres à deux mètres quatre-vingt-treize centimètres*) et leur largeur de 5 à 6 pieds (*un mètre soixante-deux centimètres à un mètre quatre-vingt-quinze centimètres*); les bâtis ont 2 à 3 pouces (*cinquante-quatre à quatre-vingt-un millimètres*) d'épaisseur, sur 5 à 6 pouces (*treize centimètres et demi à seize centimètres*) de largeur.

Voyez la fig. 4, représentant la vue de face en élévation géométrale, ayant trois panneaux sur la hauteur, dont celui du bas est embrevé à table saillante, et les deux autres sont à grands cadres embrevés. Sur les panneaux du bas et du haut est figuré un cercle, dont les angles du panneau sont taillés en dents de loup, au pourtour du cercle; sur les deux panneaux du milieu est figuré un écusson, dont les angles du panneau sont taillés en dents de loup au pourtour de l'écusson. Cet ornement convient assez aux portes bâtardes. Le plan de largeur est figuré au bas, et le profil de hauteur est figuré au côté gauche. Les détails des bâtis, cadres, panneaux et embrèvements sont figurés en grande dimension, fig. 3.

Des Portes cochères. — Planche 26.

Les portes cochères se font de différents genres, et sont susceptibles de recevoir divers ornements. Voyez planche 26 la vue de face en élévation géométrale d'une porte cochère, ayant une traverse d'imposte, au-dessus de laquelle est une archivolte, ornée de flèches formant éventail. Si la porte est pour une baie carrée, on peut la faire semblable et avec les mêmes ornements comme la porte bâtarde précédente. La hauteur est de 12 pieds (*trois mètres quatre-vingt-dix centimètres*) du dessous de la traverse d'imposte, et la largeur est de 9 pieds (*deux mètres quatre vingt-douze centimètres*) ; les gros battants des rives et du milieu ont 4 pouces (*onze centimètres*) d'épaisseur sur 7 pouces (*dix-neuf centimètres*) de largeur apparente : ce qui donne à ceux des rives 11 pouces (*trente centimètres*) de largeur, et à celui du milieu qui porte la gueule de loup de fermeture 11 pouces ½ (*trente-un centimètres*) de largeur. Les autres petits battants et traverses ont 3 pouces (*quatre-vingt-un millimètres*) d'épaisseur sur 5 pouces (*treize centimètres*) de largeur. Les gros battants et les traverses du haut sont ravalés formant deux listels, lesquels forment quatre petits caissons à la traverse du haut. La petite porte ou guichet ouvre dans le vantail à droite et au-dessus du cadre du haut du second panneau. Au milieu, sur le battant à gueule de loup, est rapporté un paquet de lances en saillie formant faisceau d'armes. Les panneaux du bas sont embrevés à table saillante, et taillés en hexagone avec des dents de loup au pourtour. Il y a un double panneau au bas embrevé à fleur du derrière des bâtis. Le second panneau forme un bouclier octogonal, taillé en pointe de diamant ; le panneau du haut est orné d'une rosace au milieu. Voyez le plan de largeur figuré au bas, et le profil de hauteur figuré au côté gauche ; les détails des bâtis, cadres, panneaux et embrèvements, sont figurés à côté d'une plus grande dimension.

Des Devantures de boutique. — Planche 27.

Les devantures de boutique font partie de la menuiserie de clôture ; elles se posent en saillie sur le nu des murs ; la saillie est ordinairement de 4 à 6 pouces (*onze à seize centimètres*). C'est une menuiserie d'assemblage composée de portes, châssis vitrés et parties de revêtements, laquelle est susceptible de recevoir une décoration avec plus ou moins d'élégance. Voyez la vue de face en élévation géométrale d'une devanture de boutique, d'une décoration simple, planche 27, ayant aux extrémités deux parties de revêtements formant caissons, lesquels servent à loger les feuilles des volets de fermeture. Le plan de largeur figuré au bas et le profil de hauteur figuré au côté gauche, font voir la distribution des parties qui la composent. Les détails des bâtis et embrèvements sont figurés au bas d'une plus grande dimension. La porte d'entrée est au milieu ayant un châssis d'imposte au-dessus, fermé par un croisillon. La porte ouvre à la hauteur de 7 pieds (*deux mètres trente centimètres*), le dessous de la traverse du haut de la porte est à la hauteur du dessous de la traverse des petits bois des châssis vitrés; c'est ce qui a fixé la hauteur de la porte. La hauteur de la devanture du listel de la corniche au-dessous de la plinthe du bas, est de 10 pieds 6 pouces (*trois mètres quarante et un centimètres*); cette hauteur varie selon l'emplacement; mais la hauteur ordinaire est de 10 à 12 pieds (*trois mètres vingt-cinq centimètres à trois mètres quatre-vingt-dix centimètres*). La largeur varie beaucoup plus que la hauteur, selon l'étendue de la boutique; il y a des devantures qui n'ont que 6 à 7 pieds (*un mètre quatre-vingt-quinze centimètres à deux mètres vingt-sept centimètres et demi*) et d'autres qui ont jusqu'à 40 à 50 pieds (*treize mètres à seize mètres vingt-quatre centimètres*). A l'égard de leur construction, elle ne varie pas beaucoup par rapport à l'étendue; elle ne varie que suivant la décoration qu'on leur donne. Les poteaux montants, lesquels sont les principales pièces des bâtis, sont ordinairement en membrures de 3 pouces (*quatre-vingt-un millimètres*) de largeur sur la face, et 5 à 6 pouces (*treize à seize centimètres*) d'épaisseur, selon la saillie que l'on donne à la devanture. Le soubassement est une partie pleine, assemblée à tenons et mortaises dans les poteaux montants, ou simplement à rainures et languettes. La partie unie formant la frise au-dessous de la corniche est ordinairement clouée sur les poteaux auxquels on a fait une entaille pour loger la frise de toute son épaisseur : les figures indiquent le reste des détails.

Autre Devanture de boutique d'une décoration plus élégante. — Planche 28.

Voyez, planche 28, la vue de face en élévation géométrale d'une devanture de boutique décorée de deux pilastres de l'ordre dorique, portant un entablement composé d'une architrave, frise et corniche ornée de denticules (1). Les pilastres font ressaut sur le nu de la devanture; le même ressaut continue à l'architrave, à la frise, à une partie de la corniche et se

---

(1) Voyez l'article des pilastres après l'ordre de Pœstum, à la fin de l'architecture.

perd dans la saillie du larmier. Le plan de largeur figuré au bas et le profil de hauteur figuré au côté gauche indiquent les détails d'exécution. Le soubassement est uni, et forme socle sur lequel sont posés les pilastres et les châssis vitrés. La porte est à deux vantaux, ayant ses petits bois placés diagonalement, formant des carreaux en losange, afin de surmonter la difficulté de suivre la distribution ,de ceux des châssis vitrés, et aussi pour qu'ils soient moins grands et par conséquent moins fragiles, vu qu'ils sont plus exposés à être cassés que ceux des châssis vitrés. A cette devanture il n'y a pas de caissons pour loger les feuilles des volets; alors chaque feuille se pose séparément, et est retenue dans le haut dans des gâches en fer, et dans le bas avec des boulons à clavettes ou autres ferrures. Le milieu est retenu par une barre en fer qui les traverse; c'est ce qu'on appelle des volets ferrés ou fermés en *ais*. Les volets ne ferment que jusqu'à la traverse d'imposte, la frise en châssis vitrés au-dessus de la traverse d'imposte n'est pas fermée par des volets, elle sert à éclairer l'intérieur de la boutique lorsque les volets sont fermés; alors il est à propos de faire les petits bois en croisillon en fer, comme les deux flèches de l'imposte de la porte, pour que les voleurs ne puissent pas s'introduire dans la boutique par cette ouverture. Maintenant à beaucoup de devantures de boutique on fait les petits bois des châssis vitrés en cuivre, afin de les rendre plus délicats, ou ils sont seulement revêtus par une feuille de cuivre; on revêt aussi les soubassements en cuivre ou en marbre de différentes qualités, selon le goût du propriétaire ou de l'architecte. Le goût le plus généralement adopté est de supprimer les petits bois et de vitrer avec des glaces ou des verres doubles posés à joints, dressés les uns sur les autres. Par ce moyen, la porte n'a pas de petits bois.

Châssis de comble ou châssis à tabatière. — Planche 20, fig. 1.

Voyez les profils en plan de largeur et en plan de hauteur, lesquels indiquent les détails de construction de cette espèce de châssis vitrés, que l'on nomme *châssis de comble* ou *châssis à tabatière*. Ces châssis se placent sur les toits des maisons ou autres bâtiments qui ne peuvent être éclairés que du comble. La gorge qui est faite aux bâtis dormants est pour empêcher l'eau de pénétrer dans l'intérieur du bâtiment; on les fait aussi à noix en place de gorge; alors la languette de la noix est faite dans le bâti dormant, et la rainure dans le châssis ouvrant ; la fermeture à noix empêche, de même que celle à gorge, l'eau de pénétrer dans l'intérieur. L'épaisseur des bois est ordinairement de 18 lignes à 2 pouces (*quarante et un à cinquante-quatre millimètres*), et leur largeur de 3 à 4 pouces (*huit à onze centimètres*). Dans les feuillures à verres des petits bois et celles des battants, on pousse une petite gorge en demi-cercle pour que l'eau qui pourrait passer par les gerçures du mastic coule le long de cette petite gorge, et ne pénètre pas dans l'intérieur.

MENUISERIE DE REVÊTEMENT ET DE DISTRIBUTION.

Porte de l'intérieur avec lambris d'appui. — Planche 29.

Voyez fig. 2, la vue de face en élévation géométrale d'une porte simple ou à un vantail, ornée d'un chambranle surmonté d'un attique avec corniche; la porte est d'assemblage, à cadre détaché par un tarabiscot, comme petite rainure laissant un listel de 4 à 5 lignes (*neuf à onze millimètres*) qui accompagne la moulure. Le lambris d'appui est construit du même genre que la porte, excepté les petits panneaux formant pilastre qui sont encadrés par une moulure plus petite. Il est essentiel de remarquer que le champ de la traverse du bas de la porte, les socles du chambranle et la plinthe, sont et doivent être de même hauteur. De même la cymaise doit régner à la hauteur du champ de la première traverse d'appui de la porte. Cette règle est générale pour la hauteur des plinthes et des cymaises, soit avec ou sans lambris. Le plan de largeur figuré au bas et celui de hauteur figuré au côté gauche font connaître les détails. De même les deux profils figurés en plus grande dimension font connaître les profils des moulures et embrèvements.

Des différentes espèces de Parquets. — Planche 29.

Autrefois, dans les palais et les grands appartements, le plancher bas était revêtu en menuiserie d'assemblage, que l'on nomme parquet en feuilles, comme le représente la fig. 3. Maintenant cette espèce de parquet est remplacée par d'autres parquets construits de différents genres. Les fig. 4, 5, 6 et 7 représentent quatre genres différents de parquet, lesquels sont plus en usage maintenant que le parquet en feuilles. Celui fig. 4 se nomme à bâton rompu ou parquet sans fin. Celui fig. 5 porte le même nom ; mais il diffère par ses frises qui sont plus longues. Celui fig. 6 se nomme parquet à point de Hongrie ou parquet en fougères. Celui fig. 7 est une espèce de point de Hongrie posé par compartiment formant des figures en losange.

Du Parquet en feuilles. — Planche 29.

Le parquet en feuilles se fait ordinairement en chêne, dont les bâtis ont 15 à 18 lignes (*trente-quatre à quarante et un millimètres*) d'épaisseur, et les panneaux environ 1 pouce (*vingt-sept millimètres*) d'épaisseur. Ces panneaux sont faits avec des petites planches fendues au coutre, que l'on nomme bois merrain ou cresson (1) ; alors leur épaisseur varie de 9 à 15 lignes (*vingt à trente-quatre millimètres*). La grandeur de chaque feuille varie de 2 pieds 6 pouces à 3 pieds 6 pouces (*quatre-vingt-un à cent quatorze centimètres*) au carré, selon l'étendue de la pièce où elles sont destinées. Néanmoins la feuille de 3 pieds (*quatre-vingt-dix-sept centimètres et demi*) au carré est celle dont on fait le plus usage. Chaque feuille, comme le représente la fig. 3, est composée de douze petits panneaux carrés, placés diagonalement aux côtés de la feuille, quatre panneaux d'angles et quatre petits panneaux que l'on nomme *colifichet*. Les feuilles se joignent ensemble à rainures et languettes, et souvent on les sépare par une frise de 3 à 4 pouces (*huit à onze centimètres*) de large. On fait aussi des feuilles de parquet dont le compartiment des panneaux est différent ; les panneaux sont placés parallèlement aux côtés de la feuille ; de cette façon il n'y a pas de panneaux d'angles ni de panneaux colifichet ; mais la figure n'est pas aussi agréable que celle à panneaux placés diagonalement aux côtés.

Des parquets à bâton rompu ou sans fin, fig. 4. — Planche 29.

Ce parquet est composé de petites frises de 3 à 4 pouces (*huit à onze centi-mètres*) de largeur sur 6 à 8 pouces (*seize à vingt-deux centimètres*) de longueur, et jointes ensemble à rainures et languettes : ordinairement

---

(1) Voyez l'article des bois, *Chêne de Hollande*, page 15.

leur épaisseur est de 1 pouce à quinze lignes (*vingt-sept à trente-quatre millimètres*). Pour poser ce parquet sur des lambourdes, il faudrait que les lambourdes fussent très-près l'une de l'autre; alors, pour épargner les lambourdes, il vaut mieux le poser sur un autre parquet en frise, plutôt que sur un parquet fait en planches de leur largeur, dans la crainte que les planches de 8 à 9 pouces (*vingt-deux à vingt-cinq centimètres*) de largeur ne se tourmentassent et ne dérangeassent le parquet. On peut faire ce parquet de deux sortes de bois, différentes de couleur, comme le représente la fig. 4; la différence de couleur produit un effet assez agréable.

Des parquets à bâton rompu, point de Hongrie ou fougères. — Planche

Ces deux sortes de parquet, fig. 5 et fig. 6, ne diffèrent l'une de l'autre que par le joint du bout de chaque petite frise; toutes les deux se font avec des petites planches de 3 à 4 pouces (*huit à onze centimètres*) de large que l'on nomme *frises*, et d'une épaisseur qui varie depuis 1 pouce jusqu'à 18 lignes (*vingt-sept à quarante et un millimètres*). Les frises se font dans de la planche que l'on refend en deux sur la largeur et de différentes longueurs, depuis 6 jusqu'à 12 pieds (*deux à quatre mètres*). Chaque frise est corroyée, tirée de largeur et rainée de sa longueur; c'est celui qui pose le parquet qui coupe les frises de la longueur et de la forme convenables, suivant le genre de parquet, et fait les languettes et les rainures dans les bouts de chaque petite frise, lesquelles se posent et se clouent sur des lambourdes préparées pour recevoir le parquet. Pour que les têtes des clous ne paraissent pas en dehors, on cloue les frises dans l'angle de la languette ou dans la rainure. Avec les mêmes frises, on peut faire le parquet de divers compartiments selon le goût, soit à point de Hongrie retourné ou d'un autre genre de compartiment.

Parquet par compartiment en losanges. — Planche 29.

Cette espèce de parquet, fig. 7, est composée de frises semblables à celles pour celui en point d'Hongrie et celui à bâton rompu précédents; elle diffère par ses compartiments, formant des figures régulières en losange, ou en termes de géométrie des *rhombes*, formés par la réunion de deux triangles équilatéraux; sorte de travail qui se fait ordinairement en posant le parquet, étant préparé primitivement par frises, comme les autres parquets précédents.

Ce genre est plus élégant, mais il offre moins de solidité, rapport aux frises de remplissage de la figure du losange qui ne portent que d'un bout sur les lambourdes; l'autre bout n'est soutenu que par son embrèvement à rainure et languette dans la frise qui termine la figure du losange, laquelle porte des deux bouts sur les lambourdes; mais en échange il a l'avantage d'avoir ses frises peu longues embrevées par le bout dans une autre frise qui les retient et les empêche de se cofliner. On peut rendre ce genre de parquet très-solide, en plaçant des lambourdes à chaque joint des côtés des losanges, posées obliquement entre les autres lambourdes, qui soutiennent le joint droit du milieu des figures; par ce moyen il offre toute la solidité possible et réunit la beauté et l'élégance.

La figure 7 le représente composé de deux espèces de bois de différente couleur; cette variation de couleur produit un assez bon effet, lequel peut être obtenu en employant le chêne et le noyer, ou toute autre sorte de bois dont la couleur serait différente. On peut aussi le faire d'une même espèce de bois : les joints des frises réunis avec les fils et les veines du bois forment un entrelacement à chaque losange, qui lui donne un aspect plus élégant et plus agréable que celui des autres parquets en point de Hongrie et à bâton rompu; mais il est plus dispendieux, par sa pose qui donne un travail plus long, et aussi les lambourdes plus multipliées.

L'exécution de ce genre de parquet est semblable à celle de celui en point de Hongrie et à bâton rompu précédent; les moyens indiqués dans l'explication précédente sont suffisants pour en concevoir la facile exécution.

Des Portes à deux vantaux et du Lambris de hauteur. — Planche 30.

Les salons et les appartements que l'on veut rendre plus sains, on en revêt les murs du pourtour dans toute la hauteur en menuiserie; cette menuiserie en forme la décoration : c'est ce qu'on nomme lambris de hauteur, lequel est assemblé à petit cadre ou à grand cadre embrevés, selon que l'on veut plus ou moins d'élégance. Les portes suivent la décoration du lambris, ou le lambris suit la décoration des portes.

On peut faire les lambris en chêne, sapin, ou autres bois de menuiserie. L'épaisseur des bois des bâtis est ordinairement de 15 lignes (*trente-quatre millimètres*), on donne aux champs 2 pouces et demi à 3 pouces et demi (*sept à dix centimètres*) de largeur; l'épaisseur des panneaux varie depuis 6 lignes jusqu'à un pouce (*treize à vingt-sept millimètres*). Quand les panneaux sont larges, il est essentiel de les consolider par une barre que l'on embrève à queue d'aronde dans le travers des panneaux derrière : cette barre les empêche de se coffiner, et retient leur surface droite. Quelquefois on colle derrière les panneaux plusieurs ligatures en nerfs en travers, pour empêcher les panneaux de se fendre; c'est ce que l'on nomme nerver les panneaux.

Voy. la pl. 30. Elle représente la porte d'entrée d'un appartement : la porte est assemblée à grand cadre embrevé, de même que le lambris de hauteur de l'appartement, lequel est décoré de pilastres de l'ordre dorique, portant architrave, frise et corniche ornée de denticules (1). Le plan de largeur figuré au bas, et celui de hauteur figuré en profil au côté gauche, indiquent les détails d'exécution. On peut connaître les proportions en les mesurant d'après les échelles tracées au bas du plan en mesures anciennes et en mesures nouvelles.

DES CORNICHES ET DE LA RÉDUCTION DES PROFILS. — Planche 31.

La fig. 1 représente le profil d'une corniche de plafond, dont la largeur du larmier est ornée de baguettes; les moulures du bas sont embrevées au larmier, pour économiser le bois et la main-d'œuvre.

La fig. 2 représente le profil d'une corniche volante imitée de l'ordre toscan.

La fig. 3 est le profil d'une corniche semblable, mais de plus grande dimension, dont tous les membres des moulures sont augmentés proportionnellement par une opération géométrique.

Pour faire cette opération, après avoir tracé à volonté le profil, fig. 2, tirez la ligne horizontale fb indéfinie; abaissez la ligne fc indéfinie, perpendiculaire à la ligne fb; ouvrez le compas de l'épaisseur que vous voulez donner au profil, fig. 3; mettez la pointe sur le point a, et avec l'autre pointe fixez le point b, sur la ligne fb; tirez une ligne droite du point b au point a; prolongez cette ligne jusqu'à la ligne fc, pour fixer le

(1) Voyez l'article des pilastres après l'ordre de Pœstum, à la fin de l'architecture.

point *c ;* tirez du point *c* la ligne *c d,* perpendiculaire à la ligne *c a b,* jusqu'à la ligne *a d*, pour fixer le point *d;* tirez la ligne *d e* parallèle à la ligne *c a b*, et la ligne *b e* perpendiculaire à la ligne *b a c*. Les lignes des points de hauteur de chaque membre de moulure étant tirées parallèles à la première, *f b*, commandent, à leur rencontre, sur la ligne *a b;* les hauteurs des membres de moulure de la fig. 3, et de même de celles des saillies.

Pour réduire un profil proportionnellement. — Planche 31.

Voyez fig. 4 et 5. Tracez à volonté le profil de corniche, fig. 4; tirez la ligne *a c b* horizontale et indéfinie, de chaque membre de moulure tirez des perpendiculaires à la ligne *a c;* tirez des mêmes points les lignes horizontales parallèles à la ligne *a c b*. Ensuite ouvrez le compas de la saillie que vous voulez donner à la corniche, fig. 5; mettez la pointe du compas sur l'angle *c*, et décrivez l'arc *d;* tirez du point *a* une ligne tangente à l'arc *d*, tirez du point *c* une ligne perpendiculaire à la tangente *a d*, prolongez-la pour fixer le point *e*, sur la ligne du bas; du point *e*, tirez une ligne perpendiculaire à la ligne *a c*, pour fixer le point *b;* ensuite, de tous les points du bout des lignes horizontales, tirez des parallèles à la ligne *d c e;* et des points sur la ligne *a c* tirez des parallèles à la ligne *a d*, le profil de la corniche réduite fig. 5, sera terminé.

Pour réduire la saillie d'une Corniche sans réduire la hauteur. — Planche 31.

Soit la corniche, fig. 6, dont on veut en tracer une autre semblable, mais moindre en saillie, comme celle fig. 7, et que ces deux corniches profilent ensemble par le moyen de la fausse coupe *a c*. Après avoir tracé le profil de la corniche volante, fig. 6, tirez de chaque membre de moulure des lignes horizontales parallèles à la ligne *f e*, abaissez des mêmes points des lignes perpendiculaires et parallèles à la ligne *c e*, tirez la ligne *c b* perpendiculaire à la ligne *c e*, mettez la pointe du compas sur l'angle *c*, et décrivez le quart de cercle *e b*, et les autres quarts de cercle, à chaque point des lignes horizontales sur la ligne *c e;* abaissez la ligne *b d* perpendiculaire à la ligne *c b*, portez de *b* à *d* la saillie que vous voulez donner à la corniche, tirez du point *d* la ligne *d a* horizontale, tirez du point *a* au point *c* la diagonale *a c ;* des points des lignes abaissées de la corniche, fig. 6, sur la diagonale *a c*, tirez des lignes parallèles à la ligne horizontale *a d ;* toutes ces lignes borneront la saillie de chaque membre de moulure de la corniche , fig. 7, et les lignes abaissées de la ligne *c b* borneront les épaisseurs.

Pour réduire la saillie et la hauteur d'une Corniche à volonté. — Planche 31.

Voyez fig. 8 et 9. L'opération est parcille à celle de la précédente. Après avoir tracé le profil de la corniche, fig. 8, portez du point *a* au point *b* la hauteur que vous voulez donner à la corniche , fig. 9 ; portez *f g* la saillie que vous voulez, tirez la diagonale *e c* et celle *c b ;* la première sert à réduire la saillie, et la seconde à réduire la hauteur.

La figure 12 est le profil d'un chapiteau dorique, avec l'opération pour tracer un profil semblable, mais d'une plus forte saillie. Cette opération ne diffère de celle des fig. 6 et 7 que par la diagonale *c e*, qui remplace les quarts de cercle.

Les figures 10 et 11 représentent le profil de la base attique ; on peut, par le moyen de l'opération qui est figurée, réduire ou augmenter les profils que l'on veut. Cette opération est imitée de la perspective.

Des Frontons. — Planche 31.

Les frontons sont des ornements d'architecture d'une figure triangulaire, servant de couronnement aux portiques ou autres choses semblables. Ils représentent le comble d'un bâtiment en profil, soit angulaire ou circulaire, ornés d'une corniche suivant la pente ou la courbure de la toiture. On en distingue de deux sortes : les circulaires (*voyez celui planche* 81), et les angulaires (*voyez pl.* 31, *fig.* 15). La corniche horizontale se nomme cimaise inférieure du fronton ; celle qui suit la pente ou courbure se nomme la corniche supérieure ; la partie ou panneau entre les deux corniches se nomme tympan. Pour proportionner la figure des frontons (quand il n'y a pas de cause particulière qui la détermine), la règle généralement adoptée est de donner à l'angle obtus du milieu 135 degrés (*angle d'un octogone pouvant se tracer avec une équerre à onglet*), aux frontons angulaires ; aux frontons circulaires, un arc de cercle contenant 90 degrés (*un quart de cercle*).

Pour tracer la figure, après avoir tracé la ligne du dessus de la cimaise horizontale et avoir fixé la largeur du fronton, abaissez du milieu de cette largeur une ligne perpendiculaire à la cimaise, portez sur cette ligne la moitié de la largeur du fronton, à partir du dessus de la cimaise horizontale, pour fixer le point, lequel servira de centre pour décrire l'arc de la courbe de la corniche supérieure. Ce même point de centre servira pour décrire toutes les lignes courbes figurant les membres de moulure de la corniche supérieure d'un fronton circulaire. Cette opération peut servir pour tracer la figure des frontons angulaires; la ligne courbe première décrite partant des extrémités de la cimaise horizontale fixera le point de hauteur au milieu de l'angle obtus d'un fronton angulaire.

Pour les frontons angulaires, on peut employer des moyens plus simples en portant pour hauteur au milieu la cinquième partie de la largeur; ce moyen donne une figure à peu près semblable à celle de l'opération précédente. Si l'on désire moins de hauteur au milieu, on porte la sixième partie de la largeur pour hauteur; cette proportion donne une figure assez agréable; mais le tympan, étant moins haut, est moins convenable pour recevoir un bas-relief ou autres ornements de sculpture.

Détails d'exécution des frontons angulaires et circulaires. — Planche 31.

Voyez le fronton *fig.* 15. Tous les membres de moulure de la corniche, à l'exception du membre supérieur, traversent la face pour former la corniche horizontale du fronton; mais le membre supérieur suit la pente ou *rampant* du fronton : cette direction oblique occasionne un changement dans la figure de son profil, afin de se raccorder à la coupe d'onglet de l'angle, où il a changé de direction avec le membre du retour horizontal.

Pour tracer le profil de la moulure qui suit la pente, ou *rampant*, voyez fig. 13; le profil *a* est celui de la corniche horizontale, et le profil *b* est celui de la corniche en pente du fronton; après avoir tracé le profil *a*, fixez à volonté plusieurs points sur le contour de la moulure; de ces points tirez des lignes obliques parallèles à la pente du fronton; à une distance quelconque, tirez la ligne *ed* perpendiculaire aux lignes parallèles; prenez, fig. *a*, les distances du point *c* aux points 1, 2, 3 et 4; portez ces distances, fig. *b*, du point *e* pour fixer les points 1, 2, 3 et 4; de ces points tirez des lignes perpendiculaires jusqu'à chaque ligne parallèle, elles fixeront les points par où doit passer la ligne courbe du profil de la moulure. Les lignes au-dessus du profil *b* marquent la coupe d'on-glet de la moulure. Si au lieu d'être un fronton triangulaire, comme le représente la figure 15, il était circulaire, voyez l'opération, fig. 14 ; elle est entièrement semblable à la précédente.

Des coupes des corniches aux angles des pans coupés et des ressauts.—Planche 32.

Voyez fig. 1. La figure en élévation d'une corniche, d'après le plan à pan coupé et à ressaut. La partie figurée en teinte foncée est le plan d'une armoire ou autre chose semblable, dont les angles seraient en pans coupés avec pilastre formant ressaut. La saillie de la corniche est figurée en plan d'une teinte plus claire. Pour tracer les coupes, il faut tracer les lignes de la sailie de la corniche parallèle aux lignes du plan ; où les lignes de saillie se joignent, elles forment un angle qui donne le point pour diriger la ligne de la coupe. Les lignes ponctuées indiquent la direction des lignes des coupes.

La fig. 2 est pour le même objet, mais sur un plan différent. Ces deux figures démontrent qu'il y a des parties de la corniche qui se trouvent coupées par les directions des coupes avant d'être au listel de la saillie.

La partie en teinte foncée, fig. 3, représente le plan d'un objet quel-conque, ayant pilastres formant ressaut aux angles, et de chaque côté une partie cintrée ; la teinte plus claire représente la saillie de la corniche en plan avec toutes les coupes indiquées.

Des Coupes d'onglets des moulures cintrées avec des droites.—Planche 32.

Dans les ouvrages, il arrive quelquefois d'assembler une moulure ou une corniche cintrée avec une droite ; la coupe de raccordement doit être cintrée. Pour tracer le cintre de la coupe, voyez fig. 4, la moulure cin-trée assemblée avec la moulure droite ; tirez à la moulure droite et à la moulure cintrée des lignes à égales distances des côtés et parallèles aux côtés ; où les lignes parallèles se joignent, tracez la ligne courbe qui est la coupe. Voyez fig. 5. Cette moulure composée de baguettes, suivant leurs cours parallèles dans les directions droites ou courbes ; leur rencontre marque le passage de la ligne de la coupe qui est plus ou moins courbée. Quand les cintres des deux moulures sont pareils, la coupe est une ligne droite. La fig. 6 représente un cadre d'une figure oblique ; les coupes des angles sont droites plus ou moins allongées, suivant que l'angle est plus ou moins aigu.

DES ARÉTIERS ET TOITURES PYRAMIDALES.

On nomme arétier une pièce de charpente posée à l'angle d'un comble, inclinée suivant la pente des deux côtés de la toiture. Les menuisiers font souvent le comble des petits pavillons ou autres toitures légères, le plus souvent en châssis vitrés ou en parties pleines. Les pièces des angles que l'on nomme arétiers ont besoin d'être corroyées à angle obtus, suivant la pente ou l'inclinaison de la toiture. Si l'on veut obtenir les champs égaux de large, il faut en faire le développement, afin de les tracer comme on le désire. Un comble composé de quatre arétiers qui se joignent au milieu, peut être considéré comme une pyramide quandrangulaire droite. Le développement de la surface d'une pyramide est semblable au développement de la surface d'un comble composé de quatre arétiers.

Opération pour tracer un arétier sur un plan carré. — Planche 33.

Soit le plan du comble, fig. 1. Après avoir tracé le carré du plan de la grandeur qui vous est donnée par celle de l'objet destiné à recevoir le comble, tirez les deux lignes diagonales ; elles marquent la retombée en plan de l'arête du milieu des quatre arétiers ; ensuite tracez la fig. 2 de l'élévation du comble ; tirez la ligne de base abd, fig. 2, à la distance que vous voulez du plan, mais parallèle au côté du plan ; portez sur la ligne perpendiculaire du milieu la hauteur que vous voulez donner au comble, du point b de la base jusqu'au point c; tirez du point c au point a et au point d, deux lignes droites ; elles marquent la pente du comble. Figurez l'épaisseur que vous voulez donner au bois et la largeur que vous voulez à la traverse du bas du châssis ; ensuite tracez le développement, fig. 3 ; prenez la distance ac, fig. 2, et portez-la ac, fig. 3 ; tirez du point c aux deux points e les lignes des côtés du développement. Figurez les largeurs que vous voulez donner aux champs et les petits bois ; abaissez du développement la largeur des champs en plan, et tirez les lignes au plan parallèle aux diagonales. Pour tracer le profil de l'arétier, afin de pouvoir placer une fausse équerre pour le corroyer, prenez la hauteur bc, fig. 2 ;

17

portez-la *c b*, fig. 1. Tirez les lignes du point *b* au point *a* et au point *e*; ensuite où vous voulez dans le plan, tirez la ligne *h f g* perpendiculaire à la diagonale *a c e*; du point *f*, tirez la ligne *f i* perpendiculaire à la ligne *b i e*; mettez la pointe du compas sur le point *f*, et du point *i* décrivez l'arc *i k*. Tirez les deux lignes droites *k h* et *k g*, ces lignes forment au point *k* l'angle de l'arêtier, lesquelles serviront pour placer la fausse équerre destinée à corroyer l'arêtier. Les côtés sont corroyés d'équerre à la face du dessus. La développement, fig. 3, donne les coupes de l'arêtier haut et bas. La fig. 6 tirée du développement fait voir la surface du dessus de l'arêtier. Les coupes des petits bois et celles de la traverse du bas sont données par leur figure au développement. Pour faire la toiture en parties pleines, il faut le développement des faces. Voyez fig. 4 une face développée. Tirez la ligne *d*, fig. 4, parallèle au côté du plan; prenez sur la fig. 2 la distance *d c*; portez la fig. 4 du point *d* pour fixer le point *c*; tirez du point *c* les lignes des côtés aux extrémités de la ligne *d*, elles formeront le triangle du développement. Ensuite tirez la ligne *e* parallèle à la base *d*, éloignée de la ligne *d* de la distance du point *e* à la petite ligne d'équerre du point *d*, fig. 2. Cette seconde ligne de base *e* étant terminée, formez un triangle semblable au premier, en éloignant le sommet du point *c* de la même distance que les lignes de base *d* et *e*. Pour avoir les coupes d'onglet des angles, la fig. *k* au développement l'indique. Voici une autre manière pour la figurer en plan : tirez à volonté la ligne *o m n* perpendiculaire à la diagonale *a c*; tirez du point *m* la parallèle à la ligne *a b*; à une distance à volonté, tirez la perpendiculaire *r*, et prenez les distances *m o* et *m n*; portez-les *r s* et *r t*; ensuite dirigez les lignes des côtés *t u* et *s u*, et tracez parallèlement les épaisseurs que vous voulez; l'opération sera terminée.

Pour exécuter cet arêtier, les quatre arêtiers seront corroyés suivant le profil du bois debout K; *leur longueur et leurs coupes seront tracées d'après la figure du développement, de même que les petits bois et la traverse du bas, laquelle doit être corroyée suivant le profil du bois de bout, figuré a e, fig. 2.*

La figure 5 représente le haut d'un comble, en plan et en élévation, qui aurait un poinçon pour assembler les quatre arêtiers dans le haut.

Arêtier de comble en châssis vitrés. — Planche 34.

Le plan de cet arêtier n'étant pas un carré parfait, les développements

de deux de ses côtés sont différents l'un de l'autre. Les battants des quatre
châssis de cette toiture sont séparés, et se joignent ensemble aux angles
formant les arétiers; leurs joints ont une fausse coupe d'onglet; les diagonales représentent la retombée du joint en plan, seulement pour la
surface extérieure. Tracez le plan et les diagonales, fig. 1; ensuite tracez
la figure de l'élévation de la hauteur que vous voulez donner au comble,
sur deux côtés du plan, comme fig. 2 et fig. 3; tracez sur ces figures les
épaisseurs des bois; où la ligne de l'épaisseur du bois coupera la ligne
de base, abaissez une ligne en plan; ces lignes marqueront en plan le
dehors du bâti qui porte le comble, dont le profil de la traverse du haut
du bâti est figuré aux deux figures de l'élévation. Pour tracer le développement, fig. 4, tirez où vous voulez la ligne de base a, parallèle au côté du
plan; prenez la distance ab, figure 2, portez-la ab, figure 4; du point b,
tirez les lignes des côtés aux extrémités de la base a, vous aurez le triangle
de la figure du châssis, sur lequel vous figurerez la largeur que vous voulez
aux champs; tirez la ligne e parallèle à la base a, éloignez d'elle de la distance du bout a à la petite ligne d'équerre e, figure 2 : cette ligne ponctuée e,
figure 4, est bornée en longueur par les lignes c et d abaissées de l'élévation,
figure 3; tirez de ces deux points c et d deux lignes parallèles aux côtés
du triangle, elles forment avec la base e le triangle du châssis du côté de
l'intérieur, et donnent la largeur du joint des battants du châssis : on
peut, par ce moyen, corroyer les battants du châssis d'équerre, et, après
qu'ils sont assemblés, tracer sur les battants, avec un trusquin, la ligne
du joint, de laquelle vous dirigerez la pente du joint avec l'arête du dehors.
Pour développer le châssis du bout, figure 5, vous emploierez les mêmes
moyens en prenant la distance cd de l'élévation, figure 3, pour fixer la
la hauteur dc du triangle du châssis, figure 5. Les bouts des châssis sont
coupés d'après le poinçon figuré à l'élévation. Pour figurer le profil des
arétiers, on emploiera les mêmes moyens que pour le premier arêtier,
pl. 33; la figure le représente de deux manières différentes. Pour l'exécution,
toutes les coupes des petits bois et battants sont données par les deux développements.

Arêtier de comble en bâtis et parties pleines. — Planche 35.

La fig. 1 représente le plan d'un comble composé de deux fermes, quatre
arétiers, six chevrons de ferme, un faîtage; deux poinçons en fiches pour

assembler les arêtiers, les chevrons de ferme et le faîtage, avec des contre-fiches pour soutenir les chevrons de ferme et les arêtiers. Le comble est posé sur un cours de plates-formes au pourtour, et un entrait à chaque ferme pour tenir l'écartement des fermes et des plates-formes. La figure 2 représente une des fermes en élévation géométrale; la figure 3 représente une coupe du comble prise en longueur au milieu de la largeur; la figure 4 représente l'arêtier élevé perpendiculairement à sa position au plan : c'est cette figure qui sert pour tracer l'arêtier; elle donne la longueur, les coupes des deux bouts et le profil pour le corroyer figuré *o*, ayant deux feuillures pour recevoir les parties pleines de la toiture. Les lignes per-pendiculaires du plan donnent la largeur de la figure, et la hauteur *ae* de l'élévation, figure 2, donne la hauteur *ae* de l'arêtier, figure 4; pour le profil *o*, sa largeur est celle de l'arêtier en plan. La figure 5 est le déve-loppement d'une des parties pleines de la toiture; pour la tracer, prenez la distance *bc*, figure 2; portez-la *bc*, figure 5; les lignes élevées du plan donnent le reste. Pour la figure 6, prenez la distance *bd*, figure 2, et portez-la *bd*, figure 6. La figure 7 est pareille à la figure 5. Pour la figure 8, prenez la distance *fg*, figure 3, et portez-la *fg*, figure 8. La figure 9 est semblable à la figure 8. La construction de ce comble est facile à concevoir d'après les détails figurés (1).

Arêtier sur un plan hexagonal. — Planche 36.

La planche 36 représente la toiture d'un pavillon formant un hexagone en plan, fig. 1; la figure 2 est son élévation en coupe du milieu; une moitié de la toiture est en châssis vitrés, et l'autre moitié en parties pleines; la figure 3 est un des châssis développés, et la figure 4 est une des parties pleines. Pour tracer le châssis développé, après avoir tracé le plan, fig. 1, et la coupe du milieu en élévation, fig. 2, tirez la ligne *a*, fig. 3, parallèle à la ligne *op* du plan; prenez les distances *a*, *b*, *c*, *e*, fig. 2; portez-les fig. 3, à partir du point *a*, pour fixer les points *b*, *c*, *e*; ces points étant fixés, tirez les lignes comme l'indique la fig. 3. Vous tracerez sur cette figure les largeurs que

---

(1) Les longueurs de chaque chevron de ferme, fiche et contre-fiche, sont données par les fig. 2 et 3, ainsi que leurs fausses coupes; de même pour les quatre arêtiers, leur longueur et leurs coupes sont données par la fig. 4, laquelle représente l'arêtier vu de sa longueur naturelle.

vous voulez aux champs ; après, vous les abaisserez pour les figurer en plan.
Si vous voulez que les battants des châssis soient des arêtiers ; pour tracer
le profil, prenez la hauteur *de*, fig. 2, portez-la *cd*, fig. 1, et tirez la ligne
dp, elle figure la pente de l'arêtier sur son arête du milieu ; ensuite tirez la
ligne *orq* perpendiculairement à l'arêtier en plan ; tirez du point *r* une ligne
perpendiculaire à la ligne *dp;* mettez la pointe du compas sur le point *r*, et
décrivez l'arc *st;* tirez du point *t* au point *o* et au point *q* les deux lignes
droites, elles donnent l'angle du profil de l'arêtier. La figure indique le
reste.

Pour tracer les parties pleines, vous emploierez les mêmes moyens que
pour les châssis vitrés.

Pour l'exécution, les coupes des battants, traverses et petits bois de
chaque châssis vitré, elles sont données par la figure du développement,
fig. 3.

Arêtier de noue. — Planche 37.

La planche 37 représente un comble sur un plan parallélogramme,
composé de quatre arêtiers de noue. Les quatre fermes sont placées aux
quatre côtés du comble ; le haut de chaque ferme est assemblé aux faîtages,
qui se croisent en plan, et reçoivent le haut des quatre arêtiers, lesquels
supportent les faîtages.

La fig. 1 est le plan.

La fig. 2 est l'élévation géométrale de la coupe du milieu, et d'une ferme
d'un des bouts du comble..

La fig. 3 est l'élévation géométrale de la coupe du milieu en longueur, et
d'une ferme d'un des côtés du comble.

La fig. 4 est l'arêtier avec les opérations pour le tracer. En voici les
moyens. Tirez à volonté la ligne de base *ab*, fig. 1, parallèle à l'arêtier au
plan ; élevez les perpendiculaires à l'arêtier du plan, comme l'indique la
figure ; prenez la hauteur *ac*, fig. 2 ; portez-la du point *a* pour fixer le point *c*,
fig. 4 ; tirez la ligne ponctuée *cb* et les deux autres parallèles ; la ligne
ponctuée *cb* marque la profondeur de l'évidement de la noue de l'arêtier.
et les deux autres marquent les angles des côtés, comme l'indique le profil
de l'arêtier figuré d'une teinte plus foncée. La hauteur *ad* est prise, fig. 2,
et est portée, fig. 4 : elle donne les lignes du dessous tirées parallèles à
celles du dessus.

Pour tracer le profil qui représente la figure du bois debout de l'arêtier,
tirez où vous voulez, sur l'arêtier, fig. 4, une ligne d'équerre à la ligne *c b* ;
prenez, de chaque côté de la ligne du milieu de l'arêtier en plan, la distance
des deux lignes de sa largeur, et portez ces distances, fig. 4, chaque côté
de la ligne d'équerre, pour tracer les deux lignes de sa largeur. La figure
indique le reste.

Pour tracer le développement d'une partie pleine de la toiture, fig. 5,
prenez la petite distance *j i*, fig. 2 : portez-la, fig. 5, pour fixer les points *j i*,
ensuite prenez la distance *i e*, fig. 2, et portez-la du point *i* pour fixer le
point *e*, fig. 5 ; et avec cette même distance portez-la du point *j* pour fixer
le point *k*. Tirez de ces points les deux lignes parallèles au côté du plan ;
elles fixeront deux points sur la ligne du milieu, desquels vous tirerez deux
lignes droites aux points *j* et *i* : la figure sera terminée.

Pour les deux parties, fig. 6, c'est la même opération, en prenant les distances *j i e*, fig. 4, pour les porter *j i e*, fig. 6.

Il faut pour toute la toiture quatre panneaux pareils à ceux fig. 6, et
quatre pareils à ceux fig. 5.

Pour l'exécution, les quatre arêtiers sont pareils ; leurs longueurs et
coupes, ainsi que leur profil à bois debout, sont donnés par la fig. 4, et les
fermes sont données par les fig. 2 et 3.

Auge et Trémie. — Planche 38.

Pour tracer les coupes des quatre parties pleines (ou *panneaux*) d'une
auge ou autre objet semblable, tracez, fig. 1, le profil de la longueur, et,
fig. 2, le profil de la largeur. Pour tracer le panneau, fig. 4, abaissez de la
fig. 2 la ligne du milieu perpendiculaire à la ligne horizontale, et de même
des parallèles des angles du profil, comme l'indique la figure. Ensuite tirez
à la distance que vous voulez la ligne 1, fig. 4, parallèle à la ligne horizontale du profil ; prenez, fig. 1, les distances des points 1, 2, 3 et 4, et
portez-les, fig. 4, du point pour fixer les points 2, 3 et 4. De ces points tirez
des lignes parallèles à la ligne 1 ; où ces lignes rencontrent les lignes abaissées
du profil, tirez les lignes des côtés de la fig. 4 : elles donnent la coupe sur
le plat et sur le champ.

Pour le panneau, fig. 3, faites la même opération, en prenant les distances 1, 2, 3 et 4, au profil, fig. 2.

La figure d'une teinte foncée au bas de chaque panneau représente le champ du panneau, et fait voir la fausse coupe sur l'épaisseur du bois (1).

Pour tracer la Trémie, fig. 8. — Planche 38.

Tracez premièrement le profil de longeur et celui de largeur, fig. 5 et 6 ; abaissez perpendiculairement de ces profils des lignes des angles pour former la figure du plan ; ensuite, pour tracer le panneau, fig. 7, prenez les distances 1, 2, 3 et 4, fig. 5 ; portez-les, fig. 7, pour fixer les points 1, 2, 3, et 4 ; de ces points tirez des lignes droites parallèles au côté du plan, fig. 8, où ces lignes rencontrent celles abaissées du plan : vous aurez les points pour diriger les lignes des côtés de la figure du panneau.

Pour le panneau, fig. 9, c'est la même opération, en prenant les distances des points 1, 2, 3 et 4, fig. 6.

L'exécution de cette trémie est semblable à celle de l'auge précédente.

Pétrin et Trémie. — Planche 39.

Les fig. 1 et 2 sont les profils de largeur et de longueur d'un *pétrin*.

Les fig. 3 et 4 sont les panneaux du pétrin, figurés pour être assemblés à queues d'aronde.

Pour tracer le développement de ces panneaux, vous emploierez les mêmes opérations que pour le panneau de l'*auge* et de la *trémie*, planche 38. Pour son exécution, vous emploierez les mêmes moyens que pour l'auge, planche 38.

La fig. 6 représente le plan d'une *trémie*, ou autres objets semblables, formant un hexagone en plan.

La fig. 5 est l'élévation géométrale de la coupe du milieu.

Les fig. 7 et 10 sont deux panneaux développés.

Celui fig. 7 est emboîté par les pieds montants, et celui fig. 10 est préparé à recevoir les pieds montants.

---

(1) Pour l'exécution, les deux grands panneaux seront coupés suivant la fig. 3, laquelle donne la fausse coupe sur le plat du panneau ; et le profil du champ figuré au bas donne la fausse coupe sur l'épaisseur. Les deux petits panneaux des bouts seront coupés suivant la fig. 4, pour la fausse coupe sur le plat, et celle sur l'épaisseur est donnée par le profil du champ du panneau figuré au bas du développement, fig. 4.

Les fig. 8 et 11 sont deux autres panneaux figurés d'assemblage.

La fig. 9 est un des pieds montants, que l'on peut considérer comme un arêtier renversé ; ainsi, pour les tracer, vous emploierez les mêmes moyens qu'aux arêtiers précédents. La hauteur *a b*, fig. 5, est portée *a b*, fig. 9 ; le reste se fait comme aux autres arêtiers. Pour les panneaux, ce sont les mêmes moyens que pour les panneaux de l'auge, de la trémie et du pétrin précédents. Les distances *e c d*, fig. 5, sont portées *e c d*, fig. 8, et de même les distances 1, 2, 3, fig. 5, sont portées 1, 2, 3, fig. 7. Les figures indiquent le reste.

Pour son exécution, chaque figure des développements donne les coupes et longueurs des bâtis et des panneaux.

Toiture conique d'un pavillon circulaire. — Planche 40.

La fig. 1 est l'élévation géométrale de la coupe du milieu, et la fig. 2 est le plan. La moitié de la toiture est en partie pleine par douves en claveaux, et l'autre moitié est en châssis vitrés.

Pour tracer le développement des douves, c'est la même opération que pour le développement de la surface d'un cône. Prenez l'ouverture du compas du point *d* au point *b*, fig. 1 ; avec cette ouverture du compas décrivez l'arc *b b*, fig. 3 ; et avec l'ouverture du compas *d c*, fig. 1, décrivez l'arc *c c*, fig. 3 ; tirez à volonté la ligne *b c*, dirigée au centre *d* ; prenez au plan fig. 2, les distances des points de division des douves 1, 2, 3, 4, 5, 6 et 7 ; portez ces distances sur l'arc *b*, fig. 3, pour fixer les points 1, 2, 3, 4, 5, 6 et 7 ; tirez de ces points des lignes droites au centre *d*. Vous ferez de même pour le reste du développement, lequel donne la longueur et la largeur des douves.

Pour tracer la pente des joints des douves sur l'épaisseur, tirez à volonté la ligne droite *d a*, fig. 4 ; prenez les distances *d c b a*, fig. 1 ; portez ces distances, fig. 4, pour fixer les points *d c b a* ; mettez la pointe du compas sur le point *d*, et décrivez l'arc *c* ; du même centre *d* décrivez l'arc *b* ; avec la même ouverture de compas *d b*, à partir du point *a*, marquez le centre *e*, et décrivez l'arc *a*, prenez au plan, fig. 2, la distance du point 1 au point 2 ; portez cette distance sur l'arc *a*, et sur l'arc *b*, fig. 4, la moitié d'un côté et la moitié de l'autre côté de la ligne du milieu ; tirez des points 1 et 2 de l'arc *a* deux lignes droites au centre *e*, et de même, des points 1 et 2 de l'arc *b*, des lignes droites au centre *d* : les lignes de l'arc *b* sont pour la surface du dessus ; les lignes de l'arc *a* sont pour la surface du dessous, et donnent la pente des joints.

Pour tracer le développement du châssis, fig. 5, c'est la même opération que pour le développement des douves, fig. 3, en prenant les ouvertures du compas *d g*, fig. 1, pour décrire l'arc *g*, fig. 5, et les autres arcs *f*, *h*, *e*, d'après les ouvertures de compas *d f d h* et *d e*, fig. 1. Les distances des divisions au pourtour du plan donnent la longueur de l'arc *e*.

La traverse du bas des châssis exige un débillardement particulier. Pour la tracer, tirez des quatre angles de la traverse du bas des châssis *h e*, fig. 1, les lignes horizontales *c a b e*, fig. 6 ; à la distance que vous voulez, tirez la ligne du milieu *c o*, perpendiculaire aux lignes horizontales ; ouvrez le compas du centre *o* au cercle *b* du plan, fig. 2 ; avec cette ouverture décrivez l'arc *m b n*, fig. 7, et de même avec les ouvertures de compas prises au plan, du centre *o* aux cercles *e c a*, décrivez les arcs *e c a*, fig. 7 ; prenez en deux ouvertures de compas, sur la circonférence du plan, la distance du point *m* au point *n*; portez cette distance, fig. 7, à partir de la ligne du milieu, pour fixer les points *m* et *n*; tirez de ces points deux lignes droites au centre *o*, elles déterminent la longueur des arcs. Élevez, de l'extrémité des arcs, des lignes parallèles à la ligne du milieu *o c*; elles déterminent la longueur des lignes horizontales, fig. 6. Tirez des extrémités de la ligne *e* aux extrémités de la ligne *a*, deux lignes droites ; elles figurent les bouts de la fig. 6 du côté du dessous de la traverse. Des extrémités de la ligne *b* aux extrémités de la ligne *c*, tirez des lignes droites; elles figurent la surface du dessus de la traverse.

Pour tracer le débillardement, prenez du bois de l'épaisseur de la fig. 6, et chantournez-le comme la courbe *a* et *b*, fig. 7 ; tracez sur la surface du dessous la courbe *e*, et sur celle du dessus la courbe *c;* tracez du côté du creux la parallèle *a*, fig. 6, et du côté du bouge la parallèle *b;* ensuite débillardez de la parallèle *a* à la courbe *e*, et de la parallèle *b* à la courbe *c*. Cela terminé, il ne restera que les épaisseurs à débillarder, lesquelles se conçoivent facilement.

Cette traverse est pour être d'un milieu de petit bois à l'autre, et serait en quatre bouts pour la moitié de la toiture du pavillon.

Des arêtiers cintrés ou courbes sur angle. — Planche 41.

La planche 41 représente un comble sur un plan carré cintré en demi-
cercle en élévation ; les quatre arêtiers sont cintrés, et exigent un débillardement.

La fig. 1 est l'élévation géométrale de la coupe du milieu.

La fig. 2 est le plan, dont la moitié est figurée en bâti, ayant des courbes
formant chevrons ; et l'autre moitié est remplie par des parties pleines formant panneaux, posées dans des feuillures pratiquées aux arêtiers, et aux
courbes du milieu représentant les chevrons de ferme.

La fig. 3 est le calibre rallongé de l'arêtier.

La fig. 4 est le développement d'un panneau.

Pour tracer le plan, ou épure de ce comble, tracez premièrement le
plan, figurez au pourtour la largeur des plates-formes, la largeur des arêtiers
et des courbes du bâti, le tout d'après les grosseurs que vous voulez.
Élevez du plan l'élévation géométrale de la coupe du milieu ; figurez le profil
du bout des panneaux avec les joints des planches ; abaissez de chacun de
ces joints des lignes sur le plan ; chaque joint, deux lignes, une de la surface
extérieure, et l'autre de la surface intérieure, dont la première est en ligne
pleine, et la seconde en ligne ponctuée. Pour développer le panneau, tirez
à volonté la ligne 1, 6, fig. 4 ; prenez, fig. 1, les distances des joints 1, 2,
3, 4, 5 et 6 ; portez ces distances sur la ligne 1, 6, fig. 4, pour fixer les
points 1, 2, 3, 4, 5 et 6 ; tirez de ces points des lignes droites perpendiculaires à la ligne 1, 6 ; prenez au plan la distance du point 1 au point *a ;* portez la fig. 4 du point 1 pour fixer le point *a ;* prenez de même au plan la
distance du point 1 au point *b ;* portez la fig. 4 du point 1 pour fixer le
point *b ;* prenez les deux distances au plan du point 2 aux points *c* et *d ;*
portez ces distances, fig. 4, du point 2 pour fixer les points *c* et *d*. Faites
de même pour les distances du point 3 aux points *e* et *f*, prises au plan et
portées au développement, fig. 4. Continuez de même pour les autres points,
vous ferez passer les deux courbes du panneau par les points fixés. Cette
figure donne la coupe du panneau.

Pour tracer le calibre rallongé de l'arêtier, tracez sur l'arêtier au plan
des équerres aux points où les lignes abaissées de l'élévation ont coupé
l'arête du milieu de l'arêtier au plan, comme sont les équerres *a b c d*.
Tirez de l'angle et des extrémités de chaque équerre des lignes perpendi-

culaires à l'arêtier en plan. Ensuite tirez la base *a b c d e*, fig. 3, à la distance que vous voulez, parallèle à l'arêtier en plan. Prenez les hauteurs du point *e* aux points *o* et 6, fig. 1 ; portez ces hauteurs, fig. 3, du point *e* pour fixer les points *o* et 6 ; faites de même pour les autres points. Ensuite, vous ferez passer par les points fixés, les quatre courbes du calibre rallongé, dont celle extérieure du cintre marque l'arête de l'arêtier, et celle fixée par les mêmes hauteurs, marque le débillardement. Pour l'intérieur du cintre, la courbe en ligne ponctuée marque la profondeur de l'évidement de l'arêtier. La ligne pleine au milieu de la courbe marque la ligne de la feuillure pour recevoir le panneau ; les courbes figurées en plan A et B ont leur calibre et leur longueur avec la coupe du bout figurés en élévation A et B, fig. 1.

Pour exécuter cet arêtier, corroyez le bois de l'épaisseur figurée en plan; ensuite tracez sur le bois le calibre rallongé, fig. 3, avec la ligne du débillardement, laquelle doit être tracée des deux côtés du bois; après chantournez suivant les deux lignes extérieures de la figure du calibre rallongé; après qu'il sera chantourné, tracez sur le bouge et sur le creux la ligne du milieu avec un trusquin ; ensuite vous débillarderez de la ligne du milieu de l'épaisseur, à celles courbes du débillardement des deux côtés de l'arêtier : vous ferez l'évidement du dessous de même et l'arêtier sera débillardé.

Autre arêtier cintré sur un plan parallélogramme. — Planche 42.

La planche 42 représente un comble sur un plan parallélogramme cintré en élévation. Formant le demi-cercle en largeur et la demi-ellipse en longueur, il est, comme le précédent, moitié en bâti et moitié rempli en panneaux.

La fig. 1 est l'élévation géométrale de la coupe du milieu prise en largeur, la fig. 2 est le plan, la fig. 3 est l'élévation géométrale de la coupe du milieu prise en longueur, la fig. 4 est le calibre rallongé de l'arêtier, la fig. 5 est le développement d'un des panneaux des côtés, et la fig. 6 est le développement d'un des panneaux des bouts.

Pour tracer le plan ou épure avec ses détails, vous ferez les mêmes opérations que pour l'arêtier précédent, planche 41. Le calibre rallongé diffère seulement en ce qu'il a deux lignes courbes pour le débillardement dont une sert pour un de ses côtés, et l'autre pour l'autre côté. Le plan étant une figure allongée, les branches des équerres figurées sur l'arêtier

au plan sont plus longues l'une que l'autre ; alors leurs extrémités donnent deux lignes, lesquelles sur les mêmes points de hauteur donnent
deux lignes courbes au calibre rallongé. Le dessous du calibre n'est pas
évidé ; il est cintré d'équerre à ses côtés, les figures indiquent le reste des
détails.

Pour le débillardement vous emploierez les mêmes moyens que pour l'arêtier pré
cédent; il diffère seulement aux chanfreins du débillardement, l'un a plus de
pente que l'autre, le reste de l'exécution est entièrement pareil.

Arêtier cintré formant voûte d'arête. — Planche 43.

La planche 43 représente un comble ou autres objets semblables sur un
plan carré formant à l'intérieur une voûte d'arête en demi-cercle, que l'on
nomme plein cintre ; et à l'extérieur elle forme quatre noues. Les quatre
faces de l'élévation forment quatre archivoltes plein cintre, composées de
quatre courbes cintrées en demi-cercle, assemblées aux traverses du haut
qui se croisent et forment le faîtage. Les quatres arêtiers, ainsi que les
quatre courbes des côtés, sont portés par quatre pilastres, et se joignent
ensemble à coupes pour ne former au bas que la grosseur d'un pilastre.

Les courbes de remplissage sont assemblées dans les traverses du haut, et
retombent sur les arêtiers. Les panneaux sont posés à feuillures dans les
arêtiers et les courbes, à fleur de la surface intérieure.

La fig. 1 est l'élévation géométrale de la coupe du milieu, la fig. 2 est le
plan, la fig. 3 est le calibre rallongé de l'arêtier, et la fig. 4 représente le
développement d'un panneau.

Pour tracer l'épure et ses détails, tracez premièrement le plan et l'élévation géométrale; ensuite fixez à volonté les points 1, 2, 3, 4, 5 et 6 sur
la courbe de l'élévation ; abaissez de ces points des lignes perpendiculaires
à la base A, continuez ces lignes jusqu'à l'arête du milieu de l'arêtier,
formez deux équerres opposées, dont l'une servira pour l'intérieur et l'autre
pour l'extérieur du calibre rallongé. Élevez perpendiculairement à l'arêtier
en plan, des lignes des angles des équerres et des extrémités de leurs
branches; tirez la ligne de base B, à la distance que vous voulez et parallèle
à l'arêtier. Prenez sur la courbe de l'élévation, fig. 1, les hauteurs des
points 1, 2, 3, 4, 5 et 6, depuis la base A. Portez ces hauteurs sur chacune
des lignes correspondantes, fig. 3, de la base B pour fixer les hauteurs 1,
2, 3, 4, 5 et 6, lesquelles donnent les points pour tracer les deux lignes

courbes de l'extérieur de l'arêtier. Prenez de même sur l'élévation la hauteur des points *abcd* et *e*, depuis la base A. Portez ces hauteurs, fig. 3, de la base B pour fixer les points *abcd* et *e*, lesquels donnent les points de passage des deux courbes du creux de l'arêtier, dont une marque le cintre de l'arête et l'autre le débillardement. Cet arêtier de voûte d'arête se nomme *arêtier en côte de vache*, par sa ressemblance à une côte de vache lorsqu'il est débillardé des deux côtés, formant deux arêtes, une dessous et l'autre dessus. Il est figuré, assemblé à tenon, ayant une partie flottante et d'onglet en fausse coupe dessous, raccordant avec les traverses du haut formant faîtage.

Pour tracer le panneau développé, fig. 4, prenez fig. 1, sur la courbe où est figuré le profil du bout des panneaux, les distances des points de division 1, 2, 3, 4, 5 et 6 ; portez ces distances, fig. 4, pour fixer les points 1, 2, 3, 4, 5 et 6, tirez ces points des lignes perpendiculaires à la base. Prenez sur le plan la distance du point 1 au point *a*, portez cette distance sur la ligne du point 1, fig. 4, pour fixer le point *a*; ensuite prenez la distance du point 2 au point *b* sur le plan, et portez-la fig. 4, pour fixer le point *b*, faites de même pour les autres points; vous ferez passer une ligne courbe par tous ces points, elle marque la coupe du panneau pour la surface intérieure ; celle de l'extérieure sera pareille en faisant les feuillures aux arêtiers d'équerre à la surface intérieure ; les figures indiquent le reste des détails.

Pour le débillardement de cet arêtier, vous corroierez le bois de l'épaisseur figurée au plan; après vous tracerez sur le bois la figure du calibre rallongé, après qu'il sera chantourné, vous tracerez avec un trusquin la ligne du milieu de l'épaisseur dessus et dessous; ensuite vous débillarderez suivant la ligne du milieu et les lignes courbes tracées sur les deux côtés de l'arêtier.

Autre arêtier formant voûte d'arête. — Planche 44.

La planche 44 représente un comble pareil au précédent, planche 43, à l'exception du plan qui est un parallélogramme, au lieu d'être un carré. La voûte en largeur est cintrée en demi-cercle, et l'autre est cintrée en demi-ellipse (ou *anse de panier*). Pour tracer l'épure et les détails, vous ferez les mêmes opérations que pour le précédent ; les panneaux sont figurés couvrant la surface de l'intérieur, se joignant aux angles, préparés pour être cloués sur les arêtiers et les courbes. Au plan sont figurés deux calibres rallongés des arêtiers, un pour recevoir les panneaux, et l'autre comme bâti sans panneaux. Par ce moyen, le premier est plus faible que le second ; les figures indiquent les détails.

Pour l'exécution, vous emploierez les mêmes moyens que pour l'arêtier précédent.

TROISIÈME PARTIE.

DES ESCALIERS EN GÉNÉRAL.

Parmi les différentes parties d'ouvrages de menuiserie, c'est la partie des escaliers qui a fait le plus de progrès depuis la fin du siècle dernier, en changements, en augmentation et en perfection, tant sous le rapport du genre de construction que sous celui de l'exécution. Autrefois la partie des escaliers appartenait plus aux charpentiers qu'aux menuisiers. Ces derniers ne faisaient guère que de petits escaliers dérobés : tous les grands escaliers étaient faits par les charpentiers ; mais maintenant que le genre des escaliers est plus élégant et plus délicat, les menuisiers font beaucoup de grands escaliers, soit à limon, à marches massives ou à crémaillères.

Ceux à limon et ceux à marches massives ne sont plus guère en usage maintenant ; ce sont ceux à crémaillères qui sont préférés. Néanmoins, lorsque l'on a besoin de beaucoup de solidité, on est forcé de revenir aux escaliers à limon ; c'est pourquoi je commence par les escaliers à limon, et de différentes figures en plan, ensuite des escaliers à marches massives et à crémaillères, en consoles, à goussets et à crémaillères débillardées.

La forme du plan d'un escalier varie selon l'emplacement de la cage. Le plus simple est celui figuré planche 45, ayant ses marches scellées d'un bout dans un mur ou une cloison, et assemblées de l'autre bout dans un limon droit ; cet escalier se nomme *échelle de meunier* (néanmoins les vraies échelles de meunier n'ont pas de contre-marches).

Comme les marchepieds et les échelles doubles sont des diminutifs des escaliers, je commence la partie des escaliers par un marchepied, et par la manière de tracer les échelons d'une échelle double sans faire de plan.

Des marchepieds et échelles doubles. — Planche 45.

Les marchepieds sont de petits escaliers ambulants. Les limons sont inclinés sur les côtés ; par cette inclinaison, ils doivent être corroyés avec la fausse équerre, comme les arêtiers. Mais la plus grande partie des marchepieds sont faits avec des bois minces ; cela rend la fausse équerre insensible à l'œil.

Le marchepied figuré planche 45 est garni d'une rampe qui se ploie avec les pieds montants. La fig. 1 est l'élévation géométrale du marchepied ; la fig. 2 est la coupe du milieu en élévation ; la fig. 3 est le limon développé.

Pour tracer le limon, après avoir tracé l'élévation géométrale et la coupe du milieu en élévation, tirez à volonté la ligne $b\,a$ parallèle au côté de l'élévation ; tirez de chaque marche des lignes perpendiculaires au côté du limon ; prenez sur la coupe du milieu la distance $d\,e$; portez cette distance du point a pour fixer le point c ; tirez la ligne droite $c\,b$: elle sera une rive du limon. Tirez une parallèle pour terminer la largeur du limon semblable à celle de la coupe du milieu.

Toutes les lignes marquent les entailles et les mortaises pour assembler les marches et donnent la fausse équerre pour tracer le limon.

La figure 4 est élevée perpendiculairement à la pente de la coupe du milieu, fig. 2, elle représente le marchepied vu de face. La fig. 5 représente une espèce de garde-fou assemblé dans le haut des pieds montants.

Manière de tracer la coupe des échelons d'une échelle double sans faire de plan.
Planche 45.

Posez les échelons à côté l'un de l'autre, comme le représente la fig. 6, tirez une ligne d'équerre d'un bout, en laissant la longueur que vous voulez pour les tenons ; marquez au premier ab, la largeur que vous voulez à l'échelle dans le haut ; marquez au dernier $d\,c$ la largeur que vous voulez à l'échelle dans le bas ; tirez du point c au point b la ligne oblique $c\,b$; elle détermine la longueur de chaque échelon.

Tirez du point où la ligne oblique a coupé le dessus du second échelon une ligne d'équerre *e*, divisez la distance du point *e* au point *b*, en deux parties égales : une de ces deux parties est la pente que les limons de l'échelle auront, dans la hauteur d'une marche.

Voyez la fig. 7 : elle représente un bout de planche sur lequel on place la fausse-équerre. Abaissez perpendiculairement le point *b* et le point milieu entre *b* et *e*, ou reportez cette distance sur la rive de la planche, pour éviter d'abaisser les perpendiculaires ; portez sur l'une des deux lignes, à partir de la rive de la planche, la distance du dessus d'un échelon au-dessus de l'autre ; où cette distance aura coupé la ligne, tirez une ligne droite à l'autre ligne sur la rive : cette ligne servira pour placer la fausse-équerre, qui vous servira pour tracer les arasements des échelons, et la pente des mortaises sur les limons.

Escalier à limons droits, dit échelle de meunier. — Planche 45.

Voyez la fig. 9, c'est le plan d'un escalier dont les marches sont assemblées d'un bout dans un limon et de l'autre bout dans un mur ou cloison.

Tracez le limon *a* en plan, éloigné du mur de ce que vous voulez de largeur à la montée de l'escalier, que l'on nomme *emmarchement;* ensuite tirez la ligne du giron *b* au milieu de l'emmarchement, parallèle au limon (*le giron d'une marche est sa largeur moyenne, par conséquent prise au milieu. Ainsi il est de règle générale pour tous les escaliers de placer la ligne du giron au milieu de la largeur*) ; divisez les marches égales sur la ligne du giron ; tracez les marches d'équerre au limon, tracez la ligne du devant de la contre-marche et celle de son épaisseur, en laissant la saillie que vous voulez pour la moulure du devant de la marche, toujours parallèles à la ligne du devant des marches. (Voyez au plan, fig. 9, les lignes tracées en lignes ponctuées.) Ensuite pour tracer le limon fig. 10, élevez de chaque ligne de marche au plan, des lignes perpendiculaires au limon ; à la distance que vous voulez, tirez la ligne de base *c d*, parallèle au limon ; portez sur la ligne de la première marche la hauteur que vous voulez donner aux marches, depuis la base *c d* jusqu'au point 1 ; tirez du point de hauteur 1, la ligne du dessus de la marche parallèle à la base ; ensuite portez la même hauteur du dessus de cette marche pour fixer le dessus de la marche 2, et tirez du point 2 la ligne du dessus de la marche parallèle à la base.

Faites de même pour les autres marches, en portant toujours la même hauteur à chaque marche. Tracez dessous l'épaisseur que vous voulez pour le bois des marches, et élevez du plan les lignes des contre-marches, ensuite tracez les lignes de largeur du limon en laissant la même distance à chaque nez de marche, et de même au-dessous des marches à l'angle de la contre-marche.

La figure du limon en projection sera terminée et semblable à une figure développée donnant la longueur et la largeur du bois nécessaire à sa construction.

Pour l'exécution, la fig. 10 donne la longueur du limon et les entailles d'embrèvement des marches et des contre-marches. Les marches seront taillées en longueur et largeur, d'après leur figure au plan. La longueur des contre-marches est pareille à celle des marches, et leur largeur est donnée par la hauteur des marches figurée au limon fig. 10.

Escaliers à deux limons droits formant quartier tournant. — Planche 46.

Tracez premièrement le plan, en observant de mettre le même emmarchement dans toute la longueur du plan; tracez la ligne du giron au milieu, en décrivant aux angles un arc de cercle pour faire tourner la ligne du giron. Divisez les marches en parties égales sur la ligne du giron; tirez des points de division les lignes du devant des marches obliques, de manière à augmenter ou diminuer leur largeur d'un des bouts proportionnellement (*c'est ce que l'on appelle faire danser les marches*). Tracez parallèlement à la ligne du devant de la marche, les deux lignes du devant et du derrière de la contre-marche indiquées au plan en lignes ponctuées.

Le plan étant terminé, pour tracer le premier limon *a*, élevez de chaque point où les lignes du devant des marches coupent le limon, des lignes perpendiculaires au limon; tracez la première marche à la distance que vous voulez du plan; mais la base parallèle au limon. Donnez à cette première marche la hauteur que vous voulez donner aux marches. (*Cette hauteur est fixée par la division de la hauteur totale de l'escalier en autant de parties égales que l'on veut de marches.*) Ensuite portez cette même hauteur du dessus de la première marche pour fixer le dessus de la seconde marche; tirez la ligne parallèle à la base, laquelle est parallèle au limon en plan; portez la même hauteur pour tracer la troisième marche; ensuite portez sur chaque ligne perpendiculaire au limon en plan (*que l'on appelle lignes d'aplomb des nez des marches*) la hauteur que vous voulez à partir du nez de la marche, dessus et dessous, pour fixer la largeur du limon; vous ferez passer une ligne par les points du haut, et une par ceux du bas ; elles déterminent la largeur du limon sur la face du côté des marches ; ensuite tirez de ces points du haut et du bas une petite ligne (d'équerre) parallèle au dessus des marches, où elles rencontrent la ligne perpendiculaire tirée du dehors du limon au plan (*que l'on appelle ligne de gauche*), vous ferez passer les deux autres lignes qui marquent le gauche du limon, sur le champ du dessus et celui du dessous ; elles marquent aussi la largeur du limon sur la face extérieure.

Pour tracer le limon *b*, faites les mêmes opérations que pour le limon *a*, en observant de porter la même hauteur à chaque marche, et d'élever les lignes perpendiculairement au limon en plan. (*Règle générale pour tous les limons droits.*)

Les limons sont figurés pour être assemblés à queues d'aronde aux angles du plan. Le premier limon à droit est assemblé dans le noyau qui reçoit et embrève les bouts des marches 1, 2, 3 et 4, au premier tournant.

La figure *c* représente le profil d'une marche et d'une contre-marche, avec leurs embrèvements, figurés d'après une échelle de proportion plus grande.

Pour l'exécution de cet escalier, les limons seront tracés et taillés suivant la figure de chacun d'eux élevée du plan en projection. Le noyau sera corroyé suivant son profil figuré au plan, lequel représente sa figure à bois debout ; les lignes de chacune des marches seront tracées au pourtour et d'aplomb, en le présentant sur sa figure au plan ; la hauteur des marches sera tracée à chacune des lignes d'aplomb et d'équerre. Les marches seront taillées suivant leur figure au plan, et les contre-marches suivant leur longueur indiquée au plan et leur largeur indiquée aux limons en projection.

Manière et principe pour tracer le plan d'un escalier en vis SAINT-GILLES, *à cage carrée.* — Planche 47.

Pour tracer le plan de cet escalier, comme de tous autres escaliers quelconques, c'est l'emplacement qui commande la forme de la cage : aussi les cages des escaliers sont presque toutes différentes. La cage de cet escalier, fig. 1, est placée dans un angle ; les deux murs ou cloisons forment deux côtés de la cage, et les deux autres côtés sont formés par les limons.

Cet escalier est celui qui occupe le moins de place , son giron tournant autour d'un cylindre que l'on nomme *noyau plein*. Le bout de chaque marche est embrevé dans ce noyau. Sa cage étant carrée donne dans les angles plus de place qu'au milieu des côtés ; cette place est utile pour se ranger , quand une autre personne monte ou descend ; par ce moyen on peut donner un peu moins d'emmarchement ; alors la cage est moins grande.

Lorsque vous avez tracé le plan de la cage , tracez le noyau au milieu de la grosseur que vous voulez ; tracez la ligne du giron au milieu de l'emmarchement ; tracez le devant de la première marche (*qui est figurée en lignes ponctuées*) où vous voulez fixer le point de départ de l'escalier. Cette première marche est souvent faite massive , et quelquefois en pierre ; on lui donne une tournure cintrée devant pour faciliter le dégagement. Le devant de cette première marche étant tracé, divisez la circonférence du cercle formé par la ligne du giron , en autant de parties égales que vous voulez de marches dans un tour du giron. (*Il est essentiel d'observer qu'il faut que la largeur des marches sur la ligne du giron soit assez grande pour pouvoir mettre le pied dessus , au moins dans les trois quarts de sa longueur.*)

La largeur des marches sur la ligne du giron peut varier depuis 6 pouces jusqu'à 1 pied (*seize à trente-deux centimètres*). Il faut aussi observer dans un escalier tournant comme celui-ci, de mettre un nombre suffisant de marches au pourtour du cercle de la ligne du giron , afin d'avoir assez d'échappée d'un tour à l'autre. Pour avoir l'échappée suffisante , il faut au moins 6 pieds (*deux mètres*) du dessus d'une marche au dessous de la marche aplomb du tour supérieur.

Quand les circonstances forcent à diminuer le nombre des marches dans le pourtour , il faut augmenter leur hauteur pour avoir assez d'échappée.

La hauteur des marches se règle d'après la hauteur totale de la montée de l'escalier ; cette hauteur peut varier depuis 5 pouces jusqu'à 8 et 9 pouces (*treize à vingt-cinq centimètres*) ; mais la hauteur la plus commode est celle de 6 pouces (*seize centimètres*).

Pour faire un escalier facile et doux à monter , il faut 9 pouces (*vingt-cinq centimètres*) de giron, et 6 pouces (*seize centimètres*) de hauteur aux marches ; mais souvent l'emplacement petit force à mettre plus de hauteur. Quand on ne peut pas donner beaucoup de giron aux marches , il faut donner plus de hauteur.

Par exemple , cet escalier figuré planche 47 ; sa cage contient 4 pieds (*un mètre trente centimètres*) sur chaque côté. Le noyau du milieu a 6 pouces (*seize centimètres*) de diamètre ; il ne reste que 3 pieds 6 pouces (*un mètre quatorze centimètres*) à diviser en deux pour l'emmarchement. La ligne du giron tracée au milieu forme un cercle de 2 pieds 3 pouces (*soixante-treize centimètres*) de diamètre, ce cercle est divisé en douze marches, chaque marche contient de largeur sur la ligne du giron, la douzième partie de la circonférence du cercle formé par la ligne du giron, et alors à peu près 7 pouces (*dix-neuf centimètres*) de giron.

La hauteur de la montée de l'escalier étant supposée de 11 pieds 8 pouces (*trois mètres soixante-dix-neuf centimètres*), il faut diviser cette hauteur en autant de parties égales que l'on veut mettre de marches ; comme le plan donne vingt marches à la première arrivée A, il faut diviser 11 pieds 8 pouces (*trois mètres soixante-dix-neuf centimètres*), en vingt parties égales : cette division donne la hauteur des marches qui est de 7 pouces (*dix-neuf centimètres*).

Si on avait besoin de monter plus haut, et que l'on ne voulût pas augmenter la hauteur das marches, alors l'arrivée de l'escalier serait sur un autre côté du plan comme B, et aurait trois marches de plus.

Pour tracer le limon, fig. 3, élever du plan à chaque point où les lignes du devant des marches ont coupé la ligne du limon au plan des lignes perpendiculaires (ou *d'équerre*) au côté du plan ; tirez à la distance que vous voulez la ligne du dessus de la marche 8, parallèle au côté du plan qui est aussi d'équerre aux lignes perpendiculaires des nez des marches ; portez dessous la hauteur d'une marche pour figurer le dessus de la marche 7 ; portez la même hauteur dessus pour tracer le dessus de la marche 9, aussi d'équerre aux lignes d'aplomb des nez des marches ; faites de même pour la marche 10, et figurez les nez de la marche 11 à l'extrémité du limon ; tracez dessous les lignes du dessus des marches l'épaisseur du bois des marches, élevez du plan les deux lignes de la contre-marche parallèles aux lignes d'aplomb des nez des marches pour figurer la contre-marche sur le limon ; ensuite portez la hauteur que vous voulez laisser de bois au-dessus du nez des marches, à chaque nez des marches sur la ligne d'aplomb, et de même du nez des marches la hauteur que vous voulez dessous ; de ces points de hauteur du dessus faites passer une ligne, laquelle n'est pas droite quand la largeur des marches n'est pas égale à chaque marche à leur bout embrevé au limon ; faites de même pour la ligne du dessous.

Pour tracer le gauche du champ du limon, élevez les points où les lignes du devant des marches auront coupé le dehors du limon au plan des lignes parallèles aux lignes d'aplomb ; tirez des points hauts et bas de la ligne d'aplomb du nez de la marche une petite ligne d'équerre à la ligne d'aplomb ; où cette ligne coupe la parallèle qui part du devant de la même marche, elle fixe le point par lequel doit passer la ligne de gauche.

Il est à remarquer que quand la ligne du devant de la marche se trouve d'équerre au limon, il n'y a pas de gauche ; c'est le plus ou moins d'oblique aux lignes du devant des marches qui donne plus ou moins de gauche sur le champ du limon.

Pour tracer le limon, fig. 4, vous ferez la même opération que pour celui précédent, fig. 3.

Pour tracer le noyau, divisez sa circonférence en autant de parties égales que de marche, ou posez-le sur le plan, et marquez au pourtour des points à toutes les lignes du devant des marches ; élevez de ces points des lignes parallèles et d'aplomb ; portez sur chacune de ces lignes, l'une après l'autre, la hauteur des marches, en montant à chaque ligne d'une hauteur.

La fig. 2 le représente en élévation, et la fig. 8 est le développement de la surface totale en hauteur et largeur, et fait voir la place de toutes les marches tracées.

La fig. 6 représente un autre genre de noyau formé d'autant de morceaux que de marches ; la marche couvre le dessus de chaque morceau, et est profilée jusqu'à la contre-marche de la marche supérieure. Ce genre est plus élégant ; la solidité est bonne étant retenue dans une cage dont le pourtour est solide.

La fig. 5 représente le plan des marches, et la fig. 7 représente une marche séparée des autres.

D'après ces détails, l'exécution est facile à concevoir.

Escalier à noyau évidé dans une cage carrée. — Planche 48.

Cet escalier est, comme le précédent, placé dans un angle dont les deux murs ou cloisons forment deux côtés de la figure du plan ; les autres côtés sont figurés fermés par des cloisons en menuiserie. La cage est carrée, à l'exception d'un angle en pan coupé. Les marches des deux côtés des murs sont retenues à scellement dans les murs, et celles sur les côtés des cloisons en menuiserie sont portées sur des crémaillères attachées aux cloisons.

La porte d'entrée de la cage est figurée A, et la porte d'arrivée est figurée B. Le cercle de la ligne du giron est divisé en seize marches; la première marche est figurée en lignes ponctuées; le nombre des marches est vingt-deux; et le palier, qui forme vingt-trois hauteurs de marches, ayant chacune 6 pouces (*seize centimètres*) monterait à 11 pieds 6 pouces (*trois mètres soixante-treize centimètres et demi*).

On peut continuer l'escalier pour monter aux étages supérieurs sans changer le plan, en diminuant ou augmentant un peu la hauteur des marches, d'après la hauteur de l'étage à monter.

Le limon circulaire peut se faire d'un seul morceau pour monter un étage, ayant du bois de la grosseur du cercle de sa figure au plan. Le cercle du limon figuré au plan est supposé avoir un pied (*trente-deux centimètres et demi*) de diamètre; alors il faudrait avoir une pièce de bois d'un pied (*trente-deux centimètres et demi*) de grosseur et de 11 pieds (*trois mètres cinquante-sept centimètres*) de hauteur. Étant arrondie comme le cercle du plan, on tracera les entailles des marches à son pourtour, comme le noyau de l'escalier en vis Saint-Gilles.

Il faudrait, pour faire l'évidement du dedans, percer un trou au milieu dans toute sa longueur : après avoir tracé les entailles des marches au pourtour, et tracé les lignes de la largeur du limon, il n'y aurait plus qu'à le découper avec une scie à main; on le ferait sortir en le tournant comme une vis. Par ce moyen on peut faire plusieurs limons dans le même morceau; mais ce moyen est long et difficile; surtout pour percer le trou au milieu dans sa longueur.

Pour le faire en plusieurs morceaux, le débillardement se fera en mettant le bois debout, et on le tracera de même que le noyau de l'escalier en vis Saint-Gilles, planche 47. Voyez le premier bout de limon élevé du plan fig. 1. La fig. 2 représente sa surface du côté des marches, développée. La fig. 5 représente la continuation du développement, composé de morceaux ayant chacun le quart du cercle du plan. La fig. 4 représente le profil des bouts de chaque morceau; et la fig. 3 représente l'élévation d'un morceau.

Par ce moyen on peut faire le limon comme d'une seule pièce, et avec beaucoup d'économie de bois.

On peut aussi, pour plus d'économie, faire les morceaux plus longs et en

prendre plusieurs bout à bout, comme il est figuré au-dessus des marches
18, 19, 20 et 21 du développement, fig. 5.

*Pour tracer les crémaillères, ce sont les mêmes opérations que pour les limons
ordinaires.*

*Escalier à deux limons cintrés formant le demi-cercle au plan, les limons
assemblés à coupes de pierre nommées coupes à crochet.* — Planche 49.

Pour tracer les détails d'exécution, tracez premièrement le plan, fig. 1,
comme vous le désirez : les lignes du devant des marches sont dirigées des
points de division de la ligne du giron vers le centre ; les lignes des contre-
marches sont parallèles aux devants des marches.

Le plan étant tracé, pour tracer les coupes des joints des limons, faites
un bout de développement du limon, à l'endroit où vous voulez mettre le
joint. Pour faire ce développement, prenez les distances des lignes du
devant de chaque marche sur la ligne du limon, comme les distances *a b
cd* du plan ; portez ces distances sur une ligne droite comme base, pour
fixer les points, tels que les points *abcd*, fig. 2 ; élevez de ces points des
lignes perpendiculaires à la base, et tracez le profil des marches et contre-
marches de la hauteur qui vous est donnée par la hauteur de la montée ;
tracez la largeur que vous voulez au limon, le développement sera terminé.

Tracez sur le développement la coupe à peu près d'équerre au rampant
du limon, en mettant le crochet que vous désirez, mais d'une coupe horizontale, comme le représente la fig. 2. Des extrémités des lignes de la
coupe, abaissez des lignes perpendiculaires sur la base ; elles fixeront les
points *b*, 2, 3, 4. Prenez ces distances *b*, 2, 3, 4, et portez-les sur la ligne
du limon au plan, pour fixer les points *b*, 2, 3, 4. Du point *4* tirez de
l'épaisseur du limon la ligne dirigée au centre ; le point *b* étant une ligne de
devant de marche, se trouve dirigé au centre. Tirez la ligne 2 parallèle à la
ligne *4*, et la ligne 3 parallèle à la ligne *b*. (*Cela est observé pour ne pas avoir
de gauche dans la coupe.*)

Si l'on veut plus de simplicité, on peut tendre les quatre lignes de la
coupe au centre ; cela n'empêcherait pas d'exécuter la coupe sans gauche.

La coupe étant tracée au plan, tirez la ligne de base *e 4* tangente à la
volute du limon, et qui touche au dernier point *4* de la coupe ; élevez perpendiculairement à cette base des lignes droites, des points où les lignes

du devant des marches auront coupé les deux lignes du limon, en dedans
et en dehors du cintre. Ces lignes étant élevées indéfinies en longueur,
tracez les marches, en tirant une ligne à la distance que vous voulez, parallèle à la base. De cette ligne, portez la hauteur d'une marche sur la
ligne de l'aplomb du nez de la marche première, de ce point de hauteur
tirez la ligne du dessus de la première marche parallèle à la base ; de cette
ligne du dessus de la première marche, portez une hauteur de marche sur
la ligne d'aplomb du nez de la deuxième marche, et tirez, de même qu'à
la première, la ligne du dessus de la deuxième marche parallèle à la base.
Faites de même pour les autres marches.

Les marches étant tracées sur le limon, prenez sur le développement, fig. 2,
la hauteur d'aplomb du nez d'une marche à la ligne de largeur du dessus du
limon ; portez cette hauteur à chaque nez de marche, pour faire passer
par ces points de hauteur la ligne du dessus du limon. Prenez de même
au développement sur la ligne d'aplomb la distance du nez d'une marche
au-dessous du limon ; portez cette distance à chaque nez de marche sur la
ligne d'aplomb, pour fixer des points par lesquels doit passer la ligne du
dessous du limon ; tirez de ces points du dessus et du dessous du limon des
petites lignes d'équerre aux lignes aplomb, jusqu'à leurs lignes de gauche :
ces lignes donnent les points pour faire passer les lignes de gauche du
champ du limon. Les lignes élevées des points de la coupe au plan donnent
des points pour diriger les lignes de la coupe sur le limon.

Le limon étant tracé, pour tracer le calibre rallongé, tirez une ligne
droite qui affranchisse le dessus du limon ; des points où cette ligne aura
coupé les lignes aplomb des nez des marches et de gauche, tirez des lignes
d'équerre à cette ligne droite ; prenez au plan les distances sur les lignes
perpendiculaires à la base (qui sont les lignes de nez des marches et les
lignes de gauche), de la base au limon ; et portez ces distances sur les lignes
d'équerre à la droite qui a affranchi le dessus du limon, et qui correspondent
avec les lignes au plan ; ces distances portées, vous ferez passer les deux
courbes par les points fixés ; ces deux courbes forment le calibre rallongé
du limon, et ne sont pas parallèles, quoique le limon soit égal d'épaisseur.
Les courbes sont elliptiques (1).

---

(1) Le principe pour tracer le calibre rallongé d'un limon cintré est fondé sur l'opération
géométrique des sections cylindriques ou coupes obliques des cylindres. Voyez le cylindre
coupé obliquement, fig. 1, pl. 6.

20

Pour mieux concevoir cette opération, voyez le limon du dedans élevé d'un seul morceau ; la ligne de base *mn* passe par le centre du demi-cercle du plan, pour que le calibre rallongé forme une demi-ellipse.

Élevez perpendiculairement à cette base la figure du limon comme le précédent. La figure du limon étant tracée, tirez la ligne droite *op* qui affranchisse le dessus du limon ; des points où les lignes d'aplomb des nez des marches et les lignes de gauche auront coupé la ligne *op*, élevez des lignes d'équerre à la ligne *op*. Prenez au plan la distance de la ligne de base au point 5 ; portez cette distance du point *o* pour fixer le point *q*, et du point *p* pour fixer le point *r*, tirez la ligne droite *qr*, elle sera parallèle à la ligne *op*, et servira de base pour porter les distances des points de passage des deux courbes elliptiques du calibre rallongé. Prenez au plan la distance de la base *mn* au point 1 ; portez cette distance de la ligne *qr* pour fixer le point 1 du calibre rallongé. Prenez la distance du point 6 à la base *mn* ; portez cette distance de la base *qr* pour fixer le point 6 ; prenez de même la distance du point 2 à la base *mn* ; portez cette distance de la base *qr* pour fixer le point 2. De même pour le point 7, sa distance à la base *mn* sera portée de la base *qr* pour fixer le point 7 du calibre ; continuez de même pour les autres points ; faites passer une ligne par les points *q*, 1, 2, 3, 4, 5 et suivants ; de même faites passer une ligne par les points 6, 7, 8, 9, 10 et suivants ; ces deux lignes forment le calibre rallongé du limon, et forment chacune une demi-ellipse, dont les lignes de circonférence ne sont pas parallèles quoiqu'elles représentent le champ du limon qui est égal de large en plan.

En tirant des lignes du point de centre (milieu de la base *qr*) aux points 1, 2, 3, 4 et 5, elles passeront par les points 6, 7, 8, 9 et 10, et représentent les lignes rayonnantes des marches au plan.

Cette opération prouve que le calibre rallongé d'un limon d'escalier formant un cercle ou portion de cercle en plan, ne peut pas être tracé avec un compas ; il n'y a que le compas elliptique qui peut tracer les courbes d'un calibre rallongé d'un limon circulaire.

Pour tracer la pièce de bois destinée à faire le limon, voyez la fig. 3, elle représente la pièce de bois tracée pour faire le premier limon vue sur deux côtés. La teinte foncée est le côté du dessus sur lequel est tracé le calibre rallongé ; la teinte claire est le côté sur lequel on trace les lignes obliques qui représentent les lignes aplomb du nez des marches et les lignes de gauche. On trace dessus et dessous à l'extrémité des lignes obliques des lignes d'équerre ; sur ces lignes, on porte les distances que l'on prend au plan pour fixer des points de passage pour les courbes du calibre comme au calibre, fig. 4; les deux pareils calibres rallongés doivent être tracés sur les deux côtés opposés du bois, dessus et dessous, suivant les lignes obliques.

La fig. 3 représente le calibre tracé sur le côté du dessus en lignes pleines, et celui tracé sur le côté du dessous en lignes ponctuées.

La pièce de bois étant tracée, il faut pour la débiter tenir la scie inclinée dans la même direction que les lignes obliques.

Pour tracer ces lignes obliques sur la pièce de bois, on place la fausse-équerre sur le limon élevé, suivant les lignes aplomb du nez des marches et la ligne droite qui affranchit le dessus du limon.

Lorsque la pièce de bois n'est pas corroyée, on ne peut pas mettre la fausse-équerre sur l'angle qui souvent est arrondi ou flacheux. Alors on trace une ligne droite au milieu de la pièce de bois parallèle aux côtés ; cette ligne remplace l'angle pour mettre la fausse-équerre, afin de tracer les lignes obliques de la pente commandée par le rampant du limon.

Quand on peut mettre la pièce de bois sur la figure du limon, on n'a pas besoin de fausse-équerre ; il n'y a que d'élever les lignes perpendiculaires dessus et dessous.

Pour tracer le calibre sur les deux côtés de la pièce de bois ; si elle est brute, il faut tracer au milieu une ligne droite comme pour la refendre en deux morceaux : alors on trace sur le plan une ligne parallèle à la base qui a servi à élever la figure du limon, dans la même position que celle sur la pièce de bois. Les distances pour tracer le calibre se prennent à partir de cette nouvelle ligne, et se portent sur la pièce de bois à partir de la ligne droite du milieu.

Par ce moyen, on peut employer des pièces de bois courbes, elles sont même préférables aux droites ; elles donnent plus de largeur pour le cintre, et le bois se trouve un peu moins tranché.

Lorsque le limon est débillardé à la scie, on le corroie ; ensuite on trace sur la face corroyée les lignes des aplombs de chaque nez de marche, et on trace le dessus de chaque marche d'équerre à ces lignes aplomb ; on trace de même les entailles d'embrèvements des contre-marches. Après on débillarde les champs des limons, d'après les lignes tracées au-dessus et au-dessous des nez des marches.

Escalier à deux limons, sur un plan ovale. — Planche 50.

Pour tracer le plan de cet escalier, tracez comme vous le désirez la figure des deux limons, mais parallèles, et la ligne du giron au milieu de l'emmarchement. Divisez les marches en parties égales sur le pourtour du petit limon, et de même en parties égales sur le grand limon; tirez les lignes du devant des marches d'un des points de [division du grand limon à un des points de division du petit limon : elles se trouvent égales sur la ligne du giron, et n'ont pas de point de centre pour direction.

Étant égales de largeur sur chacun des limons, le rampant des limons est plus régulier.

Tirez, de même qu'aux autres plans d'escaliers, les deux lignes de la contre-marche parallèles à la ligne du devant de la marche, en observant de conserver la même saillie à toutes les marches.

Le plan étant tracé, faites un bout de développement du grand limon, fig. 1, et un bout de développement du petit limon, fig. 2; tracez sur les deux figures les coupes comme vous le désirez; abaissez des extrémités des lignes des coupes des lignes perpendiculairement sur la base. Prenez la largeur que la coupe prend sur la base, et portez cette largeur sur le limon au plan, à l'endroit où vous voulez mettre la coupe.

Les coupes étant tracées au plan, tirez les lignes de base pour élever les figures des limons, dont chacune comprend toute la largeur de la coupe : alors les lignes de base de chaque limon se croisent à leurs extrémités.

Les bases étant tracées, élevez sur chacune d'elles la figure du limon, en employant les mêmes opérations que pour les limons de l'escalier en demi-cercle, planche 49.

Le limon A du dedans ne pouvant pas être figuré dans le plan, est reporté fig. 3. Les distances de chaque ligne perpendiculaire sur la base A au plan sont portées sur la base reportée A, fig. 3. Vous ferez de même pour les autres parties du petit limon.

Pour l'exécution de cet escalier, le débillardement des limons se fera d'après les moyens indiqués à l'escalier précédent, lesquels moyens sont applicables à tous les limons d'escaliers cintrés en courbes régulières ou irrégulières.

Escalier à deux limons formant le fer à cheval en plan. — Planche 51.

Cet escalier ne diffère des deux précédents que par la figure de son plan ; mais comme il est moins régulier, le dansement des marches exige une opération exprès ; et pour faire les limons, conservant chacun leur largeur égale dans toute leur longueur, il faut faire le développement de chacun entièrement. Comme les marches sont semblables d'un côté à l'autre, le développement n'est nécessaire que jusqu'au milieu.

La fig. 2 représente le développement du grand limon, et la fig. 3 celui du petit limon. La largeur du limon étant égale, il se trouve plus de hauteur, sur les lignes aplomb du nez des marches, dans des endroits que dans d'autres : alors, pour tracer la figure du limon élevé du plan, il faut prendre sur le développement, à chaque marche, la hauteur du nez de la marche, à la ligne de largeur du limon, dessus et dessous, pour les porter sur la ligne aplomb du nez de marche au limon que l'on élève, pour tracer les lignes de largeur.

Pour tracer l'opération du dansement des marches : la division des marches étant faite en parties égales sur la ligne du giron, tirez les deux lignes de la marche du milieu 7, tendues au centre ; tirez la ligne du devant de la marche 2 d'équerre aux limons, comptez combien vous avez de marches à faire danser, depuis la marche 2 jusqu'à la marche 7 : le nombre est six, en comprenant la deuxième et la septième. Tirez où vous voulez la ligne droite ab, fig. 1 ; portez sur cette ligne autant de points à distances égales que vous avez de marches à faire danser ; la distance des points est à volonté. Tirez de chaque point une ligne d'équerre à la ligne ab ; le nombre six étant un nombre pair, tirez la ligne c au milieu de la longueur et d'équerre à la ligne ab ; divisez le pourtour du petit limon en six parties égales, depuis le point b jusqu'au point 2 ; portez cette distance sur la ligne c, fig. 1, pour fixer le point c ; ensuite prenez la distance au plan du point 7 au point b (qui est la largeur de la marche du milieu 7, sur le petit limon) ; portez cette distance, fig. 1, du point b pour fixer le point 7 ; tirez une ligne droite du point 7 au point c de la ligne du milieu : cette ligne fixera les points 6, 5, 4, 3 et 2. Prenez la distance du point 6 à la ligne ab, fig. 1 ; portez cette distance sur le pourtour du petit limon au plan, du point 7, pour fixer le point 6 ; tirez, du point 6 au point de division sur la ligne du giron, une ligne droite, qui sera le devant de la marche 6 au plan ; ensuite prenez, fig. 1, la distance du point 5 à la ligne *a b;* portez cette distance, du point 6 pour fixer le point 5, sur le pourtour du petit limon au plan ; tirez du point 5 une ligne droite au point de la ligne du giron : cette ligne sera le devant de la marche 5.

Prenez de même, fig. 1., les distances des points 4 et 3, pour fixer les points 4 et 3 au pourtour du petit limon au plan ; tirez de ces points les lignes du devant des marches 4 et 3, passant par les points de division de la ligne du giron : la ligne du devant des marches étant tracée, l'opération est terminée.

Pour tracer les autres marches, il n'y a qu'à copier les mesures de celles tracées : la marche huitième est pareille à la marche sixième, la marche neuvième est pareille à la marche cinquième, la dixième pareille à la quatrième, la onzième pareille à la troisième, et la douzième pareille à la deuxième.

Par le moyen de cette opération, la largeur des marches sur le petit limon augmente proportionnellement de la marche septième à la deuxième ; cela rend le rampant du limon plus régulier : le développement en donne la preuve.

Le plan étant terminé, vous tracerez les coupes sur les deux développements, et vous prendrez leur largeur sur la ligne horizontale, pour la porter au plan ; après vous tracerez les lignes de base pour élever les limons, comme aux deux escaliers précédents.

Le limon A est reporté fig. 4. Les distances des lignes des nez des marches et des gauches sur la ligne de base A au plan, sont portées sur la ligne A, fig. 4, pour tracer la figure du limon.

Les moyens d'exécution et le débillardement des limons sont indiqués à l'escalier cintré, planche 49.

Escalier à un limon formant le briquet en plan. — Planche 52.

C'est la cage de cet escalier qui commande la figure de la courbure du limon en plan : les deux côtés sont droits et parallèles ; les deux bouts sont cintrés en demi-cercle.

Cette figure du limon en forme de briquet est tracée au milieu de la cage ; le palier a pour largeur l'emmanchement de l'escalier, lequel est égal au pourtour.

Pour tracer les marches au plan et les faire danser proportionnellement, vous ferez l'opération du trapèze, fig. 1, comme à l'escalier en fer à cheval précédent : les deux premières marches sont égales de largeur ; le dansement ne commence qu'à la troisième marche, jusqu'à la marche onzième du milieu ; le même dansement continue de la marche douzième jusqu'à la marche dix-neuvième.

Le limon n'est pas figuré égal de largeur dans toute sa longueur; seulement la largeur est égale au nez des marches et au derrière des contre-marches ; la hauteur du limon, prise sur les lignes aplomb du nez des marches, varie à chaque marche : alors il faut prendre les hauteurs sur le développement, du nez des marches, à la ligne du dessus et à celle du dessous, pour les porter au limon que l'on élève sur les lignes aplomb des nez des marches, pour fixer les lignes de largeur du limon.

La partie du développement distinguée par une teinte est la figure du limon des marches 15 à 20. Ce limon étant dans une partie droite du plan, il n'a pas besoin de débillardement.

Les coupes sont tracées sur le développement, afin de prendre leur largeur pour la porter au plan, de même qu'aux escaliers précédents, comme il a été dit à l'escalier planche 49 pour les coupes à crochet et pour tracer les limons avec leur calibre rallongé.

Le développement est figuré suivant son cours rampant, sans interruption au palier, pour la continuation de l'escalier aux étages supérieurs, lequel peut être fait sur le même plan ; si la différence de hauteur des étages n'est pas trop forte, il n'y aura que la hauteur des marches qui augmentera ou diminuera, selon que l'étage sera plus ou moins haut.

Les moyens d'exécution et le débillardement des limons sont indiqués à l'escalier planche 49.

Escalier à marches massives contre-profilées par les bouts sur un plan circulaire.
— Planche 53.

Cet escalier ayant ses marches massives contre-profilées par les bouts et débillardées dessous, formant le plafond, est connu sous le nom d'escalier anglais. Les marches sont jointes ensemble à coupes de pierres, d'équerre au rampant du plafond à l'aplomb de la ligne du giron, sans gauche dans la longueur des marches, et sont retenues par un boulon en fer qui les traverse dans une direction parallèle au rampant du plafond, comme le représente le développement pris sur la ligne du giron, fig. 1.

Un boulon traverse deux marches, dont on serre le joint par le moyen des écrous à chaque bout du boulon ; car la solidité dépend de la pression du joint.

Ce genre d'escalier est assez élégant, et plaît par sa légèreté. Sa solidité est bonne, ayant ses marches scellées d'un bout dans un mur ; mais pour des escaliers isolés, comme celui représenté sur cette planche 53, malgré les soins que l'on peut mettre dans leur construction, ils sont toujours un peu flexibles : il faudrait, pour les conserver fermes, employer du bois bien sec ; c'est ce qu'on ne trouve pas facilement dans de gros morceaux.

Pour remédier à cet inconvénient, on a perfectionné la manière de les construire, laquelle, sans changer leur figure, les rend plus solides, par le moyen de porter les marches par des crémaillères. C'est ce que l'on verra par les escaliers figurés sur les planches suivantes.

Pour exécuter cet escalier à marches massives, tracez le plan comme vous le désirez, en dirigeant les lignes qui forment les devants des contremarches au centre (pour que les angles des contre-profils ne soient pas trop aigus), ayant soin de mettre la saillie du profil de la moulure des marches égale sur le devant et les bouts des marches, et la même saillie aux petits contre-profils, à partir de l'aplomb des contremarches.

Lorsque le plan sera tracé, prenez la distance sur la ligne du giron, d'une ligne de marche à l'autre portez cette distance sur la ligne de base, fig. 1, pour tracer le développement de plusieurs marches ; figurez les marches de la hauteur voulue ; portez à chaque marche, sur la ligne du dessus, la saillie du profil, à partir de la ligne de la contre-marche supérieure, pour fixer la largeur de la coupe horizontale ; tirez de ces points une ligne comme est la ligne ponctuée oblique, et de cette ligne tirez des lignes d'équerre à chaque point ; portez sur chacune de ces lignes la largeur que vous voulez à la face oblique de la coupe, et tirez la ligne du dessous parallèle à la ligne ponctuée : elle figure le rampant du plafond sur la ligne du giron. Prenez sur la ligne horizontale, fig. 1, la distance du point b, aplomb du profil, au point a, extrémité de la ligne oblique de la coupe ; portez cette distance au plan, de la ligne d'une marche, point b, pour fixer le point a ; tirez du point a une ligne parallèle à la ligne b, du devant de la marche : cette ligne a, avec la ligne du devant de la marche 9, forme la figure du calibre pour tracer le dessus des marches.

L'épaisseur du bois pour faire les marches doit être de la ligne ba à la ligne du dessus c, fig. 1.

La fig. 4 représente la marche vue du bout etroit; la fig. 5 la représente vue dessus, et la fig. 6, vue du côté du plafond.

La fig. 3 est le bout étroit des marches en développement.

La fig. 2 est le bout large, de même en développement.

La fig. 7 est le calibre pour tracer le dessus des marches, pareil à celui figuré au plan, marche 9.

La fig. 8 représente l'escalier en élévation géométrale.

L'exécution de cet escalier se conçoit facilement d'après les détails figurés.

Escalier à crémaillères en quartier tournant. — Planche 54.

Lorsque l'on trace le plan d'un escalier à crémaillères, on divise, comme aux autres escaliers, les marches en parties égales sur la ligne du giron. Les lignes du devant des contre-marches, dans les parties cintrées, sont dirigées vers le centre, préférablement aux lignes de la saillie de la moulure de la marche, pour que les angles des contre-profils en retour ne soient pas si aigus. Alors les lignes du devant des marches et les lignes du derrière des contre-marches sont parallèles à la ligne du devant des contre-marches.

Les crémaillères sont figurées au plan, comme les limons, de l'épaisseur que l'on veut. Les contre-marches sont d'onglet fausse coupe avec les crémaillères. Les bouts des marches sont en saillie, au dehors des crémaillères, comme devant, du profil de la moulure.

Le plan figuré, planche 54, commence par un quart de cercle, continué par une partie droite; les marches dansent, depuis la deuxième jusqu'à la neuvième. L'opération du trapèze, fig. 5, pour le dansement proportionnel des marches, est la même que pour les escaliers précédents en fer à cheval et en briquet, planches 51 et 52. Le devant des contre-marches 2 et 3 est dirigé vers le centre; la distance sur la petite crémaillère b 2 a fixé la longueur de la première ligne b 2, fig. 5; la longueur de la moyenne, c, est fixée par la distance d'un point de division à l'autre, de la division en huit parties égales, faite sur la ligne extérieure de la crémaillère, du point b au point 10. Le point c de la moyenne étant fixé, la ligne oblique du point 2 au point c fixe la largeur de chaque marche par

21

la longueur de chaque ligne d'équerre qu'elle détermine. Alors la largeur de la marche 3 sur la petite crémaillère, du devant de sa contre-marche à celle de la marche 4, est commandée par la longueur de la ligne d'équerre 3, fig. 5 ; et les autres suivantes commandent chacune la distance d'un devant de contre-marche à l'autre, sur la ligne extérieure de la petite crémaillère.

Le plan de l'escalier étant tracé, faites le développement de deux ou trois marches, en prenant leur largeur à l'endroit où vous voulez tracer la coupe, tels que le développement de la grande crémaillère, fig. 1, et celui de la petite crémaillère, fig. 3. Tracez sur le développement la figure de la coupe, en lui donnant la pente que vous voulez, plus que d'équerre au rampant de la grande crémaillère, et un peu moins que d'équerre au rampant de la petite crémaillère. Pour les régulariser, on peut les tracer d'une même pente, et donner à cette pente 45 degrés ; alors, avec une équerre-onglet, on peut la tracer, soit en posant le talon de l'équerre sur la ligne horizontale de la marche, ou sur la ligne aplomb de la contre-marche.

La coupe étant tracée sur le développement, prenez horizontalement la distance de la ligne d'aplomb du contre-profil à la ligne de la coupe ; portez cette distance au plan sur la crémaillère, à partir de la ligne du contre-profil ; de ces points, tirez, dans l'épaisseur de la crémaillère, les lignes des coupes dans la direction des contre-marches.

Pour élever une crémaillère, tirez une ligne de base qui affranchisse la dernière ligne de la coupe ; sur cette base tirez des lignes perpendiculaires des points où le devant des contre-marches aura coupé les deux lignes de la crémaillère ; ces lignes étant élevées, vous figurez la crémaillère comme un limon, en portant la hauteur d'une marche à chaque dent de la crémaillère.

Après que la figure de la crémaillère sera tracée, tirez une ligne droite qui affranchisse toutes les dents, pour, sur cette ligne, tirer les lignes d'équerre pour tracer le calibre rallongé, comme il a été dit aux limons, pl. 49.

Les crémaillères de cet escalier et des suivants sont figurées renforcées aux entailles des dents, en conservant le bois de l'épaisseur des marches parallèle au rampant ; par ce moyen, on est obligé de faire une entaille aux marches dessous, comme le représente la marche, fig. 2, vue dessous. Ce peu de bois conservé à chaque entaille des dents des crémaillères leur donne beaucoup de force, et l'entaille faite à la marche retient leur écartement; ce renforcé est essentiel pour la solidité.

La petite crémaillère A est reportée fig. 4; les distances des lignes perpendiculaires sur la base A au plan sont portées sur la base A, fig. 4, pour fixer les distances des lignes perpendiculaires qui forment la largeur de chaque dent de la crémaillère. Le reste se fait comme aux autres crémaillères.

Les moyens d'exécution et débillardement des crémaillères sont indiqués à l'escalier à limons cintrés, pl. 49, lesquels moyens sont généraux pour les limons et les crémaillères.

Escalier à consoles formant crémaillères. — Planche 55.

Ce genre d'escalier est plus élégant que les précédents, mais ne convient qu'à des petits escaliers destinés à être exposés à la vue, comme les escaliers que l'on construit isolés dans une boutique pour monter au premier étage. Étant fait d'une forme circulaire, comme le représente la pl. 55, il occupe très-peu de place, et est même un objet d'ornement de la boutique ou salle dans laquelle il est placé. Ses consoles, contre-marches et marches sont vues derrière comme devant, et sont corroyées à double parement. La moulure de la marche est poussée au pourtour; les contre-marches sont à fausses coupes d'onglet avec les consoles; les lignes du devant et du derrière des contre-marches sont dirigées au centre du plan, pour donner plus d'épaisseur à la contre-marche au bout du grand cercle; ce qui est essentiel pour la solidité.

Cette manière occasionne un peu de déchet dans le bois et un peu plus de main-d'œuvre. Pour éviter la perte du bois, on peut, pour des petits escaliers de trois pieds et demi à quatre ou cinq pieds (*un mètre quatorze centimètres à un mètre soixante-deux centimètres*) de diamètre, faire les contre-marches dans du bois de deux pouces à deux pouces et demi (*cinquante-quatre à soixante-huit millimètre*) d'épaisseur (*doublette*), et les refendre obliques sur le champ : par ce moyen on en tire deux dans l'épaisseur, tête à pointe.

Pour exécuter cet escalier, tracez le plan comme celui d'un escalier à crémaillères, portez la même largeur pour la saillie de la moulure de la marche, devant et derrière la contre-marche, et des deux bouts au dehors des crémaillères formées par les consoles. Le plan étant tracé, faites un développement de deux ou trois marches, comme le représente la fig. 3, pour les consoles du grand cercle. Pour tracer ce développement, prenez la distance, sur le cercle du dehors des consoles au plan, d'un angle à l'autre, du devant des contre-marches; portez cette distance pour fixer la largeur de chaque marche au développement; figurez aussi sur le développement l'épaisseur des contre-marches (*le bout de la console doit être à l'aplomb du derrière de la contre-marche*).

La console étant commandée en longueur par les lignes du devant et du derrière des contre-marches qui se suivent, et commandée en hauteur par la hauteur des marches, moins une épaisseur de marche, tracez son profil de la tournure que vous voulez. Le chantournement de la console étant tracé, tracez le cintre sur l'épaisseur pareil au cintre du plan.

Le cintre figuré au-dessus du développement, fig. 3, représente la console sur le champ; ce cintre est tracé avec les deux ouvertures de compas qui ont tracé les deux lignes des consoles au plan.

Au même développement, fig. 3, sont figurées les vis qui assemblent les consoles, en traversant l'épaisseur d'une marche; c'est de ces vis que dépend la solidité.

Pour les consoles du petit bout des marches, faites les mêmes opérations en prenant les distances sur le petit cercle du plan, voyez le développement, fig. 4, et le profil du bout de la console au-dessus représentant le cintre en plan.

La fig. 5 représente une marche vue dessous.

La fig. 2 représente plusieurs marches avec la rampe en fer.

La fig. 1 est la figure en élévation géométrale de l'escalier.

Les fig. 6 et 7 représentent un autre genre de consoles pour le petit cercle et ·~· ·   .: grand. Ce genre est plus solide que le premier; mais il faut plus de bois et plus de main-d'œuvre pour l'exécuter.

Les figures font voir le bois qu'il faut pour chacune des consoles, par le calibre du cintre figuré au-dessus des consoles.

Escalier à crémaillères construites en goussets. — Planche 56.

Cet escalier diffère du précédent par la forme de ses goussets, ses contre-marches et ses marches; les goussets forment crémaillère dont la ligne du rampant est directe, les contre-marches sont égales d'épaisseur dans leur longueur; les marches n'ont pas de moulure derrière, joignent contre le devant des contre-marches, et sont préparées à recevoir un plafond en bois ou en plâtre.

Pour l'exécuter, vous tracerez le plan comme d'un autre escalier à crémaillères; vous figurerez un développement de deux ou trois marches de la crémaillère du dedans et de celle du dehors du cintre en plan; sur la figure du développement, vous tracerez la coupe du joint comme vous la désirez.

La fig. 1 représente la crémaillère du petit cercle par goussets joints à coupe de pierres, avec le profil du cintre au-dessus, qui est le même cintre que celui du plan. (*Le fil du bois est d'aplomb.*) La figure du cintre est le profil du gousset à bois debout. On peut, pour abréger la main-d'œuvre, en faire une longueur quelconque suivant le profil, et prendre dans la longueur plusieurs goussets.

La figure 5 représente la crémaillère du grand cercle par goussets joints du même genre de coupe; mais pour cette crémaillère, comme son rampant ou pente n'est pas aussi rapide que celle du petit cercle, il faudrait un boulon à chaque joint. *Le fil du bois de ces goussets est horizontal.* La fig. 10 représente un de ces goussets élevé du plan.

La fig. 6 représente la crémaillère du grand cercle par goussets ayant la coupe des joints horizontale, comme le fil du bois au-dessus de chaque marche, assemblés ensemble par une clef à chaque joint, lesquels doivent être collés. La fig. 9 est un des goussets élevés du plan.

La fig. 2 représente la crémaillère du petit cercle par goussets, dont la coupe des joints est d'aplomb, comme le fil du bois, assemblés ensemble par une clef à chaque joint et collés. Le profil du bois debout est figuré au-dessous du même cintre sur la crémaillère du petit cercle au plan.

Les fig. 3 et 4 représentent la même crémaillère du petit cercle par goussets, le fil du bois d'aplomb, la première ayant la coupe des joints d'aplomb et l'autre horizontale, mais sans renforcé à l'entaille des dents de la crémaillère.

La fig. 8 représente la crémaillère du grand cercle par goussets, le fil du bois et le joint horizontal, et le calibre du cintre sur le champ figuré au-dessus.

La fig. 7, le fil du bois des goussets est d'aplomb, ils sont assemblés ensemble par une clef à chaque joint et collés; les joints au milieu de la largeur de la marche pour plus de solidité; mais, comme le fil du bois est debout, cette crémaillère a besoin pour être solide d'être garnie d'une plate-bande en fer sur le champ du rampant.

Les fig. 11 et 12 représentent une marche vue dessus et vue dessous; on voit les entailles faites dessous pour le bois du renforcé de la crémaillère : l'exécution se conçoit facilement d'après les détails figurés.

Escalier à deux crémaillères formant (l'S) au plan. — Planche 57.

La ligne du giron au plan de cet escalier est formée par deux arcs semblables, formant chacun un quart de cercle. Les lignes des crémaillères et des bouts des marches sont tracées sur les mêmes points de centre de la ligne du giron. Les marches sont, comme aux escaliers précédents, divisées en parties égales sur la ligne du giron. Les devants des contre-marches dansent proportionnellement, d'après l'opération du trapèze, fig. 1, comme il a été dit à l'escalier en fer à cheval, planche 51. Le devant de la contre-marche 2 et de celle 3 sont dirigés au centre; la distance d'un onglet d'une contre-marche à l'autre contre-marche donne la longueur de la première ligne 2, fig. 1, et la distance d'une contre-marche à l'autre prise sur la ligne du giron donne la longueur de la ligne moyenne 8, fig. 1. Le point 2 et le point 8 commandent la direction de la ligne oblique qui détermine la longueur de chacune des lignes d'équerre dont leurs longueurs donnent chacune la distance d'une contre-marche à l'autre sur la ligne extérieure de la crémaillère. *La distance des contre-marches sur la ligne du giron a commandé la longueur de la moyenne; c'est parce que le plan est composé de deux courbures semblables; autrement il faudrait diviser la ligne extérieure de la crémaillère en autant de parties égales comme de marches pour avoir la longueur de la moyenne.* Le reste du plan se trace comme les précédents.

Après que le plan est tracé, figurez un bout de développement de la crémaillère prise à la marche où vous voulez fixer la coupe; tracez sur la figure du développement la coupe comme vous la désirez, et prenez sa largeur horizontale pour la porter au plan; tracez les lignes des coupes dans la direction de la marche où elle est fixée. Après que les coupes seront tracées au plan, tirez les lignes de base de chaque crémaillère sur lesquelles vous élèverez les perpendiculaires pour figurer la crémaillère en élévation, comme celles de l'escalier, planche 54. La planche indique le reste des détails.

Pour l'exécution et débillardement des crémaillères, voyez les moyens indiqués à l'escalier à limons cintrés, planche 49.

Escalier à crémaillères à jour ovale dans une cage octogonale. — Planche 58.

Le jour du milieu de cet escalier forme une ellipse en plan. Les murs du pourtour de la cage forment un octogone allongé. La figure de la crémaillère est tracée au milieu de la cage, en laissant à son pourtour la même distance à chacune des faces de la cage, pour que l'emmarchement des marches soit égal au pourtour. Cet escalier peut servir à plusieurs étages, le palier forme la vingt-cinquième marche, lesquelles supposées à six pouces (*seize centimètres*) de hauteur monteraient à 12 pieds 6 pouces (*quatre mètres*) chaque tour (ou *révolution*).

Le plan se trace comme celui de l'escalier à limon ovale en plan. Les marches sont divisées en parties égales sur la ligne du giron et sur la ligne de l'extérieur de la crémaillère; ce sont les points de ces deux divisions qui commandent la direction de chacune des lignes du devant des marches.

Pour l'exécution, vous ferez, comme aux autres escaliers précédents, un bout de développement B de la crémaillère, pour tracer la figure de la coupe, afin de prendre sa largeur horizontale et la porter sur la ligne de la crémaillère au plan; tirez de la dernière ligne de la coupe au plan la ligne de base pour élever perpendiculairement la figure de la crémaillère.

La planche représente la crémaillère en trois morceaux formant le pourtour, dont la première élevée sur sa base est vue en parement, et la seconde de même élevée sur sa base et vue hors parement. La troisième, qui est celle qui porte le palier, est reportée A; elle est la plus courte et la plus courbée.

On peut faire autant d'étages que l'on veut sur le même plan, comme il a été dit à l'escalier à limon en briquet, planche 52.

Les moyens d'exécution et débillardement des crémaillères sont indiqués à l'escalier à limons cintrés, planche 49.

Escalier à deux crémaillères à jour rond. — Planche 59.

Le plan de cet escalier forme (l'S), depuis la première jusqu'à la sixième marche; le reste est circulaire. La sixième marche et les suivantes sont toutes pareilles. Les marches dansent depuis la deuxième jusqu'à la sixième, dont le devant de sa contre-marche et le devant de la contre-marche de la septième marche sont tendues au centre, ainsi que les suivantes. La distance de la contre-marche 6 à la contre-marche 7, prise sur la ligne extérieure de la crémaillère du dedans, est portée au trapèze, fig. 3, pour fixer la longueur de la ligne 6. La longueur de la moyenne 4 est donnée par la division en 5 parties égales, faites sur la ligne extérieure de la crémaillère du dedans, depuis l'onglet de la contre-marche 7, jusqu'à l'onglet de la contre-marche 2. La longueur de la ligne 6 et celle de la moyenne 4 commandent la ligne oblique qui détermine la longueur des autres lignes, lesquelles chacune d'elles commandent la distance d'une contre-marche à l'autre sur la ligne extérieure de la crémaillère du dedans. De ces points de distance fixés pour les contre-marches aux points de division de la ligne du giron, tirez les lignes du devant de chacune des contre-marches. L'épaisseur de la contre-marche et la saillie du profil sont parallèles à la ligne du devant de la contre-marche comme aux escaliers précédents.

Le plan étant tracé, figurez le développement de chaque crémaillère, fig. 1 et 2, depuis la première marche jusqu'à la huitième ou neuvième; les suivantes étant dans la partie circulaire sont toutes pareilles et n'ont pas besoin de développement.

La crémaillère du dedans est figurée au développement, fig. 1, construite par goussets joints ensemble avec clef dans les joints et collés, depuis le bas jusqu'à la cinquième marche; le reste est en goussets à coupes de pierre. La crémaillère du dehors est débillardée. Pour les tracer, voyez les détails indiqués aux limons, planche 49, et aux crémaillères, planche 54.

La crémaillère, élevée fig. 4, fait voir la manière d'obtenir plusieurs crémaillères dans la même pièce de bois. Dans les escaliers circulaires, les marches sont pareilles, et les parties de la crémaillère sont pareilles dans toute la hauteur; alors, si la pièce de bois est assez épaisse, on peut prendre deux crémaillères l'une sur l'autre, comme la figure le représente; il faudrait pour une seule 9 pouces (*vingt-cinq centimètres*) d'épaisseur à la pièce de bois, et pour deux il ne faut que 12 pouces (*trente-deux centimètres $\frac{1}{2}$*) d'épaisseur. On voit clairement que ce moyen économise le bois; mais les coupes ne pourraient pas être au derrière du profil des marches, on les mettrait au milieu d'une marche comme la coupe A, fig. 2.

Sur la largeur du bois dans le creux du calibre rallongé, on peut aussi en prendre plusieurs. La figure en représente trois, prises à côté l'une de l'autre : la plus grande a cinq marches, la suivante en a quatre, et l'autre trois ; elles forment ensemble douze marches, et, en en prenant deux sur la hauteur, formeraient vingt-quatre marches. Ainsi la pièce de bois figurée de douze pouces (*trente-deux centimètres* $\frac{1}{2}$) d'épaisseur sur seize pouces (*quarante-trois centimètres*) de largeur et cinq pieds six pouces (*un mètre soixante-dix-neuf centimètres*) de longueur ; on peut, par ce moyen, tirer d'elle les crémaillères pour vingt-quatre marches d'escalier circulaire, de quatre pieds quatre pouces (*un mètre quarante et un centimètres*) de diamètre.

Pour tracer les calibres rallongés à côté l'un de l'autre, on se sert des mêmes lignes qui ont servi au premier, en portant sur les lignes d'équerre la même distance à chaque point du calibre tracé.

Cette manière de prendre plusieurs crémaillères à côté l'une de l'autre peut être employée aux limons des escaliers circulaires.

Voyez, pour le débillardement des crémaillères, les moyens indiqués à l'escalier à limons cintrés, pl. 49.

Escalier à crémaillères en spirale, conique, ou entonnoir renversé. —Planche 60.

Le plan de cet escalier présente plus de difficulté que les plans des escaliers précédents ; pour le tracer, tirez à volonté la ligne de base au milieu du plan *ead ;* élevez du point *a,* milieu de cette base, une ligne perpendiculaire de la hauteur que vous voulez à l'escalier. La hauteur étant fixée au point *b,* divisez cette hauteur du point *b* au point *a* en autant de parties égales que vous voulez mettre de marches à l'escalier, tirez de chacun des points de division une ligne horizontale parallèle à la base ; portez sur la base de chaque côté du point milieu *a,* la largeur que vous voulez au cône sur la base pour fixer les points *e* et *d ;* tirez des deux points *e* et *d* deux lignes droites au point du sommet *b,* ces deux lignes forment les côtés du cône. Portez du point *c* au point *f,* sur la ligne 14, la moitié de la longueur de l'emmarchement des marches, et la même longueur du point *c* au point *g* sur la base. Tirez une ligne droite du point *g* au point *f,* elle est parallèle au côté du cône. Des points où cette ligne *gf* a coupé les

22

lignes horizontales, abaissez des lignes perpendiculaires sur la base du plan.

Ensuite, pour tracer la ligne du giron, mettez la pointe du compas sur le point *a* de la base, et de chaque ligne abaissée de la ligne *f g* décrivez des cercles concentriques; cherchez une ouverture de compas pour faire la division des marches; de laquelle en mettant la pointe du compas sur la ligne de base au point du grand cercle *g*, et poser l'autre pointe sur la ligne du second cercle, et en changeant la pointe de ligne du second cercle à la ligne du troisième cercle, et ainsi de même au pourtour, pour arriver sur la ligne de base au point du plus petit cercle, en changeant de ligne de cercle à chaque distance. Ces points de division étant fixés, faites passer une ligne courbe par ces points, elle sera la ligne du giron. Tirez de ces mêmes points des lignes dirigées vers le centre *a*, elles formeront le devant de chaque contre-marche; tirez les lignes du devant des marches parallèles aux lignes du devant des contre-marches, à la distance de la saillie du profil; portez sur chacune des lignes des devants des marches la moitié de la longueur de l'emmarchement, de chaque côté de la ligne du giron, pour fixer les points de la longueur de chaque marche; faites passer par ces points deux lignes courbes, elles seront parallèles à la ligne du giron, et détermineront la figure des marches au plan.

Tracez les deux crémaillères parallèles à ces deux courbes du dehors des marches, en observant la saillie du profil des deux bouts des marches. Les crémaillères ont leur épaisseur égale.

Le plan étant tracé, le reste se trace comme aux autres escaliers à crémaillères précédents : vous tracerez un bout de développement de chacune des deux crémaillères, fig. 1 et fig. 2; tracez sur chaque développement la coupe comme vous la désirez; prenez sa largeur horizontale et portez-la au plan, à la marche où vous voulez mettre le joint de la crémaillère. Les coupes étant tracées au plan, tirez les lignes de base, pour élever perpendiculairement sur chacune d'elles les crémaillères en élévation comme aux escaliers précédents. La crémaillère du dedans est en trois bases reportées A, B, C.

Ce genre d'escalier conique est utile quand on veut arriver au haut sur la même direction que le départ du bas, alors il faut faire un tour de cercle. Si la hauteur à monter était moins que six pieds (*deux mètres*), il n'y aurait pas assez d'échappée dessous. Dans cette forme de plan conique on a pour échappée toute la hauteur, puisque le haut n'est pas aplomb du bas. *Cet escalier tournerait autour d'un entonnoir renversé; il n'y a que le plan qui présente plus de difficulté que les autres escaliers; le tracé du débillardement des crémaillères est le même que pour les autres escaliers.*

Si l'on veut tracer le plan avec plus de facilité, voyez, fig. 3, la courbe tracée par deux demi-cercles; elle imite la courbe du jour du milieu de l'escalier conique, mais n'a pas une tournure aussi agréable.

Pour le débillardement des crémaillères, voyez les moyens indiqués à l'escalier à limons cintrés, pl. 49.

Plafond de l'escalier conique, de différents genres. — Planche 61.

Pour exécuter le plafond de cet escalier, comme celui de tout autre escalier quelconque, tracez le plan des crémaillères ou limons. Ce plafond étant pour l'escalier conique précédent, le plan des crémaillères est tracé pareil au plan de l'escalier.

Le plafond est figuré de différents genres, la partie A du plan est débillardée, ayant les fils du bois suivant le rampant, pour être assemblée dans les rainures faites aux crémaillères formant panneau à glace, comme le représente le profil, fig. 4.

La partie suivante B est débillardée de même que la première, les fils du bois en long suivant le rampant, pour être assemblée à fausse coupe d'onglet avec les crémaillères, comme le représente le profil, fig. 3.

La partie C suivante est débillardée, ayant les fils du bois en travers du rampant, et ayant ses joints aux aplombs des lignes du devant des contremarches préparées pour être assemblées dans des rainures aux crémaillères, formant comme la première partie panneau à glace. Cette manière de débillarder se nomme *par claveaux.* Les deux petites parties suivantes sont de même des claveaux de la moitié de la largeur du claveau C.

La partie D est un claveau débillardé, pour former le gauche sur un seul côté, et assemblé d'onglet avec les crémaillères, pareil à la partie B. Les deux autres petites parties suivantes sont deux petits claveaux, de moitié de largeur du claveau D, débillardés dans le même genre, ayant le gauche sur un seul côté.

Pour tracer le débillardement de la première partie A, tirez au plan la ligne du joint A comme vous voulez, selon l'épaisseur et la largeur du bois que vous avez pour faire le plafond. Si le bois ne vous permet pas de le faire en deux morceaux, vous pouvez le faire en trois ou quatre morceaux, en figurant les joints au plan. Les joints au plan servent de bases pour élever la figure du débillardement.

Les lignes des aplombs du devant des contre-marches étant tracées au plan, et les joints des morceaux, élevez des lignes perpendiculaires à la base, des points où les lignes des aplombs du devant des contre-marches couperont la ligne du joint qui est la base, et où elles couperont la ligne du cintre du dehors ou du dedans, selon le morceau que vous élevez. Sur ces lignes perpendiculaires, tracez à chaque largeur de marche une ligne parallèle à la base, en éloignant ces lignes, à chaque marche, de la hauteur d'une marche. Ces lignes, à leur rencontre avec les lignes perpendiculaires, vous fixeront les points par lesquels vous ferez passer les lignes du rampant des deux rives du morceau du plafond.

Voici l'exemple pour la première partie A, la ligne A au plan étant le joint et la base : élevez les lignes perpendiculaires à la base A, des points *a*, *b*, *c*, *d*, *e*, des lignes des aplombs des contre-marches sur la base, et de même des perpendiculaires à la base de points 6, 7, 8, 9 et 10, où les lignes des aplombs des contre-marches ont coupé la ligne du cintre. En-suite tirez à la distance que vous voulez la ligne 2 parallèle à la base, et de même les lignes 3, 4, 5 et 6, éloignées l'une de l'autre, en hauteur, de la distance d'une hauteur de marche de l'escalier. Des points où ces lignes ont coupé chacune les deux lignes perpendiculaires du joint et du cintre, de la même ligne de l'aplomb de la contre-marche, faites passer par ces points la ligne du rampant du joint et celle du rampant du cintre; ces deux lignes étant tracées, tracez deux autres lignes parallèles à cha-cune d'elles, éloignées l'une et l'autre de l'épaisseur du bois du plafond figurée aux développements, fig. 1 et fig. 2. Ces lignes étant tracées, on voit le gauche du morceau de plafond et l'épaisseur du bois qu'il faut pour le faire.

Pour tracer le calibre rallongé, tirez au-dessus une ligne droite qui af-franchisse le bois; des points où les perpendiculaires du dehors du cintre couperont la ligne droite qui affranchit le bois, tirez des lignes d'équerre à cette ligne; prenez au plan la distance perpendiculairement du point 6 à la base A; portez cette distance de la ligne droite qui affranchit le bois, sur la ligne d'équerre correspondante au point pour fixer le point 6 du calibre; prenez de même la distance du point 7 à la base A, et portez cette distance sur la ligne d'équerre correspondante de la ligne droite pour fixer le point 7 du calibre, fig. 5; tirez du point 7 la ligne pleine, au point de l'autre ligne perpendiculaire de la même ligne au plan, sur la ligne droite, fig. 5. Cette ligne représente la ligne de l'aplomb de la contre-marche. (*La surface du plafond étant débillardée doit être droite dans la direction de cette ligne.*) Continuez de même pour les autres points 8, 9 et 10, en prenant les distances au plan. Cette fig. 5 du calibre rallongé représente la figure du morceau sur sa largeur et longueur; les lignes du rampant et gauches des deux rives représentent le bois sur son épaisseur.

Pour l'autre morceau et son calibre, fig. 6, faites les mêmes opérations, en élevant les lignes perpendiculaires à la base A du plan, des points de l'autre cintre 1, 2, 3, 4 et 5, et des mêmes points sur la base que pour le premier morceau. Pour ce morceau il faut du bois plus épais que pour le premier; le cintre, en lui donnant plus de largeur aux deux bouts, lui donne aussi un gauche plus fort.

Pour tracer le débillardement de la partie suivante B, faites les mêmes opérations que pour la partie précédente A, à l'exception que sa largeur couvre toute l'épaisseur des deux crémaillères, vu que cette partie est assemblée de fausse coupe d'onglet avec les crémaillères. Le plafond étant d'onglet, il n'a pas d'épaisseur sur les rives du cintre, alors le calibre rallongé peut se débiter sur ces deux rives cintrées, d'équerre à sa surface. Pour tracer le calibre rallongé, au lieu de tirer les lignes d'équerre des points où les perpendiculaires ont coupé la ligne droite qui affranchit le bois, comme à la partie précédente A, on tire les lignes d'équerre des points où les perpendiculaires ont coupé les lignes du rampant du dessous du plafond, comme l'indiquent les fig. 7 et 8.

Pour tracer le débillardement du claveau C, les lignes *c d* et *b e* sont les lignes des joints du claveau, et sont les aplombs des devants des contre-marches. Divisez le petit bout *d e* et le large bout *c b* en deux parties égales; des deux points du milieu de chacun des bouts tirez une ligne droite, tirez aussi des quatre angles du claveau au plan des lignes parallèles à la ligne du milieu; tirez la ligne *f* qui affranchisse le claveau au plan, d'équerre à la ligne du milieu. A la distance que vous voulez, tirez la ligne *c d a* parallèle à la ligne *f*; tirez la ligne *e b* parallèle à la ligne *c d a*, éloignée d'elle de la hauteur d'une marche de l'escalier. Les lignes des quatre angles du plan fixeront les points *c d* et *e b*; les deux premiers sur la ligne du bas, et les deux seconds sur la ligne du haut. Tirez une ligne droite du point *d* au point *e*, elle représente la ligne du rampant du petit bout du claveau ; tirez aussi une ligne droite du point *c* au point *b* ; elle représente le rampant du large bout du claveau. Ces deux lignes étant tracées, tirez deux lignes parallèles à chacune d'elles, à l'épaisseur que vous voulez au plafond. Tirez la ligne *d b* qui affranchisse le gauche dessous, et une autre ligne parallèle qui affranchisse le bois dessus. Coupez l'épaisseur d'équerre à ces lignes parallèles.

Pour tracer le calibre rallongé, tirez des lignes d'équerre aux lignes *d b*, et la parallèle du dessus du bois, des points où les lignes des quatre angles du plan et celle du milieu les auront coupées ; portez sur chacune de ces lignes d'équerre, à partir de la ligne parallèle qui affranchit le dessus du bois, les distances prises perpendiculairement de la ligne *f* à chaque point des angles, et de la ligne du milieu du claveau au plan. Ces distances vous fixeront des points sur chacune des lignes d'équerre, pour tracer les lignes du pourtour du calibre rallongé, fig. 9, et les lignes du gauche des deux bouts.

Pour débillarder ce claveau, il faut tracer le bois comme le calibre, fig. 9, ayant pour épaisseur la distance de la ligne d b *à la ligne parallèle qui affranchit le dessus du bois ; lorsque le morceau est tracé, on le coupe par les bouts et sur les côtés, suivant les traits tracés. Après on trace sur le bois debout la figure du rampant* d e *sur le petit bout, et la figure du rampant* c b *sur le large bout, avec leur ligne d'épaisseur parallèle ; on trace sur les côtés les lignes d'un bois debout à l'autre. Les lignes étant tracées au pourtour, on coupe le bois suivant les lignes, en observant que la surface n'est droite en longueur que dans la direction des côtés et de la ligne du milieu.*

Pour tracer les deux petits claveaux suivants, fig. 10 et 11, vous ferez les mêmes opérations. Leur gauche est moindre, parce qu'ils ne sont que moitié de la largeur du précédent ; alors, au lieu de porter la hauteur d'une marche pour figurer le rampant et le gauche, vous porterez la moitié de la hauteur d'une marche.

Pour tracer le claveau D, les lignes des angles au plan et du milieu de la largeur sont tirées parallèles au côté *a b* ; alors le gauche se trouve sur un côté seul. Le calibre rallongé est renvoyé d'équerre au rampant du large bout. Les mesures pour le figurer sont prises de la ligne *a c*, qui est d'équerre au côté *a b* du claveau au plan, et sont portées de la ligne *a c*, fig. 12, pour tracer la figure du calibre rallongé.

La figure à côté du calibre rallongé, fig. 12, représente le claveau vu sur e côté, et fait voir le gauche en longueur. Les fig. 13 et 14 sont deux claveaux renvoyés comme celui fig. 12, n'ayant pour la largeur que la moitié d'une largeur de marche. Le rampant est tracé d'après la moitié d'une hauteur de marche.

Ces opérations pour tracer le débillardement du plafond, soit par panneaux ou par claveaux, sont applicables à tous les plafonds d'escaliers quelconques.

Escalier à limon formant l'entonnoir. — Planche 62.

Le plan de cet escalier se trace comme celui de l'escalier en spirale ou conique, planche 60, en figurant l'épaisseur du limon de chaque côté de l'entonnoir; il n'y a que le limon du dedans qui suit la pente de l'entonnoir: celui du dehors tombe à plomb, par conséquent n'offre pas plus de difficulté qu'un limon d'un escalier ordinaire; mais celui du dedans, étant en pente suivant les côtés de l'entonnoir, est beaucoup plus difficile à exécuter.

Pour tracer la retombée de la pente du limon au plan, il faut faire le développement, fig. 1. Le plan étant tracé, pour tracer le développement du limon, décrivez le cercle *e* au plan, de la grandeur que vous voulez; ensuite élevez du point *e* une ligne perpendiculaire à la base du plan; où cette ligne coupera la ligne du limon figuré au côté de l'entonnoir, elle fixera le point *b*. Ouvrez le compas du point *b* au point *a*, qui est fixé où la ligne du limon a coupé la ligne du milieu de l'entonnoir; avec cette ouverture du compas décrivez l'arc de cercle indéfini *e d b*, fig. 1; ensuite fermez le compas du point *a* au point *c* au plan; avec cette ouverture décrivez l'arc *c*, fig. 1, ayant la pointe du compas sur le même centre *a*; tirez du centre *a* la ligne *a c e* à volonté; prenez au plan la largeur du bout de la première marche sur le petit cercle *e*, la distance du point *e* au point *d*; portez cette distance sur l'arc, fig. 1, du point *e*, pour fixer le point *d*; tirez du point *d* une ligne droite au centre *a*; ensuite prenez sur le cercle *e* au plan la largeur de la marche 2; portez cette largeur sur l'arc, fig. 1, du point *d*, pour fixer le point de la ligne rayonnante suivante. Faites de même pour les lignes suivantes, en prenant les mesures au plan sur le petit cercle, d'un point du devant d'une marche au point du devant de la marche supérieure, et les portez sur l'arc du développement, fig. 1, pour fixer le point de chacune des lignes rayonnantes.

Lorsque les lignes rayonnantes seront tirées du centre a aux points portés
sur l'arc, et indéfinies en longueur, prenez les ouvertures du compas au plan,
du point a au point 1, pour décrire au développement le dessus de la marche 1, et du point a au point 2, pour décrire le dessus de la marche 2 au développement; et de même au plan, du point a aux points 3, 4, 5 et 6, pour
décrire au développement les lignes du dessus des marches 3, 4, 5 et 6.
Faites de même pour toutes les autres marches.

Lorsque le dessus des marches sera figuré au développement, tracez la
ligne de l'épaisseur des marches, de même avec le compas, ayant la pointe
sur le centre a; après figurez à chaque marche la saillie de la moulure, et
tracez le devant des contre-marches par une ligne dirigée au centre a, et
la ligne de l'épaisseur de la contre-marche, parallèle à son devant. Les
marches et contre-marches étant figurées, mettez la pointe du compas sur
le point du nez de chaque marche, et décrivez des arcs, de la largeur que
vous voulez laisser au limon, au devant des nez des marches; faites passer
une ligne tangente à tous ces arcs, pour figurer la largeur du limon dessus
les nez des marches. Décrivez de même des arcs ayant la pointe du compas
sur le nez des marches, pour faire passer la ligne tangente de la largeur
du limon dessous les contre-marches : la figure du développement sera
terminée.

Pour figurer au plan la retombée du champ du dessous et celui du dessus
du limon, tirez où vous voulez, sur la ligne de l'épaisseur du limon au
côté de l'entonnoir, la ligne d'aplomb nom, parallèle à la ligne du milieu
de l'entonnoir. Cette ligne tirée indéfinie en longueur, le point o est fixé
où elle a coupé la ligne du limon. Prenez au développement sur la ligne
rayonnante du nez de la marche 6, la distance du nez de la marche au point
l où elle a coupé la ligne du dessous du limon; portez cette distance sur la
ligne du limon à l'entonnoir, du point o pour fixer le point l; tirez de ce
point l une ligne d'équerre à la ligne nom; prenez du même point du nez
de la marche 6 au développement, la distance au point J, où la ligne rayonnante a coupé la ligne du dessus du limon; portez cette distance du point o
pour fixer le point J sur la ligne du limon à la figure de l'entonnoir; prenez
de même au développement dessus et dessous le nez de la marche 7, les
distances des points i et k pour les porter sur la ligne du limon à l'entonnoir du point o, pour fixer dessus le point i et dessous le point k; tirez de
même des lignes d'équerre à la ligne nom des points i et k; faites de même
à toutes les marches, excepté le dessous des marches 5, 4, 3 et 2, qui

sont les lignes rayonnantes au développement qui terminent sur la ligne de base *c*.

Prenez la distance horizontalement *m l* de la ligne d'aplomb à la ligne du limon; portez cette distance au plan sur la ligne du devant de la marche 6, à partir des deux lignes du limon du dedans, en rentrant sur la volute, pour fixer deux points de passage du champ du dessous du limon; prenez de même la longueur de la ligne horizontale *k;* portez cette longueur sur la ligne du devant de la marche 7 au plan des deux lignes du limon, en rentrant sur la volute, pour fixer deux points de passage des deux lignes du champ du dessous du limon. Faites de même à toutes les autres marches.

Pour tracer le champ du dessus du limon au plan, prenez la distance *j n*, portez cette distance au plan sur la ligne du devant de la première marche des deux lignes du limon, en sortant au dehors de la courbe, pour fixer deux points de passage des deux lignes du champ du dessus du limon. Faites de même à toutes les autres marches, en prenant la distance à chacune des petites lignes horizontales entre les points *n* et *o*.

La retombée des deux champs du dessous et du dessus du limon étant tracée au plan, le premier limon de la première à la neuvième marche ne peut être débillardé que d'aplomb comme un autre limon ordinaire; la volute empêche de pouvoir le scier suivant la pente : alors, après être débillardé à l'épaisseur totale figurée au plan par la retombée des deux champs, il faut, après avoir débillardé les champs, tracer sur le champ du dessus et celui du dessous le champ en largeur simple, et faire sur les côtés un second débillardement. Voyez le limon, fig. 2, n'ayant que le premier débillardement.

Pour débillarder le limon à la scie d'une seule fois suivant la pente, il faut tracer sur le bois les deux calibres rallongés du dessus et du dessous du limon; ces deux calibres ne sont pas pareils. Voyez le limon, fig. 3, et les deux calibres qui sont figurés dessus et dessous.

Pour tracer ce limon, tracez de même que pour les autres limons ou crémaillères, la ligne de base au plan, d'après les lignes de la coupe du joint des limons; tirez des lignes d'équerre à la base des points de la ligne du devant de chaque marche au champ du dessus du limon, et de même au champ du dessous comme de deux limons distincts. Les lignes du champ du dessus servent à figurer la ligne et le gauche du dessus du limon et celles du champ du dessous, pour figurer la ligne et le gauche du dessous du li-

23

mon. Les lignes qui représentent les lignes aplombs des nez de marches
ne sont pas parallèles ; elles sont tirées des points de la ligne du dessus du
limon aux points de la ligne du dessous du limon, et les lignes des gauches
sont pareilles ; où ces lignes couperont la ligne droite qui affranchit le
dessus du limon, et celle qui affranchit le dessous du limon, tirez les lignes d'équerre sur lesquelles vous porterez les points des distances que
vous prendrez au plan, de la ligne de base aux lignes des deux champs du
limon, pour tracer les deux calibres rallongés, celui du dessus et celui du
dessous.

Les deux calibres étant tracés sur le bois pour le scier, on tiendra la scie
suivant la direction de chacune des lignes des nez des marches.

Le contour de la surface de ce limon est conique. Le développement de la
surface du limon, fig. 1, est tracé d'après les principes du développement de
la surface d'un cône droit. L'entonnoir figuré, autour duquel l'escalier
monte, est un cône renversé.

*Pour l'exécution, voyez les détails indiqués à l'escalier à limons cintrés, plan-
che 49, lesquels détails et moyens de débillardement et exécution sont généraux
pour tous les escaliers à limons ou à crémaillères cintrées en plan ; mais cet escalier à limons formant l'entonnoir présente plus de difficulté pour le débillardement
des limons, rapport que leurs côtés ne tombent pas d'aplomb ; alors il est nécessaire de bien connaître la manière d'exécuter et débillarder les limons des autres
escaliers pour pouvoir exécuter ceux de cet escalier.*

Cependant on peut tracer les détails et exécuter cet escalier par des
moyens plus simples (en supprimant les développements), lesquels peuvent être employés à tous les autres escaliers précédents ; mais pour s'en
servir il faut avoir du bois plus gros, afin de ne pas craindre qu'il n'en
manque dans la largeur du limon. La principale utilité des développements, étant de se rendre compte au juste de la largeur des limons,
dans les différents endroits de leur longueur, pour tracer leur projection
de la largeur exacte, on peut se dispenser de tracer le développement d'un
limon, en se rendant compte de la hauteur verticale (*d'aplomb*) que prend
le limon à l'endroit le plus large. Comme, par exemple, pour cet escalier
entonnoir, aux premières marches, porter cette hauteur sur le côté de la
figure de l'entonnoir, et tirer une ligne d'aplomb, comme la ligne *n o m*,
afin de connaître la pente que prend le limon d'après sa largeur prise verticalement (*d'aplomb*). Après suivre les moyens indiqués ci-devant pour

tracer au plan la retombée d'un limon d'après les mesures prises du point m au point l et du point n au point j, lesquelles serviront pour tracer les lignes de retombée du dessus et du dessous du limon à toutes les marches. Par ce moyen il faudra commencer par débillarder le limon d'aplomb, et après faire le second débillardement pour la pente.

QUATRIÈME PARTIE.

DES OUVRAGES CINTRÉS EN PLAN ET EN ÉLÉVATION.

Persienne cintrée en plan et en élévation. — Planche 63.

Les persiennes cintrées seulement en élévation offrent des difficultés pour la coupe du bout de lames qui sont assemblées dans la courbe des battants ; mais celles cintrées en plan et en élévation ont une double difficulté pour le débillardement des lames ; le plat des lames ayant une direction oblique, leur surface est semblable à la surface convexe d'un cône, et sont en conséquence cintrées sur le plat et cintrées sur le champ. Lorsqu'elles sont assemblées, les deux lignes de listel de la lame doivent paraître droites et horizontales étant vues perpendiculairement à la face de la persienne ; mais si l'on regarde une lame perpendiculairement à la ligne oblique du plat de la lame, les deux lignes du listel paraissent courbes.

Pour tracer les coupes et débillardements des lames et du bâti, tracez premièrement le plan, fig. 4, du cintre et de la largeur qui vous sont donnés par la baie à laquelle la persienne est destinée ; tracez ensuite le profil en hauteur d'une partie du battant du milieu, fig. 3, et le profil des lames. Du plan de largeur d'un vantail, fig. 4, et du profil de hauteur, fig. 3, tracez l'élévation géométrale, fig. 2, ayant soin de tracer la courbe *a* du dehors de l'élévation pareille au cintre de la baie.

Tracez le développement du battant cintré, fig. 1, en fixant des points de division sur le pourtour du cintre du plan, fig. 4, comme sont les points 1, 2 jusqu'à 9; portez les distances de chaque point de division du plan sur la ligne de base, fig. 1. Pour chacun des points, élevez les perpendiculaires à la base 1, 2 jusqu'à 9, fig. 1; de chacun des points de division du plan, élevez des lignes parallèles aux battants de la persienne en élévation, où ces lignes parallèles couperont la courbe *a* du dehors, tirez les lignes horizontales pour couper, chacune une des lignes perpendiculaires de la fig. 1; faites passer une ligne courbe par tous les angles formés par les lignes horizontales et les perpendiculaires, comme est la courbe *a*, fig. 1. Ensuite, tracez la courbe *b* parallèle à la courbe *a* à la largeur du champ du battant; cette courbe *b* fixe des points de hauteur sur chacune des lignes perpendiculaires; portez ces hauteurs sur la fig. 2 de l'élévation, pour tracer le dedans de la courbe et la ligne de gauche *b*.

La figure en élévation géométrale étant tracée, figurez plusieurs lames en tirant des lignes horizontales des angles des profils des lames, fig. 3; des points où ces lignes horizontales couperont la ligne courbe de la profondeur de l'embrèvement des lames, abaissez des lignes parallèles aux battants, pour figurer la longueur de chacune des lames au plan, comme celle *e* et celle *c*.

Pour tracer le calibre rallongé de la courbe du battant, fig. 5, cette courbe est pareille à la courbe de l'élévation géométrale; vous tracerez les lignes courbes, en portant sur chacune des lignes élevées du plan les mêmes hauteurs qu'à chacune des lignes de l'élévation géométrale.

Pour tracer le cintre de l'épaisseur, tirez une ligne droite des points des deux extrémités de la courbe; tirez perpendiculairement à cette droite des lignes des points du dedans et du dehors de la courbe; tirez la ligne *a* parallèle; prenez au plan les distances de la ligne *a* à chacun des points du cintre du dedans, et celui du dehors du plan; portez-les, fig. 5, de la ligne *a*, pour fixer les points de passage de la courbe du dedans et celle du dehors; cette figure représente le cintre de la courbe sur l'épaisseur, et doit être tracée sur le bois après qu'il est débité, suivant le cintre en élévation pour le débillarder d'aplomb. *Voyez pour les détails la courbe du battant de rive de la croisée suivante, planche* 64.

La courbe de la persienne est figurée assemblée à trait de Jupiter avec le battant droit; le tenon de la traverse sert de clef au trait de Jupiter; la courbe a en plus le cintre une partie droite de la longueur du trait de Jupiter, pour que le battant soit entièrement droit. Cette courbe est assemblée à tenon dans le battant du milieu qui monte de toute la hauteur.

Pour tracer le débillardement des lames. (Voyez le profil des lames, fig. 6, et le plan, fig. 10.) La fig. 9 représente un morceau de doublette ou de madrier, coupé de la longueur des lames, et cintré comme le plan, fig. 10, dans toute sa largeur, ayant l'épaisseur du plan.

Tirez des lignes horizontales des quatre angles de la lame *a*, dont les deux du bas servent pour marquer la largeur du listel de la lame sur la face du devant du bois, fig. 9, et les deux du haut marquent le listel sur la face du derrière; débitez à la scie suivant les lignes du listel, devant et derrière, la lame se trouve entièrement débillardée. La largeur B représente le bois debout du morceau, fig. 9, avec les lignes obliques figurant les lames. Les deux lignes tracées à chaque lame sont pour marquer la distance nécessaire pour le trait de la scie; on peut par ce moyen tirer du morceau plusieurs lames à côté l'une de l'autre.

Dans ce morceau, fig. 9, figuré ayant un pied (*trente-deux centimètres*) de large, on peut tirer dix lames; il n'y a que les deux des rives qui portent le déchet; alors c'est une économie de les prendre dans du bois large.

Ce moyen de débillarder les lames est très-facile à exécuter; mais il a l'inconvénient qu'il faut débiter les lames après avoir corroyé le morceau de bois cintré suivant le plan; et le trait de la scie est oblique à la surface du morceau de bois, ce qui ne peut guère être fait par des scieurs de long; il faut alors les débiter à la scie allemande.

Pour faire débiter les lames par les scieurs de long, il faut employer un autre moyen pour les tracer. (Voyez fig. 7 et 8, et le profil des lames à côté, fig. 6.) La fig. 8 représente l'épaisseur du bois commandée par la hauteur de la lame. La fig. 7 représente la largeur du morceau de bois coupé de la longueur des lames dans lequel on peut tirer onze lames. Le côté A représente le bois debout du morceau de bois avec les lignes obliques qui marquent les lames et la pente du trait de la scie.

Pour les tracer sur le morceau de bois, prenez la saillie du point 1 au battant, fig. 6, et portez cette saillie au plan, fig. 10, de la ligne 2, pour fixer le point de passage 1, pour la courbe en ligne ponctuée qui est tracée au compas parallèle au plan. Prenez de même la saillie du point de l'angle de la lame 4, fig. 6; portez-la au plan fig. 10 de la ligne 3, pour fixer le point de passage de la courbe 4 en ligne ponctuée parallèle à la courbe du plan; ces deux lignes représentent la retombée au plan des deux saillies des lames étant figurées avoir le dessus et le dessous horizontal.

Tracez les deux lignes courbes 1 et 2 du plan sur la surface du dessus du morceau, fig. 7; tracez de même sur la surface du dessous les deux lignes courbes 3 et 4 du plan; ces lignes courbes étant tracées sur un même point de centre, et ayant chacune une ouverture de compas différente, commandent la pente des bouts; alors, quand toutes les lignes des courbes qui marquent les lames sur le morceau de bois dessus et dessous sont tracées, on peut les faire débiter par les scieurs de long, en suivant les courbes et la pente sur l'épaisseur du bois commandée par les lignes du dessus et du dessous.

Lorsque les lames sont débitées, on peut, avant de les assembler ou après les avoir assemblées aux battants, abattre l'angle qui saillit au battant. Ce moyen ne produit pas plus de déchet au bois que le premier moyen, fig. 9, et donne la facilité de faire débiter les lames par les scieurs de long.

Imposte de croisée en éventail cintrée en plan et en élévation. — Planche 64.

Cette imposte de croisée n'ouvre pas; elle est assemblée sur une traverse d'imposte formant la traverse du haut du bâti dormant de la croisée. La courbe de l'archivolte est débillardée à l'épaisseur des bâtis dormants, et est ravalée pour figurer les battants des châssis; les petits bois rayonnants ont du gauche occasionné par le cintre en plan.

Pour tracer les détails d'exécution de cette archivolte, tracez premièrement le plan de l'archivolte, fig. 1, qui est pareil au plan de la croisée au-dessus de laquelle serait l'archivolte; ensuite tracez le profil de hauteur, fig. 7; d'après le plan et le profil de hauteur, figurez l'élévation géométrale de l'archivolte; tracez la ligne du dehors de la courbe pareille au cintre de la baie; fixez à volonté sur la courbe du plan les points 1, 2, 3, 4, 5 et 6; élevez de ces points des lignes parallèles à la ligne du milieu de l'élévation jusqu'à la courbe de l'archivolte pour fixer les points *a b c d e*.

Ensuite tracez la ligne de base à volonté, fig. 3, pour tracer le développement de la courbe; prenez au plan les distances des points 1 au point 2, et de 2 à 3, de 3 à 4, de 4 à 5 et de 5 à 6; portez ces distances sur la ligne de base, fig. 3, pour fixer les points 1, 2, 3, 4, 5 et 6; tirez de ces points des lignes perpendiculaires à la base et indéfinies en lon-

gueur; ensuite prenez la hauteur sur l'élévation, fig. 2, de la ligne du dessus de la traverse d'imposte qui sert de base jusqu'au point *a* du milieu de
l'archivolte; portez cette hauteur, fig. 3, sur la perpendiculaire du point 1
pour fixer le point *a;* prenez de même la hauteur de la base au point *b*,
fig. 2, pour fixer la hauteur du point *b*, fig. 3; faites de même pour les
autres points *c d* et *e*. Ces points étant fixés, fig. 3, faites passer une
ligne courbe par ces points (laquelle ne peut pas être tracée au compas,
parce qu'elle est elliptique), tracez une ligne courbe parallèle à la largeur totale du battant dormant et celui du châssis au plan; cette ligne
courbe fixera sur le développement les points de hauteur du dedans de la
courbe *fg h*.

Prenez au développement, fig. 3, les hauteurs des points *fg h;* portez ces
hauteurs, fig. 2, de la ligne de base sur les lignes d'aplomb; pour fixer les
points *fg h*, faites passer par ces points la ligne du dedans de la courbe de
l'archivolte; tirez de ces points de hauteur, du dedans et du dehors de la
courbe, des lignes horizontales, pour fixer des points de hauteur sur les
lignes d'aplomb élevées de la ligne du derrière du plan; faites passer deux
autres lignes courbes par ces points : elles représentent les deux arêtes du
derrière de la courbe en élévation, comme les deux autres représentent celles
du devant.

Pour tracer le calibre rallongé de la courbe, fig. 4, figurez à l'élévation,
fig. 2, le trait de Jupiter au milieu de la courbe, de la longueur que vous
voulez; abaissez des lignes au plan pour le figurer en plan; tirez la ligne de
base *n*, du bout du trait au bout du battant dormant; à la distance que vous
voulez, tirez la ligne *m* parallèle à la base *n :* cette ligne *m* sera la base pour
tracer la figure du calibre rallongé.

Des points 1, 2, 3, 4, 5 et 6 du plan, fig. 1, et des points du derrière du
plan, tirez des lignes perpendiculaires à la base *n* et indéfinies en longueur;
prenez au développement, fig. 3, la hauteur du point 1 sur la base, au
point *f* de la courbe; portez cette hauteur sur la ligne qui part du point milieu du plan, de la base *m*, pour fixer le point *f*, fig. 4; prenez de même sur la
même ligne la hauteur du point *a*, fig. 3; portez-la fig. 4 de la base *m*, pour
fixer le point *a;* faites de même pour les points *b* et *g ;* prenez les hauteurs,
fig. 3, et portez-les fig. 4, pour fixer les points *b* et *g*, sur la ligne qui part
du point 2 du plan; faites de même pour les autres points de hauteur : chacune des hauteurs portées sert pour les deux lignes, celle du devant et celle
du derrière. Les points étant portés, faites passer les quatre lignes courbes

par ces points; elles représentent les arêtes du devant et celles du derrière de la courbe.

Pour figurer le cintre sur l'épaisseur de la courbe, prenez les distances de la base *a* au plan, à chacun des points **1**, **2**, **3**, **4**, **5** et **6**; portez ces distances fig. **5** de la ligne *n*, pour fixer les points **1**, **2**, **3**, **4**, **5** et **6**; faites passer par ces points la ligne courbe: elle représente le cintre du devant. Prenez au plan, de la ligne *n* à la ligne du derrière, les distances à chaque ligne; portez-les fig. **5** pour fixer les points de passage de la ligne du derrière.

Pour l'exécution, après avoir débité le bois pareil à la courbe, fig. 4, tracez sur l'épaisseur le calibre, fig. 5, dessus et dessous, d'après les lignes d'aplomb; débillardez l'épaisseur suivant le cintre tracé dessus et dessous. Lorsque le bois est débillardé sur l'épaisseur, il suit le cintre du plan. Tracez le gauche du champ, dessus et dessous; et débillardez le champ du dedans et du dehors de la courbe.

Pour tracer le débillardement du petit bois rayonnant, figurez sur l'élévation la longueur que vous voulez donner aux tenons; abaissez du bout des tenons des lignes sur le plan, pour tracer la largeur de la retombée du petit bois au plan. Tirez une ligne droite des extrémités du petit bois au plan, qui sera la base, et la ligne *o* parallèle à cette base, éloignée de la distance que vous voulez.

Tirez, des points des lignes au plan qui ont servi à tracer l'élévation, des lignes perpendiculaires à la base *o;* prenez sur l'élévation la hauteur à chacune des lignes de la base (*qui est la ligne du dessus de la traverse d'imposte*), au-dessous et au-dessus du petit bois; portez ces hauteurs sur chacune des lignes perpendiculaires de la base, *o*, pour fixer les points du dessus et du dessous du petit bois; faites passer les lignes du devant du petit bois par ces points; et les lignes du derrière figurant le gauche.

Pour tracer son calibre, fig. 6, prenez la distance au plan de sa base à la ligne du cintre; portez cette distance sur la ligne correspondante, pour tracer le cintre du calibre, fig. 6.

Le petit bois du milieu étant placé dans une direction d'aplomb, n'a pas de cintre ni de gauche.

Les deux battants du milieu de la croisée se joignent à feuillures obliques, parce que le cintre en plan empêcherait de pouvoir les ouvrir, si les feuillures étaient carrées ou si elles étaient à gueules de loup. Si la croisée ouvrait en dehors du cintre, il n'y aurait pas de difficulté pour l'ouvrir: on pourrait la faire ouvrir à gueule de loup.

24

Porte d'assemblage à grands cadres ravalés, cintrée en plan et en élévation.
Planche 65.

Cette porte est à deux vantaux, ouvrant de toute la hauteur ; les battants des rives sont assemblés à traits de Jupiter, dans les courbes de la partie cintrée du haut de la porte ; les tenons des traverses servent de clefs aux traits de Jupiter. La courbe est débillardée de l'épaisseur des cadres, pour être ravalée après avoir été débillardée.

Pour tracer les détails d'exécution, commencez par tracer le plan, fig. 6, comme vous le désirez ; ensuite le profil de hauteur, fig. 3 ; élevez du plan et du profil de hauteur la fig. 1, représentant un vantail en élévation géométrale ; fixez sur le plan les points 1, 2, 3, 4, 5, 6 et 7, sur la ligne ponctuée de l'épaisseur, comme l'indique la figure ; élevez de ces points des lignes parallèles à la ligne du milieu de l'élévation ; tracez au compas, comme vous la désirez, la ligne extérieure de la figure de l'élévation ; où cette ligne courbe coupera les lignes élevées du plan, vous fixerez les points 1, 2, 3, 4, 5 et 6, fig. 1. La ligne A du dessous du cadre est la ligne de base de cette figure.

La fig. 2 est le développement d'un vantail. Pour le tracer, prenez la distance du point 7 au point 6 du plan ; portez cette distance au développement, fig. 2, du point 7, pour fixer le point 6 sur la base *m* ; prenez de même au plan la distance du point 6 au point 5 ; portez cette distance du point 6 pour fixer le point 5 au développement, fig. 2 ; faites de même pour les autres points. Élevez de ces points des lignes perpendiculaires à la base *m* : les points de hauteur 1, 2, 3, 4, 5 et 6, fig. 1, fixeront la hauteur de chacune de ces lignes perpendiculaires, pour passer par ces points de hauteur, la ligne courbe de l'extérieur de la figure du développement. Tirez la ligne du dedans du cintre parallèle à cette ligne courbe, et celle de la largeur du cadre, selon la largeur du battant et du cadre. Cette ligne courbe du dedans du cintre donne des points de hauteur où elle coupe les perpendiculaires ; ces points de hauteur du développement, fig. 2, servent à fixer les hauteurs *a b c*, fig. 1, pour tracer les deux lignes de la courbe, dont l'une représente l'arête du devant, et l'autre celle du derrière ; de même la ligne du dehors du cadre au développement, fig. 2, donne des points de hauteur sur les lignes perpendiculaires ; ces hauteurs portées, fig. 2, sur les lignes perpendiculaires, donnent des points pour faire passer la ligne courbe du derrière du cadre.

Pour tracer le développement du panneau, fig. 5, tracez au pourtour du cadre sur le développement, fig. 2, la ligne ponctuée qui marque la profondeur de la rainure d'embrèvement du panneau : cette ligne fixera les points *efgh* sur les lignes d'aplomb. Tirez à volonté les deux lignes parallèles *mn*, fig. 5, éloignées l'une de l'autre de la même distance que la ligne *mn*, fig. 2. Prenez les distances des points 6, 5, 4 et 3, fig. 2 ; portez-les pour fixer les points 6, 5, 4 et 3 sur la ligne *m*, fig. 5 ; élevez de ces points des lignes perpendiculaires; prenez les hauteurs, fig. 2, du point 6 au point *h*, du point 5 au point *g*, du point 4 au point *f*, et du point 3 au point *e*; portez ces hauteurs sur chacune des lignes, fig. 5, de la base *m*, pour fixer les points *hgf* et *e*; faites passer une ligne courbe par ces points; elle termine la figure du panneau, et est pareille au développement, fig. 2.

Les lignes d'aplomb tracées pleines, fig. 5, représentent les joints du panneau dans la position où ils se trouvent figurés au plan, fig. 6.

Pour tracer la figure de la courbe en calibre rallongé, fig. 4, tirez au plan la ligne de base B, du milieu du plan à l'extrémité. Prenez la distance de la ligne B à la ligne A, fig. 1; portez cette distance de la ligne B du plan, pour tracer la ligne A parallèle à la ligne B. Ensuite, de chacun des points 1, 2, 3, 4, 5, 6 et 7 sur la ligne du dehors du plan, élevez des lignes perpendiculaires à la base B, et des lignes semblables des points où les petites lignes tendues au centre, dans l'épaisseur du plan, ont coupé la ligne du dedans du cintre du plan.

Ces lignes étant tirées indéfinies en longueur, pour fixer sur chacune d'elles des points de hauteur, prenez les hauteurs sur l'élévation, fig. 1, comme, par exemple : prenez, fig. 1, la hauteur d'aplomb de la ligne de base A au point 1; portez cette hauteur, fig. 4, sur les lignes perpendiculaires correspondantes à celles de l'élévation de la ligne de base A, pour fixer la hauteur 1, qui sert aux deux lignes élevées des deux extrémités de la petite ligne tendue au centre dans l'épaisseur du plan. Prenez de même la hauteur 2, fig. 1, pour fixer la hauteur 2, fig. 4; faites de même pour les hauteurs 3, 4, 5 et 6; ensuite prenez les hauteurs du dedans de la courbe à l'élévation, fig. 1, pour fixer les hauteurs au calibre rallongé, fig. 4.

La hauteur d'aplomb, de la ligne de base A au point *d*, sur la ligne du milieu, fig. 1, donne la hauteur de la base A, au point *d*, fig. 4 ; de même les hauteurs $c\,b$ et a, fig. 1, donnent les hauteurs $c\,b$ et a, fig. 4. Ces points de hauteur étant fixés, fig. 4, faites passer les lignes courbes du calibre rallongé par ces points. Les quatre lignes représentent les quatre arêtes de la courbe en calibre rallongé; la partie droite, entre la ligne A et la ligne B, est la longueur du trait de Jupiter, pour assembler la courbe au battant droit.

Le débillardement de cette courbe est pareil au débillardement de la courbe de l'imposte de croisée précédente, planche 64. Voyez cette planche pour les détails du débillardement.

Pour les panneaux, les planches doivent être corroyées et jointes ensemble, suivant le cintre tracé au plan; la hauteur et la largeur des panneaux sont données par la fig. 5, ou par le bâti après être assemblé.

Les cadres de cette porte étant ravalés dans l'épaisseur du bois, ne présentent pas autant de difficultés pour le raccord des moulures que s'ils étaient embrevés aux battants. Tous les ouvrages cintrés en plan, d'assemblages à grands cadres enbrevés et à double parements, présentent des difficultés pour les moulures et pour conserver les champs des battants égaux. Les moulures des montants des cadres pour profiler avec les cadres des traverses ne peuvent pas être poussées avec le même outil. Si la moulure du cadre est large en profil, il faut qu'elle suive le cintre du plan dans sa largeur pour les montants seulement. Les moulures des traverses ne varient pas; elles sont pareilles d'un côté comme de l'autre; mais la moulure des montants, creuse du côté du creux, est arrondie du côté du bouge du cintre du plan.

Voyez les détails, fig. 7. Le profil A est celui de traverses; les lignes des côtés sont droites et parallèles; les lignes 1, 2, 3 et 4 sont d'équerre aux lignes des côtés; les moulures des deux côtés sont pareilles. Ce profil sert pour tracer le profil B.

Pour tracer le profil B qui est le profil des montants des cadres, après avoir tracé le profil des traverses A, tirez les lignes 1 et 2 des points de la largeur du listel d'équerre aux lignes droites des côtés; tirez de même la ligne 4 au point de largeur de la moulure; tirez la ligne 3, entre le point 2 et le point 4, au milieu de la largeur de la moulure. Ces lignes étant tracées, tirez la ligne 5 à la distance que vous voulez du profil A, d'équerre aux lignes des côtés. Figurez le cintre du plan; en mettant la pointe du compas sur la direction de la ligne 5, pour qu'elle soit perpendiculaire aux courbes du cintre du plan; tracez toutes les lignes des épaisseurs parallèles et courbes, avec le compas ayant la pointe sur le même centre.

A la distance que vous voulez, tirez la ligne 3 du profil B tendue au centre ; tirez la ligne 1, 2, 3, 4 d'équerre à la ligne 3 ; prenez les distances au profil A du point 3 au point 4 et au point 2 ; portez ces distances au profil B du point 3, pour fixer sur la ligne d'équerre les points 4 et 2 ; faites de même pour le point 1 du derrière du listel ; ces points étant portés, tirez de ces points des lignes parallèles à la ligne 3 qui tend au centre : ces lignes fixeront des points sur les lignes courbes parallèles cintrées des épaisseurs du profil. Vous ferez passer la ligne courbe du profil de la moulure par ces points ; ce profil sera tracé.

On voit par cette figure que les angles du cadre du côté du creux sont aigus ; et, pour conserver la largeur de la plate-bande du panneau, il faut la faire plus large du côté du creux.

Le profil C représente un cadre formé par deux moulures rapportées ; par ce moyen, les angles du cadre sont droits (*d'équerre*) ; mais la plate-bande du panneau doit être préparée plus large du côté du creux.

Le profil D est tracé par les mêmes opérations que le profil B ; mais, étant retouché pour rendre les angles du cadre droit (*d'équerre*), cette manière occasionnerait une difficulté à son assemblage d'onglet avec le cadre de la traverse.

La meilleure manière et la plus facile à exécuter est de rapporter les moulures, comme l'indique le profil C.

Chambranle cintré en plan et en élévation. — Planche 66.

Pour tracer les détails d'exécution de ce chambranle, tracez premièrement le plan du cintre et de la largeur que vous voulez le chambranle ; figurez aux deux extrémités du plan le profil du chambranle ; tracez parallèlement sur le plan les lignes du ravalement et de la feuillure du chambranle. A partir du point du milieu, fixez à volonté sur la ligne du ravalement les points 1, 2, 3, 4, 5, 6, 7 et 8 de chaque côté du point 1 du milieu ; à chacun de ces points, tirez une ligne dirigée vers le centre *a* du cintre du plan ; tirez du point du milieu 1 une ligne droite au point de centre *a*. A la distance que vous voulez, tirez la ligne *b* d'équerre à la ligne 1 *a* du milieu. Cette ligne *b* est la ligne de base de l'élévation.

Élevez du point 6 du plan une ligne parallèle à la ligne du milieu 1 *a*, jusqu'à la base *b* de l'élévation ; elle fixera le point *e*. Mettez la pointe du compas sur le point 1, milieu de la base *b;* ouvrez le compas jusqu'au point *c*, et décrivez le quart de cercle *ch;* ensuite des points 2, 3, 4 et 5 du plan, élevez des lignes parallèles à ligne du milieu ; où ces lignes couperont le quart de cercle *ch*, elles fixeront les points de hauteur *defg;* tirez de ces points de hauteur des lignes horizontales parallèles à la base *b* et indéfinies en longueur ; élevez du plan des deux extrémités de chacune des lignes dirigées vers le centre des points fixés au plan des lignes parallèles à la ligne du milieu; où ces lignes couperont les lignes horizontales de l'élévation, elles fixeront sur chaque ligne horizontale deux points pour faire passer deux lignes courbes représentant les deux arêtes du dedans de la courbe du chambranle en élévation.

Ensuite, pour tracer la ligne du dehors de la courbe, il faut tracer le développement figuré à droite de l'élévation. Pour le tracer, prenez au plan les distances de chacun des points, sur la ligne du ravalement ; portez ces distances sur la ligne de base *b* de l'élévation, pour fixer les points à partir du point 1 du milieu, 2, 3, 4, 5, 6, 7 et 8 ; élevez de ces points des lignes perpendiculaires à la base *b;* où ces lignes perpendiculaires couperont chacune une des lignes horizontales, vous ferez passer la ligne courbe, qui marque l'intérieur de la courbe du développement; tracez la ligne courbe de l'extérieur parallèle à celle de l'intérieur, à la largeur du profil du chambranle ; où cette ligne courbe de l'extérieur coupera chacune des lignes perpendiculaires, elle fixera les points de hauteur *ijklmno;* chacun de ces points étant porté sur chacune des lignes aplomb correspondantes au côté gauche de la figure en élévation, vous ferez passer les deux lignes courbes, qui représentent les deux arêtes de l'extérieur de la courbe du chambranle.

Figurez le trait de Jupiter au milieu de la courbe en élévation, et abaissez ses extrémités pour le figurer au plan; ensuite tirez la ligne de base A de l'extrémité du trait à l'extrémité du profil du chambranle ; élevez des points de deux lignes courbes du plan des lignes perpendiculaires à la base A; prenez les hauteurs à l'élévation de la ligne de base *b* aux points *defgh;* portez ces hauteurs de la base A, pour fixer les points *defgh*, par lesquels vous ferez passer les deux lignes courbes de l'intérieur du calibre rallongé ; ensuite, pour les deux lignes courbes de l'extérieur du calibre rallongé, prenez les hauteurs des points *ijklmn* et *o* au développement; portez ces hauteurs pour fixer les points *ijklmn* et *o* du calibre rallongé : ces hauteurs commandent le passage des deux lignes courbes de l'extérieur du calibre rallongé.

La figure B représente le cintre sur l'épaisseur du calibre rallongé : pour le figurer, prenez au plan les distances de la base A à chacun des points du dedans et du dehors du cintre du plan ; portez ces distances sur les lignes correspondantes du calibre B, pour fixer des points de passage, pour tracer les deux lignes courbes du calibre B.

Ce calibre se trace sur l'épaisseur du bois après qu'il est débité, selon le cintre du calibre rallongé. Le débillardement se fait suivant les lignes d'aplomb, comme les courbes de la porte et de la croisée précédente, planches 64 et 65.

Chambranle de croisée cintré en plan et en élévation. — Planche 67.

Ce chambranle est figuré pour un salon ou autres pièces circulaires, dont les murs seraient droits à l'extérieur. La croisée est figurée droite en plan, fig. 3 ; l'imposte de la croisée serait cintrée en *anse de panier*, en élévation qui forme la moitié d'un ovale tracé au compas, ou la moitié d'une ellipse tracée, d'après les principes indiqués planche 3. Les panneaux des embrasures et le plafond sont assemblés dans les rainures aux bâtis dormants de la croisée, et se joignent à feuillure et d'onglet avec le chambranle, ayant le joint sur l'angle du chambranle. Je n'ai figuré que la partie cintrée du chambranle, vu que les montants droits sont faciles à exécuter sans traits.

Pour tracer les détails d'exécution de cette partie cintrée, commencez comme au chambranle précédent, planche 66, par tracer le plan, fig. 3, avec le plan de la croisée, et les panneaux d'embrasure ; ensuite tracez le profil de hauteur, fig. 6 ; de cette hauteur et de la largeur du plan, tracez le cintre de l'élévation, fig. 2, seulement la ligne du dedans ; ensuite fixez sur la ligne du ravalement du chambranle au plan plusieurs points à volonté, comme les points 1, 2, 3 et 4 du plan ; élevez de ces points des lignes parallèles à la ligne du milieu, jusqu'à la ligne du dedans de la courbe en élévation, fig. 2, pour fixer les points de hauteur 1, 2, 3 et 4, lesquels serviront pour tracer le développement et le calibre rallongé.

Tracez ensuite le développement, fig. 1 ; prenez les distances au plan du point du milieu au point 1 sur la ligne du ravalement du chambranle, et du point 1 au point 2, et de même des autres ; portez ces distances sur

la ligne de base du développement, fig. 1, pour fixer les points 1, 2, 3, 4;
élevez de ces points des lignes perpendiculaires à la base; donnez à chacune de ces lignes la hauteur de chacune des lignes de la fig. 2; faites
passer une ligne courbe par ces points 1, 2, 3, 4 et le point du milieu;
elle représente le cintre du dedans de la courbe développée. Tracez la
ligne du dehors de la courbe parallèle à la largeur du profil du chambranle; tracez des points 1, 2 et 3 des lignes d'équerre à la courbe: ces
lignes fixeront les points a, b, c, fig. 1; abaissez de ces points des lignes
perpendiculaires à la base.

Prenez sur la base du développement la distance du point 1 au point
de la ligne a; portez cette distance au plan du point 1 pour fixer le point a;
tirez du point a une ligne tendue au centre du plan: cette ligne sert pour
tracer le gauche du dehors de la courbe au calibre rallongé, fig. 4. Le
champ d'épaisseur du dehors du chambranle est débillardé d'équerre au
cintre de la courbe, et le champ d'épaisseur du dedans est débillardé dans
une direction horizontale parallèle à la ligne du milieu, suivant la direction
parallèle des panneaux des embrasures; c'est pourquoi la ligne du point 1
au plan est parallèle à la ligne du milieu, et la ligne du point a est perpendiculaire à la courbe du plan.

Prenez de même au développement, fig. 1, sur la base la distance du
point 2 au point b; portez cette distance au plan du point 2 pour fixer le
point b; tirez de même qu'au point a la ligne dirigée au point de centre du
plan; faites de même pour le point c.

Pour les deux lignes du dehors de la courbe en élévation, fig. 2, élevez
du plan des lignes parallèles à la ligne du milieu des deux extrémités de
chacune des lignes abc; prenez les hauteurs cba, et celle du milieu du
développement, fig. 1; portez ces hauteurs, fig. 2, pour fixer les points
des lignes cba, et celle du milieu sur les lignes élevées du plan. Faites
passer les deux lignes du dehors de la courbe en élévation par ces points
de hauteur, fig. 2: ces deux lignes courbes représentent l'arête du devant
et celle du derrière du dehors de la courbe du chambranle.

Pour tracer le calibre rallongé, fig. 4, figurez au milieu du plan le trait
de Jupiter qui assemble les deux morceaux formant la courbe du chambranle. (*Il est essentiel d'observer que si l'on n'avait pas de bois assez fort
pour faire la courbe en deux morceaux et que l'on fût forcé de la faire en
trois ou quatre morceaux, il faudrait figurer au plan les traits des assemblages des trois ou quatre morceaux, et élever à chacun leur calibre rallongé*

séparément.) Tirez la ligne de base A de l'extrémité du plan à l'extrémité du trait de Jupiter ; élevez perpendiculairement à cette base des lignes droites des deux extrémités de chacune des lignes 1 et *a*, et des autres lignes 2 et *b*, 3 et *c* de la ligne du milieu et des deux des extrémités ; prenez sur chacune des lignes correspondantes les hauteurs, fig. 2, du dedans et du dehors de la courbe, pour les porter de la base A, fig. 4, afin de fixer les points de hauteur, pour faire passer les quatre lignes courbes du calibre rallongé, fig. 4, comme l'indique la figure.

Pour tracer le calibre B, tirez les deux lignes parallèles qui affranchissent le bois de la courbe, et une ligne parallèle qui affranchisse l'épaisseur. Prenez les distances des points au plan à la ligne de base A ; portez ces distances sur les lignes correspondantes, pour fixer les points de passage des deux lignes courbes du calibre B. Ce calibre marque le cintre sur l'épaisseur de la courbe, et doit être tracé sur l'épaisseur de la courbe, après qu'elle est débitée, suivant le cintre de sa largeur, fig. 4 ; le débillardement du cintre du calibre B doit être fait suivant les lignes d'aplomb.

Pour tracer le développement du panneau, fig. 5, figurez les joints à l'élévation, fig. 2 ; abaissez de ces points sur le plan des lignes parallèles à la ligne du milieu. La longueur de chacune des lignes des joints se trouve déterminée par les lignes du plan qui les coupent.

Ensuite tirez la ligne droite, fig. 5, indéfinie en longueur ; prenez la distance du point 1 au joint 2 du panneau à l'élévation, fig. 2 ; portez cette distance sur la ligne droite, fig. 5, pour fixer les points 1 et 2 ; prenez de même à l'élévation la distance du joint 2 au joint 3 ; portez cette distance sur la ligne droite, fig. 5, du point 2, pour fixer le point 3. Faites de même des autres points ; tirez à chacun de ces points, fig. 5, des lignes d'équerre à la ligne droite ; prenez la longueur de chacune des lignes des joints du panneau au plan, et portez ces longueurs sur chacune des lignes, fig. 5. Faites passer une ligne courbe par ces points de longueur : cette ligne termine la figure qui représente la moitié du panneau développé.

La ligne ponctuée parallèle à la ligne droite marque la languette du panneau, et la ligne ponctuée courbe marque l'onglet pour joindre avec le chambranle ; cette ligne ponctuée de l'onglet est commandée par les longueurs des joints abaissés du dessus du panneau au plan, jusqu'à la ligne de l'onglet qui est tracée parallèle à la ligne du ravalement du chambranle au plan.

25

Les planches du panneau doivent être corroyées et jointes comme le cintre de l'élévation, fig. 2, et coupées de longueur comme le développement, fig. 5.

Pour l'exécution des courbes du chambranle, voyez les détails, planches 64 et 65.

Chambranle en archivolte, dans une voûte sphérique. — Planche 68.

Ce chambranle n'offre pas beaucoup de difficultés pour l'exécution; cependant il est cintré en plan, en élévation, et en coupe du milieu. La voûte sur laquelle il est posé étant sphérique, la retombée de la courbe du chambranle est droite en plan; c'est ce qui donne des facilités pour son exécution.

Pour tracer les détails d'exécution, tracez le plan fig. 2, ensuite la coupe du milieu, fig. 3, du même cintre que le plan. Élevez du plan les lignes des angles du profil du chambranle, pour figurer l'élévation géométrale, fig. 1, formant un demi-cercle. Le plan marque l'épaisseur du bois et l'élévation marque le cintre.

La courbe étant débitée cintrée, pareille à la figure de l'élévation, d'une épaisseur comme l'indique le plan; le profil de la courbe à bois debout, se trouve pareil au carré, ou parallélogramme rectangle, circonscrit au profil du chambranle figuré au plan et à la coupe du milieu.

Pour tracer le débillardement, tracez sur la face du devant de la courbe la ligne *b* avec le compas, parallèle aux lignes qui figurent la largeur de la courbe en élévation, fig. 1; tracez sur le champ du dessous de la courbe, avec le trusquin, une ligne parallèle au devant de la courbe, du point *a* de la coupe du milieu, fig. 3; tracez de même sur le champ du dessus, une ligne du point *c*, de la coupe du milieu, fig. 3 : ces lignes étant tracées, débillardez la courbe suivant les lignes, du point *b* au point *a*, du point *c* au point *d*, et du point *b* au point *c*. Ces débillardements étant terminés, faites le ravalement parallèle à la surface, et poussez la moulure.

La figure de l'élévation représente la moitié de la courbe en deux morceaux, collés ensemble, pour former la largeur nécessaire.

Dans le cas où l'on n'aurait pas de bois assez large pour faire la courbe sans collages, il vaut mieux faire un collage que de faire plusieurs traits de Jupiter, pour épargner du bois et de la main-d'œuvre.

Chambranle en archivolte, dans une voûte cylindrique, droite en plan.
Planche 68.

Pour tracer les détails d'exécution de ce chambranle, tracez premièrement les deux profils du chambranle au plan, fig. 4; ensuite tracez le demi-cercle du dedans de la courbe en élévation, fig. 5; la hauteur de ce demi-cercle commande la hauteur du dessous du profil de la coupe du milieu, fig. 6; tracez le cintre de la coupe du milieu, pareil au cintre de la voûte sur laquelle doit être posé le chambranle. Tracez le profil du chambranle sur la coupe du milieu, de la même largeur que les profils du plan sur la ligne du ravalement.

La ligne du dessus doit être perpendiculaire à la courbe du cintre de la coupe du milieu, laquelle, si elle est tracée au compas, la ligne doit tendre au point de centre.

Fixez à volonté les points *a b c* sur la ligne du demi-cercle de l'élévation, fig. 5; tirez de ces points des lignes horizontales, pour fixer les points *a b c* sur la ligne du ravalement du chambranle en la coupe du milieu, fig. 6; prenez les distances de la ligne de base au point *a* et du point *a* au point *b*, de *b* à *c*, et de *c* au profil, sur la ligne du ravalement en la coupe du milieu, fig. 6; portez ces distances sur la ligne droite du milieu de l'élévation, pour fixer à la distance que vous voulez la ligne de base et les points *a b c* du développement, fig. 10.

Tirez à chacun de ces points une ligne horizontale; ces lignes seront coupées en longueur par les lignes élevées des points correspondants de l'élévation. Faites passer la ligne courbe du dedans du développement par ces points, et tirez à chaque point une ligne perpendiculaire à la ligne courbe; portez sur chacune de ces lignes perpendiculaires la largeur du profil du chambranle, pour tracer la ligne du dehors du développement, fig. 10.

Tirez de ces points du dehors des lignes horizontales pour fixer les points *d e f* sur la ligne du milieu; prenez la distance du point *a* au point *d* sur la ligne du milieu du développement; portez cette distance sur la ligne du ravalement du chambranle à la coupe du milieu, fig. 6, du point *a*, pour fixer le point *d;* tirez du point *d* une ligne d'équerre à la courbure de la coupe du milieu; prenez de même au développement la distance du point *b* au point *e*, et du point *c* au point *f;* portez ces distances sur la coupe du milieu du point *b*, pour fixer le point *e*, et du point *c*, pour fixer le point *f;* tirez aux deux points *e* et *f* deux lignes d'équerre à la courbure de la coupe du milieu, seulement que dans l'épaisseur du bois figuré sur la coupe du milieu.

Les lignes horizontales *a b c* sur la coupe du milieu donnent des points où elles coupent les deux lignes de l'épaisseur, pour tirer de ces points des lignes sur lesquelles vous porterez des points de distances en largeur, pour tracer les deux lignes courbes du dedans du calibre rallongé, fig. 8; et les lignes d'équerre à la courbure de la coupe du milieu donnent des points pour les lignes sur lesquelles vous porterez des points de distances en largeur, pour tracer les deux lignes courbes du dehors du calibre rallongé, fig. 8.

Tirez des deux extrémités de la coupe du milieu la ligne droite A; prenez sur la ligne de base de l'élévation, fig. 5, la distance de la ligne du milieu au dehors de la courbe; portez cette distance de la ligne A, pour tirer la ligne B parallèle à la ligne A. Aux extrémités des lignes horizontales et des lignes d'équerre sur la coupe du milieu, tirez des lignes d'équerre aux lignes A et B; ces lignes étant tirées, prenez à l'élévation, fig. 5, la largeur horizontale de la ligne du milieu au point *a;* portez cette largeur sur les lignes correspondantes de la ligne B, pour fixer les points *a* du calibre rallongé, fig. 8; prenez de même à l'élévation la distance de la ligne du milieu au point *b;* portez cette distance sur les lignes correspondantes de la ligne B, pour fixer les points *b* du calibre, fig. 8 : faites de même pour le point *c;* la distance prise sur la ligne de base de l'élévation, fig. 5, de la ligne du milieu au dedans de la courbe, sera portée sur les deux lignes du bas du calibre rallongé, fig. 8, pour fixer les deux points des deux lignes du dedans du calibre rallongé, que vous ferez passer par les points *a*, les points *b*, les points *c*, et les deux points du haut sur la ligne B.

Prenez de même sur l'élévation, fig. 5, les distances de la ligne du milieu, aux points du dehors de la courbe *d e f;* portez ces distances de la ligne B, pour fixer les points *d e f* du calibre rallongé fig. 8; faites passer par ces points les deux lignes du dehors du calibre rallongé.

La longueur portée au dehors de la ligne du milieu B est pour le trait de Jupiter, d'assemblage des deux morceaux de la courbe du chambranle.

Le calibre, fig. 9, représente le cintre de la courbe sur l'épaisseur du bois.

Pour le tracer, les distances seront prises sur les lignes correspondantes de la ligne A, aux points du dedans et du dehors de la coupe du milieu, et seront portées de la ligne droite, fig. 9, pour fixer les points de passage de chacune des lignes courbes du calibre, fig. 9.

Pour tracer la retombée de la courbe du chambranle en plan, tirez au bas de la coupe du milieu la ligne oblique à 45 degrés, fig. 7; abaissez des points du dedans et du dehors de la coupe du milieu des lignes sur la ligne oblique, et de leurs points sur cette ligne, tirez des lignes horizontales jusqu'aux lignes correspondantes abaissées de l'élévation sur le plan; où ces lignes se rencontrent, elles marquent le passage des lignes de la retombée de la courbe du chambranle au plan. *Cette figure n'est pas d'une grande utilité pour l'exécution, puisque le calibre rallongé de la courbe du chambranle est tracé avant qu'elle soit figurée.*

Pour l'exécution, après que la courbe sera débitée, suivant le calibre, fig. 8, pour débillarder le cintre sur l'épaisseur, vous suivrez les lignes horizontales. *Voyez les détails indiqués*, planches 64 et 65.

Des Corniches cintrées en plan et en élévation.

Les corniches cintrées en plan et en élévation se tracent par les mêmes opérations, et d'après les mêmes principes que les chambranles. La courbe d'un chambranle cintré en plan et en élévation peut être considérée comme une corniche ayant plus de hauteur que de saillie. Vous figurerez au plan et à la coupe du milieu la saillie de la corniche, et à l'élévation sa hauteur; vous tracerez les détails comme aux chambranles précédents.

DES ARRIÈRE-VOUSSURES PLEINES ET D'ASSEMBLAGE.

Plafond d'embrasure ou arrière-voussure pleine. — Planche 69.

La fig. 3 représente le plan d'un plafond d'embrasure évasée; la fig. 2 est son élévation, formant archivolte plein-cintre; la fig. 1 est sa coupe du milieu.

Ce plafond est fait par douelles, ayant les joints tendus au centre.

Pour tracer les détails d'exécution de ce plafond, tracez premièrement le plan, élevez du plan les lignes pour figurer l'élévation; divisez la courbe du devant de l'élévation en autant de parties égales que vous voulez de douelles. Tirez de chaque point de division une ligne au centre, laquelle représente le joint de chaque douelle. Tirez de chaque extrémité des lignes des joints, une ligne droite d'un point à l'autre le plus près, pour former de l'élévation une figure polygonale.

Pour tracer les douelles ayant leur surface droite, avant d'être débillardées suivant le cintre, prolongez les lignes droites de la première douelle, dans leur direction ; à la distance que vous voulez, tirez la ligne ea d'équerre aux lignes prolongées ; prenez au plan la distance du point a au point b ; portez cette distance de la ligne ea, pour fixer la ligne b, fig. 4. Cette ligne donne deux points à sa rencontre avec les lignes prolongées, pour tracer les deux lignes d'épaisseur de la fig. 4. Cette figure représente la coupe du milieu de la douelle.

Pour tracer le développement, fig. 5, tirez des lignes d'équerre aux lignes droites des points de leurs extrémités ; à une distance quelconque tirez la ligne e parallèle aux lignes droites. Prenez, fig. 4, la distance du point e au point b ; portez cette distance sur la ligne du milieu de la douelle, fig. 5, du point e, pour fixer le point b ; tirez de ce point la ligne parallèle à la ligne e ; prenez de même, fig. 4, la distance du point b au point c ; portez cette distance, fig. 5, du point b pour fixer le point c, et tirez la ligne c parallèle à la ligne b. Portez cette même distance de la ligne e, pour tirer la ligne ponctuée parallèle à la ligne e. Ces quatre lignes couperont chacune deux des lignes de l'élévation, et donneront huit points, pour diriger les lignes des côtés de la douelle, fig. 5.

Pour exécuter cette douelle, la fig. 4 donne le profil du bois debout, et la fig. 5 donne les coupes en longueur. Après que la douelle sera taillée droite, suivant les coupes fig. 5, vous tracerez sur le champ du devant, et celui du derrière, le cintre tracé à l'élévation, fig. 2, et vous débillarderez suivant les lignes du cintre.

Les six douelles de ce plafond sont pareilles ; et comme les joints se trouvent à bois debout, on pourra pousser des rainures, et rapporter des languettes. On peut figurer les joints en plan ; mais ils sont inutiles pour l'exécution.

Autre Plafond d'embrasure de biais par douelles à joints parallèles.
Planche 69.

L'exécution de ce plafond ne diffère du précédent que par ses douelles, qui sont différentes de l'une à l'autre. Tracez le plan, fig. 8, ensuite l'élévation, fig. 7, et la coupe du milieu, fig. 6; tracez sur l'élévation les joints des douelles, et les lignes droites d'un joint à l'autre; ensuite prolongez les lignes de la douelle du bas pour tracer sa coupe du milieu, fig. 9, en prenant la distance du point *a* au point *b* du plan, fig. 8, pour la porter de la ligne *b* à la ligne *a*, fig. 9. Ces lignes donnent les points pour tracer les deux lignes de l'épaisseur de la coupe du milieu de la douelle, fig. 9.

Pour tracer le développement de la douelle, fig. 10, élevez d'équerre aux lignes droites de l'élévation, fig. 7, des lignes, des points de leur extrémité et la ligne du milieu. Tirez à la distance que vous voulez la ligne *e* parallèle aux lignes droites de l'élévation. Prenez, fig. 9, les distances du point *e* au point *a* et au point *c;* portez ces distances sur la ligne du milieu du développement, fig. 10, du point *e*, pour fixer les points *a* et *c.* Tirez de ces points deux lignes parallèles à la ligne *e;* tirez aussi la ligne *f* parallèle à la ligne *e*, éloignée de la ligne *e* de la même distance que la ligne *a* et *c;* ces lignes donnent des points à leur rencontre avec les lignes élevées de l'élévation, pour tracer les lignes des côtés du développement, fig. 10.

Aussi, comme au plafond précédent, la fig. 9 donne le profil à bois debout de la douelle, et la fig. 10 donne les coupes de longueur. Après que la douelle est taillée suivant ces deux figures, il faut tracer sur le champ du devant et celui du derrière le cintre de l'élévation, fig. 7, et débillarder le creux de la douelle suivant le cintre tracé sur ses deux champs.

Pour les autres douelles vous tracerez de même la figure de la coupe du milieu de chacune des douelles, pour avoir la largeur de la douelle en développement. La fig. 11 a donné la largeur de la douelle, fig. 12, sur la ligne du milieu; et la fig. 13 a donné la largeur de même sur la ligne du milieu de la douelle, fig. 14. Les trois autres douelles pour l'autre moitié du plafond seront pareilles à chacune de ces trois douelles développées.

Les joints sont figurés en plan, quoique n'étant pas utiles pour l'exécution.

Plafond d'embrasure dit arrière-voussure en corne de bœuf pleine, par courbes gauches à joints parallèles. — Planche 70.

On appelle aussi ce genre de plafond arrière-voussure en corne de bœuf pleine, ou par collage, à cause de sa figure en élévation qui a la forme d'une corne de bœuf; ayant un des côtés de l'embrasure d'équerre, et l'autre côté biais ou évasé.

Pour tracer les détails d'exécution de ce plafond, tracez le plan, fig. 3, en commençant par figurer les deux profils de la retombée des bouts de la courbe, dont l'un est d'équerre, et l'autre est évasé. Tracez ensuite les lignes des collages à l'épaisseur du bois que vous voulez employer pour faire les courbes. Tirez du point du milieu de la ligne du devant, à celui de la ligne du derrière, une ligne oblique; où cette ligne coupera les lignes des collages, élevez des lignes perpendiculaires sur la base de l'élévation, fig. 2; ces lignes donnent les centres pour tracer les courbes des collages en élévation.

Les lignes élevées des profils du plan sur la base de l'élévation donnent les points des bouts des lignes des courbes, pour le devant et pour le derrière de chaque collage. Le point *a*, fig. 2, est le centre du cintre du devant, et le point *b* est celui du cintre du derrière. *Les lignes des joints en dedans du cintre sont tracées pleines, et celles du dehors sont tracées en lignes ponctuées.*

Pour tracer la courbe du premier collage du devant, après que le bois est corroyé à l'épaisseur commandée par le plan, fig. 3, tracez sur la face du devant les deux lignes courbes *c* et *d* de l'élévation, fig. 2; tracez sur la face du derrière du même collage les deux lignes courbes *f* et *e;* ces lignes étant tracées, débillardez la courbe du collage suivant les lignes tracées sur la face du devant, et celles sur la face du derrière.

Pour la courbe du second collage, qui est celui du milieu, tracez sur la face du devant les deux lignes courbes *e* et *f,* et sur la face du derrière, les deux lignes courbes *h* et *g.*

Pour la courbe du troisième collage, qui est celui du derrière, tracez sur la face du devant les deux lignes courbes *h* et *g,* et sur la face du derrière les deux lignes courbes *i* et *J.* Débillardez ces deux courbes suivant les lignes tracées devant et derrière, et collez ces courbes ensemble; elles formeront le plafond d'embrasure en corne de bœuf.

La coupe du milieu, fig. 1, devient par ce genre de débillardement inutile pour l'exécution.

Autre Plafond d'embrasure imitant l'arrière-voussure de Saint-Antoine.
Planche 70.

Ce plafond est, comme le précédent, par courbes en collages à joints parallèles. Tracez le plan, fig. 6, avec les joints des collages; ensuite élevez du plan la figure de l'élévation, fig. 5, formant sur la face du devant un cintre surbaissé, et droit sur la face du derrière. De la figure du plan, et de celle de l'élévation, tracez la coupe du milieu, fig. 4, dont la hauteur est commandée par l'élévation, et la largeur sur la base est commandée par le plan.

Tracez les joints des collages sur la coupe du milieu, pareils à ceux tracés au plan; où ces lignes des collages coupent le dessous de la figure du bois à la coupe du milieu, tirez des lignes horizontales jusqu'à la ligne du milieu de l'élévation; ces lignes donnent les points de passage sur la ligne du milieu de l'élévation, de chacune des lignes des joints des collages sur la face du dedans des courbes; et les lignes du dessus des joints à la coupe du milieu, donnent sur la ligne du milieu de l'élévation les points de passage des lignes des joints des collages, sur la face du dehors des courbes. Les lignes élevées des profils du plan donnent les points du bout des lignes du dedans, et du dehors des courbes.

Le cintre de chacune des lignes des joints à l'élévation est commandé par le point sur la ligne du milieu, et par les deux points des deux bouts; ces lignes se tracent au compas.

Pour débillarder les courbes des collages, vous ferez comme au plafond précédent : vous corroierez le bois de l'épaisseur commandée par le plan, et tracerez les lignes indiquées à l'élévation.

Pour faire la courbe du premier collage du devant, tracez sur la face du devant du bois les deux lignes courbes *a* et *b* de l'élévation, fig. 5; et sur la face du derrière du même collage, tracez les deux lignes courbes *c* et *d* de l'élévation, fig. 5; ces lignes courbes étant tracées sur les deux faces du bois du collage, débillardez suivant ces lignes. Vous débillarderez les autres collages, que vous tracerez comme celui-ci, d'après les lignes tracées à l'élévation.

26

Ces courbes des collages étant débillardées vous les collerez ensemble ; elles formeront le plafond gauche.

Autre Plafond d'embrasure par collages en courbes gauches. — Planche 70.

Ce plafond forme une arrière-voussure en corne de bœuf double, formant sur le derrière un demi-cercle, et sur le devant une demi-ellipse (ou ovale), que l'on nomme *anse de panier.*

Pour tracer les détails d'exécution de ce plafond, après avoir tracé les profils de la retombée des bouts du plafond en plan, fig. 9, et les joints des collages, tirez la ligne *ba* perpendiculaire au milieu du plan, prolongez les deux lignes du dedans des profils, jusqu'à ce qu'elles coupent la ligne du milieu *ba;* elles fixeront le point *a.* Ensuite élevez du plan jusqu'à la ligne de base de l'élévation, fig. 8, des lignes de chaque angle des profils, perpendiculaires au lignes des joints aux plan; de ces lignes sur la base de l'élévation, tracez les deux lignes du derrière formant un demicercle, et les deux lignes du devant, formant une demi-ellipse, commandée en hauteur par le demi-cercle du derrière, et en largeur par l'évasement du plan.

Lorsque les deux lignes elliptiques et parallèles du devant sont tracées, fixez sur celle du dedans les points *c* et *d*, à volonté; abaissez de ces points des lignes aplomb sur la ligne du devant du plan, et tirez des lignes du devant du plan au point *a;* tirez des points *c* et *d*, à l'élévation des lignes horizontales; élevez du plan des lignes aplomb des points où les lignes obliques auront coupé les lignes des joints des collages; où ces lignes couperont les lignes horizontales correspondantes à l'élévation, elles fixeront des points de passage, pour tracer les lignes courbes des joints en élévation. Faites de même pour les lignes des joints du dessus des courbes. Les lignes horizontales *e* et *f* sont pour le dessus. Les lignes élevées du plan donnent des points sur chacune d'elles pour tracer les lignes de joints du dessus des courbes en élévation.

Dans cette opération, il n'y a que les deux lignes du champ du derrière du plafond qui sont tracées au compas, les autres lignes des joints et celles du champ de devant du plafond sont des courbes elliptiques; pour les tracer au compas, il faudrait faire une opération d'ovale borné pour chacune des courbes.

Le plan et l'élévation étant tracés, pour le débillardement des courbes des collages, vous ferez comme aux deux plafonds précédents.

Arrière-Voussure de Saint-Antoine par collages à joints parallèles sur un plan évasé, plein-cintre en élévation, quart d'ellipse (ou ovale) en coupe du milieu. — Planche 71.

Ce nom de Saint-Antoine paraît venir des arrière-voussures aux portes d'un arc triomphal, qui existait dans la rue Saint-Antoine, du côté de l'hôtel de ville, à Paris.

Pour tracer les détails d'exécution de cette arrière-voussure, commencez par tracer la figure du plan, l'épaisseur du bois, et les joints des collages; ensuite tracez les deux lignes en demi-cercle, du champ du devant de l'élévation, fig. 2; tracez ensuite la coupe du milieu, fig. 1, commandée en hauteur par l'élévation, et en largeur sur sa base par le plan, fig. 3; figurez sur la coupe du milieu les lignes des joints des collages de l'épaisseur tracée au plan.

La coupe du milieu est une figure elliptique. Pour tracer la ligne du dedans divisez le pourtour du demi-cercle de l'élévation en autant de parties égales que vous voulez. Tirez de ces points des lignes rayonnantes au centre de l'élévation; décrivez sur la base de la coupe du milieu un quart de cercle; divisez sa circonférence en trois parties égales, comme la moitié du demi-cercle de l'élévation est divisée en trois. Tirez des points de division de la moitié de l'élévation des lignes horizontales. Tirez des points de division du quart de cercle de la coupe du milieu des lignes perpendiculaires à la base, jusqu'à ce qu'elles rencontrent chacune une ligne horizontale de l'élévation; la rencontre de ces lignes donne les points de passage de la ligne du dedans de la coupe du milieu; vous tracerez la ligne de l'épaisseur parallèle.

Ensuite tracez les lignes des joints des collages à l'élévation, celles du dedans les premières; elles forment toutes les deux des courbes elliptiques, commandées en hauteur sur la ligne du milieu de l'élévation, par la hauteur de la ligne du joint correspondant à la coupe du milieu. Les points des courbes sur la ligne de base sont donnés par les lignes élevées du plan du joint correspondant.

Pour tracer la ligne elliptique de chacun des joints on peut se servir des lignes rayonnantes. Décrivez un demi-cercle du petit axe et un demi-cercle du grand axe; des points où le cercle du grand axe aura coupé les lignes rayonnantes, abaissez des lignes perpendiculaires au grand axe, qui est la base de la figure de l'élévation : des points où le cercle du petit axe aura coupé les lignes rayonnantes, tirez des lignes parallèles au grand axe; la rencontre des lignes parallèles avec les lignes perpendiculaires au grand axe donne des points pour faire passer la ligne de circonférence de la moitié de l'ellipse.

Lorsque ces lignes, formant chacune une demi-ellipse représentant les joints des collages sur la figure de l'élévation, sont tracées, tracez la coupe prise sur le rayon A, fig. 4; pour la tracer, tirez des lignes perpendiculaires au rayon A, des points des lignes courbes et du centre. Portez à la distance que vous voulez les mêmes dimensions que la base de la coupe du milieu, sur la ligne droite du bas qui part du centre. Élevez des perpendiculaires à cette ligne de chacun des points des collages. Où ces lignes couperont leur ligne correspondante, vous ferez passer la ligne du dedans de la courbe, et celle du dehors parallèle à l'épaisseur du bois. Tracez de même la coupe prise sur le rayon B, fig. 5.

Ces deux coupes, fig. 4 et 5, étant tracées, abaissez sur leur rayon des lignes, des points où les lignes des joints auront coupé la ligne du dehors, pour tracer sur l'élévation les lignes des joints des collages au dehors.

La figure 5 donne des points sur le rayon B; vous porterez les mêmes points sur le rayon du côté opposé. De même la figure 4 donne des points sur le rayon A; vous porterez les mêmes points sur le rayon pareil du côté opposé.

Ces opérations de coupe, prises sur plusieurs rayons, sont indispensables pour obtenir l'épaisseur du bois, égale dans toutes les parties de l'arrière-voussure.

On peut, si l'on veut, tracer les courbes elliptiques des joints des collages à l'élévation au compas; en formant à chacune la moitié d'un ovale borné; ce qui serait plus facile que de tracer la moitié d'une ellipse; mais la courbure n'est pas aussi régulière.

Le débillardement des courbes des collages se fait comme aux plafonds précédents.

Arrière- voussure en queue de paon d'assemblage. — Planche 71.

Cette arrière-voussure se nomme ainsi par sa ressemblance avec la queue d'un paon. L'arête du devant est plein-cintre, et celle du derrière est un cintre surbaissé. Le plan est évasé suivant l'embrasure de la baie à laquelle elle est destinée. Ainsi cette arrière-voussure est un plafond d'embrasure évasée, d'une baie cintrée en élévation en cintre surbaissé à l'extérieur, et cintrée en plein cintre à l'intérieur.

Pour tracer les détails d'exécution, commencez par tracer les lignes du pourtour de la figure du plan, fig. 8; tirez une ligne droite au milieu du plan, parallèle à la ligne du devant; tirez à la distance que vous voulez, la ligne de base de l'élévation, fig. 6, parallèle aux lignes du devant et du derrière du plan; élevez perpendiculairement une ligne au milieu du plan, qui sera aussi la ligne du milieu de la figure de l'élévation. (*Le côté gauche de la figure en élévation est pour les bâtis, et le côté droit est pour les panneaux.*)

Tracez à l'élévation, la ligne du cintre surbaissé et celle du plein-cintre; les points de leurs extrémités sur la base sont donnés par les lignes élevées du plan. Tracez ensuite la coupe du milieu, fig. 7, dont la hauteur est bornée par la hauteur des deux courbes de l'élévation, et la distance des lignes bhg est donnée par les lignes bhg du plan. Figurez sur la coupe du milieu le panneau et le profil des courbes du devant et du derrière, en observant les champs égaux en parement. Tracez à l'élévation la ligne d'opération h, dont le cintre est donné sur la ligne du milieu, par la hauteur de la ligne h de la coupe du milieu, et sur la base par les lignes élevées du plan des extrémités de la ligne h.

Pour tracer les lignes des angles des courbes du bâti en l'élévation, il faut figurer des coupes sur les courbes à plusieurs endroits fixés à volonté, comme aux lignes rayonnantes i et J. Fixez à volonté à peu près au milieu le point i, sur la ligne courbe h; tirez de ce point une ligne rayonnante au point de centre du plein-cintre du devant, et une au point de centre du cintre surbaissé du derrière; de même la ligne rayonnante J, au centre du devant, et celle k au centre du derrière.

Pour tracer le profil A de la coupe de la courbe du devant, prise au rayon i, élevez sur le rayon deux lignes perpendiculaires, une du point de la ligne d'opération h, et l'autre du point de la ligne du devant de la courbe. A une distance à volonté, tirez les deux lignes h et b, parallèles

au rayon, éloignées l'une de l'autre de la distance de la ligne *b* à la ligne *h*
au plan, fig. 8. Ces lignes forment, avec les deux lignes élevées du rayon,
une figure quadrilatère. Tracez la ligne diagonale de l'angle *b* à celui
opposé; cette ligne diagonale représente la ligne de la surface des bâtis,
dans là direction du rayon *i*. Tracez la ligne du derrière parallèle à l'épaisseur
du bois figurée en la coupe du milieu. Tracez de même la largeur du champ,
le profil de la moulure et le panneau. Abaissez des angles du profil de
la courbe des lignes sur le rayon; ces lignes donnent les points qui
commandent le passage des lignes des arêtes de la courbe du devant en
élévation.

De ce même profil on abaisse des angles du panneau des points de passage, pour tracer les lignes du panneau en élévation. Faites de même
pour les autres profils des coupes B, C et D, pour tracer en élévation la
courbe du devant et celle du derrière, avec les lignes des angles (ou
arêtes).

Pour tracer les courbes en plan, prenez au profil A la distance perpendiculairement de la ligne *b* à l'angle 2. Portez cette distance sur la ligne
abaissée du rayon sur le plan de la ligne du devant du plan pour fixer le
point 2. Prenez de même au profil A la distance de l'angle 1 à la ligne *b*;
portez-la sur sa ligne abaissée du rayon sur le plan, pour fixer le point 1.
Faites de même aux autres profils pour tracer les bâtis en plan et pour
tracer les panneaux; les points sur la ligne du milieu au plan sont donnés
par la coupe du milieu.

Pour les traverses du bas, voyez les profils des bouts, fig. 10, et sa figure
en longueur, fig. 9. Le montant rayonnant du milieu est figuré à la coupe
du milieu, fig. 7.

Pour tracer les profils, fig. 10, tirez à volonté la ligne *m* et *n* à distances
égales, parallèles à la ligne de base de l'élévation; abaissez des lignes
pour figurer leur retombée sur le plan; fixez des coupes perpendiculaires
à la ligne du dehors du plan, aux deux bouts et au milieu. Élevez des
points des lignes de la retombée avec les lignes des coupes, des lignes
dans la direction de la ligne du dehors du plan; portez à la distance que
vous voulez les trois lignes, fig. 10, parallèles aux lignes des coupes,
éloignées l'une de l'autre de la distance des lignes *m* et *n* à l'élévation.
Ces lignes donnent des points où elles coupent les lignes correspondantes
élevées du plan, pour tracer la pente des profils des coupes de la traverse
du bas.

Abaissez les angles de ces profils sur leurs lignes de coupe en plan ; elles fixeront les points de passage, pour tracer au plan les lignes des deux arêtes du dessus de la traverse. Et de même pour tracer les deux lignes du bout du panneau au plan.

Pour débillarder les courbes du bâti, corroyez le bois de l'épaisseur du plus large de la retombée des courbes en plan ; ensuite débitez-les suivant leur figure en élévation aux deux lignes extérieures. Après, débillardez l'épaisseur suivant leur largeur en plan, et tracez sur les deux faces droites de l'épaisseur les lignes courbes des arêtes, et une ligne d'arête sur la face du dedans du cintre. Ces lignes des quatre arêtes de la courbe étant tracées sur le bois, vous débillarderez suivant les lignes.

Pour les deux traverses du bas, la figure 9 donne la longueur, et les profils, fig. 10, donnent le gauche aux deux bouts et au milieu. Tracez sur les deux bouts les profils suivant leur position, fig. 10. Vous débillarderez suivant les profils tracés aux bois des bouts. Les panneaux seront débillardés par collage comme les arrière-voussures pleines précédentes, et seront coupés de longueur d'après leur figure en élévation.

Arrière-Voussure de Marseille d'assemblage. — Planche 72.

Ce nom d'arrière-voussure de Marseille paraît lui venir de son origine en la ville de Marseille. Elle est la mieux raisonnée de toutes les arrière-voussures ; sa forme est assez agréable ; et les embrasures sont faites de manière à loger exactement les vantaux de la porte ou de la croisée, étant ouverts. Pour cela l'embrasure a pour largeur la moitié de la largeur de la baie ; le cintre du haut des embrasures est pareil au plein-cintre de la baie. (*Voyez* le plan, fig. 3.) L'arc tracé en ligne ponctuée représente le mouvement d'un vantail.

Pour tracer les détails d'exécution de cette arrière-voussure, vous ferez les mêmes opérations que pour l'arrière-voussure en queue de paon précédente. Après avoir tracé la ligne du pourtour de la figure du plan et les trois lignes d'opérations, à distances égales, elles diviseront l'embrasure en quatre parties égales ; tracez ensuite la figure de l'élévation, fig. 2 ; la courbe du derrière est plein-cintre, et celle du devant est en cintre surbaissé, dont les deux bouts doivent être à la hauteur du plein-cintre du derrière.

Divisez la moitié de la ligne de base de l'élévation en quatre parties égales, comme est divisée la ligne de l'embrasure au plan, par les lignes d'opérations.

Élevez de ces points sur la base de l'élévation des lignes perpendiculaires à la base; où ces lignes couperont la ligne du cintre de derrière, tirez des lignes horizontales pour fixer des points de hauteur aux lignes élevées des embrasures du plan. Vous ferez passer par ces points les lignes courbes de la figure des embrasures en élévation.

Tracez ensuite la coupe du milieu, fig. 1, bornée en hauteur par les lignes des deux cintres de l'élévation, et en largeur sur sa base, par le plan, mesure prise sur la ligne du milieu; tracez le profil de courbes et du panneau sur la coupe du milieu; les points de hauteur sur chacune des lignes d'opération en la coupe du milieu, donnent des points sur la ligne du milieu de l'élévation, pour tracer les lignes courbes d'opération sur la figure de l'élévation. *Le côté gauche du plan et de l'élévation est pour le bâti, et le côté droit est pour le panneau.*

Tracez ensuite les coupes ABCD, par les moyens indiqués à l'arrière-voussure en queue de paon précédente; abaissez des angles du profil de la courbe et du panneau, des points sur la ligne de chaque coupe sur la figure de l'élévation, pour tracer en élévation les lignes des angles des courbes et du panneau.

Pour tracer le calibre rallongé de la courbe contre l'embrasure, fig. 4, tirez à volonté, à distances égales, les deux lignes ponctuées parallèles à la ligne d'embrasure au plan. Des points où ces lignes couperont les lignes d'opération, élevez des lignes sur les courbes d'opération, pour tracer en élévation le cours de ces lignes; ensuite de ces points au plan, et des points sur la ligne de l'embrasure, élevez des lignes perpendiculaires à la ligne de l'embrasure au plan, portez sur chacune de ces lignes la hauteur du point correspondant à l'élévation : vous ferez passer par ces points les trois lignes courbes du calibre rallongé, dont deux en lignes ponctuées, représentent le cours des deux lignes parallèles, figurées pour opération au plan, et celle du dessous forme l'arête du calibre rallongé.

Cette ligne courbe du dessous, commandée par les points sur la ligne de l'embrasure, forme un quart de cercle pareil à l'élévation, et donne le cintre du haut de l'embrasure.

Tirez à volonté plusieurs lignes rayonnantes pour figurer des coupes d'après les lignes ponctuées d'opération. Tirez d'équerre au rayon une ligne au point de la ligne courbe ponctuée du haut, et une à celle du milieu. Portez sur la ligne d'équerre du haut la distance de la ligne de l'embrasure, à la ligne ponctuée correspondante du plan; et à la ligne du milieu, la distance de la ligne du milieu au plan qui lui est correspondante. Faites passer par ces deux points, et celui du bas sur le rayon, une ligne : cette ligne représente la surface de la courbe. Sur cette coupe, tracez la ligne de l'épaisseur, et celle du panneau parallèle; figurez le profil de la courbe, d'après la largeur du champ que vous tracerez pareil aux champs figurés sur la coupe du milieu; faites de même à chaque coupe.

Le profil de la courbe étant tracé à chaque coupe, faites passer les lignes réelles du calibre rallongé de la courbe par les points donnés par les angles du profil sur chacun des rayons.

De même, les distances prises perpendiculairement au rayon de chacun des angles des profils à la ligne du rayon, seront portées sur chacune de leurs lignes abaissées sur le plan de la ligne de l'embrasure, pour tracer au plan les deux lignes de la courbe, et de même les points pour tracer les deux lignes du bout du panneau en plan.

Vous débillarderez la courbe du devant et celle du derrière, suivant leur cintre en élévation et suivant leur épaisseur au plan. Les courbes des bouts seront cintrées suivant le calibre rallongé, fig. 4, et débillardées suivant l'épaisseur tracée par leur retombée en plan.

Pour le panneau, le débillardement se fera par collages, comme les plafonds d'embrasure, planche 70. Les lignes d'opération au plan sont les lignes des joints des collages du panneau. Les points pour tracer les lignes des joints des collages en élévation, sont donnés par le profil de chacune des courbes A B C D, abaissées des joints des collages du panneau sur les lignes des coupes à l'élévation.

Arrière-voussure de Montpellier d'assemblage. — Planche 72.

Le nom de cette arrière-voussure vient de la ville de Montpellier, où probablement elle prit naissance : elle diffère de celle de Marseille par le devant qui est droit au lieu d'être en cintre surbaissé; les lignes des deux côtés de l'embrasure sont droites en élévation. La ligne de l'épaisseur du bois est courbe sur la face du devant en élévation, le gauche fait paraître l'épaisseur plus forte aux deux bouts qu'au milieu; c'est ce qui lui a fait donner le surnom d'*arrière-voussure en oreille d'âne.* Sa coupe du milieu est droite; le cintre du derrière peut être *plein-cintre* en *anse de panier*

27

ou en *cintre surbaissé*; ainsi cette arrière-voussure est un plafond d'embrasure d'une baie cintrée en élévation à l'extérieur et carrée à l'intérieur.

Pour tracer les détails d'exécution et le débillardement des courbes et du panneau, *voyez l'arrière-voussure de Marseille précédente*. Les profils des coupes de la courbe du devant sont tracés sur la coupe du milieu, fig. 5 ; la ligne de la courbe du devant étant droite en élévation, les lignes des coupes sont d'équerre à cette ligne, et parallèles à la ligne du milieu ; alors les lignes de la face du parement de chaque profil partent du même point sur la coupe du milieu.

Les profils A et B sont tracés d'après les lignes des coupes de la courbe du derrière, lesquelles lignes des coupes sont chacune d'équerre à la courbe ; et les lignes pour tracer les profils sont élevées d'équerre à leur ligne de coupe.

Les lignes courbes d'opération, en la figure 6 de l'élévation, sont commandées sur la ligne du milieu aux points donnés par la coupe du milieu ; et par les bouts, par les points des lignes élevées du plan ; mais ces lignes forment chacune une courbe elliptique ; il faut plusieurs points de passage pour les tracer.

Pour cela, divisez la ligne droite du haut de l'élévation en parties égales (*en trois ou quatre*); divisez la base en même nombre de parties égales ; tirez de chacun des points de division de la ligne droite du haut une ligne au point correspondant de la ligne de base du bas. Comme les deux lignes courbes d'opération forment trois parties égales sur la ligne du milieu et sur celles des bouts, divisez de même chacune des lignes obliques, du point de la ligne droite du haut au point de la ligne courbe du bas, en trois parties égales ; les points de division sur chacune de ces lignes obliques sont les points de passage des deux lignes courbes d'opération, en la figure de l'élévation.

Les lignes des joints des collages du panneau en parement et celles de l'épaisseur seront commandées par les profils des coupes, de même que l'épaisseur du bâti.

Le calibre rallongé du montant du bout, fig. 11, est tracé par les mêmes opérations que la courbe, fig. 4, de l'arrière-voussure de Marseille.

Le reste des détails est le même que pour celle de Marseille. Les lignes ponctuées en demi-cercle à l'élévation, fig. 6, ont servi pour tracer la courbe elliptique du cintre de derrière en anse de panier, d'après les principes géométriques de l'ellipse, pl. 3, fig. 8.

*Plafond d'assemblage ou arrière-voussure formant archivolte, avec panneau rond
au milieu, évasé en plan, et plein-cintre en élévation.* — Planche 73.

Les détails d'exécution de cette arrière-voussure sont à peu près comme
pour les arrière-voussures précédentes. Tracez comme vous le désirez le
plan, fig. 3 ; tracez sur le plan le profil des courbes du bâti et le panneau ;
tirez des angles des profils et du panneau des lignes parallèles aux lignes du
plan, pour figurer au plan la retombée des courbes et du panneau (*le côté
gauche pour le bâti, et le côté droit pour le panneau*).

Tracez les joints des collages du panneau en plan, et les deux lignes d'opération du côté du bâti en lignes ponctuées, parallèles aux lignes du plan ;
ensuite élevez, des points des angles des courbes et du panneau au plan, des
lignes perpendiculaires, pour tracer en élévation, fig. 2, les lignes des
courbes et du panneau avec les lignes des joints des collages du panneau et
les lignes d'opération.

Toutes ces lignes en élévation sont tracées au compas sur le même centre
placé au milieu de la ligne de base de l'élévation.

D'après le plan et l'élévation, tracez la coupe du milieu, fig. 1, dont la
largeur sur la ligne de base est pareille à celle du plan, mesure prise sur
la ligne du milieu, et la pente du profil est donnée par les lignes courbes de
l'élévation de leur point de hauteur sur la ligne du milieu de la figure de
l'élévation.

Pour tracer le panneau rond et la courbe du bâti au milieu, il faut
tracer le développement, fig. 4. Pour cela, prolongez les deux lignes des
deux côtés du dedans du plan jusqu'à la ligne du milieu prolongée ; où elles
se joignent, fixez le point *a* comme centre, pour décrire au compas les
lignes du développement. *Ce développement est semblable à celui d'un cône
tronqué.*

Tracez au compas, sur le développement, le panneau rond et les deux
courbes du pourtour, de la largeur des champs, et les deux moulures ;
tracez de même la traverse du bas, pour avoir sa longueur et les arasements ;
tirez du centre du panneau rond une ligne droite tendue au centre *a* du développement.

Ensuite, pour tracer la petite courbe et le panneau en élévation, prenez
sur le développement, fig. 4, les distances sur chacune des lignes d'opération
de la ligne du milieu du panneau rond aux points du dedans et du dehors

de la petite courbe du panneau ; portez ces distances, de la ligne du milieu
de l'élévation, fig. 2, sur chacune des lignes courbes d'opération, pour fixer
des points de passage pour tracer la ligne du dedans et du dehors de la
petite courbe du panneau ; prenez de même les distances de la ligne du
milieu au développement, sur les lignes des deux grandes courbes, pour les
porter sur leurs lignes correspondantes à l'élévation. Ces points donnent les
extrémités de la ligne du dehors de la petite courbe en élévation ; ces deux
lignes du dedans et du dehors de la petite courbe sont les lignes des arêtes
en parement.

Pour tracer les deux lignes des arêtes du derrière, tirez de chacun des
points portés pour les lignes en parement, des lignes tendues au centre de
l'élévation, jusqu'aux lignes correspondantes du derrière ; ces lignes donnent des points pour tracer les deux lignes du derrière, que l'on nomme
lignes de gauche. Faites la même opération pour tracer la figure des panneaux en élévation ; prenez les distances au développement, du bout des
languettes des panneaux, pour les porter sur les lignes correspondantes en
élévation ; tracez de même les lignes de gauche, par les points des lignes
tendues au centre, sur les lignes correspondantes du derrière ; abaissez, de
chacun des points du parement et du derrière, des lignes d'aplomb sur les
lignes correspondantes au plan, pour tracer la petite courbe et les panneaux
en plan.

Pour débillarder la petite courbe du panneau rond, tracez le claveau A, de la largeur nécessaire pour chantourner dedans la petite
courbe.

Pour tracer le claveau, tirez la ligne *be* tendue au centre de l'élévation
placée de manière à affranchir la petite courbe, le claveau aura pour largeur la distance du point *b* au point *a* de la ligne du milieu ; fixez le point *c*
au milieu de la distance du point *b* au point *a;* tirez du point *c,* milieu du
claveau, une ligne droite au point de centre de l'élévation ; prolongez cette
ligne indéfinie ; ouvrez le compas du point *a* au point *r,* fig. 3 ; avec cette
ouverture de compas, mettez la pointe sur la ligne prolongée du milieu
du claveau, comme au point *d,* pour décrire l'arc *r* du claveau A ; ensuite
fermez le compas du point *a* au point *s,* fig. 3; avec cette ouverture,
mettez la pointe du compas sur le même point *d,* et décrivez l'arc *s* du
claveau A ; ensuite fermez le compas du point *a* au point *t;* avec cette ouverture, mettez la pointe sur le point *d;* décrivez l'arc *t* du claveau A ;
prenez de même l'ouverture du compas *au* pour décrire l'arc *u* du cla-

veau. Les arcs *s* et *u* sont pour le parement du claveau, et les arcs *r* et *t* sont pour la face de derrière.

Abaissez des points des lignes du parement, et de celles du derrière à l'élévation, des lignes parallèles à la ligne du milieu *c d*, sur les arcs correspondants du claveau, pour donner des points sur les extrémités des arcs, desquels points vous tracerez les lignes des côtés du claveau.

Vous débillarderez deux claveaux pareils; après qu'ils seront débillardés, vous tracerez, sur la face du parement, le panneau rond et sa courbe, avec le compas, pareillement à la figure du développement.

On peut, pour épargner du bois et de la main-d'œuvre, ravaler le panneau sur la masse des claveaux; alors il n'y aura que le dehors de la courbe à débillarder. Vous tracerez les lignes du contre-parement derrière le claveau, de même que celles du parement, avec le compas, en observant une plus grande ouverture pour le gauche.

Pour les deux autres grandes courbes et pour les grands panneaux, le plan fait connaître l'épaisseur du bois et l'élévation fait connaître le cintre, de celui à droite, celui à gauche est pareil, mais opposé.

Le cintre que les traverses du bas prennent dans leur largeur, est connu par leurs bouts à leur figure en élévation, et leurs longueur et arasements sont connus au développement.

On peut se passer de figurer la retombée du panneau rond et sa petite courbe en plan pour l'exécution.

Arrière-voussure d'assemblages formant archivolte en tour creuse, ayant un panneau rond au milieu. — Planche 73.

Les détails d'exécution de cette arrière-voussure sont les mêmes que pour la précédente. Le plan diffère par ses côtés : au lieu d'être évasé en ligne droite comme la précédente, ils sont tracés au compas, ayant le centre sur le milieu de la ligne du devant du plan.

Tracez de même qu'à la précédente, le plan, fig. 7; l'élévation, fig. 6, la coupe du milieu, fig. 5, et un bout de développement, fig. 8, seulement figuré pour la traverse du bas.

Pour les détails d'exécution du panneau rond du milieu et de sa petite courbe, on peut se passer de les figurer au plan et en élévation; tous les détails se tracent à la coupe du milieu, fig. 5.

Cette arrière-voussure est plein cintre en élévation. Le cintre de l'embra-

sure en plan est pareil et tracé avec la même ouverture de compas que celui
de l'élévation. Alors cette arrière-voussure forme une douelle parallèle d'une
voûte sphérique. Son développement est semblable à une zone parallèle du
développement d'une sphère.

Comme il est démontré en géométrie descriptive, que toutes sections (ou
coupes droites) dans une sphère produisent un cercle, d'après ces principes,
le panneau rond du milieu formant un cercle, sa petite courbe qui l'entoure
ayant son champ égal de largeur en parement et au contre-parement, peut
être tracé de même que le panneau avec le compas sur une surface
plane (c'est-à-dire le bois corroyé droit). L'épaisseur du bois est donnée
par les deux lignes droites, tirées en la coupe du milieu, dont une tangente
à la ligne du cintre du dessus, et l'autre aux deux extrémités du cintre du
dessous.

Voyez la coupe du milieu, *fig*. 5, où est figuré en plus du profil des courbes
une largeur de moulure et la rainure pour les grands panneaux; les deux
lignes ponctuées formant le demi-cercle au pourtour du panneau, et au-
dessus de la coupe du milieu sont tracées des deux angles du bout du panneau
figuré. Ces lignes courbes en demi-cercle donnent des points sur les lignes
d'opération élevées des lignes droites du panneau; la distance de chacun de
ces points à la ligne droite (*diamètre du demi-cercle*) sera portée sur chacune
des lignes d'opération correspondantes au plan, fig. 7, de la ligne du milieu,
pour fixer les points de passage des deux lignes courbes du bout du grand
panneau au plan.

En élevant des points de ces courbes du bout du grand panneau au plan,
des lignes parallèles à la ligne du milieu, pour couper chacune leur ligne
correspondante en élévation, les points de rencontre de ces lignes donnent le passage des deux lignes courbes du bout du grand panneau en
élévation.

Pour l'exécuter, si l'on n'a pas du bois assez épais pour le faire d'un seul mor-
ceau, on fera des collages comme au panneau de l'arrière-voussure précédente; pour
cela, vous tracerez les joints des collages en plan, et leur cintre en élévation.

Pour la petite courbe du panneau rond, son épaisseur pour la débillarder est
donnée par les deux lignes droites en la coupe du milieu, fig. 5, tirées parallèles,
de manière à toucher à un point de chaque profil des grandes courbes, et du plus
figuré pour la largeur de la moulure.

Le bois étant corroyé de cette épaisseur, vous tracerez au compas, sur les deux
surfaces, le cintre du parement et du contre-parement de la petite courbe. Vous

chantournerez la petite courbe, d'équerre à la surface plane, aux deux lignes des
extrémités de la largeur. Lorsque la courbe sera chantournée, tracez sur l'épais-
seur parallèlement à la surface la ligne de l'arête en parement sur le cintre du de-
dans, et la ligne de l'arête du contre-parement sur le cintre du dehors de la courbe,
comme l'indique le profil en la coupe du milieu, fig. 5. Ces lignes tracées, dé-
billardez l'épaisseur suivant ces lignes, après vous débillarderez le gauche.

Les deux grandes courbes du devant et du derrière, l'épaisseur du bois est
donnée par leur retombée en plan, et leur cintre de débillardement est donné par
leur figure en élévation.

DES CALOTTES PLEINES ET D'ASSEMBLAGE.

Calotte pleine (ou masse ou en plein bois) formant le demi-cercle en plan, le demi-
ovale en élévation, et le quart d'ovale en coupe du milieu. — Planche 74.

On nomme CALOTTE PLEINE (ou masse ou en plein bois) celle dont la
surface est unie, construite par collages à joints parallèles ou par claveaux, sans bâti d'assemblage, ni panneaux. Ces noms différents ne
distinguent que le genre de sa construction; celui de *pleine*, sans être le
plus naturel, est le plus analogue des noms, *porte pleine*, *partie pleine*, ouvrages dont la surface est unie, construits sans bâti d'assemblage ni panneaux.

Une calotte est un plafond de niche; on peut dire aussi que c'est une arrière-voussure de niche; cette calotte, dont le plan est plein cintre, fig. 3,
son élévation, fig. 2, qui peut aussi être plein cintre, et sa coupe du milieu,
fig. 1, qui serait un quart de cercle, comme la coupe du milieu, fig. 4, si
l'élévation était plein cintre. Cette calotte ne diffère de l'arrière voussure de
Saint-Antoine (planche 71) que par son plan, qui forme un demi-cercle, au
lieu que celui de celle de Saint-Antoine forme un trapèze isocèle; on peut
alors dire que l'arrière-voussure de Saint-Antoine est une calotte trapézoïdale
en plan.

Pour les détails d'exécution de cette calotte, tracez premièrement les
lignes de l'épaisseur du bois au plan, fig. 3; de même les deux lignes de
l'épaisseur du bois en élévation, fig. 2, ensuite la coupe du milieu, fig. 1,
bornée en hauteur par l'élévation, et en largeur par le plan. (*On peut se pas-*
ser de la coupe du milieu pour l'exécution.) Divisez la hauteur de l'élévation en
parties égales, selon l'épaisseur du bois que vous voulez employer pour faire

.la calotte. Tracez les lignes des joints des collages horizontalement parallèles à la ligne de base de l'élévation; des points où ces lignes des joints couperont la ligne du dedans de l'épaisseur du bois, abaissez des lignes d'aplomb sur la base du plan, comme sont les lignes ponctuées du côté gauche des fig. 2 et 3. Ces lignes donnent des points sur la base pour décrire à chacun un demi-cercle; les lignes de circonférence de chacun des demi-cercles représentent les joints des collages sur la surface du dedans de la calotte en plan. De même, où les lignes des joints en élévation couperont la ligne du dehors de l'épaisseur du bois, abaissez des lignes d'aplomb sur la base du plan, comme sont les lignes ponctuées du côté droit des fig. 2 et 3. Des points de ces lignes sur la base du plan, décrivez des lignes formant chacune un demi-cercle; ces lignes représentent les joints de collages sur la surface du dehors de la calotte.

Pour débillarder les collages de cette calotte, corroyez le bois de l'épaisseur indìquée par les joints des collages en élévation, fig. 2; ensuite chantournez chacune des courbes, après avoir tracé dessus et dessous les lignes du dedans et du dehors, indiquées au plan, fig. 3; en chantournant le bois d'équerre à sa surface plane, vous suivrez les deux lignes courbes des extrémités de la largeur de chacune des courbes.

Ces courbes ainsi chantournées, étant posées et collées les unes sur les autres, seront comme les représentent la coupe du milieu, fig. 4.

On peut, pour épargner du bois et de la main-d'œuvre, les chantourner en pente, en suivant les lignes tracées dessus et dessous, comme les représentent la coupe du milieu, fig. 1. Au dehors il faudrait chantourner plus large que la ligne tracée, afin de laisser assez de bois pour arrondir la surface du dehors.

Si cette calotte était plein cintre en élévation, la coupe du milieu serait semblable à la fig. 4; on peut exécuter cette calotte avec le plan, fig. 3, et la coupe du milieu, fig. 4; le plan donne le cintre de chacune des courbes des collages, et la coupe du milieu donne l'épaisseur du bois des collages. (*On peut au besoin faire les collages de différentes épaisseurs.*)

Autre CALOTTE PLEINE *formant la demi-ellipse au plan et en élévation, et quart d'ellipse en coupe du milieu.* — Planche 74.

Les joints des collages de cette calotte sont opposés à ceux de la précédente; les joints sont d'aplomb, et l'épaisseur des collages est figurée en plan, au lieu que dans la calotte précédente elle est figurée en élévation.

Pour les détails d'exécution, tracez comme vous le désirez le plan, fig. 7, et les lignes des joints des collages, ensuite les deux lignes de l'épaisseur du bois de la calotte en élévation, fig. 6, et la coupe du milieu, fig. 5, bornée en hauteur par l'élévation, fig. 6, et en largeur sur sa base, par le plan, fig. 7, mesure prise sur la ligne perpendiculaire au milieu du plan, les collages figurés sur la coupe du milieu de la même épaisseur qu'au plan.

Le plan, l'élévation et la coupe du milieu sont tracés géométriquement d'après les principes d'ellipse, planche 3, fig. 8 ; les lignes des joints des collages en élévation forment des courbes elliptiques proportionnelles aux courbes de l'épaisseur du bois ; on peut les tracer comme des ellipses, dont le grand axe est borné par les lignes élevées du plan, et le petit axe par les lignes tirées horizontalement des points de la coupe du milieu.

Pour abréger les opérations qu'il faudrait faire pour chaque courbe elliptique, tirez les lignes rayonnantes $bcef$, à distances égales, sur la figure 6 de l'élévation.

Pour tracer les lignes courbes des joints sur la surface du dedans de la calotte, voyez l'opération du côté gauche de la figure de l'élévation. Tirez à volonté la ligne a au centre o, prenez la distance sur la ligne d'aplomb du milieu de l'élévation du centre o au point a, portez cette distance sur la ligne ponctuée d'opération du même centre o, pour fixer le point a. Tirez une ligne droite du point a au point r de l'extrémité de la courbe de l'élévation ; ouvrez le compas du centre o au point b du rayon ; de cette ouverture de compas, coupez la ligne ar pour fixer le point b. Tirez la ligne droite du point b au centre o. De même ouvrez le compas du centre o au point c du rayon, et de cette ouverture coupez la ligne ar pour fixer le point c ; tirez la ligne co. Ensuite des points 7, 8 et 9, élevés des joints du plan sur la base de l'élévation, tirez des lignes parallèles à la ligne ra. Ces lignes fixeront les points 1, 2, 3, 4, 5 et 6 sur les lignes bo et co. Prenez sur la ligne bo les distances du centre o aux points 5, 3, 1. Portez ces distances du même centre o sur le rayon ob, pour fixer les points 5, 3, 1. Prenez de même sur la ligne oc les distances du centre o aux points 6, 4, 2. Portez ces distances du même centre o sur le rayon oc, pour fixer les points 6, 4, 2. La coupe du milieu donne les points sur la ligne perpendiculaire du milieu de l'élévation ; faites passer par ces points les lignes courbes des joints des collages du dedans de la calotte.

28

Pour tracer les lignes courbes ponctuées des joints des collages du dehors de la calotte, faites une opération semblable du côté droit de la figure de l'élévation, en fixant les points de l'extrémité des rayons sur la ligne du dehors de la figure de l'élévation; la ligne ponctuée d'opération *o d* est égale à ligne perpendiculaire du milieu de l'élévation du centre *o* au point *d*, sur la ligne courbe du dehors de la calotte. De même la ligne d'opération *o e* est égale à la ligne rayonnante *o e* de l'élévation, et la ligne *o f* d'opération est égale à la ligne rayonnante *o f* de l'élévation; le reste se fait comme à l'opération précédente. Les lignes ponctuées élevées des joints sur les lignes du dehors du plan, donnent les points 7, 8, 9 sur la ligne de base de l'élévation.

Le débillardement de chacune des courbes des collages se fait comme à la calotte précédente.

Calotte d'assemblage à montant rayonnant. — Planche 75.

Cette calotte est plein cintre en plan et en élévation; la coupe du milieu forme un quart de cercle; ainsi quatre calottes pareilles, jointes ensemble, formeraient une sphère.

Pour les détails d'exécution de cette calotte, tracez comme aux précédentes le plan, fig. 3, l'élévation, fig. 2, et la coupe du milieu, fig. 1. (*Le côté gauche du plan et de l'élévation est pour les bâtis, et le côté droit est pour les panneaux.*) Les panneaux se tracent et se débillardent comme les calottes pleines précédentes.

Pour tracer le débillardement des courbes du bâti, tracez sur la figure de l'élévation le profil *b* du bout de la courbe du bas de la calotte. Abaissez des deux angles du bout du profil deux lignes à plomb sur la base du plan, pour tracer au compas les deux lignes courbes de la retombée du dessus de la courbe du bas de la calotte en plan. Tracez de même le profil *c* du bout du montant rayonnant en élévation; abaissez des angles du profil des lignes à plomb pour tracer sa retombée en plan, laquelle donne l'épaisseur du bois pour débillarder le montant rayonnant, et la coupe du milieu donne le cintre pour le chantourner.

Pour débillarder la courbe du bas, corroyez le bois de l'épaisseur donnée par la hauteur du profil b; *tracez sur la face du dessous les deux lignes courbes au compas, de l'épaisseur du bois de la calotte en plan, et sur la face du dessus, tracez les deux lignes courbes de la retombée de la courbe du bas en plan; ces lignes étant tracées sur les deux faces du bois, chantournez suivant les lignes du dessus et celles du dessous, comme les courbes des collages des calottes pleines précédentes. De même le profil a du bout de la courbe du devant de la calotte en plan donne les lignes de rentrée de la courbe en élevation ; l'épaisseur du bois est donnée par la largeur du profil a, et par la ligne droite de la retombée de la courbe en plan. Le débillardement se fait comme celui de la courbe précédente.*

Les arasements de la courbe du bas se tracent en posant la courbe sur le plan et élevant les lignes du profil a, en observant la barbe pour l'onglet de la moulure en parement. De même les arasements du montant rayonnant se tracent sur la coupe du milieu. Les arasements des languettes des panneaux se tracent d'après sa figure en plan et en élévation.

Autre calotte d'assemblage à courbes parallèles et à montant rayonnant.
— Planche 75.

Le plan de cette calotte, fig. 6, forme un demi-cercle, son élévation, fig. 5, forme une demi-ellipse, et sa coupe du milieu, fig. 4, un quart d'ellipse. La figure 7 représente le développement d'une partie de la surface du dedans de la calotte ; cette figure fait voir les joints des assemblages des courbes du bâti et la rosace au panneau du milieu. Les deux courbes parallèles et les deux panneaux formant la partie du devant de cette calotte se tracent et se débillardent comme l'arrière-voussure formant archivolte en tour creuse, planche 73. Le montant rayonnant, la courbe du bas et les deux panneaux du fond, se tracent et se débillardent comme la calotte précédente. Les deux petites courbes et le panneau de la rosace peuvent être faits d'un seul morceau, pour épargner le bois et la main-d'œuvre.

Cette calotte formant une figure elliptique en élévation, les lignes des détails en élévation forment des courbes elliptiques. Pour les tracer il faut plusieurs points de passage ; pour cela, tracez au plan la ligne ponctuée d'opération ; du bout de cette ligne au point *a*, élevez la ligne perpendiculaire qui coupe les deux lignes de la courbe en élévation ; de ces deux points, tirez les deux lignes horizontales *c* et *d*, dont la ligne *c* est pour la surface du dedans, et la ligne *d* est pour celle du dehors ; les lignes élevées du plan de la ligne ponctuée d'opération donneront des points sur chacune des deux lignes horizontales *c* et *d*, pour tracer les lignes courbes elliptiques en élévation.

De même du bout de la ligne d'opération au point *b*, élevez une perpendiculaire pour couper les deux lignes du panneau en élévation, et tracez les deux lignes horizontales *e* et *f*, dont la ligne *e* pour la surface du dedans et la ligne *f* pour la surface du dehors. Les points élevés du plan sur la ligne ponctuée d'opération, donneront des points sur les deux lignes horizontales *e* et *f*, pour tracer les lignes courbes des panneaux en élévation.

L'exécution est semblable à celle de la calotte précédente et à l'archivolte en tour creuse, planche 73.

TROMPES ET PLAFONDS DE VOUTE.

Trompe dans un angle rectiligne droit. — Planche 76.

Cette trompe est une partie de lambris d'assemblages pour revêtir un angle abattu en pan coupé, formant le cintre dans le haut, pour racheter la saillie de l'angle.

Voyez le plan, fig. 4, l'élévation, fig. 2, la coupe du milieu, fig. 3, le développement de la moitié de la surface, fig. 1, et le calibre rallongé d'une des deux courbes, fig. 5.

Pour les détails d'exécution de cette trompe, tracez le pourtour du plan, fig. 4, le profil du bout des deux courbes formant battant, et le profil du panneau. (*Le côté gauche du plan et de l'élévation est pour les bâtis, et le côté droit pour le panneau.*) Ensuite, tracez la coupe du milieu, fig. 3, le profil de la traverse du bas et le panneau. Fixez à volonté plusieurs points à distances égales sur la ligne courbe de la surface du devant des bâtis; tirez la ligne B de 45 degrés, en décrivant un quart de cercle à l'aplomb de la coupe du milieu et sur les lignes horizontales prolongées du plan; tirez, des points 1, 2, 3, 4 sur la coupe du milieu, des lignes horizontales; abaissez de ces mêmes points des lignes à plomb sur la ligne de 45 degrés B; des points de ces lignes sur la ligne B, tirez des lignes horizontales jusqu'au côté opposé du plan, des points où ces lignes auront coupé les deux lignes des côtés du plan, élevez des lignes perpendiculaires pour couper chacune leur ligne horizontale correspondante en élévation; faites passer par les points de rencontre de ces lignes, les deux lignes courbes de la surface du devant en élévation; faites de même pour tracer les deux lignes courbes de la surface du derrière en élévation, en vous servant des points sur la ligne du derrière de la coupe du milieu.

Tracez ensuite le développement, fig. 1; tirez la ligne de base et la ligne
perpendiculaire à volonté; prenez sur la coupe du milieu les distances de
la base au point 1, du point 1 au point 2, et des autres points 3 et 4;
portez ces distances sur la ligne perpendiculaire du développement de la
base pour fixer le point 1 et du point 1 pour fixer le point 2, et de même
des autres points 3 et 4; tirez de ces points des lignes parallèles à la base;
prenez au plan la longueur de la ligne de la surface du devant, prise de
la ligne du milieu à la ligne du côté du plan; portez cette longueur sur la
ligne de base du développement; prenez de même au plan la longueur de
la ligne 1 pour fixer la longueur de la ligne 1 du développement, de même
des lignes 2 et 3; faites passer par ces points de longueur, la ligne courbe
du développement, tracez parallèlement à cette ligne la ligne de largeur
du champ, la traverse du bas et les lignes ponctuées de la languette du
panneau.

Prenez la largeur du champ sur chacune des lignes horizontales du développement, pour la porter sur chacune des lignes correspondantes au
plan pour tracer la ligne du champ en plan; tirez de chacun des points de
largeur des lignes d'équerre, pour fixer sur les lignes correspondantes du
derrière les points pour tracer la ligne du champ du derrière en plan.

Pour le panneau en plan, prenez au développement la longueur de chacune des lignes des joints du panneau; portez ces longueurs sur chacune
des lignes correspondantes en plan, pour tracer la ligne du devant et celle
du derrière du panneau en plan.

La courbe et le panneau étant tracés en plan, élevez des lignes des points
du plan sur chacune de leurs lignes correspondantes en élévation, pour
figurer le champ de la courbe et le panneau en élévation.

Ensuite, pour tracer le calibre rallongé, élevez des points de la courbe
en plan, des lignes perpendiculaires au côté du plan, lequel sert de base
au calibre rallongé. Prenez les hauteurs à la coupe du milieu des points 1,
2, 3, 4; portez ces hauteurs pour tracer les lignes 1, 2, 3, 4, au calibre
rallongé; prenez de même à la coupe du milieu les hauteurs de points du
derrière 5, 6, 7, 8; portez ces hauteurs pour tracer les lignes 5, 6, 7, 8 au
calibre rallongé; chacune de ces lignes donne deux points à sa rencontre
avec les deux lignes correspondantes élevées du plan, pour tracer les lignes
courbes du calibre rallongé.

*Pour débillarder cette courbe, corroyez le bois de l'épaisseur de la retombée de
la courbe en plan; ensuite tracez sur le bois les lignes courbes du calibre rallongé,*

dont deux lignes courbes sur une face, et les deux autres sur l'autre. Ensuite chantournez la face du dehors de la courbe, suivant la ligne du dessus et celle du dessous du bois et l'autre face parallèle; après vous débillarderez le champ, d'après sa ligne de largeur tracée en plan.

Pour le panneau, le profil du bois debout est donné par la coupe du milieu, fig. 3; la longueur et les coupes sont données par le développement, fig. 1.

Plafond de voûte angulaire ou courbe sur angle. — Planche 76.

Cette courbe sur angle est un arêtier cintré, dont l'angle du dedans est évidé. Elle est le montant d'angle du bâti d'assemblage d'un plafond dans une voûte plein cintre sur un plan carré. *Voyez le plan*, fig. 7, l'élévation, fig. 6, le développement de la moitié du grand côté, fig. 8, et le calibre rallongé de la courbe, fig. 9 : les profils de coupe, tracés de chaque côté de l'élévation, servent de coupe du milieu. *Le côté gauche du plan et de l'élévation est pour les bâtis, et le côté droit est pour les panneaux.*

Cette courbe sur angle ne diffère de la courbe de la trompe précédente que par son côté en retour d'équerre. La courbe de la trompe est la moitié de celle sur angle.

Si l'on n'avait pas de bois assez épais pour faire la courbe sur angle d'un seul morceau, et qu'on la fasse en deux morceaux, ayant le joint dans l'angle, chacun des morceaux serait pareil à la courbe de la trompe.

Les détails d'exécution pour les bâtis et les panneaux de ce plafond se tracent par des opérations semblables à celles de la trompe. Après avoir tracé le plan, fig. 7, tracez le profil de coupe pour les bâtis au côté gauche de l'élévation, fig. 6, et de même le profil de coupe pour les panneaux au côté droit de l'élévation, fixez à volonté des points à distances égales sur la ligne de la surface des bâtis du côté du parement, *qui est le côté creux*, à chacun des profils de coupe; tirez de ces points, dans l'épaisseur du profil, des lignes d'équerre à la courbe (*tendues au centre si la courbe est tracée au compas.*) Ces lignes, au profil à droite de l'élévation, servent pour les joints des planches des panneaux. Tirez des points de ces lignes, sur la face du devant et sur celle du derrière, aux deux profils, des lignes horizontales.

Ensuite, pour tracer le développement, fig. 8, tirez à volonté la ligne perpendiculaire, laquelle représente la ligne perpendiculaire du milieu de l'élévation; prenez les distances des points 1, 2, 3, 4, 5, 6, sur la ligne courbe du profil de coupe en élévation ; portez ces distances de la ligne de base du développement, pour fixer les points des lignes horizontales 1, 2, 3, 4, 5, 6 ; pour fixer la longueur de chacune de ces lignes, prenez la longueur de chacune des lignes horizontales correspondantes en élévation, de la ligne perpendiculaire du milieu, au point de la ligne courbe du profil ; faites passer par ces points de longueur la ligne courbe du développement ; tracez parallèlement la ligne de la largeur du champ, les lignes des traverses et les lignes ponctuées des languettes du panneau ; prenez horizontalement, sur chacune des lignes 1, 2, 3, 4, 5, 6, la largeur du champ, pour la porter sur chacune des lignes correspondantes au plan des deux côtés de la ligne de l'angle. Ces points donnent le passage des deux lignes des arêtes du parement en plan. Tirez de chacun de ces points des lignes d'équerre pour joindre la ligne correspondante de la face du derrière, pour tracer les deux lignes des arêtes du derrière en plan.

Faites de même pour tracer les panneaux en plan ; prenez au développement la longueur de chacune des lignes, du point sur la ligne perpendiculaire, jusqu'au point de la ligne ponctuée de la languette du panneau ; portez ces longueurs sur chacune des lignes du panneau en plan.

Pour tracer le panneau et la courbe en élévation, élevez des points du plan des lignes pour couper chacune leur ligne correspondante en élévation. La rencontre de ces lignes donne des points de passage pour tracer les lignes de la longueur du panneau et du champ de la courbe.

Pour tracer le calibre rallongé, fig. 9, la ligne de l'angle au plan sert de base ; élevez perpendiculairement à cette base des lignes des points où les lignes abaissées de l'élévation ont coupé la ligne de l'angle, qui est la base du calibre, et des points aux deux lignes du champ. Prenez la hauteur d'aplomb de chacun des points 1, 2, 3, 4, 5 et 6, à l'élévation ; portez ces hauteurs de la base du calibre, pour fixer les hauteurs des lignes 1, 2, 3, 4, 5 et 6 ; tirez ces petites lignes parallèles à la base, de la ligne de l'angle à celle du champ : elles donnent chacune deux points pour tracer les deux lignes courbes du calibre, dont celle ponctuée marque la profondeur de l'évidement, et l'autre les deux arêtes de la courbe en parement.

Faites de même pour tracer les deux lignes de la face du derrière ; prenez sur l'élévation la hauteur d'aplomb des points $abcdef$, pour fixer la hauteur de chacune des lignes $abcdef$ au calibre. Ces lignes donnent chacune deux points pour tracer les deux lignes courbes du calibre, dont l'une marque l'arête du milieu, et l'autre l'arête du champ de derrière.

Ce calibre étant tracé pour débillarder le bois, corroyez-le de l'épaisseur donnée au plan; chantournez-le suivant la courbe du calibre rallongé. Ensuite, tracez du côté du rond au milieu de l'épaisseur la ligne de l'arête, et tracez de même du côté du creux la ligne au milieu de l'épaisseur, pour marquer l'arête de l'évidement; tracez aussi du côté du creux les deux champs en parement; débillardez le bois suivant ces lignes.

Pour les panneaux, le profil à bois debout est figuré à la coupe à droite en élévation; leur longueur est donnée par le plan et par l'élévation, et aussi par le développement.

MENUISERIE DES ÉGLISES.

Les ouvrages en menuiserie qui sont le plus essentiels dans les églises sont les autels, les confessionnaux, la chaire à prêcher, les bancs d'œuvre, les stalles de chœur et les buffets d'orgues : ces différents ouvrages sont à la fois d'utilité et d'ornement. Les lambris de revêtement des murs dans les chapelles ou au pourtour intérieur des églises sont aussi utiles et ornent l'intérieur. Les chasubliers et les chapiers sont des espèces d'armoires construites de différents genres placées dans les sacristies, servant à serrer les chasubles et les chapes. Les portes de l'intérieur et celles de l'extérieur sont des objets indispensables, je les considère comme faisant partie du matériel de l'édifice; elles sont construites avec plus ou moins d'élégance selon la localité.

Autel en tombeau, ayant le devant et les côtés inclinés. — Planche 77.

La manière de tracer les détails d'exécution de cet autel est la même que les opérations d'arêtiers. Les deux pieds montants de la face du devant, étant inclinés sur le devant et sur les côtés en retour, sont comme deux arêtiers renversés, et doivent être corroyés comme les arêtiers, d'après leur profil donné par l'opération.

Pour exécuter cet autel, tracez comme vous le désirez la vue de face en élévation géométrale, fig. 2; abaissez de l'élévation géométrale les lignes des points principaux, pour tracer le plan en longueur. Tracez le plan de la largeur que vous désirez; tirez des deux angles du devant au plan, deux lignes droites au point du milieu du derrière; ces lignes sont la retombée de l'arête de chaque pied montant en plan, et donnent la pente (ou *inclinaison*) du devant. Ensuite, d'après le plan et l'élévation

géométrale, tracez la coupe du milieu, fig. 1, dont la hauteur est bornée
par l'élévation, et la pente du devant par le plan.

Ensuite, tracez le développement de la face du devant, fig. 5, et celui du
côté, fig. 4.

Pour tracer celui fig. 5, tirez à volonté la ligne e, parallèle au plan, prenez, fig. 1, la distance du dessus du socle c, au-dessous de l'astragale e;
portez cette distance, fig. 5, sur la ligne du milieu du point e, pour fixer le
point c; tirez la ligne c, parallèle à la ligne e (la ligne c et la ligne c sont bornées en longueur par les lignes abaissées du plan). Tirez de ces points de longueur des lignes obliques pour former le pourtour de la figure du développement; figurez sur le développement la largeur des champs et les coupes des
assemblages. La largeur des pieds-montants étant tracée sur le développement, élevez des points de leur largeur des lignes sur le plan, pour tracer
leur retombée au plan; faites de même pour le développement du côté, fig. 4,
en prenant à la figure de l'élévation la distance du point a au point b, pour
la porter au développement de la ligne a, pour fixer la ligne b parallèle à la
ligne a. La ligne a et la ligne b donnent deux points sur les lignes prolongées
du plan, pour tracer la ligne oblique, laquelle termine le pourtour du développement. La largeur du champ est tracée au dedans et parallèle au dehors. La ligne de largeur donne un point sur la ligne a et un sur la ligne b.
Tirez de ces points des lignes sur le plan, pour tracer la ligne de retombée
du pied montant en plan.

Pour tracer le pied-montant, vu dans la longueur naturelle, et le profil
pour le corroyer, élevez à l'angle d du plan une ligne perpendiculaire aux
lignes du pied-montant en plan, et deux lignes pareilles, du bout des lignes
des deux champs du pied-montant; prenez à l'élévation, la hauteur perpendiculaire du dessus du socle au-dessous de l'astragale, comme de la ligne d à
la ligne e; portez cette hauteur sur la ligne perpendiculaire du point d, pour
fixer le point e; tirez du point e une ligne parallèle à la ligne de l'angle df;
tirez, du point e au point f, une ligne droite, et des points de deux lignes
perpendiculaires sur la ligne e; tirez deux lignes parallèles à la ligne ef. Ces
lignes représentent le pied-montant.

Tirez où vous voulez la ligne d'équerre a; prenez de chaque côté de la
ligne du milieu la largeur de la retombée du pied-montant en plan; portez
cette largeur de chaque côté du point a, pour fixer le point c et le point b;
tirez les lignes d'équerre cb, elles donnent sur chacune des lignes parallèles
un point pour tracer, de ces deux points au point a, les deux lignes du pro-

29

fil. Tirez les lignes de l'épaisseur d'équerre à ces lignes, portez sur chacune de ces lignes l'épaisseur du bois des bâtis, pour tracer la ligne du chanfrein du pied-montant.

Pour l'exécution, ce profil sert pour corroyer les pieds-montants. Les coupes du haut et du bas des pieds-montants sont données par les développements, fig. 4 et 5. La courbe du panneau rond du milieu, son calibre et ses coupes sont donnés par le développement, fig. 5 ; les coupes des traverses du haut et du bas et les panneaux sont donnés par les deux développements.

Autre autel en tombeau cintré en élévation en courbe de cul-de-lampe, avec panneau au milieu. — Planche 77.

Les détails pour tracer et exécuter cet autel sont les mêmes que pour le plafond de voûte ou courbe sur angle, planche 76.

Tracez comme vous le désirez l'élévation, fig. 9, ensuite le plan, fig. 10, et la coupe du milieu, fig. 11 ; fixez à volonté plusieurs points à distances égales sur la ligne courbe du profil de l'élévation ; abaissez de ces points des lignes sur la ligne de l'angle du pied-montant au plan ; retournez ces lignes sur la face du devant, parallèles aux lignes du plan. De ces points 1, 2, 3, 4, 5, 6 sur la ligne courbe de l'élévation, tirez des lignes d'équerre à la courbe, pour fixer sur la ligne de l'épaisseur les points *a b c d e*.

Ensuite, tracez le développement, fig. 7 ; prenez la distance en élévation de chacun des points 1, 2, 3, 4, 5, 6, pour fixer la distance de chacune des lignes du développement 1, 2, 3, 4, 5, 6 ; prenez sur le côté du plan la longueur de chacune des lignes abaissées de ces points, pour fixer la longueur de chacune des lignes correspondantes du développement ; tracez la ligne courbe du développement par ces points de longueur, et la largeur du champ parallèle, de même que la ligne ponctuée du bout de la languette du pourtour du panneau. Faites de même pour tracer la partie du développement de la face, fig. 6, et l'autre partie, fig. 8, sur laquelle vous tracerez l'ovale du milieu comme vous le désirerez.

Prenez la largeur du champ horizontalement sur chacune des lignes aux développements, pour la porter sur chacune des lignes correspondantes en plan de la ligne de l'angle du pied-montant, pour fixer les points de pas-

sage de chacune des lignes du champ du devant, et celui du côté en retombée en plan. Les points du derrière abaissés de l'élévation et de la coupe du
milieu, donnent sur chacune des petites lignes d'équerre des points pour
tracer les deux lignes de chanfrein du derrière en retombée en plan. Faites
de même pour tracer la retombée de la courbe de l'ovale du milieu et pour
les panneaux.

Comme le développement de la face du devant est fait en deux parties,
vous vous servirez de la ligne ponctuée d'aplomb, tracée au dehors de la
courbe de l'ovale. Les points de longueur seront pris de cette ligne, comme
d'une ligne de milieu; la longueur de chacune des lignes des développements
donne la longueur de chacune des lignes correspondantes en plan, pour
tracer la longueur des panneaux.

Pour tracer le calibre rallongé du pied-montant, fig. 12, élevez des lignes
perpendiculaires à la ligne de la retombée de l'angle du pied-montant en
plan, des points des lignes abaissées de l'élévation, sur la ligne de l'angle
du pied-montant, et des points de ces lignes, sur les lignes des champs. Tirez
à la distance que vous voulez la ligne A *(base du calibre rallongé)*, parallèle à
la ligne de l'angle du pied-montant; prenez la hauteur d'aplomb de la ligne B
à chacun des points 1, 2, 3, 4, 5, 6 de l'élévation; portez ces hauteurs sur
la figure du calibre rallongé, de la ligne de base A, sur chacune des lignes
perpendiculaires correspondantes élevées du plan, pour fixer la hauteur de
chacune des lignes 1, 2, 3, 4, 5, 6 du calibre rallongé. Chacune de ces lignes
donne trois points pour tracer les trois lignes courbes du calibre rallongé,
dont une est pour l'arête du milieu, et les deux autres chacune pour une
arête du champ.

Portez de même sur chacune des lignes élevées des points du chanfrein du
derrière en plan, la hauteur de chacun des points correspondants *a b c d e* en
élévation, prise d'aplomb de la base B à chaque point. Ces points portés au
calibre rallongé, tirez les lignes *a b c d e*, chacune de ces lignes donne deux
points à sa rencontre avec les lignes élevées du plan des deux points du chanfrein. Faites passer les deux lignes courbes du calibre rallongé par ces points,
ce calibre sera terminé.

Pour débillarder le bois, préparez un morceau assez épais pour affranchir la
largeur du pied-montant en plan; chantournez ce morceau, suivant les deux lignes
courbes de l'extérieur de la figure du calibre rallongé; après être chantourné, tracé
la ligne de l'angle du pied-montant des deux côtés sur les faces chantournées; en-
suite tirez le morceau d'épaisseur de chaque côté de la ligne de l'angle, suivant sa

largeur en plan ; après tracez, sur chacun des côtés, chacune des lignes courbes du calibre rallongé, pour marquer l'arête de chacun des deux champs ; et de même, dessus la courbe, les lignes du chanfrein du derrière ; ces lignes étant tracées, vous débillarderez en suivant ces lignes. Ce débillardement n'est qu'un chanfrein à abattre, suivant deux lignes tracées.

La courbe et le panneau ovale étant en deux morceaux avec un joint au milieu, le panneau sera ravalé dans la masse, le bois sera débillardé, suivant le profil de la coupe du milieu, fig. 11 ; après vous tracerez sur· la surface la figure de l'ovale, pour faire le débillardement de la largeur. Les coupes sont données par l'élévation et par le développement.

Les deux panneaux des côtés seront corroyés et rainés, suivant le profil en élévation, et coupés de longueur d'après la retombée en plan ou d'après le développement, fig. 7. Les deux panneaux de la face du devant seront corroyés et rainés, suivant le profil de la coupe du milieu, fig. 11, et coupés de longueur d'après la retombée en plan.

Les coupes et arasements des traverses sont donnés par les développements et par l'élévation : les deux pieds-montants des côtés ne sont cintrés que sur la face, suivant le profil de l'élévation.

Le chiffre de Marie, *sur le panneau de l'ovale, convient pour un autel de la Sainte-Vierge ; mais, pour un autre autel, il faudrait un autre chiffre ou un autre objet d'ornement.*

La manière de tracer et de débillarder les courbes et panneaux de cet autel est la même pour le cul-de-lampe d'une chaire à prêcher ou de tout autre cul-de-lampe et ouvrages semblables, soit sur un plan carré ou polygonal : les opérations sont les mêmes ; c'est par le moyen des développements des surfaces que l'on obtient les champs égaux de large. Sans développement, il faudrait faire plusieurs coupes sur la courbe du calibre rallongé ; ce qui serait plus long et moins exact.

Plan et élévation géométrale d'un confessionnal. — Planche 78.

Voyez le plan, fig. 3, sa vue de face en élévation géométrale, fig. 2, la coupe du milieu pour la partie du devant et celle du derrière, fig. 1, où est figurée une partie du parloir. L'exécution de ce confessionnal est simple et facile. Toutes ses parties étant droites en plan, les courbes des chambranles ne sont pas susceptibles de trait. Le plan et les coupes d'élévation, fig. 1, sont suffisants pour l'exécution.

Le membre de moulure supérieure de la corniche du fronton ne peut pas être poussé avec le même outil que les parties horizontales. (*Voyez les raccords des moulures des frontons, planche* 31.)

Les deux figures A et B dans le plan, fig. 3, sont les tablettes pour les pénitents; celles G et D sont les deux tablettes au-dessous des deux parloirs pour le prêtre poser ses coudes. La figure E est le siége ou banquette pour le prêtre s'asseoir.

Chaire à prêcher. — Planche 79.

La figure 1ʳᵉ est la vue de face, en élévation géométrale, d'une chaire à prêcher adossée contre un pilier de l'église, revêtu en menuiserie jusqu'à la hauteur de la corniche de l'abat-voix. La figure 2 est le plan de la chaire, de son escalier et du pilier, tracés d'après l'échelle figurée réduite à moitié. L'échelle tracée est pour les détails de l'abat-voix. Voyez le plan, figure 5, dont la moitié à gauche est pour les détails des courbes et panneaux du haut, et la moitié à droite représente l'abat-voix renversé pour faire voir le plafond. La moitié à gauche de la figure 4 est le profil de la coupe du milieu de l'abat-voix donnant les détails de construction; l'autre moitié à droite représente l'abat-voix en élévation géométrale, vue de face. La figure 3 est le développement d'une des faces de la calotte du haut.

Les champs des bâtis ne sont pas égaux de large, leur diminution est donnée au plan par leur ligne de largeur, tirée de leur profil au centre de l'octogone; ces courbes du bâti forment des arêtiers cintrés, dont leur angle (ou *arête du milieu*) et les lignes des deux champs sont rayonnants.

Les détails pour tracer et exécuter les courbes et panneaux de cet abat-voix sont les mêmes opérations que pour l'autel en courbe de cul-de-lampe (planche 77). Chacune des courbes doit être débillardée d'après le calibre rallongé, figure 6, pour le cintre, et pour l'épaisseur du bois d'après la courbe en plan. Les panneaux doivent être corroyés, rainés et collés d'après le cintre du profil, fig. 4, et coupés de longueur d'après le développement, fig. 3.

Des détails de la chaire et de l'escalier. — Planche 80.

La figure 1ʳᵉ est la coupe du milieu de la cuve de la chaire et du cul-de-lampe ; la figure 4 est le plan de la cuve, du cul-de-lampe et de l'escalier, dont la moitié à gauche est pour les détails des courbes du cul-de-lampe, et l'autre moitié à droite est pour le bâti qui soutient la cuve et le cul-de-lampe ; sur cette moitié est figuré un des panneaux du cul-de-lampe en retombée en plan.

La manière de tracer et d'exécuter les courbes et panneaux du cul-de-lampe est la même que celle pour l'autel cintré, planche 77. Les courbes sont débillardées d'après le calibre rallongé, figure 10. Les champs sont égaux de large ; leur largeur sera tracée en plan d'après le développement figure 11, lequel sert aussi pour tracer la retombée des panneaux en plan.

Les panneaux seront corroyés, rainés et collés suivant leur cintre, tracé sur la coupe du milieu, fig. 1, et seront coupés de longueur d'après le développement, fig. 11, sur lequel le bout de la languette du pourtour est tracé en lignes ponctuées.

Le pourtour de la cuve étant composé de parties droites, leur exécution est facile. La rampe de l'escalier étant cintrée en plan et rampante, son exécution offre plus de difficulté.

Pour tracer les détails et exécuter cette rampe, après avoir tracé les pilastres, montants du bâti, cadres et panneaux en plan, tracez les deux parties de développement de la rampe, fig. 2 et fig. 3, dont la fig. 2 est le gros pilastre de la partie du bas de la rampe, avec une partie du premier panneau, et la figure 3 est le panneau du haut de la rampe, avec une partie de la face suivante de la cuve. Ces deux parties de développement se tracent comme le développement d'un limon d'escalier, en figurant les marches d'après leur largeur prise au plan, sur la ligne de la rampe, et leur hauteur connue par la hauteur du plancher de la cuve.

Le rampant se trace d'après les marches, la hauteur de la rampe est bornée par la cuve, les pilastres, montants du bâti et montants des cadres, sont droits en longueur, leur profil à bois debout est tracé au plan, leurs coupes en hauteur sont données par les figures des développements 2 et 3.

Les panneaux doivent être corroyés, rainés et collés suivant leur cintre tracé au plan. Leur largeur est donnée par le plan. Et leur coupe oblique haut et bas, est donnée par leur figure au développement.

Les traverses rampantes des bâtis et des cadres doivent être débillardées, comme un limon d'escalier d'après le plan, et le rampant du développement.

La corniche de la rampe, formant main-coulante, est débillardée parallèle au-dessus du limon (Voyez fig. 8). Les moulures du bas de la rampe sont ravalées dans l'épaisseur du limon de l'escalier (Voyez fig. 7). Le champ du dessous du limon forme le champ du bâti du plafond d'assemblage dessous l'escalier.

Au milieu du plafond est un panneau rond, sur lequel est sculptée une ROSACE; ce panneau est ravalé dans l'épaisseur du bois, du même morceau que la courbe du pourtour, laquelle est débillardée dans deux claveaux ayant le joint au milieu.

Pour tracer et débillarder le claveau, fig. 5, et les deux parties du panneau du haut du plafond, fig. 6 et fig. 9, avec le panneau du bas qui est pareil à celui du haut, *voyez planche* 61; de même pour débillarder le limon, fig. 7, et la corniche de la rampe, fig. 8, *voyez planche* 49.

La rampe du côté du pilier est simple en deux panneaux : le limon forme de même le champ du plafond.

La traverse du bas du plafond pose sur le socle formant la première marche de l'escalier. *Voyez le profil de ses bouts* A, et le profil B, est celui de la traverse du haut, n'ayant pas de gauche comme celle du bas, parce que sa largeur est dans une direction horizontale. La traverse du bas du profil A se débillarde comme un claveau de plafond d'escalier.

Le profil C, fig. 1, est la coupe du milieu du siége ou tabouret, pour le prédicateur s'asseoir. Le cercle du dessus est figuré au plan, touchant au dossier de la chaire. Souvent ce siége est supprimé ; on le remplace par une petite tablette ferrée, en abattant au dossier de la chaire.

Décoration d'une façade d'autel. — Planche 81.

Parmi les différents ouvrages en menuiserie, qui décorent et ornent l'intérieur des églises, c'est aux autels qu'il convient d'appliquer ce que l'on peut faire de plus beau et de plus élégant : en conservant toujours un caractère de sévérité convenable à l'objet, comme étant la table sur laquelle le prêtre offre à Dieu le saint sacrifice de la messe.

Cette façade d'autel, je l'ai composée et distribuée pour un emplacement supposé contenir 15 pieds (*quatre mètres quatre-vingt-sept centimètres*) en largeur, sur 20 pieds (*six mètres cinquante centimètres*) en hauteur. Décorée et ornée selon le genre et le goût de l'architecture romaine, en choisissant les ornements qui m'ont paru les plus gracieux et les plus élégants, et en suivant dans leur application le goût de l'époque de Louis XIII, laquelle, comme je l'ai déjà dit dans mon introduction, est l'époque où la menuiserie a fait le plus de progrès dans son perfectionnement, et où le goût paraît avoir été le meilleur et le mieux raisonné; en joignant à l'élégance et aux formes gracieuses de ses ornements un caractère de sévérité qui convient à la décoration des églises.

Voyez la figure de la façade en élévation géométrale, pl. 81, et le plan tracé au trait indiquant les détails de construction. Le devant du corps de l'autel est figuré supposé avoir 6 pieds 3 pouces (*deux mètres trois centimètres*) de longueur sur 2 pieds 9 pouces (*quatre-vingt-dix centimètres*) de hauteur, et contenant 2 pieds (*soixante-cinq centimètres*) de saillie à partir du gradin posé sur le dessus, lequel est d'assemblage, d'onglet aux angles, ayant une moulure sur la face et sur les côtés formant cimaise, laquelle règne à la même hauteur sur les parties en arrière-corps, chaque côté formant les piédestaux des colonnes. Au milieu du dessus est un endroit pratiqué et préparé pour recevoir la pierre de l'autel sur laquelle sont gravées cinq petites croix ainsi que l'indique la figure au plan. Les côtés ainsi que le devant sont construits d'assemblage à grands cadres, supposés avoir 18 lignes (*quarante et un millimètres*) d'épaisseur aux bâtis, et les panneaux 1 pouce (*vingt-sept millimètres*) d'épaisseur; le devant orné d'un bas-relief représentant un pélican (*symbole de l'Église*) se saignant pour nourrir ses trois petits dans leur nid, entourés par une guirlande composée de branches d'olivier, de ceps de vigne avec des grappes de raisin et de blés en épis; réunion des productions de la terre les plus nécessaires à la nourriture des hommes. Sur les deux piédestaux de chaque côté de l'autel sont placées deux petites tablettes octogonales, supportées par un ornement en forme de cul-de-lampe, servant à mettre les burettes. L'autel est élevé sur un gradin composé de deux degrés (*ou marches*) contenant chacun 6 pouces (*seize centimètres*) de hauteur. Le tabernacle placé sur l'autel, au milieu de la longueur, est orné de deux consoles placées en pans coupés sur les angles, formant ressauts, orné dans le haut de deux têtes d'anges, qui portent la corniche; la porte est ornée d'un bas-relief représentant le

Christ debout. Chaque côté est un petit gradin de 5 pouces $\frac{1}{2}$ (*quinze centi-mètres*) de hauteur, formant la hauteur du socle des colonnes et servant à poser les chandeliers.

La niche au-dessus du tabernacle, figurée de 6 pieds 2 pouces (*deux mètres*) de hauteur sur 3 pieds 1 pouce (*un mètre*) de largeur, est destinée à recevoir une statue du saint ou de la sainte à qui serait dédié l'autel. Au-dessus de la niche est un bas-relief représentant l'agneau pascal couché sur le livre d'Évangiles.

Le pourtour de la niche ainsi que la calotte sont construits d'assemblages à cadres avec panneaux ronds, dont l'exécution offre plus de difficulté que les ouvrages ordinaires droits en plan et en élévation ; cependant le pourtour de la niche est assez facile, n'étant cintré qu'en plan ; mais la calotte offre plus de difficulté et fait partie des ouvrages de trait. (*Voyez pour les détails de son exécution les deux calottes d'assemblages, pl.* 75, *et l'archivolte en tour creuse, pl.* 73.) Les parties qui entourent la niche sur la face étant droites en plan, sont d'une exécution facile.

Les deux colonnes torses qui décorent la façade sont imitées de celles de Saint-Pierre de Rome et de celles du Val-de-Grâce à Paris, figurées avoir 9 pieds 4 pouces (*trois mètres trois centimètres*) de hauteur, compris base et chapiteau, sur 11 pouces (*trente centimètres*) de grosseur moyenne (*voyez la manière de tracer leur courbure indiquée pl.* 7); elles sont cannelées depuis le bas jusqu'au tiers de leur hauteur, et ornées d'une base attique. (*Voyez les détails et proportions de la base attique, pl.* 14.)

Les chapiteaux et l'entablement composé de l'architrave, frise et corniche, ainsi que la corniche du fronton, sont de l'ordre composite. (*Voyez pour les détails et proportions, le chapiteau et l'entablement composite, pl.* 19.) Le tympan du fronton est orné d'une Gloire dont les rayons partent d'un triangle sur lequel sont gravées des lettres d'un caractère hébraïque. Sur le milieu du fronton est placée une croix sur une petite sphère, soutenue par deux consoles.

Pour les détails de la proportion de la figure du fronton, ainsi que pour la réduction et les raccords de la moulure supérieure, aux angles des ressauts, *voyez pl.* 31, *fig.* 14. Le lambris de revêtement de chaque côté de la façade de l'autel est d'assemblages à grands cadres ayant les traverses du milieu chantournées, disposées de manière à pouvoir au besoin ouvrir une porte à la hauteur du petit panneau du milieu, dans les cas où les besoins de la localité l'exigeraient.

Les détails tracés au plan ainsi qu'à la figure de l'élévation géométrale indiquent assez la manière de l'exécution, sans qu'il soit besoin d'une plus longue explication.

Décoration d'un banc-d'œuvre. — Planche 82.

Les bancs-d'œuvre sont des constructions en menuiserie, composées de plusieurs siéges, séparés des autres siéges de l'église par un entourage, et destinés pour les marguilliers et premiers dignitaires de la paroisse, ordinairement placés en face de la chaire à prêcher, construits et décorés avec élégance, afin qu'ils servent autant à la décoration et à l'ornement de l'intérieur des églises qu'à l'utilité.

Cette décoration d'un banc-dœuvre, je l'ai composée d'un genre mélangé du goût de plusieurs époques, mais en majeure partie de celle de la Renaissance sous le règne de François Ier; il n'y a que les deux ornements qui couronnent le dossier du banc principal et le baldaquin, qui sont du goût de l'époque de Louis XIII et de celle de Louis XIV.

J'ai figuré ce banc-d'œuvre placé entre deux piliers de l'église, comme étant la place la plus généralement convenable. Les piliers sont revêtus par des parties de lambris d'assemblages, lesquelles font partie de la décoration du banc-d'œuvre, sont figurés avoir chacun 3 pieds sur 2 pieds (*un mètre sur soixante-cinq centimètres*) de grosseur, éloignés l'un de l'autre de 12 pieds 3 pouces $\frac{1}{2}$ (*quatre mètres*), formant une façade de 18 pieds 5 pouces $\frac{1}{2}$ (*six mètres*) de largeur sur 15 pieds (*quatre mètres quatre-vingt-dix centimètres*) de hauteur du bas à la corniche. Le plan contenant de même 18 pieds 5 pouces $\frac{1}{2}$ (*six mètres*) de largeur sur 8 pieds 8 pouces (*deux mètres quatre-vingts centimètres*). Voyez, pl. 82, la figure de la façade en élévation géométrale et le plan figuré au bas donnant les détails de la construction. Sur le côté gauche du plan est figurée la moitié du plafond du baldaquin, vu renversé, ayant un panneau rond orné d'une rosace au milieu sculptée dans l'épaisseur du panneau. Ce panneau rond est encadré circulairement par une moulure (*boudin à baguette avec un congé derrière*) formant ensemble le grand cadre embrevé, dont le congé et son filet formant listel suivent la ligne droite des bâtis, formant une figure carrée un peu allongée ayant quatre petits panneaux triangulaires aux angles, avec deux petits caissons ornés d'une rosace. Le reste du plafond est d'assemblage à petit cadre ayant cinq panneaux de chaque côté, séparés par un double champ ravalé et orné de moulures formant grand cadre régnant avec les consoles qui soutiennent le plafond, lequel est figuré porter à ses extrémités sur les consoles qui sont au milieu de la face des piliers, ce qui détermine sa longueur, et a **3** pieds 10 pouces (*un mètre vingt-cinq centimètres*) de largeur.

Le plancher du bas forme trois gradins (*marches*) ayant chacun 5 pouces ½ (*quinze centimètres*) de hauteur. (*Voyez le profil en coupe figuré à droite dans le plan.*) Sur le premier du bas, sont placés deux longs bancs séparés au milieu en laissant un passage de 22 pouces (*soixante centimètres*). Sur le second gradin sont placés deux petits bancs adossés aux piliers contenant chacun la place pour deux personnes ; aussi l'oratoire placé devant le banc principal, ayant les bouts cintrés en tour ronde, construit d'assemblages à grands cadres ayant les panneaux ornés de demi-rosaces sculptées dans leur épaisseur. (*Voyez la figure en élévation géométrale au milieu sur la partie à droite.*) Sur le troisième gradin est placé le banc principal contenant la place pour cinq personnes, marquées par la division du dossier en cinq panneaux, ayant au-dessus un ornement formant couronnement, surmonté d'une tête d'ange.

L'entourage du devant et des côtés joignant les piliers ressemble à un lambris d'appui, assemblés à grands cadres, ayant une partie ronde en quart de cercle aux deux angles, contenant 3 pieds (*quatre-vingt-dix-sept centimètres et demi*) de hauteur compris le dessus, formant cimaise, ayant la partie du devant plus large en forme de tablette d'appui. (*Voyez les détails au plan, et la moitié de la face du devant en élévation géométrale figurée à gauche.*) La partie à droite fait voir les crémaillères des gradins en coupe.

Le baldaquin est supporté par deux pilastres carrés, placés aux extrémités du banc principal, dans la direction du dossier, recevant les deux portes d'entrée, lesquelles sont entre les pilastres carrés et les piliers, et sont figurées de la hauteur du dossier, 5 pieds 10 pouces (*un mètre quatre-vingt-dix centimètres*) sur 2 pieds 3 pouces (*soixante-treize centimètres*), ouvrant sur la première des deux marches pour monter au troisième gradin.

Dans le haut des pilastres carrés et des pilastres méplats, au milieu et sur le côté des piliers, sont des consoles qui supportent le baldaquin, dont celles au-dessus des portes se joignent et forment arcade en plein cintre. Entre les consoles sur le derrière est une large guirlande en découpure et une autre plus étroite au-dessous de la frise sur le devant ; toutes les deux sont ornées de glands aux parties pendantes. *Ces sortes de guirlandes peuvent être découpées dans des planches préparées à* 1 *pouce ou* 15 *lignes* (vingt-sept ou trente-quatre millimètres) d'épaisseur, chantournées et après taillées pour former arête au milieu (travail qui peut être fait par les menuisiers). Le baldaquin est orné d'une frise et d'une corniche régnant au pourtour et sur les piliers, et surmonté par une espèce de couronnement en forme de dôme terminé par une croix.

Pour soutenir le baldaquin, il faut un bâti, lequel sera porté par les consoles des extrémités et les consoles des pilastres; ce bâti sera semblable à une partie de plancher en charpente, et servira pour attacher la frise la corniche, le plafond et le dessus.

Le plan et la figure en élévation géométrale indiquent le reste des détails pour l'exécution.

Stalles de chœur. — Planche 83.

Les stalles de chœur sont des siéges en menuiserie destinés pour le clergé, ayant chaque place séparée par une petite cloison, laquelle sert à poser les coudes. La banquette pour s'asseoir est placée à la hauteur ordinaire et est brisée en abattant, pouvant se lever pour s'asseoir sur une autre petite banquette attachée dessous, se trouvant alors dans une position plus élevée; placées généralement dans le chœur des églises. Ordinairement construites en bois de chêne, polies à la cire, décorées avec élégance, afin qu'elles servent à la fois à l'utilité et à l'ornement du chœur.

Ces stalles, je les ai composées, décorées et ornées selon le genre et le goût de l'architecture gothique, comme étant le plus convenable pour ces sortes d'ouvrages, ayant ses figures élancées et peu larges, d'une application facile à chaque stalle, et aussi comme ayant un caractère, quoique peu sévère, qui a quelque chose de religieux et convient parfaitement à la décoration des églises. J'ai orné la première stalle d'un baldaquin dans le haut formant une espèce de couronnement en saillie du dossier, surmonté d'un petit édifice entouré de clochetons, aussi d'un oratoire placé devant la stalle, servant d'appui étant à genoux. Le grand panneau du dossier est aussi différent des autres ayant la face taillée en rubans avec enroulement; tout l'ensemble forme une décoration particulière qui la distingue des autres stalles et paraît destinée au premier dignitaire du clergé. Voyez le plan, fig. 1, où sont figurés deux rangs de stalles, dont le premier du bas est posé sur un gradin élevé du sol de la hauteur de 5 pouces ½ (*quinze centimètres*), représentant trois stalles ayant leurs siéges levés, vus du côté de la petite banquette ; dans la même direction est figuré le plan du petit oratoire, placé devant la stalle principale, ayant deux angles abattus en pan coupé ; éloigné de la banquette du premier rang de 1 pied 10 pouces (*soixante centimètres*), largeur nécessaire pour le passage au second rang, dans lequel est figurée une marche pour monter au gradin du second rang élevé du premier gradin de 1 pied (*trente-deux centimètres*) divisé en deux marches. Sur le gradin est figurée la principale stalle ayant son siége levé avec quatre autres ordinaires à la suite ayant leurs siéges baissés. Ces stalles contiennent en longueur chacune 2 pieds (*soixante-cinq centimètres*) de milieu à milieu, en déduisant 2 pouces (*cinquante-quatre millimètres*) pour l'épaisseur de la jouée de séparation, reste pour le siége 22 pouces (*cinquante-neuf centimètres et demi*) et a pour largeur 13 pouces (*trente-cinq centimètres*) compris la partie dormante de la brisure, laquelle contient 3 pouces (*huit centimètres*) de largeur ; les deux rangées sont éloignées l'une de l'autre de 21 pouces (*cinquante-sept centimètres*) pour faciliter le passage. *Voyez le profil de l'élévation en coupe de milieu, fig.* 2, où sont figurées les deux rangées de stalles vues sur le côté, donnant le profil des jouées de séparation, les siéges vus levés et baissés, le dossier et le couronnement de la première stalle vus en coupe, ainsi que la coupe en profil du gradin qui les porte. Voyez la fig. 3, représentant l'ensemble des stalles vu de face en élévation géométrale, faisant connaître la décoration du couronnement de la principale stalle, de son dossier, ainsi que ceux des autres stalles, ornés dans le haut et couronnés par une frise d'ornement en découpures, sur panneaux ou à jour, selon la localité. *Voyez la fig.* 9 donnant les détails pour la tracer, ainsi que le profil de la corniche inférieure, semblable à celui de celle supérieure, figurées d'après une échelle de proportion, d'une dimension double de celle figurée au bas de la planche. Pour tracer le cintre et les figures qui ornent le haut des grands panneaux des dossiers, *voyez la figure* 10 *en grande dimension*, qui indique la manière de tracer les détails et l'exécution. Ces dossiers peuvent être adossés contre un mur, dans ce cas ils formeraient lambris de revêtement ; alors les ornements de la frise seraient sur panneaux ; mais s'ils étaient isolés et placés de manière à être vus des deux côtés, alors ils devront être à double parement et les ornements de la frise découpés à jour.

Pour tracer et exécuter le baldaquin du couronnement de la première stalle, voyez les détails tracés en grande dimension au plan, *fig.* 7 et à l'élévation géométrale, *fig.* 8 vue perpendiculairement à une des deux faces. Ces deux figures indiquent les détails de construction facile à exécuter. Pour les détails de construction des stalles, *voyez* le plan d'une stalle tracé en grande dimension, fig. 4, la coupe du milieu en élévation, fig. 5, et la figure vue de face en élévation géométrale, fig. 6.

Ces stalles et les parties qui en dépendent étant toutes droites en plan, leur exécution n'offre pas beaucoup de difficulté; les détails par fragments tracés d'une grande dimension, sont suffisants pour bien concevoir la manière de les exécuter.

Buffet d'Orgues. — Planche 84.

Parmi les ouvrages en menuiserie qui décorent et ornent l'intérieur des églises, ce sont les buffets d'orgues les plus grands et les plus considérables; ils sont généralement placés au-dessus de la principale porte de l'église, supportés par des colonnes ou des piliers, ou par d'autres constructions quelconques, selon la localité.

L'ensemble forme un assemblage de bâtis disposés par compartiments, de manière à recevoir et à supporter les tuyaux de l'orgue, ordinairement décorés et ornés avec élégance, pour servir autant à leur utilité particulière qu'à la décoration et à l'ornement de l'intérieur des églises.

Ce buffet d'orgues, je l'ai composé, décoré et orné selon le genre et le goût de l'architecture gothique, laquelle convient assez bien pour ces sortes d'ouvrages; comme ayant ses arcades étroites et très-élevées, donnant de la facilité pour placer les tuyaux, et aussi rapport à son ensemble élancé, sa légèreté et son élégance; lesquelles dispositions, comme je l'ai déjà dit ci-devant, lui donnent du merveilleux et un caractère qui a quelque chose de religieux, le rendant plus convenable que tout autre genre pour la décoration des églises. Voyez le plan général, fig. 1re, et les fragments en grande dimension, fig. 2, où sont tracés les profils des principaux poteaux taillés en octogone dans la partie du bas et en carré dans la partie du haut; aussi les profils des colonnes et moulures attenantes, avec le profil des montants des angles, aux culs-de-lampe en pendentifs et couronnement du dessus des parties, formant tourelles en saillie aux extrémités de la façade. Voyez aussi l'ensemble de la façade en élévation géométrale, fig. 3.

La partie du milieu fait avant-corps avec deux parties en pans coupés formant ensemble trois côtés d'octogone régulier; sur chaque côté sont deux autres parties dans la direction de celle du milieu, mais en arrière-corps, ayant sur celles des extrémités deux petites tourelles octogonales en saillie, formant comme la partie du milieu trois côtés d'octogone régulier, placées dans la partie du haut, élevées du bas à la hauteur de six pieds six pouces (*deux mètres onze centimètres*), de manière à passer librement dessous; supportées par deux culs-de-lampe en pendentifs, et couronnées dans le haut par des ornements semblables aux culs-de-lampe, garnissant le vide de l'arcade en ogive du haut des deux parties des extrémités. Toute la façade est divisée en deux parties sur la hauteur, séparées par une frise; la largeur est divisée en sept parties séparées par les poteaux montants de toute la hauteur, taillés en octogone dans la partie du bas et en carré dans la partie du haut, terminés dans le haut en forme de petits clochetons, disposés de manière à présenter toujours les faces du carré de la partie du haut obliquement, et avoir la même obliquité au poteau opposé faisant parallèle. La partie du bas est destinée à recevoir le petit jeu de l'orgue et à placer le clavier (*figuré au milieu du plan*) avec la place convenable pour l'organiste, se trouvant enfermé dans la partie faisant avant-corps au milieu. La partie du haut est destinée à recevoir le grand jeu de l'orgue, dont les tuyaux sont figurés par gradation dans les cinq compartiments et aux deux tourelles des extrémités. Chaque compartiment est encadré par de petites colonnes ornées de bases et chapiteaux, placées le long des poteaux principaux, recevant le boudin d'encadrement des arcades en ogive, lesquelles forment le triangle équilatéral curviligne et sont ornées de découpures formant différentes figures tracées avec le compas. Les trois parties du milieu et les deux des extrémités sont terminées par des frontons très-aigus dont l'angle du milieu contient 45 degrés d'ouverture, couronnés par des corniches composées d'une baguette et d'une gorge, ornées de feuillages ayant aussi dessus des petits ornements placés de distance en distance, en montant jusqu'au poinçon du milieu, lequel est terminé par un ornement en feuillages. Sur le poinçon du fronton de la partie du milieu est placée une statue d'ange jouant de la trompe.

La partie du bas est fermée sur le devant par une balustrade d'appui sur laquelle sont posés les deux poteaux de l'avant-corps du milieu; la face est ornée de moulures et croisillons accompagnés de découpures, lesquels ornements peuvent être à jour ou sur panneaux, selon la volonté et le goût. Au milieu est un grand panneau orné d'un bas-relief représentant les principaux instruments de musique. Cette balustrade est figurée avoir trois pouces (*huit centimètres*) d'épaisseur et deux pieds six pouces (*quatre-vingt-un centimètres*) de hauteur; placée au-dessus de la corniche ou bandeau de couronnement des colonnes ou piliers destinés à supporter le plancher sur lequel est posé le buffet d'orgues. (Ces colonnes ou piliers qui supportent le plancher ne sont pas figurés sur la planche.)

Pour exécuter ce buffet d'orgues, le plan avec ses détails, ainsi que la figure en élévation géométrale, indiquent les moyens d'exécution; toutes les parties étant droites en plan, l'exécution est facile à concevoir.

DU TOISÉ OU MÉTRAGE DES OUVRAGES EN MESURES ANCIENNES ET NOUVLLES.

Une ordonnance royale du 16 juin 1839 prescrit de ne faire usage dans le commerce que des nouvelles mesures; je ne transcris ce chapitre de ma première édition en anciennes mesures que pour renseignements et comparaison.

Les ouvrages de menuiserie se toisent, ou à la toise linéaire (*toise courante*), ou à la toise superficielle, actuellement au mètre linéaire ou superficiel.

La toise cube n'est pas employée au toisé des ouvrages de menuiserie; les plus grosses pièces de bois se toisent au cube, à la solive (ou *pièce*) (1), actuellement *au stère* (*mètre cube*) *ou au décistère* (*décimètre cube*).

La toise ou *mètre* linéaire (ou *courant*) est une mesure de longimétrie; elle ne contient qu'une dimension en longueur sans largeur; 6 pieds de longueur forment une toise linéaire. *De même un mètre* de longueur forme un mètre linéaire.

La toise superficielle (ou *toise carrée*) ou le mètre superficiel (ou carré) est une mesure de planimétrie; elle contient deux dimensions, la longeur et la largeur. Une toise linéaire de longueur, sur une toise linéaire de largeur, forment une toise superficielle; de même un mètre linéaire de longueur et de largeur forme un mètre superficiel; une partie plane quelconque, ayant

---

(1) A Paris la solive se nomme *pièce* et contient de même que la solive trois pieds cubes.

6 pieds de longueur et 6 pieds de largeur, forme une toise superficielle, et
contient 36 pieds carrés superficiels, ou ayant un mètre de longueur et un
mètre de largeur forme un mètre superficiel, et contient 100 décimètres
carrés, ou 10,000 centimètres carrés.

La menuiserie, comme les autres ouvrages du bâtiment, n'étant jamais
d'une grande étendue, le pied est l'unité pour le toisé. Alors on toise la surface des ouvrages en pieds carrés, dont 36 forment une toise. Par exemple, si une surface contient 70 pieds carrés de superficie, on dit une toise et
demie et seize pieds superficiels. En se servant des nouvelles mesures, le
mètre est l'unité; sa subdivision est par décimètres, centimètres et millimètres, contenant toujours un mètre sur une des deux dimensions.

La toise cube est une mesure de stéréométrie; elle contient trois dimensions, la longueur, la largeur et la profondeur (ou *épaisseur*). Une toise cube
a 6 pieds de longueur, 6 pieds de largeur et 6 pieds de profondeur; elle contient 216 pieds cubes. De même, un mètre cube contient un mètre sur chacune de ses trois dimensions.

La solive, que l'on nomme à Paris *pièce*, contient 3 pieds cubes; la solive
est considérée avoir 6 pouces de largeur sur les quatre côtés du carré et
12 pieds de longueur; la division de la solive est par chevilles; une cheville
a 1 pouce de grosseur au carré et 1 pied de longueur : la solive contient
432 chevilles; une cheville contient 12 pouces cubes.

La pièce de Paris, contenant, de même que la solive, 3 pieds cubes, est
considérée, pour faciliter sa division, avoir 6 pouces d'épaisseur, 12 pouces
de largeur et 6 pieds de longueur, formant une toise linéaire. Alors on dit :
tant de pièces, tant de pieds et tant de pouces. Un pied est la sixième partie
d'une pièce; un pouce est la douzième partie d'un pied, et la soixante-dou-
zième partie d'une pièce.

Ces anciennes mesures ne sont plus en usage; elles sont remplacées par
les nouvelles mesures : le mètre remplace la toise, en linéaire, en superficie
et en cube. Un mètre cube se nomme *stère*. Il est l'unité des mesures des
bois de charpente et de chauffage (1).

---

(1) A Paris, dans le commerce du bois de charpente, le décistère remplace l'ancienne
solive ou pièce, mais le stère est toujours considéré l'unité. Le décistère ne contient que
2 pieds 11 pouces cubes.

Manière de composer la toise des ouvrages en linéaire, en mesures anciennes.

La toise linéaire (*ou toise courante*) est facile à calculer ; faites l'addition du nombre de pieds et pouces de toutes les longueurs ; divisez le total par six, le quotient est le nombre de toises linéaires.

Par exemple, pour toiser quatre chambranles ou bâtis dormants :

Le premier composé de deux montants contenant chacun 6 pieds 6 pouces de haut, produit. . . . . 13 pi.   0 po.

La traverse de 3 pieds 6 pouces produit. .   3   6

Le second, deux montants de chacun 7 pieds de haut, produit. 14   0

La traverse de 3 pieds 9 pouces, produit. 3   9

Le troisième, deux montants de chacun 7 pieds 6 pouces, produit. 15   0

La traverse de 4 pieds 3 pouces, produit. 4   3

Le quatrième, deux montants de chacun 8 pieds 3 pouces, produit. 16   6

Et la traverse de 4 pieds 9 pouces, produit. 4   9

Total. . . . 74 pi.   9 po. dividende.

2me membre 14 $\begin{cases} 6, \text{ diviseur.} \\ 12, \text{ quotient.} \end{cases}$

Reste   2 pi.   9 po.

Faites l'addition des pouces, le nombre est 33, lequel vaut 2 pieds 9 pouces ; posez 9 sous la colonne des pouces, et additionnez les 2 pieds avec la première colonne des pieds, le nombre est 74 ; divisez ce nombre par 6, le quotient est 12, reste 2 pieds et 9 pouces. Ces quatre chambranles ou bâtis dormants produisent 12 toises 2 pieds 9 pouces linéaires.

Exemple en mesures nouvelles.

1er Deux montants contenant chacun 2 mètres 15 centimètres de hauteur
produisent. . . . . 4^m,30^c

La traverse de 1^m,15^c. . . . . 1 ,15

2e Deux autres montants chacun de 2^m,30^c, produisent. . . . . . 4 ,60

La traverse de 1^m,22^c. 1 ,22

3e Deux montants chacun de 2^m,45^c. . . . . 4 ,90

La traverse de 1,33^c. 1 ,33

4e Deux montants chacun de 2^m,65^c. . . . . 5 ,30

La traverse de 1^m,50. 1 ,50

Total. . . . 24^m,30^c

Faites l'addition des deux colonnes des centimètres, en commençant par
la première à droite, le nombre venu est 10, posez 0 et retenez 1 pour additionner avec la seconde colonne, le nombre venu est 33. Posez 3 et retenez 3 pour additionner avec la colonne des mètres, le nombre venu est 24.
Ces quatre bâtis dormants ou chambranles produisent 24 mètres 30 centimètres linéaires (ou courants).

*Il est utile d'observer la différence de cette addition de mètres et centimètres,
avec la précédente, de pieds et pouces. Dans la première, il faut distinguer la
colonne des pouces d'avec celle des pieds ; ensuite diviser le total par 6 pour
former des toises. Dans la seconde, toutes les colonnes s'additionnent sans distinction. Le total donne le nombre de mètres et de centimètres, sans être obligé de
faire la division.*

Manière de calculer la toise des ouvrages en superficie, en mesures anciennes.

La toise superficielle est moins facile à calculer ; faites une multiplication
du nombre des pieds et pouces de la hauteur ou longueur, par le nombre
des pieds et pouces de la largeur, le produit sera la superficie en pieds carrés.
Divisez le nombre de pieds de ce produit par 36, le quotient sera le nombre
de toises.

Par exemple, pour toiser la superficie d'une porte contenant 6 pieds 6 pouces en hauteur, et 4 pieds 2 pouces en largeur, posez :

	6 pi.	6 po.
Pour multiplicande la mesure de la hauteur de la porte. . . .	6 pi.	6 po.
Et pour multiplicatieur, la largeur.	4	2
	26	0
	1	1
Produit. . . .	27	1

(*Il est essentiel d'observer que le pied est l'unité, le pouce est une fraction du pied.*) Dites 4 fois 6 pouces font 24 pouces, lesquels valent 2 pieds ; posez un zéro sous la colonne des pouces, et retenez 2 pieds ; dites 4 fois 6 pieds font 24 pieds, et 2 pieds de retenue font 26 pieds ; posez 26 sous la colonne des pieds. Pour les 2 pouces du multiplicateur, comme 2 pouces est la sixième partie d'un pied, prenez pour les 2 pouces du multiplicateur, le sixième du multiplicande ; dites le sixième de 6 pieds est 1 pied, le sixième de 6 pouces est 1 pouce ; posez 1 pied sous la colonne des pieds, et 1 pouce sous la colonne des pouces ; faites l'addition pour avoir le produit, qui est de 27 pieds 1 pouce. Cette porte produit au toisé, 27 pieds 1 pouce superficiels (*ou carrés*).

Comme je l'ai dit ci-devant, 36 pieds superficiels valent une toise superficielle : 27 pieds ne valent que les trois quarts d'une toise superficielle. L'usage est de ne fractionner la toise qu'en deux parties ; alors on dit une demi-toise 9 pieds 1 pouce de superficie.

Autre opération ayant plusieurs chiffres au multiplicande et au multiplicateur.

Je suppose une pièce de plancher ou parquet contenant 18 pieds 8 pouces de longueur, et 12 pieds 6 pouces de largeur.

Je pose 18 pi. 8 po. au multiplicande, et 12 pi. 6 po. au multiplicateur. Je multiplie le nombre de pieds du multiplicande par le nombre de pieds du multiplicateur, comme d'une multiplication simple ; ensuite, pour les 8 po. au multiplicande, je dis : 8 po. font la moitié d'un pied plus 2 po. ou un sixième de pied ; alors je prends pour 6 po. la moitié du nombre de pieds du multiplicateur, que je pose sous les colonnes des

pieds; ensuite je prends pour les 2 po. restant des 8 po. du multiplicande le sixième du nombre des pieds du multiplicateur, que je pose sous
les colonnes des pieds. Pour les 6 po. au multiplicateur, je prends la moitié
du nombre des pieds et pouces du multiplicande, je pose cette moitié
sous les colonnes des pieds et pouces; ensuite je fais l'addition pour connaître le produit, qui est de 233 pi. 4 po. Voyez l'exemple par l'opération
suivante :

Longueur, multiplicande. . . . . .   18 p. 8 po.
Largeur, multiplicateur.   12   6
_____

1ᵉʳ produit par les unités.   36
2ᵉ produit par les dizaines. 180
3ᵉ produit de 6 po. des 8 po.   6
4ᵉ produit de 2 po. des 8 po.   2
5ᵉ produit de 6 po. du multiplicateur.   9   4
_____

Produit total. . . . 233 pi. 4 po.

Ce produit est le nombre de pieds carrés contenus dans la surface du
plancher ou parquet; en divisant ce nombre par 36, le quotient sera le
nombre de toises qui est de 6, reste 17 pi. 4 po. Alors ce plancher ou parquet produit 6 toises, 17 pi., 4 po. de superficie.

*Autre manière de faire le calcul du toisé par une multiplication plus simple
en mesures anciennes.*

Pour faire ce calcul par une multiplication plus simple, il faut convertir les pieds de chacune des deux dimensions en pouces, en multipliant
le nombre de pieds par douze, et ajouter les pouces contenus plus les
pieds, dans la dimension. Connaissant le nombre des pouces contenus
dans chacune des deux dimensions, multipliez le nombre de pouces de
la longueur par le nombre de pouces de la largeur. Le produit donne le
nombre des pouces carrés contenus dans la superficie. Pour en former
des pieds carrés, il faut diviser ce nombre par 144, qui est le nombre de
pouces carrés contenus dans un pied carré; s'il en reste, il faut diviser le

reste par douze pour en former des pouces-pied ; s'il y a un reste, ce sera des lignes-pied.

Exemple : au toisé du plancher précédent, 18 pieds multipliés par 12 produisent 216 pouces, en ajoutant 8 pouces, donnent 224 pouces contenus dans la dimension en longueur. De même la dimension en largeur de 12 pieds 6 pouces produit 150 pouces, multiplicateur de 224 pouces. Le produit est de 33,600, à diviser par 144, il vient au quotient 233, qui est le nombre des pieds carrés contenus dans la surface du plancher, il reste de la division 48, à diviser par 12 ; le quotient donne 4, et il ne reste rien. 233 pieds 4 pouces superficiels sont la surface du plancher, comme à la règle précédente.

Ce moyen de convertir les dimensions en pouces rend la multiplication plus facile ; mais les opérations qu'il faut faire pour réduire le produit à sa plus simple expression rendent le calcul plus long et plus compliqué.

En se servant des mesures nouvelles, au système métrique, le calcul est beaucoup plus simple et plus abrégé.

Voici un exemple :

Pour toiser la surface d'une porte, pareille à la première, contenant 6 pieds 6 pouces de hauteur, sur 4 pieds 2 pouces de largeur. En se servant des mesures nouvelles, au système métrique, au lieu de poser 6 pieds 6 pouces au multiplicande, on pose 2 mètres 111 millimètres, et au multiplicateur, au lieu de 4 pieds 2 pouces, on pose 1 mètre 353 millimètres (1) ; on multiplie le multiplicande par le multiplicateur, sans distinction des mètres avec les millimètres ; le produit donne des millimètres carrés.

Le mètre étant l'unité, il faut réduire le nombre des millimètres carrés en millimètres-mètre. Cette réduction se fait en retranchant les trois premiers chiffres de la droite, les chiffres restants donnent le nombre des millimètres-mètre. Pour réduire le nombre des millimètres-mètre en mètres carrés, il faut encore retrancher les trois premiers chiffres de la droite ; les chiffres restants donnent le nombre des mètres carrés : ou plus simplement retrancher du produit autant de chiffres que l'on a em-

---

(1) Voyez la table de conversion des anciennes mesures en nouvelles mesures, ci-après.

ployé de chiffres décimaux au multiplicande et au multiplicateur. Le reste
sera les unités.

Opération.

Hauteur. . . . . $2^m,111$ millim.
Largeur. . . . . 1 353 millim.

```
      6   333
    105   55
    633   3
  2,111   000
```

Produit. . . . 2,856 183

Le produit donne 2,856,183 millimètres carrés ; étant réduits en millimètres-mètre , reste 2,856 millimètres-mètre ; réduits en mètres carrés,
reste 2 mètres ; le produit est de 2 mètres 8 décimètres 5 centimètres, 6 millimètres 183 millièmes de millimètre. On peut dire suivant l'usage 2 mètres
856 millimètres. D'après cette opération, 2 mètres 856 millimètres superficiels égalent 27 pieds 1 pouce superficiels.

Autre exemple appliqué au parquet précédent.

Opération.

La plus grande dimension au multiplicande, longueur. . $6^m,06^c$
La plus petite dimension au multiplicateur, largeur . . 4 06

```
        36   36
     24  24
```

Produit. 24,60, 36

Il faut retrancher du produit autant de chiffres (en commençant par la
droite) que l'on a employé de chiffres décimaux au multiplicande et au multiplicateur ; le nombre est 4, dont 2 au multiplicande et 2 au multiplicateur.
Ces quatre chiffres retranchés du produit, il reste 24 aux unités, lesquelles
sont des mètres. Le premier chiffre suivant vers la droite (le 6) marque les
dixièmes d'unité (*les décimètres*) ; le second, en suivant vers la droite (le 0),
marque les centièmes d'unité (*les centimètres*) ; le troisième suivant (le 3),

marque les millièmes d'unité (*les millimètres*), et le quatrième (le 6) marque les dix-millièmes d'unité, lesquels n'ont pas de nom particulier, et sont, selon l'usage, négligés dans les comptes.

Ainsi, la superficie du parquet proposé produit 24 mètres 6 décimètres 0 centimètre 3 millimètres $\frac{6}{10}$ exprimés plus simplement $24^m,603^{mill.}\frac{6}{10}$, ou, en négligeant les millimètres, $24^{mètr.},60^{cent.}$.

Il faut, pour ne pas faire une erreur qui serait assez forte au produit, avoir le soin de poser un 0 entre les unités et le chiffre qui marque les centimètres dans les deux dimensions, quand la mesure de longueur ou celle de largeur contient des centimètres dont le nombre est moindre que dix. Voyez l'exemple à l'opération précédente, la longueur contenait six mètres et six centimètres ; n'ayant pas de dizaine aux centimètres, il faut poser un zéro à la colonne des dizaines, car en le négligeant le produit serait venu le résultat d'une longueur de six mètres et six décimètres (égale à six mètres soixante centimètres), au lieu de six mètres et six centimètres. Cette même opération, faite avec ce défaut au multiplicande et au multiplicateur, aurait donné au produit 30 mètres 36 centimètres, au lieu du vrai produit 24 mètres 60 centimètres.

Cette observation est générale pour tous les calculs décimaux, soit en linéaire, superficie, cube, et dans le calcul du prix.

Pour toiser le cube ou solidité d'une pièce de bois de charpente ou autre, en mesures anciennes.

Cherchez la surface d'un des bouts de la pièce, multipliez cette surface par la hauteur ou longueur de la pièce, le produit sera le cube ou *solidité* de la pièce. Lorsque les deux bouts ne sont pas égaux, l'usage est de prendre la moyenne, c'est-à-dire la grosseur de la pièce au milieu de la longueur ; il faut considérer la pièce de bois comme un prisme, dont les bouts seraient la base inférieure et la base supérieure, et la longueur serait la hauteur du prisme. Si la pièce de bois n'est pas équarrie, au lieu de la considérer comme un prisme, elle doit être considérée comme un cylindre. Il faut chercher la surface du cercle de sa base, et multiplier cette surface par la hauteur ; le produit sera la solidité (ou le *cube*).

EXEMPLE : Sur une pièce de bois équarrie ayant 14 pouces de largeur, sur 10 pouces d'épaisseur, et contenant 12 pieds de longueur.

Multipliez 14 pouces par 10 pouces pour avoir la surface du bout, le produit est de 140 pouces carrés. Multipliez cette surface 140 par le nombre de pieds contenus dans la longueur de la pièce de bois qui est 12, le produit est de 1,680. Ce produit est le nombre des chevilles contenues dans la pièce de bois.

Opération.

Largeur . . . . 14 po.
Épaisseur. . . . 10 po.

Surface. . . . . 140 po. carrés.
Multipliés par . 12 pi.
                  ———
                  280
                1,400
                ————————
Produit. . . . 1,680 chevilles.

Pour en former des solives, divisez le nombre des chevilles par 36, le quotient donne le nombre de pieds linéaires de la pièce réduite à 6 pouces de grosseur au carré, qui est de 46 et reste 24 chevilles.

Dividende. . . . . 1680 (36 diviseur.
                     ———— ————————
                      240 (46 quotient.
                     ————
                       24

Comme la solive est considérée avoir 12 pieds de longueur sur 6 pouces au carré de grosseur, divisez le nombre des pieds, 46, par 12, le quotient donne le nombre de solives contenues dans la pièce de bois, qui est 3, et reste 10 pieds. Alors la pièce de bois contient 3 solives 10 pieds et 24 chevilles, ou 3 solives 384 chevilles.

Pour convertir le toisé de cette même pièce de bois en pieds cubes, divisez le nombre des chevilles contenues dans la pièce de bois, par 12; le quotient donne le nombre de pouces de pieds cubes, qui est 140 pouces de pieds cubes. Divisez ce quotient par 12 pour en former des pieds cubes, le quotient donne 11 et reste 8. Alors la pièce de bois contient 11 pieds 8 pouces cubes.

32

Opération.

$$
\begin{array}{l|l}
1680 & 12 \text{ diviseur.} \\
\underline{480} & \underline{140 \text{ quotient.}} \\
000 & \\
140 & 12 \text{ diviseur.} \\
\underline{20} & \underline{11 \text{ quotient.}} \\
8 &
\end{array}
$$

On peut diviser le nombre de chevilles par 144. Le quotient donne le nombre de pieds cubes; et diviser le reste de chevilles par 12 pour en former des pouces de pieds cubes.

Pour toiser le cube de cette même pièce de bois selon l'usage de Paris, dont la solive se nomme *pièce*, et est considérée ayant 6 pieds de longueur, et 8 pouces sur 9 pouces de grosseur, ou 6 pouces sur 12 pouces de grosseur (*ce qui revient au même*). La surface du bout doit toujours contenir 72 pouces carrés.

Multipliez le nombre de pouces carrés contenus dans la surface du bout de la pièce de bois, par le nombre de toises linéaires contenues dans la longueur de cette même pièce de bois, le produit sera des pouces linéaires de pièces réduites à la grosseur voulue.

Exemple : La surface du bout de cette pièce de bois proposée contient 140 pouces carrés, et la longueur contient 12 pieds qui forment 2 toises linéaires. Multipliez 140 par 2, le produit donne le nombre de pouces linéaires de la pièce réduite à 9 pouces sur 8 pouces de grosseur ou 12 pouces sur 6 pouces de grosseur. Le produit est 280 pouces linéaires. Divisez ce produit par 12 pour en former des pieds linéaires, le quotient donne 23 et reste 4 pouces; divisez le quotient 23 pieds par 6 pour en former des pièces, le quotient donne 3 et reste 5 pieds; alors la pièce de bois produit 3 pièces 5 pieds 4 pouces, selon l'usage de Paris.

Opération.

140 pouces carrés.
2 toises.

Produit. . . .	280	pouces linéaires.
Dividende. . .	280 (	12 diviseur.
	40)	23 quotient.
Reste.	4	
Dividende. . .	23 (	6 diviseur.
Reste.	5)	3 quotient.

Pour en former des pieds cubes, comme dans la pièce de Paris, 2 pieds linéaires font 1 pied cube, il n'y a qu'à diviser le nombre de pieds linéaires 23 par 2, le quotient sera le nombre de pieds cubes, qui est 11, et reste 1 pied et 4 pouces, lesquels, divisés par deux, donnent 8 pouces au quotient. Alors la pièce produit 11 pieds et 8 pouces cubes.

D'après ce calcul, selon l'usage de Paris, la pièce est semblable à une toise linéaire; les pieds et les pouces qui se trouvent en plus du nombre de pièces sont des pieds et pouces de toise linéaire, dont 3 pieds forment une demi-pièce, etc.

Exemple : Pour cuber une pièce de bois semblable à la précédente, en se servant des nouvelles mesures.

Opération.

Multiplicande, la largeur. . . .	0^m	38^c
Multiplicateur, l'épaisseur. . .	0	27
	?	66
	7	60
La surface du bout produit. . .	10	26
Multiplié par la longueur. . . .	3	90
	923	40
	3078	00
Produit cube.	4001	40

Pour connaître les unités, il faut retrancher du produit en commençant à la droite et allant vers la gauche, autant de chiffres que l'on a employé de chiffres décimaux dans les trois dimensions de l'opération (comme il a été dit à l'opération précédente de la superficie du parquet). Les trois dimensions, la largeur, l'épaisseur et la longueur, contiennent chacune deux chiffres décimaux (des centimètres); additionnés ensemble, donnent au total six chiffres; étant retranchés du produit, il ne reste rien pour les unités. Ainsi, la pièce de bois ne contient pas de stères cubes, elle contient quatre décistères, zéro centistère, zéro millistère, et cent quarante millionièmes de stère, ou, pour exprimer plus simplement selon l'usage, $0^{st.} 400^{mill.} \frac{14}{100}$. Ce dernier nombre en fraction n'ayant pas de nom particulier, est ordinairement négligé dans les calculs du commerce.

En comparant cette opération avec la précédente, on juge de l'avantage du nouveau système, par la facilité et l'abrégé du calcul.

Manière de calculer le prix d'un ouvrage quelconque, d'après celui de la toise ou du mètre.

Je propose pour exemple la porte dont le calcul du toisé a donné 27 pieds 1 pouce de superficie. A raison de 45 francs la toise, combien vaut cette porte? Je pose le prix de la toise au multiplicande, en observant de poser deux zéros à la suite des francs, pour marquer les deux colonnes des centimes. Je pose le nombre de toises, pieds et pouces au multiplicateur.

Comme 27 pieds 1 pouce sont une fraction de toise, je pose un zéro à la colonne des unités, et 27 pieds 1 pouce éloignés à droite comme nombre fractionnaire. N'ayant pas d'unité au multiplicateur, je prends pour les 27 pieds 1 pouce par partie aliquote. Je prends pour 18 pieds la moitié du multiplicande, parce que 18 pieds font la moitié d'une toise. Pour 9 pieds je prends le quart du multiplicande, parce que 9 pieds font le quart d'une toise. Pour 1 pouce je fais un faux produit en prenant pour 1 pied le neuvième du quart, qui est le produit de 9 pieds; pour 1 pouce je prends le douzième de ce faux produit de 1 pied. Je barre le faux produit pour ne pas l'additionner; je fais l'addition du produit de la moitié, du quart, et du douzième du faux produit; le total est de 33 francs 85 centimes cinq douzièmes de centime qui est le prix de la porte proposée.

Exemple.

Multiplicande. . . . .   45 fr. 00 c.
Multiplicateur. . . . . .   0 t. 27 pi. 1 po.

Pour 18 pi., la moitié. . . .   22 fr. 50 c.
Pour 9 pi., le quart.   11   25
Faux produit pour 1 pi. . . .   1   25
Pour 1 po., le douzième. .   0   10 $\frac{5}{12}$

                                 33   85 $\frac{5}{12}$

Autre opération pour calculer le prix du plancher ou parquet, dont le calcul du toisé a donné 6 *toises* 17 *pieds* 4 *pouces de superficie, à raison de* 30 *francs la toise.*

Je multiplie le prix de la toise par le nombre de toises. Je prends par partie aliquote, pour 12 pieds, le tiers du prix de la toise; pour 4 pieds le tiers du produit de 12 pieds; pour 1 pied le quart du produit de 4 pieds; pour 4 pouces le tiers du produit de 1 pied. L'addition de ces produits donne 194 francs 44 centimes 43 centièmes de centime, en négligeant les décimales suivantes. D'après ce calcul le prix du plancher ou parquet est de 194 francs 44 centimes plus une fraction de centime moindre qu'un demi-centime.

Exemple.

Prix de la toise. . . . .   30 fr. 00 c.
Nombre des toises. . . . .   6 t. 17 pi. 4 po.

Produit de 6 toises. . . .   180 fr. 00 c.
Produit de 12 pi.   10   00
Produit de 4 pi.   3   33   33
Produit de 1 pi.   0   83   33
Produit de 4 po.   0   27   77

Produit total.   194   44   43

Pour calculer le prix d'un ouvrage toisé au mètre, l'opération est beaucoup plus simple.

Voici un exemple. La porte dont la surface toisée au mètre produit 2 mètres 856 millimètres superficiels, à raison de 12 francs le mètre, combien vaut la porte? Je multiplie le nombre de mètres et millimètres superficiels du produit de la surface de la porte, par le nombre de francs du prix du mètre; je retranche autant de chiffres à la droite du produit comme il y a de chiffres décimaux après les unités au multiplicande et au multiplicateur; en retranchant les trois chiffres de la droite pour les trois chiffres des millimètres au multiplicande, le reste est des francs. Dans les trois chiffres retranchés, les deux de la gauche sont des centimes. Le troisième est des dixièmes de centime. D'après ce calcul, la porte vaut 34 francs 27 centimes 2 dixièmes de centime.

Opération.

$$2^{m} \ 856 \ \text{millimètres}$$
$$\text{à} \qquad 12 \ \text{f. le mètre.}$$

$$\begin{array}{rr} 5 & 712 \\ 28 & 560 \\ \hline 34, & 27,2 \end{array}$$

On peut à volonté poser le prix au multiplicande comme au multiplicateur, celui des deux nombres qui a le moins de chiffres doit être préféré pour multiplicateur, afin de simplifier le travail de l'opération.

Pour calculer le prix de la pièce de bois produisant, selon l'usage de Paris, 3 pièces 5 pieds 4 pouces, à raison de 9 francs 50 centimes la pièce, combien la somme totale? Je multiplie 9 francs 50 centimes par 3; je prends pour trois pieds la moitié, ensuite pour 2 pieds le tiers, et pour 4 pouces le sixième du produit de 2 pieds; l'addition donne au total 36 francs 94 centimes, plus 4 neuvièmes de centimes.

Exemple.

Prix. . . . .   9 f. 50 c.

Toisé   3   pièces 5 pieds 4 pouces.

Produit de 3 pièces. 28   50

Pour 3 pieds.   4   75   la moitié.

Pour 2 pieds.   3   16 $\frac{2}{3}$ le tiers.

Pour 4 pouces. . . .   0   52 $\frac{14}{18}$ le sixième du produit de 2 pi.

                      36 f. 94 $\frac{4}{9}$

On peut, par les mêmes moyens, calculer le prix de toute autre pièce de bois, d'après le nombre des solives ou pièces contenues, et le prix de la solive ou pièce.

Autre exemple du nouveau système appliqué à la pièce de charpente, supposée dans la dernière opération de cubage.

Opération.

Prix du stère. . . .   95 fr. 00

Produit cube. . . .   0   400

Produit total. . . . 38,00   000

Les cinq chiffres décimaux étant retranchés, il reste aux unités 38, lesquels sont des francs ; les deux chiffres suivants étant des zéros, il ne vient pas de centimes avec les francs.

Les mêmes moyens sont applicables aux mètres cubes pour connaître le montant de la somme d'après le prix du mètre.

Modèle de Mémoire de main-d'œuvre de marchandeur, en mesures anciennes.

MÉMOIRE de main-d'œuvre d'ouvrages de menuiserie faits à façon, pour le compte de M. A....., entrepreneur, rue....., n°...

> Par B........., marchandeur,
> demeurant rue...., n°...

(Marge pour le règlement du maître ou vérificateur.)

Fait quatre persiennes à deux vantaux, les bâtis en chêne, 15 lig. d'épaisseur; les lames ordinaires en chêne, contenant chacune 7 pieds de hauteur sur 4 de largeur, produisent 28 pieds linéaires de hauteur. A raison de 1 f. 20 c. le pied, vaut. . . . 33 f. 60 c.

Trois chambranles en chêne de 2 po. d'épaisseur sur 4 pouces de large en profil, composés de trois membres de moulure ravalés dans la masse, six montants de chacun 7 pi. 6 po. de hauteur, et trois traverses de chacune 4 pi. 8 po. de longueur; produisent 59 pieds, ou 9 toises 5 pieds linéaires. A raison de 1 f. 20 c. la toise, vaut. 11 80

Trois portes à deux vantaux à double parement, assemblés à petit cadre de 10 lignes de profil; les bâtis en chêne, 15 lignes d'épaisseur; les panneaux en chêne, 9 lignes d'épaisseur; ornés de plates-bandes des deux côtés; lesdites portes contenant chacune 7 pi. de hauteur sur 4 pi. de largeur, produisent 84 pi. ou 2 toises 12 pi. superficielles. A raison de 14 fr. la toise, vaut. 32 66

Total. . . . . 78 f. 06 c.

Modèle de Mémoire de main-d'œuvre de marchandeur, en mesures nouvelles.

MÉMOIRE de main-d'œuvre d'ouvrages de menuiscrie faits à façon, pour le compte de M. A...., entrepreneur, rue....., n°...

> Par C........., marchandeur,
> demeurant à..., rue..., n°...

(Marge pour le règlement du maître ou vérificateur.)

Fait six persiennes à deux vantaux, les bâtis en chêne, 0^m,034$^{mil.}$ d'épaisseur; les lames ordinaires en chêne à deux parements, contenant chacune 2^m,30^c de hauteur, sur 1^m,30^c de largeur, produisent en linéaires de hauteur 13^m,80^c. A raison de 3 f. 60 c. le mètre . . . .   49 f. 68 c.

Idem six croisées ordinaires à deux vantaux fermant à gueule-de-loup, ayant jet d'eau et pièce d'appui tout en chêne, les dormants de 0^m,054$^{mil.}$ d'épaisseur et les châssis de 0^m,034$^{mil.}$, contenant chacune 2^m,35^c de hauteur sur 1^m,36^c de largeur, produisent en linéaires de hauteur 14^m,10^c. A raison de 3 f. 30 c. le mètre   46   53

Trois chambranles en chêne de 0^m,054$^{mil.}$ d'épaisseur, sur 0^m,11^c de largeur en profil, composés de plusieurs membres de moulures riches profils, contenant six montants de chacun 2^m,40^c, et trois traverses de chacune 1^m,50^c, ensemble produisent en linéaires 18^m,90^c. A 0 f. 60 c. le mètre.   11   34

Trois portes à deux vantaux assemblés à petit cadre de 0^m,025$^{mil.}$ de profil à double parement, tout en chêne, les bâtis de 0^m,034$^{mil.}$ d'épaisseur, les panneaux 0^m,020$^{mil.}$ d'épaisseur ornés de plates-bandes contenant chacune 2^m,30^c de hauteur, sur 1^m,28^c de largeur, produisent en superficie 8^m,83^c. A raison de 3 f. 50 c. le mètre.   30   90

                                        Total. . . . . . 138 f. 45 c.

Modèle de Mémoire de maître ou entrepreneur de menuiserie (1),
en mesures anciennes.

MÉMOIRE d'ouvrages de menuiserie faits et fournis pour le compte de
M. A........., en sa maison située rue......, n°...., d'après les ordres de
M........., architecte, dans le courant de l'année.....

Par B........., entrepreneur,
rue........., n°...

(*Marge pour le règlement de l'architecte ou vérificateur.*)

Fourni et posé les quatre persiennes du premier étage sur le jardin, lesdites à deux vantaux tout en chêne, les bâtis de 15 lignes d'épaisseur et les lames ordinaires contenant chacune 7 pi. de hauteur sur 4 pi. de largeur, produisent 28 pieds linéaires de hauteur. A raison de 4 f. le pied, vaut. . . . . 112 f. 00 c.

Fourni et posé trois chambranles aux portes du deuxième étage; lesdits en chêne de 2 pouces d'épaisseur sur 4 po. de large en profil, ornés de moulures et socles; contenant chacun 7 pi. 6 po. de hauteur sur 4 pi. 8 po. de largeur; six montants et trois traverses d'ensemble, 59 pieds; produisent 9 toises 5 pieds linéaires. A raison de 4 f. 50 c. la toise, vaut. 44 25

Auxdits chambranles fourni et posé trois portes à deux vantaux, assemblées à petit cadre de 10 lig. de profil, à double parement, les bâtis en chêne de 15 lig. d'épaisseur, et les panneaux en chêne de 9 lig. d'épaisseur, ornés de plates-bandes contenant chacune 7 pi. de hauteur sur 4 pi. de largeur, produisent 2 toises 12 pieds superficielles. A raison de 45 f. la toise, vaut. 105 00

Total. . . . . 261 f. 25 c.

---

(1) Lorsque dans le mémoire il y a plusieurs articles de même nature, pour abréger le calcul, au lieu de porter le prix à chaque article, on porte seulement le produit du toisé; alors à la fin du mémoire on fait un résumé en réunissant ensemble le toisé de chaque article de même nature, et par conséquent du même prix, pour en calculer le prix total dans un même article : chaque sorte d'ouvrage forme un article séparé au résumé.

Modèle de Mémoire de maître ou entrepreneur de menuiserie,
en mesures nouvelles.

MÉMOIRE d'ouvrages de menuiserie faits et fournis pour le compte de
M. C........., en sa maison située rue....., d'après les ordres de M. F.....,
architecte, dans le courant de l'année.....

Par N........., entrepreneur,
rue...., n°...

(Marge pour le règlement de l'architecte ou vérificateur.)

Fourni .et posé, au premier étage, quatre persiennes aux croisées sur le jardin, lesdites à deux
vantaux tout en chêne, les bâtis de 0^m,034^{mll.} d'épaisseur, les lames ordinaires, contenant chacune 2^m,40^c
de hauteur sur 1^m,30^c de largeur produisent en
superficie 12^m,48^c. A raison de 9 f. 00 c. le mètre,
vaut. . . . . 112 f. 32 c.

Idem fourni trois chambranles aux portes du
salon, lesdits en chêne de 0^m,06^c d'épaisseur sur
0^m,12^c de largeur en profil ornés de moulures et
socles ; contenant chacun 2^m,50^c de hauteur sur
1^m,50^c de largeur composés de 6 montants et 3 traverses produisant ensemble en linéaires 19^m,50^c. A
raison de 2 f. 25 c. le mètre.   43   88

Idem les trois portes à deux vantaux assemblés à
petit cadre de 0^m,027^{mll.} de profil à deux parements,
les bâtis en chêne de 0^m,034^{mll.} d'épaisseur, et les
panneaux aussi en chêne de 0^m,020^{mll.} d'épaisseur
ornés de plates-bandes contenant chacune 2^m,40^c de
hauteur sur 1^m,30^c de largeur, produisent en superficie 9^m,36^c. A raison de 12 f. 00^c le mètre. 112   32

Total. . . . . 268 f. 52 c.

PRÉCIS HISTORIQUE

Les législateurs, après avoir proclamé l'uniformité des lois, ordonnèrent celle des poids et mesures, et chargèrent plusieurs savants de cette importante opération. Voulant répondre à l'opinion que l'on avait de leurs lumières, et préjugeant d'ailleurs que, de l'invariabilité de la base qu'on leur donnerait, résulterait un jour leur adoption par les nations étrangères, ils cherchèrent les moyens de déterminer une base fixe, invariable, indépendante de l'opinion, et facile à retrouver quels que soient les événements et les révolutions. Ce fut dans la nature même qu'ils déterminèrent cette base.

Le méridien de la terre (qui est la ligne de circonférence du grand cercle de la terre) d'un pôle à l'autre, leur parut une base invariable, et fut adoptée avec enthousiasme.

Comme la longueur totale de la circonférence de la terre pouvait être divisée sans inconvénient pour l'opération, ils la divisèrent en quatre parties égales, et en prirent le quart qui est la distance du pôle boréal à l'équateur. Cette distance fut divisée en 10 millions de parties égales, dont une d'elles a déterminé la longueur du mètre (1).

Dunkerque, ville maritime, située au nord de la France, et *Barcelonne*, sur la frontière en Espagne, furent choisies pour les opérations qui servirent de nouveau à mesurer le méridien de Paris.

Après avoir déterminé le quart du méridien par des expériences fines et délicates, on trouva la base fondamentale de tout système métrique, en prenant sa dix-millionième partie, laquelle fut nommée MÈTRE, et servit, pour l'unité des mesures linéaires et comme base fondamentale, pour déterminer toutes les autres mesures et les poids.

Pour l'unité des mesures agraires, on prit un carré ayant pour côté 10 mètres qu'on appela ARE. Pour les mesures de capacité, un cube ayant pour côté un décimètre qu'on appela LITRE. Pour les poids, on prit un cen-

---

(1) Le mètre contient à peu près 3 pieds 11 lignes 296 millièmes de ligne, ancienne mesure. Le quart de la circonférence de la terre contient à peu près 5,130,746 toises anciennes.

timètre cube d'eau distillée; sa pesanteur, à la température de la glace fondante, servit à former le GRAMME, unité des poids.

Le nom MÈTRE est tiré du nom grec *metron*, qui signifie *mesure*; en latin *mensura*, mesure, étendue, d'où viennent les noms *baromètre*, *thermomètre*, *graphomètre*, etc. Sa longueur, comme je l'ai déjà dit, égale la dix-millionième partie du quart de la circonférence de la terre ou *méridien de la terre* : le mètre se divise en dix parties égales, que l'on nomme *décimètres;* le décimètre se divise en dix parties égales, que l'on nomme *centimètres*, et qui forment la centième partie du mètre; le centimètre se divise en dix parties égales, que l'on nomme *millimètres*, et qui forment la millième partie du mètre.

L'article 1ᵉʳ de l'arrêté du 28 mars 1812 permettait d'employer, pour les usages du commerce, une mesure de longueur égale à 2 mètres, laquelle prenait le nom de toise métrique, et se divisait comme l'ancienne toise en 6 pieds : le pied, qui est la sixième partie de la toise et le tiers du mètre, se divisait en 12 pouces, et le pouce en 12 lignes : la *toise métrique* contenait 2 mètres; le *pied métrique* contenait 333 millimètres ⅓; le *pouce métrique* contenait 27 millimètres ⁷⁄₉, et la *ligne métrique* contenait 2 millimètres ¹⁷⁄₃₆.

Les dispositions de l'arrêté ci-dessus n'étant relatives qu'à l'emploi des mesures dans le commerce de détail et dans les usages journaliers, le mètre était la mesure légale. Une ordonnance royale, en date du 16 juin 1839, prescrit de ne faire usage dans le commerce que des nouvelles mesures et poids.

J'ai jugé à propos de joindre à cet ouvrage une table de conversion des anciennes toises, pieds, pouces, lignes, en mètres, décimètres, centimètres et millimètres, pour se rendre compte des anciennes mesures avec les nouvelles.

Cette table donne la conversion de ligne en ligne, depuis 1 ligne jusqu'à 1 pied; de 3 lignes en 3 lignes, depuis 1 pied jusqu'à 6 pieds; de pied en pied, depuis 6 jusqu'à 12 pieds; de 3 pieds en 3 pieds, depuis 12 jusqu'à 24 pieds; de 5 pieds en 5 pieds, depuis 25 jusqu'à 100 pieds, et de 100 pieds en 100 pieds, depuis 100 jusqu'à 1000 pieds; de toise en toise, depuis 1 jusqu'à 10; de 5 en 5, depuis 10 jusqu'à 100, et de 100 en 100, jusqu'à 1000 toises.

Terminée par la conversion des pieds et toises superficiels en mètres superficiels, depuis 1 pied jusqu'à 12 toises.

TABLE DE CONVERSION

des anciennes toises, pieds, pouces et lignes, en mètres, décimètres, centimètres et millimètres.

EN LINÉAIRES.

Pieds.	Pouces.	Lignes.	Mètres.	Décimètres.	Centimètres.	Millimètres.
»	»	1	0,	0	0	2
»	»	2	0,	0	0	5
»	»	3	0,	0	0	7
»	»	4	0,	0	0	9
»	»	5	0,	0	1	1
»	»	6	0,	0	1	4
»	»	7	0,	0	1	6
»	»	8	0,	0	1	8
»	»	9	0,	0	2	0
»	»	10	0,	0	2	3
»	»	11	0,	0	2	5
»	1	»	0,	0	2	7
»	1	1	0,	0	2	9
»	1	2	0,	0	3	2
»	1	3	0,	0	3	4
»	1	4	0,	0	3	6
»	1	5	0,	0	3	8
»	1	6	0,	0	4	1
»	1	7	0,	0	4	3
»	1	8	0,	0	4	5
»	1	9	0,	0	4	7
»	1	10	0,	0	5	0
»	1	11	0,	0	5	2
»	2	»	0,	0	5	4
»	2	1	0,	0	5	6
»	2	2	0,	0	5	9
»	2	3	0,	0	6	1
»	2	4	0,	0	6	3
»	2	5	0,	0	6	5
»	2	6	0,	0	6	8
»	2	7	0,	0	7	0
»	2	8	0,	0	7	2
»	2	9	0,	0	7	4
»	2	10	0,	0	7	7
»	2	11	0,	0	7	9
»	3	»	0,	0	8	1
»	3	1	0,	0	8	3
»	3	2	0,	0	8	6
»	3	3	0,	0	8	8
»	3	4	0,	0	9	0
»	3	5	0,	0	9	2
»	3	6	0,	0	9	5
»	3	7	0,	0	9	7
»	3	8	0,	0	9	9
»	3	9	0,	1	0	2
»	3	10	0,	1	0	4
»	3	11	0,	1	0	6
»	4	»	0,	1	0	8
»	4	1	0,	1	1	1
»	4	2	0,	1	1	3
»	4	3	0,	1	1	5
»	4	4	0,	1	1	7
»	4	5	0,	1	2	0
»	4	6	0,	1	2	2
»	4	7	0,	1	2	4
»	4	8	0,	1	2	6
»	4	9	0,	1	2	9
»	4	10	0,	1	3	1
»	4	11	0,	1	3	3
»	5	»	0,	1	3	5
»	5	1	0,	1	3	8
»	5	2	0,	1	4	0
»	5	3	0,	1	4	2
»	5	4	0,	1	4	4
»	5	5	0,	1	4	7
»	5	6	0,	1	4	9
»	5	7	0,	1	5	1
»	5	8	0,	1	5	3
»	5	9	0,	1	5	6
»	5	10	0,	1	5	8
»	5	11	0,	1	6	0
»	6	»	0,	1	6	2
»	6	1	0,	1	6	5
»	6	2	0,	1	6	7
»	6	3	0,	1	6	9
»	6	4	0,	1	7	1
»	6	5	0,	1	7	4
»	6	6	0,	1	7	6
»	6	7	0,	1	7	8
»	6	8	0,	1	8	0
»	6	9	0,	1	8	3
»	6	10	0,	1	8	5
»	6	11	0,	1	8	7
»	7	»	0,	1	8	9
»	7	1	0,	1	9	2
»	7	2	0,	1	9	4
»	7	3	0,	1	9	6
»	7	4	0,	1	9	8
»	7	5	0,	2	0	1
»	7	6	0,	2	0	3
»	7	7	0,	2	0	5
»	7	8	0,	2	0	7
»	7	9	0,	2	1	0
»	7	10	0,	2	1	2
»	7	11	0,	2	1	4
»	8	»	0,	2	1	7
»	8	1	0,	2	1	9
»	8	2	0,	2	2	1
»	8	3	0,	2	2	3
»	8	4	0,	2	2	6
»	8	5	0,	2	2	8
»	8	6	0,	2	3	0
»	8	7	0,	2	3	2
»	8	8	0,	2	3	5
»	8	9	0,	2	3	7
»	8	10	0,	2	3	9
»	8	11	0,	2	4	1
»	9	»	0,	2	4	4
»	9	1	0,	2	4	6
»	9	2	0,	2	4	8
»	9	3	0,	2	5	0
»	9	4	0,	2	5	3
»	9	5	0,	2	5	5
»	9	6	0,	2	5	7
»	9	7	0,	2	5	9
»	9	8	0,	2	6	2
»	9	9	0,	2	6	4
»	9	10	0,	2	6	6
»	9	11	0,	2	6	8
»	10	»	0,	2	7	1
»	10	1	0,	2	7	3
»	10	2	0,	2	7	5
»	10	3	0,	2	7	7
»	10	4	0,	2	8	0
»	10	5	0,	2	8	2
»	10	6	0,	2	8	4
»	10	7	0,	2	8	6
»	10	8	0,	2	8	9
»	10	9	0,	2	9	1
»	10	10	0,	2	9	3
»	10	11	0,	2	9	5
»	11	»	0,	2	9	8
»	11	1	0,	3	0	0
»	11	2	0,	3	0	2
»	11	3	0,	3	0	5
»	11	4	0,	3	0	7
»	11	5	0,	3	0	9
»	11	6	0,	3	1	1
»	11	7	0,	3	1	4
»	11	8	0,	3	1	6
»	11	9	0,	3	1	8
»	11	10	0,	3	2	0
»	11	11	0,	3	2	3
1	»	»	0,	3	2	5
1	»	3	0,	3	3	2
1	»	6	0,	3	3	8
1	»	9	0,	3	4	5
1	1	»	0,	3	5	2
1	1	3	0,	3	5	9
1	1	6	0,	3	6	5
1	1	9	0,	3	7	2
1	2	»	0,	3	7	9
1	2	3	0,	3	8	6
1	2	6	0,	3	9	3
1	2	9	0,	3	9	9
1	3	»	0,	4	0	6
1	3	3	0,	4	1	3
1	3	6	0,	4	2	0
1	3	9	0,	4	2	6
1	4	»	0,	4	3	3
1	4	3	0,	4	4	0
1	4	6	0,	4	4	7
1	4	9	0,	4	5	3
1	5	»	0,	4	6	0
1	5	3	0,	4	6	7
1	5	6	0,	4	7	4
1	5	9	0,	4	8	0
1	6	»	0,	4	8	7
1	6	3	0,	4	9	4
1	6	6	0,	5	0	1
1	6	9	0,	5	0	8
1	7	»	0,	5	1	4
1	7	3	0,	5	2	1
1	7	6	0,	5	2	8
1	7	9	0,	5	3	5
1	8	»	0,	5	4	1
1	8	3	0,	5	4	8
1	8	6	0,	5	5	5
1	8	9	0,	5	6	2
1	9	»	0,	5	6	8
1	9	3	0,	5	7	5
1	9	6	0,	5	8	2
1	9	9	0,	5	8	9
1	10	»	0,	5	9	6
1	10	3	0,	6	0	2
1	10	6	0,	6	0	9
1	10	9	0,	6	1	6
1	11	»	0,	6	2	3
1	11	3	0,	6	2	9
1	11	6	0,	6	3	6
1	11	9	0,	6	4	3
2	»	»	0,	6	5	0
2	»	3	0,	6	5	6
2	»	6	0,	6	6	3
2	»	9	0,	6	7	0
2	1	»	0,	6	7	7
2	1	3	0,	6	8	4
2	1	6	0,	6	9	1
2	1	9	0,	6	9	7
2	2	»	0,	7	0	4
2	2	3	0,	7	1	1
2	2	6	0,	7	1	7
2	2	9	0,	7	2	4
2	3	»	0,	7	3	1
2	3	3	0,	7	3	8
2	3	6	0,	7	4	4
2	3	9	0,	7	5	1
2	4	»	0,	7	5	8
2	4	3	0,	7	6	5
2	4	6	0,	7	7	1
2	4	9	0,	7	7	8
2	5	»	0,	7	8	5
2	5	3	0,	7	9	2
2	5	6	0,	7	9	9
2	5	9	0,	8	0	5
2	6	»	0,	8	1	2
2	6	3	0,	8	1	9
2	6	6	0,	8	2	6
2	6	9	0,	8	3	2

Pieds.	Pouces.	Lignes.	Mètres.	Décimètres.	Centimètres.	Millimètres.
2	7	»	0,	8	3	9
2	7	3	0,	8	4	6
2	7	6	0,	8	5	3
2	7	9	0,	8	5	9
2	8	»	0,	8	6	6
2	8	3	0,	8	7	3
2	8	6	0,	8	8	0
2	8	9	0,	8	8	7
2	9	»	0,	8	9	3
2	9	3	0,	9	0	0
2	9	6	0,	9	0	7
2	9	9	0,	9	1	4
2	10	»	0,	9	2	0
2	10	3	0,	9	2	7
2	10	6	0,	9	3	4
2	10	9	0,	9	4	1
2	11	»	0,	9	4	7
2	11	3	0,	9	5	4
2	11	6	0,	9	6	1
2	11	9	0,	9	6	8
3	»	»	0,	9	7	5
3	»	3	0,	9	8	1
3	»	6	0,	9	8	8
3	»	9	0,	9	9	5
3	1	»	1,	0	0	2
3	1	3	1,	0	0	8
3	1	6	1,	0	1	5
3	1	9	1,	0	2	2
3	2	»	1,	0	2	9
3	2	3	1,	0	3	5
3	2	6	1,	0	4	2
3	2	9	1,	0	4	9
3	3	»	1,	0	5	6
3	3	3	1,	0	6	2
3	3	6	1,	0	6	9
3	3	9	1,	0	7	6
3	4	»	1,	0	8	3
3	4	3	1,	0	9	0
3	4	6	1,	0	9	6
3	4	9	1,	1	0	3
3	5	»	1,	1	1	0
3	5	3	1,	1	1	7
3	5	6	1,	1	2	3
3	5	9	1,	1	3	0
3	6	»	1,	1	3	7
3	6	3	1,	1	4	4
3	6	6	1,	1	5	0
3	6	9	1,	1	5	7
3	7	»	1,	1	6	4
3	7	3	1,	1	7	1
3	7	6	1,	1	7	8
3	7	9	1,	1	8	4
3	8	»	1,	1	9	1
3	8	3	1,	1	9	8
3	8	6	1,	2	0	5
3	8	9	1,	2	1	1
3	9	»	1,	2	1	8
3	9	3	1,	2	2	5
3	9	6	1,	2	3	2
3	9	9	1,	2	3	8
3	10	»	1,	2	4	5
3	10	3	1,	2	5	2
3	10	6	1,	2	5	9
3	10	9	1,	2	6	5
3	11	»	1,	2	7	2
3	11	3	1,	2	7	9
3	11	6	1,	2	8	6
3	11	9	1,	2	9	2
4	»	»	1,	2	9	9
4	»	3	1,	3	0	6
4	»	6	1,	3	1	3
4	»	9	1,	3	2	0
4	1	»	1,	3	2	6
4	1	3	1,	3	3	3
4	1	6	1,	3	4	0
4	1	9	1,	3	4	7
4	2	»	1,	3	5	3
4	2	3	1,	3	6	0
4	2	6	1,	3	6	7
4	2	9	1,	3	7	4
4	3	»	1,	3	8	0
4	3	3	1,	3	8	7
4	3	6	1,	3	9	4
4	3	9	1,	4	0	1
4	4	»	1,	4	0	8
4	4	3	1,	4	1	4
4	4	6	1,	4	2	1
4	4	9	1,	4	2	8
4	5	»	1,	4	3	5
4	5	3	1,	4	4	1
4	5	6	1,	4	4	8
4	5	9	1,	4	5	5
4	6	»	1,	4	6	2
4	6	3	1,	4	6	8
4	6	6	1,	4	7	5
4	6	9	1,	4	8	2
4	7	»	1,	4	8	9
4	7	3	1,	4	9	6
4	7	6	1,	5	0	2
4	7	9	1,	5	0	9
4	8	»	1,	5	1	6
4	8	3	1,	5	2	3
4	8	6	1,	5	2	9
4	8	9	1,	5	3	6
4	9	»	1,	5	4	3
4	9	3	1,	5	5	0
4	9	6	1,	5	5	6
4	9	9	1,	5	6	3
4	10	»	1,	5	7	0
4	10	3	1,	5	7	7
4	10	6	1,	5	8	3
4	10	9	1,	5	9	0
4	11	»	1,	5	9	7
4	11	3	1,	6	0	4
4	11	6	1,	6	1	1
4	11	9	1,	6	1	7
5	»	»	1,	6	2	4
5	»	3	1,	6	3	1
5	»	6	1,	6	3	8
5	»	9	1,	6	4	4
5	1	»	1,	6	5	1
5	1	3	1,	6	5	8
5	1	6	1,	6	6	5
5	1	9	1,	6	7	1
5	2	»	1,	6	7	8
5	2	3	1,	6	8	5
5	2	6	1,	6	9	2
5	2	9	1,	6	9	8
5	3	»	1,	7	0	5
5	3	3	1,	7	1	2
5	3	6	1,	7	1	9
5	3	9	1,	7	2	5
5	4	»	1,	7	3	2
5	4	3	1,	7	3	9
5	4	6	1,	7	4	6
5	4	9	1,	7	5	3
5	5	»	1,	7	5	9
5	5	3	1,	7	6	6
5	5	6	1,	7	7	3
5	5	9	1,	7	8	0
5	6	»	1,	7	8	7
5	6	3	1,	7	9	3
5	6	6	1,	8	0	0
5	6	9	1,	8	0	7
5	7	»	1,	8	1	4
5	7	3	1,	8	2	0
5	7	6	1,	8	2	7
5	7	9	1,	8	3	4
5	8	»	1,	8	4	1
5	8	3	1,	8	4	7
5	8	6	1,	8	5	4
5	8	9	1,	8	6	1
5	9	»	1,	8	6	8
5	9	3	1,	8	7	4
5	9	6	1,	8	8	1
5	9	9	1,	8	8	8
5	10	»	1,	8	9	5
5	10	3	1,	9	0	2
5	10	6	1,	9	0	8
5	10	9	1,	9	1	5
5	11	»	1,	9	2	2
5	11	3	1,	9	2	9
5	11	6	1,	9	3	5
5	11	9	1,	9	4	2
6	»	»	1,	9	4	0

Pieds.	Mètres.	Décimètres.	Centimètres.	Millimètres.
7	2,	2	7	4
8	2,	5	9	9
9	2,	9	2	4
10	3,	2	4	8
11	3,	5	7	3
12	3,	8	9	8
15	4,	8	7	3
18	5,	8	4	7
21	6,	8	2	2
24	7,	7	9	6
25	8,	1	2	1
30	9,	7	4	5
35	11,	3	6	9
40	12,	9	9	4
45	14,	6	1	8
50	16,	2	4	2
55	17,	8	6	6
60	19,	4	9	0
65	21,	1	1	5
70	22,	7	3	9
75	24,	3	6	3
80	25,	9	8	7
85	27,	6	1	1
90	29,	2	3	5
95	30,	8	6	0
100	32,	4	8	4
200	64,	9	6	8
300	97,	4	5	2
400	129,	9	3	6
500	162,	4	2	0
600	194,	9	0	4
700	227,	3	8	8
800	259,	8	7	2
900	292,	3	5	6
1000	324,	8	3	9

Toises.	Mètres.	Décimètres.	Centimètres.	Millimètres.
1	1,	9	4	9
2	3,	8	9	8
3	5,	8	4	7
4	7,	7	9	6
5	9,	7	4	5
6	11,	6	9	4
7	13,	6	4	3
8	15,	5	9	2
9	17,	5	4	1
10	19,	4	9	0
15	29,	2	3	5
20	38,	9	8	1
25	48,	7	2	6
30	58,	4	7	1
35	68,	2	1	6
40	77,	9	6	1
45	87,	7	0	7
50	97,	4	5	2
55	107,	1	9	7
60	116,	9	4	2
65	126,	6	8	7
70	136,	4	3	3
75	146,	1	7	8
80	155,	9	2	8
85	165,	6	6	8
90	175,	4	1	3
95	185,	1	5	9
100	194,	9	0	4
200	389,	8	0	7
300	584,	7	1	1
400	779,	6	1	5
500	974,	5	1	8
600	1169,	4	2	2
700	1364,	3	2	5
800	1559,	2	2	9
900	1754,	1	3	3
1000	1949,	0	3	6

EN SUPERFICIE.

	Mètres.	Décimètres.	Centimètres.	Millimètres.
1 pied	0,	1	0	5
2	0,	2	1	1
3	0,	3	1	6
4	0,	4	2	2
5	0,	5	2	8
6	0,	6	3	3
7	0,	7	3	9
8	0,	8	4	5
9	0,	9	5	0
18	1,	9	0	0
1 toise	3,	7	9	8
2	7,	5	9	9
3	11,	3	9	7
4	15,	1	9	5
5	18,	9	9	6
6	22,	7	9	4
7	26,	5	9	2
8	30,	3	9	0
9	34,	1	8	9
10	37,	9	8	7
11	41,	7	8	5
12	45,	5	8	4

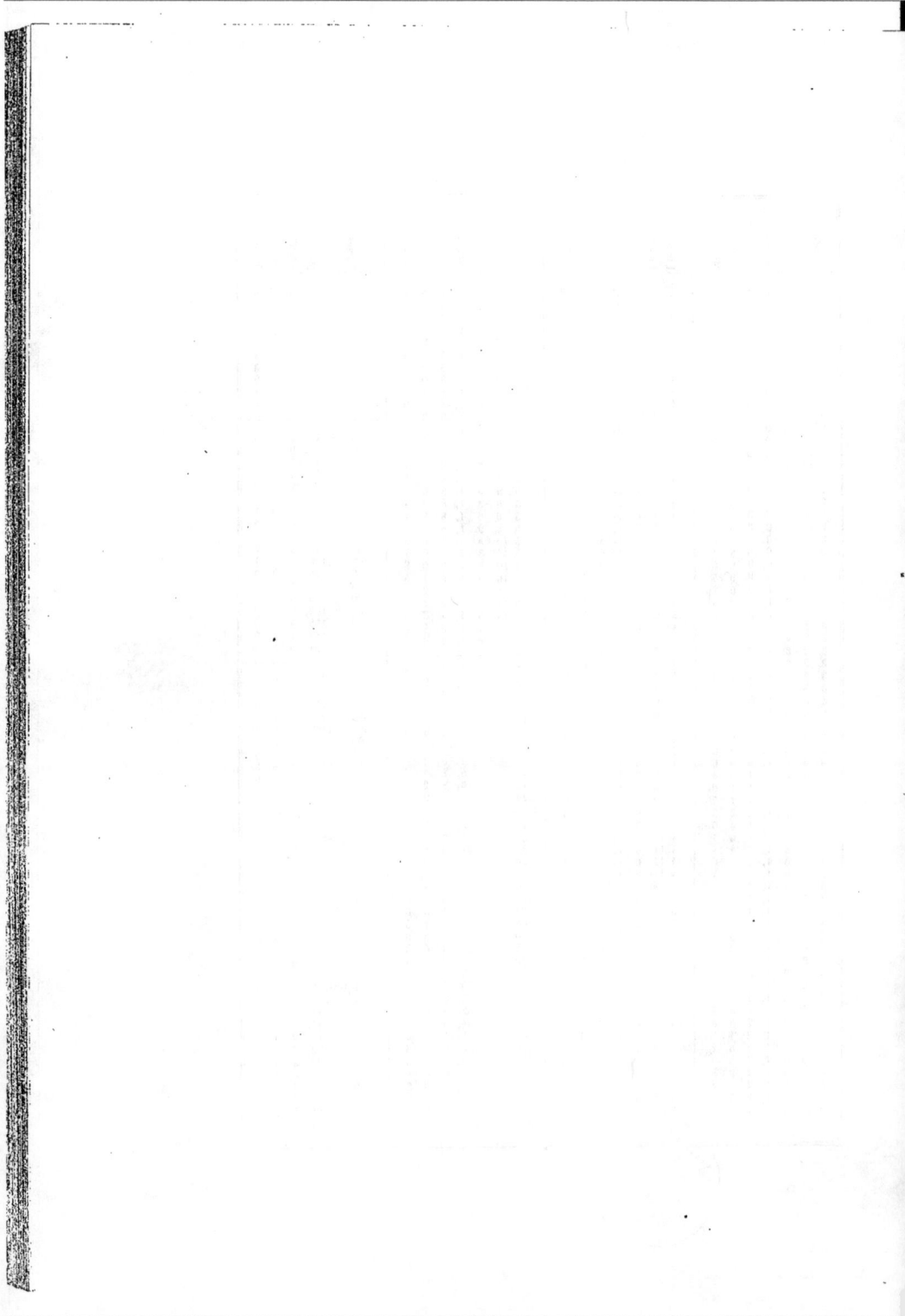

VOCABULAIRE DES PRINCIPAUX TERMES

EMPLOYÉS

DANS LA GÉOMÉTRIE, L'ARCHITECTURE ET LA MENUISERIE.

EXPLICATION DES ABRÉVIATIONS.

adj.	adjectif.
adv.	adverbe.
pl.	pluriel.
s. f.	substantif féminin.
s. m.	substantif masculin.
t. d'arch. . .	terme d'architecture.
t. de géom. .	terme de géométrie.
t. de men. . .	terme de menuiserie.
v. a.	verbe actif.
v. n.	verbe neutre.
V. ou Voy. .	voyez.

A

ABAISSER, v. a. Rendre plus bas un objet quelconque. En t. de géom., *abaisser* une perpendiculaire (une ligne d'équerre), la mener à une ligne d'un point pris hors de cette ligne.

ABAQUE, Voy. *Tailloir.*

ABAT-JOUR, s. m. En menuiserie, partie pleine d'une forme circulaire ou angulaire, posée au devant d'une croisée pour faire venir le jour d'en haut.

ABATTANT, s. m. Dessus de table, ou sorte de volet qui se lève et s'abat à volonté.

ABAT-VOIX, s. m. ; au pl. *Abat-voix.* Dessus d'une chaire à prêcher.

ABOUMENT, s. m. Assemblage, arasement de bout.

ABOUT, s. m. Extrémité d'une pièce de bois façonnée.

ABOUTER, v. n. Joindre bout à bout deux pièces de bois.

ACACIA, s. m. Bois de France, dur, de couleur jaunâtre.

ACAJOU, s. m. Bois étranger, de couleur rouge.

ACROTÈRES, s. m. pl. Piédestaux dans les balustrades ou socle au-dessus de la corniche d'un entablement.

ADOUCIR, v. a. Une arête ou un angle, une saillie par une moulure en gorge.

AFFILER, v. a. Donner le fil à un outil tranchant; finir de l'affûter sur une pierre plus fine.

AFFILOIRE, s. m. T. de men. Plusieurs petites pierres tenues dans un morceau de bois servant pour affûter les fers tranchants des outils de moulures.

AFFLEURER, v. a. Réduire deux corps contigus à un même niveau; *affleurer* les joints des assemblages, etc.

AFFUTAGE, s. m. T. de men. Plusieurs outils fournis par le maître à chaque ouvrier, qui sont, un établi et un valet, une varlope, une demi-varlope, un rabot, un guillaume, un fermoir et un marteau.

AFFUTER, v. a. Aiguiser un outil tranchant. *S'affûter,* en t. de men., convenir du prix de la journée.

AIGU, adj. Terminé en pointe ou en tranchant. T. de géom., angle aigu, moins ouvert qu'un droit (que d'équerre).

AIRE, s. f. T. d'arch. Espace compris entre les

34

murs. En t. de géom., surface terminée par des lignes.

AIS, s. m. Planche ou feuille de volet étroite de chêne ou de sapin pour fermeture, se posant à côté l'un de l'autre sans charnières ni pentures.

ALAISE, s. f. Planche étroite employée pour compléter la largeur.

ALCOVE, s. f. Enfoncement destiné à recevoir un lit.

ALIZIER, s. m. Bois de France, plein, facile à travailler, propre à faire des outils de moulures.

ALLÉGIR, v. a. En terme d'ouvrier, élégir, rendre plus mince un battant, une traverse, etc., par une feuillure méplate; synonyme de *Ravaler*.

ALLONGE, s. f. Pièce qu'on met à quelque chose pour l'allonger.

AMARANTE, s. m. Bois étranger, de couleur rouge violet.

AMBLYGONE, adj. Triangle qui a un angle obtus.

ANGLE, s. m. Espace compris entre deux lignes, droites ou courbes, qui se rencontrent ou se coupent en un point.

ANSE-DE-PANIER. T. de géom. Cintre surbaissé formé par un demi-ovale ou demi-ellipse, pris sur son grand axe.

APLOMB (LIGNE D'), s. m. Ligne verticale ou perpendiculaire à l'horizon (d'équerre à la ligne de niveau).

APPUI, s. m. Soutien, hauteur d'appui, lambris d'appui, dont la hauteur ne surpasse pas quatre pieds (*un mètre trente centimètres*); *pièce d'appui*, traverse du bas d'un bâti dormant de croisée. *Tablette d'appui*, tablette posée à la hauteur de la pièce d'appui ou du lambris d'appui.

ARASEMENT, s. m. Coupe à l'extrémité d'une traverse ou d'un montant à la naissance du tenon.

ARASER, v. a. Une traverse, un montant, un panneau, etc.; couper de longueur ou de largeur pour joindre avec un battant ou autres parties.

ARBALÉTRIERS, s. m. pl. T. d'arch. Charpentes d'un comble de bâtiment placées de pente pour l'écoulement des eaux et sur lesquelles repose la couverture.

ARC, s. m. T. d'arch. Cintre. En t. de géom. Portion de circonférence.

ARCADE, s. f. T. d'arch. Ouverture en forme d'arc.

ARC-BOUTANT, s. m. Au pl. *Arcs-boutants*. T. d'arch. Pilier de voûte en demi-arc.

ARC-DOUBLEAU, s. m. Au pl. *Arcs-doubleaux*. Bandeau formant arcade en saillie sur le creux d'une voûte ou autres objets semblables.

ARCEAU, s. m. Au pl. *Arceaux*. T. d'arch. Arc d'une voûte.

ARCHITECTE, s. m. (Commandement). Celui qui exerce l'art de l'architecture.

ARCHITECTONOGRAPHIE, s. f. Description d'un bâtiment.

ARCHITECTURE, s. f. L'art de construire, de disposer et d'orner un édifice. Règles des cinq ordres d'architecture, proportions des colonnes et entablements. — *ancienne*, *gothique*, *moderne*.

ARCHITRAVE, s. f. T. d'arch. Partie d'un entablement entre la frise et le chapiteau.

ARCHITRAVÉE, s. f. Entablement sans frise.

ARCHIVOLTE, s. f. T. d'arch. Bandeau ou moulure au pourtour d'un cintre d'une arcade. On nomme aussi archivolte, le plafond ou revêtement d'une arcade en plein cintre, et le dessus d'une imposte, formant le demi-cercle, soit de persienne, croisée ou porte, etc.

ARÊTE ou *Vive-arête*, s. f. T. d'arch. Angle saillant formé par deux faces.

ARÊTIER, s. m. T. d'arch. Pièce de bois formant l'angle de deux côtés inclinés d'un comble.

ARITHMÉTIQUE, s. f. Science des nombres: calcul arithmétique, connaître les nombres par le moyen des chiffres. *Arithmétiquement*, d'une manière arithmétique.

ARMATURE, s. f. Assemblage de barres ou liens de métal pour soutenir les parties d'un ouvrage de bâtiment ou de mécanique.

ARMOIRE, s. f. Meuble en bois pour serrer des effets.

ARONDE (QUEUE D'), s. f. Entaille en forme de queue d'hirondelle.

ARRIÈRE-CORPS, s. m. Champ lisse ou d'assemblage posé en arrière d'une partie quelconque.

ARRIÈRE-VOUSSURE, s. f. Au pl. *Arrière-voussures*. Voûte qui couronne l'embrasure d'une porte ou d'une fenêtre.

ARRONDIR, v. a. Rendre rond un corps, une arête, etc.

ASSEMBLAGE, s. m. Union de plusieurs parties ou de plusieurs choses. Assemblage à tenon et mortaise, ou à rainure et languette, etc.

ASSISE, s. f. T. d'arch. Rang de pierres placées horizontalement.

ASSUJETTIR, v. a. Rendre une chose fixe. *Assujettir*, fixer, clouer une pièce de bois, une partie de lambris, etc.

ASTRAGALE, s. m. T. d'arch. Moulure composée d'un rond et d'un filet. Aux colonnes, l'astragale sépare le fût du chapiteau.

ATELIER, s. m. Lieu de travail des ouvriers.

ATTIQUE, s. m. T. d'arch. Petit étage au-dessus des autres avec des ornements particuliers. En t. de men., frise ou corniche ou autres ornements formant le couronnement et au-dessus d'une baie de porte ou de croisée. *Base attique*, s. f. Ornement d'architecture, basé d'une colonne ou d'un pilastre; cette base n'a pas d'ordre particulier. Voy. pl. 14.

AUBIER, s. m. Au chêne, bois tendre et blanchâtre entre l'écorce et le corps de l'arbre. *Aubier*, arbre fort dur qui ressemble au cornouiller.

AUGE, s. f. Caisse en bois évasée dans le haut.

AUNE, s. m. Bois de France, tendre, de couleur blanc rougeâtre; arbre qui se plaît dans les lieux humides.

AUTEL, s. m. Sorte de table pour le sacrifice de la messe. Voy. pl. 77.

AUVENT, s. m. Petit toit en saillie pour garantir les boutiques de la pluie.

AVANT-CORPS, s. m. Au pl. *Avant-corps*. Champs ou autres objets en saillie.

AVIVER, v. a. En t. de men., enlever les taches du sciage ou autres défauts au bois en le corroyant.

AXE, s. m., t. de géom. Ligne droite au milieu d'un corps solide, ou d'une courbe, qui la divise en deux parties égales. *Axe* d'une sphère, *axe* d'une ellipse, *axe* d'un cercle (le diamètre).

B

BAGUETTE, s. f. Moulure ronde, excepté le côté où elle tient.

BAIE, s. f. Ouverture pour recevoir une porte ou une croisée, etc.

BAIN-MARIE, s. m. Au pl. bains-marie. Chauffer la colle au *bain-marie*, vase dans lequel est la colle, placé dans un autre vase plus grand qu'on remplit d'eau; cette eau en chauffant fait fondre et chauffer la colle par la chaleur qu'elle communique au vase qu'elle entoure, dans lequel est la colle. Par ce moyen la colle est moins altérée.

BALUSTRADE, s. f. T. d'arch. Assemblage de balustres formant clôture basse et à jour.

BALUSTRE, s. m. T. d'arch. Petite colonne contournée en profil d'élévation, et ronde ou carrée en plan.

BANDEAU, s. m. T. d'arch. Champ mince, uni ou orné de moulures, qu'on met à la place d'une corniche.

BANQUETTE, s. f. Espèce de coffre ou soubassement dans une embrasure de croisée.

BARBE, s. f. Arasement rallongé pour joindre le champ uni d'un battant ou autre objet auquel il y aurait une feuillure ou une moulure.

BARLONG, GUE, adj. Toute figure polygonale allongée.

BARRE, s. f. Pièce de bois clouée en travers d'une porte ou d'une partie pleine pour tenir les planches assemblées.

BARRE-A-QUEUE, s. f. Sorte de barre embrevée à queue d'aronde, en travers d'une porte ou d'une partie pleine, tenant les planches assemblées sans le moyen des clous ni des chevilles.

BASE, s. f. T. d'arch. Partie inférieure d'une colonne ou d'un pilastre. En t. de géom., côté d'un triangle opposé au sommet. *Ligne de base*, ligne sur

laquelle on élève des lignes perpendiculaires ou obliques pour tracer une ligne quelconque.

BATI, s. m. T. de men. Assemblage de battants, montants et traverses, pour recevoir cadres, panneaux, ou autres parties, bâtis de lambris, de parquets, de portes, dormants, etc.

BATIMENT, s. m. Edifice quelconque.

BATTANT, s. m. T. de men. Pièce de bois placée à l'extrémité d'un bâti, dans laquelle s'assemblent les traverses. *Battant* de persienne, de croisée, de porte, de parquet, etc.

BATTEMENT, s. m., t. d'arch. Partie formant feuillure d'une porte, ou autres ouvrages ouvrants.

BEC-D'ANE (ou bédane), s. m. Au pl. *Becs-d'âne*. Ciseau plus épais que large, pour faire les mortaises.

BIAIS, s. m. Obliquité, baie ou autres choses semblables, ayant une direction oblique à la face du devant. Quelquefois on dit *une baie biaise*. On doit dire une baie de biais.

BIBLIOTHÈQUE, s. f. Sorte d'armoire où l'on met des livres.

BIDET, s. m. Petit établi pour transporter en ville.

BIÈRE, s. f. Coffre en bois pour mettre un mort. On la nomme aussi cercueil, ce nom est un subst. masc. On dit *la bière*, et on dit *le cercueil*.

BISEAU, s. m. Chanfrein ou pente qu'on donne à un outil tranchant en l'affûtant.

BLANCHIR, v. a. Dégrossir une planche avec le rabot ou la demi-varlope, faire disparaître le sciage et les inégalités.

BOISER, v. a. Revêtir les murs d'une chambre ou d'un appartement, en menuiserie unie ou d'assemblage, etc.

BORDURE, s. f. Moulure, cadre, qui entoure quelque chose, comme les bordures d'une glace ou autres objets, etc.

BORNOYER, v. a. Regarder par les bords de l'ouvrage s'il est bien dressé et uni.

BOUDIN, s. m. T. d'arch. Moulure ronde à la base d'une colonne. En t. de men., moulure ronde formant un quart de cercle ou un quart d'ovale, souvent accompagné d'une baguette. Alors on le nomme *boudin à baguette*.

BOUGE, s. m. Bombé ou rond, opposé à creux.

BOULEAU, s. m. Bois de France, tendre, de couleur blanche.

BOUT (bois de), s. m. Surface en travers les fils du bois.

BOUVEMENT, s. m., t. de men. Outil qui sert à pousser une doucine; quelquefois on nomme aussi la doucine *bouvement* ou *bouement*.

BOUVET, s. m. Rabot servant à faire les rainures ou à faire les languettes pour joindre et assembler les planches, dans ce cas, il est par paire exprès pour chaque épaisseur de planche.

BOUVET DE DEUX PIÈCES, s. m. Outil composé

d'un bouvet sans joue, à languette de fer ou de bois, et d'une autre pièce qu'on nomme conduit, tenant au bouvet par le moyen de deux tiges arrêtées au bouvet, et traversant le conduit, lesquelles on serre, pour les empêcher de couler, par le moyen de deux clefs. Par ce moyen, on peut faire une rainure à telle distance du bord de la planche, ou autre objet qu'il est nécessaire, autant que peut le permettre la longueur des tiges. Cette espèce de bouvet sert à rapprofondir, ou à feuillurer, ou à ravaler, ou à embrever, etc.

BRISURE, s. f. Joint mobile à rainure et languette arrondie, ou à feuillures, comme aux volets brisés, aux abattants, etc.

BROCHE, s. f. Cheville en fer, ronde et pointue, sorte de clou sans tête; les broches servent à arrêter le lambris ou autre menuiserie contre les murs.

BROUTER, v. a. Un rabot ou un autre outil broute, quand le fer ne pose pas bien sur le bois du fût, il ne fait que ressauter et rend la surface mal unie.

BRUT, UTE, adj. Qui n'a pas été travaillé : bois brut, planche brute.

BUFFET, s. m. Espèce d'armoire pour la vaisselle. Buffet d'orgues, menuiserie où sont enfermées les orgues, et servant de décoration.

BUIS, s. m. Bois de France, fort dur, de couleur jaune, propre à faire des languettes de bouvets ; étant placé debout il est plus ferme et coule assez bien.

BUREAU, s. m. Sorte de table pour écrire ou pour serrer des papiers. Bureau, cabinet de travail pour écrire.

C

CADRE, s. m. Ornement, moulure formant l'entourage d'une partie quelconque, petit cadre, moulure n'excédant pas le nu des champs, grand cadre embrévé, moulure en saillie des champs, grand cadre ravalé semblable, mais pris dans la masse.

CAGE D'ESCALIER, s. f. Murs, pans de bois ou cloison qui enferme un escalier.

CALIBRE, s. m. Modèle en profil pour les cintres. Calibre rallongé, modèle du cintre que doit avoir une pièce quelconque placée obliquement, soit en plan ou en élévation. On le nomme aussi cerce rallongée.

CALOTTE, s. f. T. d'arch. Petite voûte sphérique. T. d'arts et métiers. Ce qui a la forme d'une calotte, comme une arrière-voussure de niche ou autres objets semblables.

CANNELURE, s. f. Cavité creusée le long du fût d'une colonne ou d'un pilastre, aux corniches d'impostes et aux frises, etc.

CARRÉ, s. m. T. de géom. Figure carrée ayant quatre côtés égaux et quatre angles droits. T d'arch. Filet qui sépare les moulures.

CARRÉMENT, adv. En carré, à angle droit, ce qui est d'équerre.

CARYATIDE, s. f. T. d'arch. Statue de femme qui soutient une corniche ou un entablement en place de colonne.

CASIER, s. m. Dessus de bureau avec plusieurs compartiments pour y placer des papiers, corps de tablettes avec des séparations formant plusieurs cases.

CAVET, s. m. T. d'arch. Moulure formant le creux en quart de cercle ou quart d'ellipse, ou plus plat, souvent accompagné d'un filet ou carré, et aussi une baguette ; alors on le nomme cavet à baguette ; cavet simple, le membre supérieur de la corniche de l'entablement de l'ordre dorique denticulaire.

CÈDRE, s. m. Pin du Liban. Bois de France et étranger, de couleur rougeâtre violet, doux à travailler, propre aux ouvrages délicats, employé pour le bois des crayons, règles et autres instruments à dessiner. Grand arbre résineux toujours vert.

CENTIMÈTRE, s. m. Mesure nouvelle, centième partie du mètre, à peu près quatre lignes et demie, ancienne mesure.

CERCE, s. f. Toutes courbes régulières ou irrégulières, faisant partie d'un ouvrage cintré. Cerce rallongée. Voy. Calibre rallongé.

CERCLE, s. m. T. de géom. Surface plane terminée par une ligne circulaire, dont tous les points sont également éloignés d'un centre. En terme familier, un rond tracé au compas. La ligne circulaire qui forme le cercle se nomme circonférence.

CHAIRE A PRÊCHER, s. f. Ouvrage d'église. Tribune élevée pour le prédicateur. Ordinairement adossée contre un pilier ou une colonne de l'église.

CHAMBRANLE, s. m. Ornement d'architecture qui encadre une porte, une fenêtre, une cheminée, etc. En menuiserie, souvent le chambranle sert de bâti dormant à la porte qu'il encadre. Le second chambranle, qui est placé de l'autre côté de la même baie, mais qui ne porte pas la porte, se nomme contre-chambranle.

CHAMP, s. m. Espace uni que forment les bâtis autour des cadres et des moulures de toute espèce de menuiserie. On nomme aussi champ le côté le plus étroit d'une pièce de bois, comme le côté le plus étroit d'une planche. Une planche est posée de champ, lorsqu'elle est posée sur le côté le plus étroit. Le côté le plus large d'une planche où d'un autre objet semblable, se nomme le plat.

CHANFREIN, s. m. T. d'arch. Pan oblique, formé par l'arête abattue d'une pièce de bois.

CHANTOURNEMENT, s. m. T. de men. Sinuosités que forment les différents cintres.

CHANTOURNER, v. a. T. d'arch. Action de faire un chantournement. Couper en dehors ou évider en dedans une pièce de bois, suivant un profil donné, avec la scie à chantourner ou un autre outil.

CHAPEAU (ASSEMBLAGE A), s. m. Tout assemblage dont la traverse couvre le bout du battant ou montant. Si l'assemblage est à tenon et mortaise, la mortaise est dans la traverse, et le tenon est au battant ou montant.

CHAPIER, s. m. Ouvrage d'église, armoire pour serrer les chapes. *Chapier à tiroirs*, celui dans lequel sont des tiroirs d'une forme carrée, comme les tiroirs d'une commode, ou d'une forme demi-circulaire en plan, pour plus de facilité à les ouvrir, dans lesquels on serre les chapes et autres ornements. *Chapier à potence*, celui dans lequel sont placées plusieurs potences tournantes à pivot. On place les chapes sur la branche horizontale de chaque potence, comme à un porte-manteau.

CHAPITEAU, s. m. Ornement du sommet d'une colonne ou d'un pilastre. Les moulures ou ornements d'un chapiteau sont différents, suivant l'ordre d'architecture de la colonne ou du pilastre.

CHARME, s. m. Bois de France, dur, de couleur blanche, propre à faire des fûts d'outils, des manches de ciseaux, becs-d'âne, ou autres outils, et aussi pour faire des maillets.

CHASSE-POINTE, s. m. Broche en fer ou acier, servant pour chasser les pointes des clous, ou enfoncer les clous pour que la tête ne paraisse pas à la surface du bois.

CHASSIS, s. m. Tout bâti à jour. *Chassis à verre*; les deux vantaux d'une croisée, ou autre assemblage pour recevoir le verre.

CHATAIGNIER, s. m. Bois de France, dur et de longue durée, de couleur gris jaunâtre, semblable au chêne.

CHÊNE, s. m. Bois de France, dur, de couleur gris jaunâtre ou un peu rougeâtre. Bois supérieur pour la durée, celui dont on fait le plus usage pour les ouvrages des bâtiments.

CHEVILLE, s. f. Petit morceau de bois carré ou rond, et long, un peu plus gros d'un bout que de l'autre, servant à arrêter les assemblages.

CHEVILLER, v. a. Action de fixer ensemble les différentes pièces par le moyen de chevilles qu'on fait passer au travers des assemblages, ou d'attacher avec des chevilles les différentes parties d'une chose.

CHEVRON, s. m. Pièce de bois de trois pouces (84 *millimètres*) au carré de grosseur. *Chevrons*, en t. d'arch., pièces de bois posées sur un toit pour porter la couverture.

CINTRE (PLEIN), s. m. Cintre formant un demi-cercle.

CINTRE SURBAISSÉ, s. m. Cintre formant moins qu'un demi-cercle.

CINTRE SURHAUSSÉ, s. m. Cintre formant plus qu'un demi-cercle, ou formant un demi-ovale ou ellipse pris sur son petit axe.

CIRCONFÉRENCE, s. f. T. de géom. Ligne courbe qui renferme un cercle ou une figure elliptique.

CIRCULAIRE, adj. Qui a rapport au cercle. Partie ronde.

CISEAU, s. m. Au pl. *Ciseaux*. Outil tranchant par un bout, affûté à un seul biseau.

CITRONNIER, s. m. Bois de France et étranger, dur, de couleur jaune. Arbre qui produit le citron.

CLAVEAUX, s. m. T. d'arch. Pierres qui ferment le dessus d'une baie carrée, ayant les joints rayonnants. En t. de men., toutes parties d'arrière-voussure, ou autre objet qui a ses joints tendus à un ou plusieurs centres.

CLEF, s. f. T. de men. Espèce de tenon qu'on rapporte dans les joints des parties pleines et autres pour tenir les planches assemblées. En t. d'arch., la pierre du milieu d'un cintre ou d'une voûte.

CLOISON, s. f. Menuiserie quelconque servant à séparer ou à enclore quelque chose. *Cloison hourdée*, bâti en menuiserie, rempli en plâtre ou autre mortier.

CLOU, s. m. Au pl. *Clous*; Espèce de cheville en fer à tête et à pointe.

CLOU D'ÉPINGLE, s. m. Au pl. *Clous d'épingle*. Sorte de clou fait avec du fil de fer.

COFFINER, v. pronom. T. de men. Se tourmenter, se courber en largeur ou en longueur. Une planche s'est *coffinée* ou un panneau s'est *coffiné*, lorsqu'ils se sont bombés ou creusés.

COIN, s. m. Morceau de bois taillé d'un bout à angle aigu, qu'on place dans la lumière des outils pour retenir le fer en place, et pour tout autre objet quelconque.

COLLE, s. f. Matière gluante et tenace pour joindre et tenir ensemble deux surfaces; celle employée pour coller le bois se nomme *colle forte*.

COLONNE, s. f. Sorte de pilier, de forme ronde, posé verticalement pour soutenir et orner un édifice. Une colonne est plus ou moins ornée, suivant l'ordre dont elle fait partie.

COMPARTIMENT, s. m. Division, partage, distribution avec symétrie dans un coffre, un tiroir ou autres objets quelconques.

COMPAS, s. m. Instrument de mathématiques, à deux branches mobiles, servant pour tracer des cercles, prendre des distances, diviser des longueurs en parties égales, etc. *Compas d'épaisseur*, celui dont les branches sont recourbées en dedans; il sert à prendre le diamètre des corps ronds.

COMPAS A VERGE, ou *compas trusquin*, s. m. Servant comme celui à branches. Voyez pl. 21.

COMPAS ELLIPTIQUE, ou *compas à ovale*, s. m. Instrument qui ne peut tracer que des ellipses ou ovales. Voyez pl. 21.

COMPOSITE, s. m. et adj. T. d'arch. Cinquième ordre d'architecture, composé par les Romains de l'Ionique et du Corinthien.

CONCAVE, adj. Ce qui est creux et rond, comme

la surface du creux d'une calotte, la surface concave d'une voûte opposée à la surface convexe.

CONCENTRIQUE, adj. T. de géom. Courbes ou cercles qui ont un même centre.

CONDUIT, s. m. T. de men. Partie excédante du fût d'un outil de moulure ou autres, servant à le tenir appuyé contre le bois ; *conduit de bouvet de deux pièces*, seconde pièce de l'outil.

CONE, s. m. T. de géom. Pyramide à base circulaire.

CONFESSIONNAL, s. m. Au pl. *Confessionnaux*. Ouvrage d'église, sorte de cabinet en forme d'armoire où le prêtre reçoit la confession.

CONGÉ, s. m. T. d'arch. Moulure creuse en forme de quart de cercle.

CONIQUE, adj. T. de géom. Qui appartient au cône, qui en a la forme.

CONSOLE, s. f. T. d'arch. Saillie destinée à soutenir quelque ornement. *Console*, sorte de meuble placé ordinairement entre deux croisées.

CONTRE-MARCHE, s. f. Au pl. *Contre-marches*. Partie du devant d'une marche d'escalier.

CONTRE-PORTE, s. f. Au pl. *Contre-portes*. Seconde porte pour garantir du vent.

CONTRE-PROFIL, s. m. Au pl. *Contre-profils*. T. d'arch. et de men. Profil de corniche, ou moulure quelconque façonné par le bout en retour d'équerre ou oblique semblable à la face.

CONTRE-PROFILÉ, ÉE, adj. T. d'arch. Ce qui appartient au contre-profil, corniche *contre-profilée*, chapiteau *contre-profilé*.

CONTREVENT, s. m. Sorte de volet plein, placé au dehors.

CONVEXE, adj. Dont la surface extérieure est ronde comme la surface d'une sphère ou d'un cylindre, etc. ; surface convexe opposée à la surface concave.

COPEAU, s. m. Partie du bois enlevée avec le rabot ou autre outil en le travaillant.

CORDE, s. f. T. de géom. Ligne droite terminée aux deux extrémités d'un arc de cercle.

CORINTHIEN, ENNE, adj. T. d'arch. Quatrième ordre d'architecture ; chapiteau *corinthien*, colonne *corinthienne*.

CORMIER, s. m. Bois de France, dur, de couleur rougeâtre, propre à faire des fûts de varlopes et autres outils.

CORNE-DE-BOEUF (EN), adj. Plafond circulaire d'une embrasure de biais, nommé arrière-voussure en *corne-de-bœuf*, par sa figure qui ressemble à une corne de bœuf.

CORNICHE, s. f. T. d'arch. Assemblage de moulures servant de couronnement à l'ouvrage.

CORNICHE VOLANTE, s. f. Au pl. *Corniches volantes*. Corniche en menuiserie composée d'un ou plusieurs morceaux de bois, de moindre épaisseur possible.

CORNIER, ÈRE, adj. Placé à la corne ou à l'angle de quelque chose. *Pied cornier*, pied montant d'angle saillant. *Pilastre cornier*, pilastre d'angle saillant. *Colonne cornière*.

CORNOUILLER, s. m. Bois de France, très-dur, propre à faire des fûts de varlopes, rabots, etc. ; mais il est rarement d'une grosseur suffisante ; il est plus commun d'une grosseur propre pour les manches de marteaux ou de maillets.

CORPS, s. m. T. d'arts et métiers. Assemblage de parties formant un tout complet, *corps de tablette, corps de bibliothèque*, etc.; en t. de géom., solide ayant trois dimensions, longueur, largeur et profondeur, que l'on nomme *corps solide*.

CORRECT, s. m. T. de men. Chef d'un atelier de menuiserie.

CORRIDOR, s. m. Galerie étroite servant de passage dans une maison.

CORROYER, v. a. En t. de men., aplanir, dresser et dégauchir une pièce de bois quelconque.

COTE, s. f. Partie excédante qu'on observe au battant du milieu d'une croisée ou à toute autre partie semblable.

COUCHETTE, s. f. Bois de lit.

COULISSEAU, s. m. Pièce de bois ayant feuillure, rainure, ou languette servant à porter et faire glisser les tiroirs.

COULISSE, s. f. Pièce de bois ayant une rainure pour recevoir volets ou planches qui doivent mouvoir, ou pour retenir les planches d'une cloison.

COUPE, s. f. Action de couper ; *coupe d'onglet, coupe oblique, fausse coupe*, etc. En t. d'arch., *Coupe du milieu*, section faite en hauteur ou en largeur d'un corps quelconque pour faire voir l'intérieur et le profil.

COURBE, s. f. Pièce de bois cintrée ; *ligne courbe*, celle qui n'est pas droite ; *courbe rampante*, limon d'un escalier cintré suivant son calibre rallongé.

CRAIE, s. f. Pierre calcaire blanche et tendre dont on se sert pour tracer des lignes sur le bois pour le débiter.

CRÉMAILLÈRE, s. f. Pièce de bois dentelée. *Crémaillère de bibliothèque*, tringle dentelée pour recevoir les tasseaux. *Crémaillère d'escalier*, sorte de limon taillé à dents pour recevoir les marches et contre-marches.

CROISÉE, s. f. Ouverture dans un bâtiment pour donner du jour. Châssis vitré qui la ferme. *Croisée à deux vantaux* ou *croisée a un vantail*.

CROISILLON, s. m. Tout bâti qui est assemblé en croix.

CUBE, s. m. T. de géom. Corps solide borné par six faces carrées et égales. En t. d'arith., produit d'un nombre par son carré.

CUBIQUE, adj. Ce qui appartient au cube ; *toise cubique, pieds cubiques, mètre cubique*, etc.

CYLINDRE, s. m. T. de géom. Corps solide, rond et long, conservant sa grosseur égale dans toute sa longueur.

CYMAISE, s. f. Pièce de bois ornée de moulures servant de couronnement au lambris d'appui, ou posée à la hauteur d'appui sans lambris. En t. d'arch, partie supérieure d'un entablement.

D

DÉ, s. m. *Anciennement* DEZ. Partie d'un piédestal comprise entre la base et la corniche.

DÉBILLARDER, v. a. T. de men. et de charpente. Façonner une pièce de bois suivant des lignes tracées, soit courbes ou droites.

DÉBITER, v. a. Tracer, couper ou scier une pièce de bois, selon la largeur et la longueur convenables.

DÉCAGONE, s. m. T. de géom. Polygone ayant dix côtés et dix angles.

DÉCAMÈTRE, s. m. Mesure nouvelle, longueur de dix mètres.

DÉCHET, s. m. Diminution en quantité, perte de bois pour le façonner.

DÉCIMAL, ALE, adj. Composé de dixièmes, de centièmes, de millièmes, etc. d'unité; fraction *décimale*, calcul *décimal*, tout ce qui a rapport à ces fractions.

DÉCIMÈTRE, s. m. Mesure nouvelle, dixième partie du mètre.

DÉGAUCHIR, v. a. Action de dresser en tous sens une pièce de bois; une surface plane est bien *dégauchie*, lorsqu'elle est droite en longueur, largeur et diagonalement, et qu'en la bornoyant d'un côté, le côté opposé ne paraît pas plus élevé d'un bout que de l'autre.

DEGRÉ, s. m. La trois-cent-soixantième partie de la circonférence d'un cercle. On nomme aussi *degré* chacune des marches d'un escalier, et toute autre chose semblable.

DÉJETER (SE), v. pron. Se courber, se gauchir, en parlant du bois ou de parties de menuiserie.

DÉLARDER, v. a. T. d'arch. Couper obliquement le dessous d'une marche d'escalier, ou tout autre objet; synonyme de *débillarder*.

DENT-DE-LOUP, s. f. Au pl. *Dents de loup*. Sorte d'ornement, surface taillée en travers ou en long, formant en profil des dents semblables à celles d'une scie.

DENTICULE, s. m. T. d'arch. Ornement en forme de dent carrée, placé ordinairement aux corniches d'entablements.

DÉVELOPPEMENT, s. m. Figure qui représente la vraie grandeur d'un objet quelconque. Le *développement* d'une ligne courbe est une ligne droite égale à la longueur de la ligne courbe.

DIAGONALE (LIGNE), s. f. T. de géométrie et de math. Ligne droite qui va d'un angle d'une figure rectiligne à l'angle opposé.

DIAMÈTRE, s. m. Ligne droite qui passe par le centre d'un cercle et se termine à la circonférence.

DODÉCAÈDRE, s. m. T. de géom. Corps régulier dont la surface est composée de douze pentagones réguliers et égaux.

DODÉCAGONE, s. m. T. de géom. Polygone ayant douze côtés et douze angles.

DORIQUE, adj. T. d'arch. Le deuxième des cinq ordres d'architecture.

DORMANT, ANTE, adj. Bâti, châssis ou autre objet ne s'ouvrant point.

DOSSE, s. f. Planche de la première levée faite sur le corps de l'arbre.

DOSSERET, s. m. T. d'arch. Petit pilastre saillant excédant le nu du mur. — Partie derrière une autre pour la soutenir.

DOSSIER, s. m. Partie d'un siège servant à appuyer le dos. — d'une chaise, d'un fauteuil, etc.

DOUBLETTE, s. f. Planche ayant deux pouces (54 *millimètres*) d'épaisseur et un pied (32 *centimètres et demi*) de largeur.

DOUCINE, s. f. T. d'arch. Moulure moitié convexe et moitié concave.

DOUELLE, s. f. T. d'arch. Partie courbe d'une voûte, parties de pierres ou de bois pour former une voûte.

DOUVE, s. f. Planche creuse pour un ouvrage cintré, ressemblant à une douve de tonneau.

E

ÉBÈNE, s. f. Bois étranger, très-dur, de couleur noire, rouge, verte et grise.

ÉBRASEMENT, s. m. Élargissement intérieur d'une porte, d'une croisée, d'une voûte, etc.

ÉCHAPPÉE, s. f. T. d'arch. Hauteur suffisante pour passer sous le rampant d'un escalier.

ÉCHARPE ou CONTRE-FICHE, s. f. En terme de men., *Écharpe*. Pièce placée diagonalement dans un bâti quelconque pour supporter une ou plusieurs traverses.

ÉCHELLE, s. f. Instrument pour monter et descendre; *échelle de meunier*, petit escalier simple et droit; *échelle de proportion*, ligne divisée en parties égales, dont chacune marque une mesure quelconque servant à mesurer les plans et à les tracer proportionnellement.

ÉCHELON, s. m. Traverse formant le pas ou degré d'une échelle.

ÉCLAT, s. m. Partie plus épaisse que le copeau, détachée du bois en le travaillant. *Les éclats laissent des défauts sur l'ouvrage.*

ÉLÉGIR. Voyez *Allégir* ou *Ravalement*.

ÉLÉVATION, s. f. T. d'arch. Dessin représentant la façade d'un objet vu de sa hauteur. Sans les règles de la perspective, alors on ajoute *géométrale*.

ELLIPSE, s. f. T. de géom. Figure ovale ou cercle allongé, produite par la coupe oblique d'un cylindre, d'un cône ou autres opérations.

ELLIPTIQUE, adj. T. de géom. Ce qui a rapport à l'ellipse.

EMBASE, s. f. T. d'arts et métiers. Base aux outils, ciseaux, becs-d'âne et autres.

EMBAUCHAGE, s. m. Action d'embaucher, d'engager un ouvrier.

EMBOITURE, s. f. Sorte de traverse assemblée au bout des planches d'une porte ou autre partie pleine, pour tenir les planches assemblées.

EMBRASEMENT. Voyez *Embrasure*.

EMBRASURE, s. f. Partie de l'épaisseur des murs dans une baie de porte ou de croisée. La menuiserie qui revêt les côtés de l'embrasure, en terme d'ouvrier, se nomme *Embrasement*. (*Ebrasement vaut mieux quand les côtés sont évasés.*)

EMBRÈVEMENT, s. m. Assemblage de deux pièces de bois à rainures et languettes.

EMMARCHEMENT, s. m. Longueur des marches d'un escalier, lorsqu'elles sont d'équerre au limon ou crémaillère.

ENCORBELLEMENT, s. m. T. d'arch. Saillie portant à faux au delà du nu du mur, ornement quelconque en saillie.

ENDÉCAGONE, s. m. T. de géom. Polygone ayant onze côtés et onze angles.

ENFOURCHEMENT, s. m. Mortaise sans épaulement.

ENNÉAGONE, s. m. T. de géom. Polygone ayant neuf côtés et neuf angles.

ENTABLEMENT, s. m. T. d'arch. L'architrave, la frise et la corniche réunies.

ENTAILLE, s. f. Coupure dans le bois ; assemblage à entaille à demi-bois, *entaille* à limer les scies, etc., et toutes sortes de morceaux de bois dans lesquels on a fait des entailles pour contenir différentes pièces d'ouvrages.

ENTRAIT, s. m. T. d'arch. Charpente, pièce de bois qui retient les arbalétriers et traverse les deux parties opposées d'une couverture de bâtiment.

ENTRE-COLONNE ou **ENTRE-COLONNEMENT**, s. m. T. d'arch. Espace entre deux colonnes ; plusieurs colonnes isolées et portant un entablement.

ENTRE-TOISE, s. f. Traverse pour tenir l'écartement d'un bâti quelconque, comme aux cloisons et aux pieds-debout.

ENTREVOUX, s. m. Planche de chêne ayant un pouce (*vingt-sept millimètres*) d'épaisseur sur huit à neuf pouces (*vingt-deux à vingt-cinq centimètres*) de largeur.

ÉPAULEMENT, s. m. Partie conservée entre deux mortaises, ou depuis la mortaise jusqu'à l'extrémité du battant ou autre objet.

ÉPURE, s. f. T. d'arch. Dessin d'exécution en grandeur naturelle d'un objet quelconque.

ÉQUERRE, s. f. Instrument pour tracer les angles droits (*angles d'équerre*). En t. de men., pièce carrée et équerre à corroyer.

ÉQUERRE-ONGLET ou **ÉQUERRE A ONGLET**, s. f. T. de men. Instrument pour tracer les coupes d'onglet et autres, etc.

ÉRABLE, s. m. Bois de France plein et léger, de couleur blanc jaunâtre.

ESCALIER, s. m. Assemblage de marches ou degrés pour monter et descendre. *Escalier à quartier tournant*, celui qui a une partie en retour d'équerre. *Escalier à noyau plein*, celui dont les marches sont assemblées dans un noyau plein. *Escalier à vis Saint-Gille*, celui dont les marches sont assemblées et tournent au pourtour d'un noyau cylindrique. *Escalier à noyau évidé*, celui dont le noyau est évidé et forme le limon. *Escalier à jour*, selon la forme du plan, à limon ou à crémaillère. *Escalier en entonnoir*, celui dont les limons suivent la forme d'un entonnoir.

ÉTABLISSEMENT, s. m. T. de men. Certaines marques pour distinguer une pièce avec une autre, le haut du bas, le parement du derrière, et la place qu'ils doivent occuper.

ÉTAU, s. m. Instrument de fer ou de bois. Outil composé de deux pièces qu'on nomme mors ou mâchoires, et qu'on approche ou éloigne par le moyen d'une vis en bois ou en fer. Cet outil est plus utile aux serruriers qu'aux menuisiers.

ÉTRÉSILLON, s. m. T. d'arch. Pièce de bois qui butte entre deux pour les empêcher de se rapprocher.

ÉVENTAIL, s. m. Partie d'une croisée cintrée en élévation, dont les petits bois sont rayonnants.

EXTRADOS, s. m. T. d'arch. Surface extérieure d'une voûte opposée à la douelle ou *intrados*, comme la surface convexe d'une calotte.

F

FAÇON, s. f. Forme du travail de l'ouvrier, main-d'œuvre, manière dont la chose est faite.

FAÇONNER, v. a. Donner de la façon à l'ouvrage que l'on fait.

FAITAGE, s. m. T. d'arch. Charpente, pièce de bois placée horizontalement dans le haut du comble d'un bâtiment.

FAUSSE-COUPE, s. f. Au pl. *Fausses-coupes*. T. de men. Assemblage dont la coupe est oblique, coupe qui n'est ni d'équerre ni d'onglet.

FAUSSE-ÉQUERRE, s. f. Au pl. *Fausses-équerres*. T. de men. Instrument pour tracer les lignes obliques et les fausses-coupes, espèce d'équerre à branche mobile, se ployant à charnière. — *Sauterelle*, en termes de tailleurs de pierres.

FAUSSE-FENÊTRE, s. f. Au pl. *Fausses-fenêtres*. Fenêtre simulée (figurée).

FAUSSE-PORTE, s. f. Au pl. *Fausses-portes*. Porte figurée.

FAUX-PLANCHER, s. m. Au pl. *Faux-plan-*

chers. Plancher pratiqué pour diminuer la hauteur d'une pièce dans un bâtiment.

FENÊTRE, voy. *Croisée.*

FER-A-CHEVAL (ESCALIER EN), s. m. Escalier à deux rampes, en demi-cercle.

FER (d'outil), s. m. *Fer* de rabot, de varlope, de bouvet, etc.

FERME, s. f. T. d'arch. Charpente, assemblage de plusieurs pièces de bois qui supporte la couverture d'un bâtiment.

FERMOIR, s. m. T. d'arts et métiers. Ciseau affûté à deux biseaux. *Fermoir-à-nez-rond*, petit fermoir dont le tranchant est oblique.

FEUILLE, s. f. Partie de parquets, volets, etc.

FEUILLET, s. m. Planche mince de chêne ou de sapin.

FEUILLERET, s. m. Outil pour faire des feuillures.

FEUILLURE, s. f. T. de men. Entaille en long, sur l'arête d'un bâti, pour recevoir une porte, une croisée, etc.

FICHE, s. f. Charnière dont la broche est mobile. —Pièce de bois placée verticalement, qui assemble les deux arbalétriers d'une ferme de comble d'un bâtiment.

FIL (BOIS DE), s. m. Bois dont les fils sont disposés parallèlement à la planche ou pièce de bois. *Donner le fil à un racloir*, le faire couper par le moyen du fil sur l'angle.

FILET, s. m. Petite moulure lisse, espèce de carré qui sépare les autres moulures.

FLACHE, s. f. Vide dans le bois sous l'écorce, ou défaut d'équarrissage.

FLACHEUX, EUSE, adj. Où il y a des flaches. *Chevron flacheux, membrure flacheuse*, etc.

FLÈCHE, s. f. T. de géom. Ligne élevée perpendiculairement au milieu de la corde d'un arc ou portion de cercle.

FLIPOT, s. m. T. de men. Petite tringle de bois qu'on rapporte et colle dans les joints ouverts ou dans les grandes gerçures des planches.

FLOTTAGE, s. m. T. de men. Assemblage dont une partie passe sur l'autre, pour former un côté différent à l'autre. *Traverse flottée, panneau flotté*, etc. On nomme aussi *bois flotté*, celui qui a flotté sur l'eau pour être transporté.

FOURRURE, s. f. Pièce ou tringle de bois plus ou moins épaisse, qu'on met pour poser une partie quelconque, lorsqu'il y a du vide entre la partie et l'objet sur lequel elle doit être arrêtée, comme contre les murs pour poser les lambris, ou sur les solives ou plancher, pour poser le parquet, etc.

FOYER, s. m. Bâti qui entoure l'âtre d'une cheminée dans lequel s'assemble le parquet; en terme de géométrie, point où se réunissent les rayons d'une courbe, comme les deux *foyers* d'une ellipse, qui sont deux points sur le grand axe d'où partent les rayons vecteurs.

FRÊNE, s. m. Bois de France, plein, de couleur blanche, peu employé en menuiserie, propre au charronnage.

FRISE, s. f. T. d'arch. Partie d'un entablement entre l'architrave et la corniche. En t. de men., toute partie étroite et longue, dont la longueur est placée parallèle à l'horizon, comme les panneaux, plus large que haut, soit au milieu ou au-dessus des portes ou aux lambris, et toute autre partie semblable. On nomme aussi *frise*, une planche étroite, préparée pour faire du parquet ou plancher. (Alors on le nomme plancher de frises.)

FRONTON, s. m. Ornement triangulaire ou circulaire formé par la corniche d'un entablement.

FUIR, v. n. Un outil de moulure que l'on fait, lorsqu'il se dérange de place et coule sur le côté.

FUSEAU, s. m. Petit barreau rond, plus petit aux extrémités qu'au milieu. *Fuseau*, t. de géom. Solide formé par une courbe en mouvement; figure plane ressemblant à un *fuseau*; développement de la surface de la sphère. Voyez planche 5.

FUT, s. m. T. d'arch. Partie de la colonne entre la base et le chapiteau. *Fût*, monture en bois d'un outil, comme varlope, rabot, bouvet, outil de moulure, etc.

FUTÉE, s. f. Sorte de mastic que les menuisiers font avec de la colle claire et de la pierre réduite en poudre ou de la sciure de bois. La futée sert à remplir et cacher les trous des clous et autres défauts du bois, etc.

G

GAIAC ou GAYAC, s. m. Bois étranger (de l'Amérique), très-dur, ayant ses fils entrelacés, ce qui l'empêche de se fendre; sa couleur est d'un brun verdâtre. Il est très-bon pour faire des galets de roulettes ou autres objets semblables.

GARROT, s. m. Morceau de bois qui passe dans la corde d'une scie, et sert à faire tendre et roidir la lame de la scie, et pour toute autre chose semblable.

GAUCHE, adj. Oblique opposé à droite. Une surface est gauche lorsqu'une partie est plus élevée que l'autre.

GAUCHISSEMENT, s. m. Action de gauchir, rendre gauche un objet quelconque.

GELIVURE ou GELISSURE, s. f. Gerçure aux arbres causée par de fortes gelées. On nomme aussi *gelivure*, ou *gélif*, ou *givelure*, les gerçures au bois, planches ou autres, etc.

GÉOMÉTRAL, ALE, adj. Plan ou dessin où toutes les lignes d'une figure sont marquées sans aucun raccourcissement. *Plan géométral, élévation géométrale*, représentant un objet sans les règles de la perspective.

GÉOMÉTRIE, s. f. Science qui a pour objet la grandeur en général, représentée par des lignes, des surfaces et des solides.

35

GÉOMÉTRIE DESCRIPTIVE. Géométrie dont les opérations se font par des lignes et figures en dessins.

GÉOMÉTRIQUE, adj. Qui appartient à la géométrie.

GIRON, s. m. T. d'arch. Partie de la marche d'un escalier où l'on pose le pied. *Ligne du giron*, ligne au milieu de l'emmarchement et parallèle aux limons ou crémaillères d'un escalier. *Giron des marches*, largeur des marches prise sur la ligne du giron.

GORGE, s. f. Moulure formant le creux.

GORGET, s. m. Petite moulure de dégagement formant la gorge.

GOTHIQUE, adj. Qui vient des Goths, anciens peuples du nord de l'Italie; architecture, écriture *gothique*. GOTHIQUE, s. m. Genre. *Il y a du gothique dans cette architecture*.

GOUGE, s. f. Espèce de ciseau dont le tranchant est cintré sur le plat en largeur; les gouges sont comme les ciseaux, de différentes largeurs.

GOUJON, s. m. Espèce de tenon cylindrique.

GOUSSET, s. m. Petite planche chantournée en console, qui sert à porter les tablettes ou autres objets.

GUEULE-DE-LOUP, s. f. Grosse rainure demironde, au battant du milieu d'une porte ou croisée à deux vantaux, pour recevoir le battant de l'autre vantail, lequel est arrondi pour entrer dans la rainure ou gueule-de-loup; alors le battant dans lequel est la rainure se nomme *battant à gueule-de-loup*, et l'autre *battant* mouton.

GUICHET, s. m. Petite porte qu'on fait ouvrir dans un vantail de porte-cochère ou autres. On donne aussi ce nom aux volets des croisées.

GUILLAUME, s. m. Outil, sorte de rabot dont le fer coupe de toute la largeur du fût. Cet outil sert pour les feuillures, etc.

GUILLAUME-A-PLATE-BANDE, s. m. Sorte de guillaume ayant un conduit ou joue sur le côté, servant à pousser les plates-bandes au pourtour des panneaux ou autres objets semblables. *Guillaume-de-côté*, celui dont le coupant du fer est sur le côté, servant pour rélargir les rainures ou autres choses sur les côtés.

GUIMBARDE, s. f. Outil composé d'une pièce de bois dans laquelle est placé un fer un peu de pente. Son usage est pour unir et dresser le fond d'un objet quelconque parallèlement à la surface du dessus de l'ouvrage, comme aux ravalements qui n'ont pas beaucoup d'étendue.

GUIMBARDER, v. a. Travailler, façonner avec une guimbarde.

H

HACHE, s. f. Instrument ou outil de fer tranchant qui sert à fendre ou à couper le bois. Les menuisiers se servent de la hache quand il y a beaucoup à ôter à la pièce de bois.

HÉLICE, s. f. Ligne tracée en forme de vis autour d'un cylindre ou d'un cône.

HEPTAGONE, s. m. T. de géom. Polygone ayant sept côtés et sept angles.

HÊTRE, s. m. Bois de France plein et ferme, de couleur blanc jaunâtre, plus en usage pour les meubles que pour les bâtiments.

HEXAÈDRE, s. m. Cube. T. de géom. Corps solide régulier, dont la surface est composée de six carrés égaux.

HEXAGONE, s. m. T. de géom. Polygone ayant six côtés et six angles.

HORIZONTAL, ALE, adj. Parallèle à l'horizon (de niveau). Plan *horizontal*, ligne *horizontale*, au pl. m. *Horizontaux*.

HORIZONTALEMENT, adv. Parallèlement à l'horizon, de niveau.

HORS-OEUVRE, adv. T. d'arch. Du dehors. Mesure *hors-œuvre*, l'angle extérieur d'un mur jusqu'à l'angle extérieur de l'autre mur, ou d'un autre objet quelconque. *Hors-œuvre*, du dehors; *dans-œuvre*, du dedans.

HUISSERIE, s. f. Bâti formant baie de porte dans une cloison ou dans un mur quelconque.

HYPERBOLE, s. f. T. de géom. Section (ou coupe) d'un cône parallèlement à l'axe.

HYPERBOLIQUE, adj. T. de géom. Qui appartient à l'hyperbole.

HYPOTÉNUSE, s. f. Côté ou ligne d'un triangle rectangle, qui est opposé à l'angle droit. *Le carré de l'hypoténuse égale les deux carrés des deux autres côtés du même triangle rectangle*.

I

ICOSAÈDRE ou ICOSANDRE, s. m. T. de géom. Corps solide et régulier dont la surface est composée de vingt triangles équilatéraux égaux.

IF, s. m. Bois de France, arbre toujours vert, à feuilles longues et étroites; beau bois assez plein de couleur veinée, jaunâtre et rougeâtre, et ondé.

IMPOSTE, s. f. T. d'arch. Naissance du cintre d'une arcade, ou d'une porte, etc. *Corniche d'imposte*, celle qui est placée aux portiques à la naissance du cintre. *Traverse d'imposte*, celle d'un bâti dormant d'une porte ou d'une croisée qui sépare les châssis du bas d'avec ceux du haut. On nomme aussi *imposte* les châssis ou partie quelconque, placés au-dessus de la traverse d'imposte.

INTERSECTION, s. f. T. de géom. Point où deux lignes se coupent.

INTRADOS, s. m. Surface intérieure et concave d'une voûte.

IONIQUE, adj. (ordre). Le troisième des ordres d'architecture.

ISOSCÈLE ou ISOCÈLE, adj. Triangle ou trapèze qui a deux côtés et deux angles égaux.

J

JALOUSIE, s. f. Ouvrage de menuiserie; espèce de persienne dont les lames sont tenues par des rubans et des cordons avec lesquels on fait monter les lames ensemble; et on les fait descendre et mouvoir à volonté par le moyen de plusieurs cordons. Voyez pl. 23.

JARRET, s. m. Par ce terme on entend toutes parties ou lignes droites ou courbes, ayant des bosses ou inégalités dans leur cours.

JARRETER, v. n. Avoir des jarrets.

JET-D'EAU, s. m. T. de men. Traverse plus épaisse que les bâtis, placée au bas d'une croisée et en dehors, pour empêcher l'eau de couler dans l'intérieur du bâtiment.

JOINT, s. m. Ligne de l'assemblage de deux parties quelconques; endroit où se joignent deux pièces de bois ou deux autres corps quelconques.

JOINTIF, IVE, adj. T. d'arch. et de men. Qui est joint; *planches jointives*, *assemblage* ou *arasement jointif*, etc.

JOUE, s. f. Épaisseur de bois qui reste de chaque côté d'une rainure ou d'une mortaise. Joue, conduit d'un outil de moulure ou d'un bouvet.

L

LAMBOURDE, s. f. Pièces de bois qu'on scelle ou arrête sur le plancher pour porter le parquet.

LAMBRIS, s. m. Revêtement des murs en menuiserie. *Lambris d'appui*, celui dont la hauteur ne surpasse pas quatre pieds (un mètre trente centimètres). *Lambris de hauteur*, celui qui revêt les murs de toute leur hauteur, c'est-à-dire de la hauteur de la pièce où il est posé.

LAMBRISSER, v. a. Revêtir d'un lambris.

LARMIER, s. m. T. d'arch. Membre de moulure lisse, d'une corniche d'entablement, qui a plus de saillie que les autres pour empêcher que l'eau ne coule le long du mur. On nomme aussi *larmier* une petite rainure en demi ou quart de cercle qu'on fait sur le bord et dessous les jets-d'eau d'une croisée pour empêcher les gouttes d'eau de couler dans la feuillure de la pièce d'appui.

LIGNE, s. f. Étendue en longueur, considérée sans largeur et sans profondeur. *Ligne* droite, courbe, oblique, etc. *Ligne*, la douzième partie d'un pouce (mesure ancienne).

LIMON, s. m. Pièce de bois dans laquelle on assemble les marches d'un escalier.

LINÉAIRE, adj. Qui a rapport aux lignes, dessin *linéaire;* perspective *linéaire*, toisé ou métrage *linéaire*.

LINTEAU, s. m. Pièce de bois placée au-dessus des baies de portes, de fenêtres, ou autres ouvertures.

LISTEL, s. m. T. d'arch. Moulure carrée, ou bande plate d'une moulure ou cadre. *Listel*, espace plein entre les cannelures d'une colonne ou d'un pilastre.

LONGIMÉTRIE, s. f. Première partie de la géométrie, art de mesurer les longueurs.

LOSANGE, s. m. En t. de géom., *rhombe*, figure plane, ayant quatre côtés égaux et les angles opposés égaux, dont deux obtus et deux aigus.

LUMIÈRE, s. f. T. de men. Cavité pratiquée dans le fût d'un outil pour placer le fer et pour la sortie du copeau.

LUNETTE, s. f. Ouverture ronde d'un siége de cabinet d'aisance. *Lunettes*, petits jours pratiqués dans le berceau d'une voûte.

M

MADRIER, s. m. Planche de chêne ou de sapin plus épaisse que les échantillons ordinaires.

MAILLET, s. m. Marteau de bois à deux têtes.

MAIN-COURANTE, s. f. Partie en bois qui couronne la rampe d'un escalier ou d'un appui quelconque. Les menuisiers qui ne font que des *mains-courantes* sont appelés *rampistes*.

MALANDRE, s. f. Défectuosité dans les bois; au chêne, veines rouges ou grises qui tendent à la pourriture.

MANCHE, s. m. Partie par où l'on prend un outil pour s'en servir. *Manche* du fermoir, du ciseau, du bec-d'âne, etc.

MARCHE, s. f. Partie d'un escalier sur laquelle on pose le pied pour monter et descendre.

MARQUER, v. a. Action de tracer l'ouvrage sur le plan. Les marques d'établissement sur les parties de l'ouvrage, etc.

MARRONNIER, s. m. Bois de France très-tendre et spongieux, de couleur blanche et de peu de durée; propre à faire des cercueils.

MARTEAU, s. m. Outil de fer à manche, propre à cogner pour enfoncer quelque chose.

MATHÉMATIQUES, s. f. pl. Science qui a pour objet le calcul et la mesure des propriétés de la grandeur.

MEMBRURE, s. f. Pièce de bois de chêne ou autre ayant trois pouces (*huit centimètres*) d'épaisseur, et six pouces (*seize centimètres et demi*) de largeur, et de différentes longueurs.

MÉMOIRE, s. m. État sommaire, compte du prix de plusieurs ouvrages, etc.

MENEAU, s. m. Séparation des volets ou guichets d'une croisée. On nomme *battant meneau* le gros battant du milieu d'une croisée, qui porte une côte pour recevoir les volets.

MENUISERIE, s. f. Art du menuisier. Ouvrages qu'il fait, comme croisées, portes, lambris, etc.

MENUISERIE DESCRIPTIVE, s. f. Traité de menuiserie démontrant la manière d'exécuter les ouvrages de menuiserie, par des figures et des opérations géométriques en dessin linéaire.

MENUISIER, s. m. Artisan qui travaille en bois pour de menus ouvrages de bâtiment.

MÉPLAT, ATE, adj. Tout corps ayant moins d'épaisseur que de largeur, comme planche, etc.

MÉRISIER, s. m. Bois de France plein, d'une couleur rougeâtre, plus propre pour faire des meubles que pour le bâtiment.

MERRAIN (ou Creson), s. m. Bois de chêne, par petites planches refendues au coutre.

MÉTOPE, s. f. Intervalle carré entre les triglyphes de la frise de l'entablement de l'ordre dorique.

MÉTRAGE, s. m. Mesurage au mètre : art de mesurer les surfaces et les solides.

MÈTRE, s. m. Unité principale des nouvelles mesures : la dix-millionième partie du quart du méridien terrestre, ou la quarante-millionième partie de la circonférence de la terre. Environ trois pieds onze lignes un tiers de longueur.

MÉTRER, v. a. Mesurer au mètre, calculer les longueurs, les surfaces et la solidité. Synonyme de *Toiser*.

MÉTREUR, s. m. Artisan, celui qui calcule les longueurs, les surfaces ou la solidité des ouvrages. Synonyme de *Toiseur*.

MÉTRIQUE, adj. Ce qui a rapport au mètre. Se dit de la mesure adoptée dans le nouveau système.

MILLIMÈTRE, s. m. Mesure nouvelle de longueur ; la millième partie du mètre.

MIXTILIGNE, adj. Figure composée de parties droites et de parties courbes.

MODÈLE, s. m. T. d'art. Objet d'imitation ; ouvrage quelconque exécuté en petit.

MODILLON, s. m. T. d'arch. Petite console qui soutient le larmier d'une corniche, et sert d'ornement à la corniche, comme à la corniche de l'ordre corinthien.

MODULE, s. m. Mesure prise pour régler les proportions d'un ordre d'architecture, la moitié du diamètre de la colonne dans le bas.

MOISE, s. f. T. de charpent. Pièce de bois qui sert à en lier d'autres. Deux pièces de bois tenues ensemble par des boulons ou des chevilles, sont *moisées* ensemble.

MOLET, s. m. T. de men. Morceau de bois dans lequel on a fait une rainure, qui sert à mettre les languettes des panneaux d'épaisseur. Ce qu'on appelle mettre les languettes au molet.

MONTANT, s. m. T. de men. Toutes parties de bâti quelconque, autres que les battants, assemblées aux traverses, soit d'aplomb ou obliques.

MONTÉE, s. f. La quantité des marches d'un escalier comprises entre deux paliers.

MORFIL, s. m. Parties d'acier presque imperceptibles qui restent au tranchant d'un outil après qu'il est affûté.

MORTAISE, s. f. Entaille pour recevoir le tenon. Ordinairement les mortaises se font aux battants et les tenons aux traverses.

MOUCHETTE, s. f. T. de men. Outil pour faire des moulures, sorte de rabot creux.

MOUCHETTE-A-JOUE, s. f. T. de men. Outil pour pousser des baguettes.

MOULURE, s. f. T. d'arch. Ornement de différents profils.

MUTULE, s. f. Modillon carré dans la corniche de l'entablement de l'ordre dorique, *mutulaire*.

N

NERVURE, s. f. T. d'arch. Partie saillante des moulures. En t. de men., partie saillante conservée au milieu de l'épaisseur et dans toute la longueur d'un poteau d'huisserie ou autre bâti de cloison qui doit être rempli en maçonnerie ; la nervure sert pour clouer les lattes.

NICHE, s. f. Enfoncement angulaire ou circulaire dans l'épaisseur d'un mur, pour y placer une statue ou autre objet.

NIVEAU, s. m. Instrument qui sert à connaître si un plan est horizontal. Les menuisiers s'en servent pour poser leurs ouvrages horizontalement.

NOIX, s. f. T. de men. Rainure dont le fond est arrondi en creux. La noix se pousse aux bâtis dormants de croisées ou de portes, et autres brisures dont le joint est à noix. La languette qui entre dans la noix est arrondie pour faciliter le développement de la brisure. On la nomme *languette de noix*.

NOUE, s. f. Angle rentrant d'un toit par où s'écoule l'eau. *Arêtier de noue*, la pièce qui forme une noue au toit. On le nomme aussi *noulet*.

NOYAU, s. m. Au pl. *Noyaux*. En t. de men., pièce de bois ronde ou carrée, placée debout, dans laquelle s'assemblent les marches d'un escalier.

NOYER, s. m. Bois de France de couleur brun veiné, dur et de durée, propre à beaucoup d'ouvrages ; arbre qui produit des noix.

NU, s. m. T. d'arch. Le *nu du mur*, l'endroit où il n'y a pas d'ornement en saillie ; *nu* du lambris, *nu* du chambranle, etc.

O

OBLIQUE, adj. Qui est en biais, incliné ; ligne *oblique*, plan *oblique*, etc.

OBLIQUITÉ, s. f. Inclinaison d'une ligne, d'une surface, etc.

OBLONG, ONGUE, adj. Plus long que large, moins haut que large.

OBTUS, USE, adj. T. de géom. *obtus*, plus grand ou plus ouvert qu'un angle droit (d'équerre), arête *obtuse*.

OCTAÈDRE, s. m. T. de géom. Corps solide régulier dont la surface est composée de huit triangles équilatéraux égaux.

OCTOGONE, s. m. Polygone ayant huit côtés et huit angles.

OGIVE, s. f. Arceau qui passe au dedans d'une voûte, d'un angle à l'autre. *Ogive* ou *Ogif*, arcade en voûte gothique dont la courbure forme un angle au milieu de sa largeur.

ONGLET, s. m. T. de men. On comprend sous ce nom tout joint d'assemblage coupé diagonalement. *Équerre-onglet* ou *équerre à onglet*, outil ou instrument qui sert à tracer les lignes des joints d'onglet. On distingue la coupe d'onglet qui n'est pas à quarante-cinq degrés. On la nomme *fausse-coupe* ou *fausse-coupe d'onglet*.

ORGUE, s. des deux genres : masculin au singulier et féminin au pluriel, un *bel orgue*, de *belles orgues*. Instrument de musique à vent, musique des églises. *Buffet d'orgues*, menuiserie, ouvrage d'église, décoration et bâti qui porte les tuyaux.

ORME, s. m. Bois de France ferme, plein et tenace, propre pour les ouvrages cintrés. Plus employé par les charrons que par les menuisiers.

ORNEMENT, s. m. Tout ce qui orne ou sert à orner, comme moulures, sculptures, etc.

OUTIL, s. m. Tout instrument de travail pour les artisans, etc. *Outil de moulure*, par ce terme on entend tous les outils à fûts propres à pousser des moulures quelconques.

OUTILLER, v. a. Garnir, fournir d'outils. Bien ou mal outillé, celui qui est plus ou moins fourni d'outils nécessaires pour confectionner l'ouvrage.

OUVERTURE, s. f. Fente, trou, baie, etc. *Ouverture*, action d'ouvrir, commencement.

OUVRAGE, s. m. Ce qui est produit par l'ouvrier.

OUVRAGÉ, ÉE, adj. Qui a demandé beaucoup de travail manuel.

OUVRANT, ANTE, adj. Qui peut s'ouvrir, comme porte *ouvrante*, battant *ouvrant*, etc.

OUVRIER, s. m. Celui qui travaille de la main.

OVALE, s. m. Figure plane ayant la forme d'une ellipse ou d'un œuf. Cercle oblong ou allongé.

OXYGONE, adj. Triangle *oxygone*, qui a tous ses angles aigus.

P

PALIER, s. m. Partie de plancher pratiquée dans un escalier au niveau d'un étage ou à l'extrémité de chaque montée. *Marche palière*, la marche du palier, ou marche plus large que les autres, préparée pour repos.

PALISSANDRE ou PALIXANDRE, s. m. Bois étranger de couleur rouge violet et veiné.

PAN, s. m. L'un des côtés d'un ouvrage de menuiserie. On dit ordinairement *pan coupé* de celui qui est placé obliquement.

PANNE, s. f. La partie la plus menue d'un marteau. La panne est ordinairement mince et arrondie. *Panne*, pièce de bois placée horizontalement, qui soutient la couverture d'un bâtiment.

PANNEAU, s. m. Partie de menuiserie assemblée, à rainures et à languettes, dans un bâti quelconque pour remplir le vide.

PARABOLE, s. f. T. de géom. Section d'un cône parallèle au côté.

PARALLÈLE, adj.. Se dit de deux lignes ou de deux surfaces également distantes l'une de l'autre dans toute leur étendue.

PARALLÈLEMENT, adv. D'une manière parallèle.

PARALLÉLIPIPÈDE, s. m. T. de géom. Corps solide terminé par six parallélogrammes, dont les côtés opposés sont parallèles.

PARALLÉLOGRAMME, s. m. T. de géom. Figure à quatre côtés, dont les côtés opposés sont parallèles. — *Rectangle*, celui dont les quatre angles sont droits ; — *obliquangle*, celui dont deux angles sont aigus et les deux autres obtus.

PARCLAUSE, s. f. Petite traverse mince qu'on rapporte aux pilastres ou autres parties ravalées.

PAREMENT, s. m. La face apparente de l'ouvrage, le côté le plus orné. On appelle à *double parement* l'ouvrage dont les deux côtés sont ornés.

PARPAING, s. m. T. de bât. et de maç. Pierre qui tient toute l'épaisseur d'un mur ou d'une cloison.

PARQUET, s. m. Revêtement du plancher bas en menuiserie par compartiment. *Parquet* en feuille, à bâton rompu, en fougère, à point d'Hongrie, etc. *Parquet de glace*, assemblage en bois sur lequel on applique les glaces.

PATÈRE, s. f. Ornement rond et contourné.

PATIN, s. m. Ais fort épais sous la charpente d'un escalier ou tout autre ouvrage semblable, comme traverse du bas sur laquelle est assemblé un pied-montant quelconque.

PATTE, s. f. Espèce de clou pointu par un bout et plat par l'autre, dans lequel sont percés plusieurs trous servant à arrêter l'ouvrage.

PEIGNE (TENON A), s. m. Tenon rapporté à bois debout. Ces tenons tiennent dans les pièces auxquelles on les rapporte par des goujons faits à côté l'un de l'autre, formant le peigne à démêler.

PÉNÉTRATION DES CORPS, s. f. Stéréographie qui enseigne à trouver les angles formés par la rencontre de la surface de deux corps qui se pénètrent.

PENTAGONE, s. m. T. de géom. Polygone ayant cinq côtés et cinq angles.

PENTE, s. f. Endroit d'un lieu élevé qui va en descendant. *De pente*, tout ce qui est incliné, n'étant ni d'aplomb ni de niveau. *Coupe de pente*, coupe oblique.

PENTÉDÉCAGONE, s. m. T. de géom. Polygone à quinze côtés et quinze angles.

PÉRIMÈTRE, s. m. T. de géom. Contour ou circonférence d'une figure polygonale.

PÉRISTYLE, s. m. Suite de colonnes ou piliers formant galerie au devant d'un bâtiment ou autour d'une cour.

PERPENDICULAIRE, adj. Qui rencontre une ligne, un plan, sans pencher plus d'un côté que de l'autre. *Ligne perpendiculaire*, s. f. Ligne d'équerre à une autre ligne.

PERSIQUE, adj. T. d'arch. Ordre dont l'entablement est porté par des statues d'esclaves en place de colonnes.

PETIT-BOIS, s. m., au pl. *Petits-bois*. T. de men. Traverses et montants en croisillons d'un châssis à verre.

PÉTRIN, s. m. Huche ou coffre dans lequel on pétrit le pain.

PEUPLIER, s. m. Bois de France très-tendre, de couleur blanche, propre à faire des panneaux pour des ouvrages de peu d'importance.

PIÈCE-CARRÉE, s. f. T. d'ouvrier. Équerre, instrument pour connaître si un ouvrage est carré-ment. La pièce-carrée sert pour assembler d'équerre.

PIED, s. m. Mesure ancienne qui contient douze pouces de long. *Pied-montant* ou *pied-d'angle*, d'un ouvrage quelconque. Montant d'angle d'un bâti.

PIED-DE-BICHE, s. m., au pl. *Pieds-de-biche*. T. de men. Outil ou instrument composé d'un morceau de bois dur, dans lequel est faite, à un bout, une entaille triangulaire servant à tenir le bout des planches qu'on veut dresser sur le champ.

PIERRE NOIRE, s. f. Pierre fossile qui sert à marquer l'ouvrage.

PIERRE PONCE, s. f. Espèce de pierre calcinée, poreuse et légère, dont on fait usage pour polir les bois tendres, en la frottant dessus dans le travers de ses fils.

PIERRE ROUGE, s. f. (Sanguine). On s'en sert comme de la pierre blanche et de la noire.

PIGEON ou PIGNON, s. m. T. de men. Petit morceau de bois mince qu'on place dans une coupe d'onglet sur le champ du cadre, pour empêcher que l'on ne voie le jour au travers du joint, lequel étant collé retient le cadre assemblé.

PILASTRE, s. m. Pilier carré ou méplat, qui a les mêmes proportions et les mêmes ornements que les colonnes. En t. de men., on nomme aussi *pilastre* toute partie d'assemblage ou non qui est très-longue et étroite, posée verticalement.

PIN, s. m. Bois de France et étranger, grand arbre toujours vert, semblable au sapin pour sa couleur et ses veines, aussi résineux et a les mêmes qualités.

PLACARD, s. m. Porte d'assemblage à un ou deux vantaux. *Placard d'armoire*, assemblage formant le devant d'une armoire dans un renfoncement de mur ou autre objet.

PLAFOND, s. m. Menuiserie droite ou cintrée, placée dans le haut d'une pièce ou dans le haut des embrasures des portes ou des fenêtres, etc.

PLAN, s. m. Dessin représentant un ouvrage quelconque dans les dimensions horizontales. Le plan est la figure de la retombée d'aplomb d'un ouvrage quelconque sur une surface plane et de niveau.

PLANCHE, s. f. Pièce de bois refendue plus large qu'épaisse.

PLANCHER, s. m. Assemblage de bois qui forme la partie haute ou basse d'une chambre.

PLANIMÉTRIE, s. f. Deuxième partie de la géométrie. Art de mesurer les surfaces planes.

PLATANE, s. m. Bois de France plein et ferme, de couleur blanc jaunâtre, ayant beaucoup de mailles, propre pour faire du parquet.

PLATE-BANDE, s. f., au pl. *Plates-bandes*. Ornement d'architecture uni et peu large. Ravalement fait au pourtour des panneaux.

PLATE-FORME, s. f., au pl. *Plates-formes*. T. de charp. Pièce de bois méplate, qui reçoit le bout des chevrons d'un comble de bâtiment.

PLINTHE, s. f. T. de men. Frise unie ou ornée de moulures sur la rive, posée horizontalement au bas des lambris. En t. d'arch., au masc., membre inférieur de la base d'une colonne.

POESTUM ou POESTUM, s. m. T. de men. Moulure dont le profil est pareil à la moulure du chapiteau de l'ordre de Pœstum.

POINT, s. m. T. de géom. *Point de centre, point de direction, point d'intersection*, où deux lignes se croisent ou se touchent. *Point de division*, à distances égales. En t. de math., extrémité d'une ligne.

POINT DE HONGRIE, V. *Parquet*.

POINTE DE DIAMANT, s. f. Jonction de quatre joints d'onglet. *Panneau en pointe de diamant*, taillé en pente sur quatre côtés diagonalement aux côtés, et dont le sommet est au milieu.

POIRIER, s. m. Bois de France, plein et très-doux à travailler, propre aux ouvrages délicats.

POLYÈDRE, s. m. T. de géom. Corps solide ayant plusieurs faces.

POLYGONE, adj. T. de géom. Figure plane, ayant plusieurs côtés et plusieurs angles.

POMMIER, s. m. Bois de France, plein, de couleur rougeâtre, propre à faire des fûts d'outils, mais inférieur au cormier.

PORCHE, s. m. Portique, lieu couvert à l'entrée d'une église.

PORTE, s. f. Menuiserie mobile. *Porte cochère, bâtarde* ou *bourgeoise, charretière*, etc. *Porte à un vantail* ou *porte simple, porte à deux vantaux*, d'assemblage ou pleine.

PORTE-TAPISSERIE, s. m. Partie lisse, conservée au bas d'une corniche, formant le nu du mur pour poser la tapisserie, ou pour affleurer le lambris. *Porte-tapisserie*, bâti posé sur les murs pour tendre la tapisserie.

POTEAU, s. m. Pièce de bois placée debout dans une cloison ou autre ouvrage. *Poteau d'huisserie, poteau de remplissage*, etc.

POTENCE, s. f. Assemblage de trois morceaux en triangle, pour supporter des tablettes ou autres objets.

POUCE, s. m. Mesure ancienne, la douzième partie du pied de roi.

POULIE, s. f. Roue creusée en demi-cercle dans l'épaisseur de sa circonférence, et sur laquelle passe une corde pour élever et descendre des fardeaux.

POUSSÉE, s. f. T. d'arch. Action de pousser.

POUSSER, v. a. Action de former sur le bois des moulures; *pousser* des moulures, la variope, le rabot, le bouvet, etc.

POUTRE, s. f. Grosse pièce de bois carrée, qui sert à soutenir les solives ou les planches d'un plancher : *poutrelle*, petite poutre.

PRÈLE, s. f. Espèce de jonc marin dont la surface est rude et cannelée, qui polit les bois en la frottant dessus; *prêler*, polir avec la prèle.

PRESSE, s. f. *Presse d'établi*. Espèce d'étau placé au pied du devant de l'établi, qui sert pour tenir les planches et autres morceaux qu'on veut dresser sur le champ.

PRISME, s. m. T. de géom. Corps solide terminé par deux bases égales et parallèles, et par autant de parallélogrammes que chaque base a de côtés.

PROFIL, s. m. T. d'arch. Figure d'un ouvrage, représentée dans son élévation comme coupée par un plan perpendiculaire, profil de moulure, de corniche, etc.

PROFILER, v. a. Par ce terme, on entend le raccord parfait de deux moulures à leur rencontre à l'endroit du joint de leur coupe.

PROJECTION, s. f. Représentation géométrale d'un objet sur une surface quelconque.

PRUNIER, s. m. Bois de France dur, de couleur veinée rouge, propre à faire des fûts d'outils.

PUPITRE, s. m. Espèce de petite cassette dont le dessus est un peu incliné pour lire ou écrire plus commodément.

PYRAMIDAL, ALE, adj. Qui est en forme de pyramide.

PYRAMIDE, s. f. Corps solide dont la base est une figure rectiligne, et la surface du pourtour composée d'autant de triangles que la base a de côtés, dont les sommets se joignent et forment un sommet commun.

Q

QUADRANGULAIRE, adj. Qui a quatre angles.

QUADRILATÈRE, s. m. Figure à quatre côtés.

QUART-DE-ROND, s. m. Moulure ronde formant un quart de cercle ou quart d'ovale avec un filet ou carré.

QUARTIER TOURNANT (ESCALIER A), s. m. Révolution que font les marches autour d'un angle; *noyau* ou *courbe* au tournant d'un escalier.

QUEUE (PIÈCE A), s. f. Toute partie rapportée à queue dans le corps de l'ouvrage ; *queue d'aronde*, entaille en queue d'hirondelle formant assemblage ; *queues recouvertes* ou *perdues*, celles qui ne sont pas apparentes.

QUEUE DE CARPE (*Assemblage en*), s. f. Trait d'allongement en flûtes ou sifflets, plusieurs dont les pentes se croisent.

QUEUE DE MORUE, s. f. Planche dont la largeur est inégale d'un bout à l'autre.

R

RABOT, s. m. Outil de menuisier composé d'un fer tranchant monté sur un fût; *rabot à dents*, celui dont le tranchant du fer est cannelé ; *rabot rond*, celui dont le tranchant est rond ; *rabot cintré*, celui dont le dessous est cintré, préparé pour les ouvrages cintrés, etc.

RABOTER, v. a. Unir, polir avec le rabot.

RACHETER, v. a. Regagner, raccorder une surface à une autre.

RACINE, s. f. Partie d'un arbre ou autre végétal par laquelle il tient à la terre et en tire sa nourriture. T. de math. et d'alg. *Racine carrée*, nombre qui multiplié par lui-même rend le nombre dont il est la racine. *Racine cubique*, nombre qui multiplié par lui-même et ensuite par son carré, a produit le nombre proposé.

RACLER, v. a. Action de rendre unie la surface d'une partie quelconque avec un racloir.

RACLOIR, s. m. Outil pour racler, lames d'acier dont le tranchant est sur les arêtes des champs.

RACCORDEMENT, s. m. T. d'arch. Réunion de deux surfaces à un même niveau. *Raccorder* un vieil ouvrage à un neuf, etc.

RAGRÉER, v. a. T. de men. Rafleurer les moulures.

RAINURE, s. f. T. de men. Entaillure en long dans un morceau de bois pour y assembler ou embrever une autre pièce, ou pour servir à une coulisse.

RALLONGE, s. f. Portion ajoutée, ou partie rapportée pour rendre plus long, comme rallonge de table ou autre, etc.

RAMPANT, ANTE, adj. Par ce terme on entend tout ce qui n'est pas de niveau ; *le rampant d'un limon d'escalier*, son inclinaison ou obliquité ; *courbe rampante*, celle dont l'extrémité n'est pas de niveau ; *arc rampant*, celui dont la corde est oblique dans sa figure en élévation.

RAMPE, s. f. Suite des marches d'un escalier depuis un palier jusqu'à l'autre, ce que l'on nomme en terme de menuiserie le rampant ; *rampe*, balustrade à hauteur d'appui, posée sur les limons ou crémaillères qui règnent le long de l'escalier.

RAPE, s. f. Espèce de lime à bois.

RATELIER, s. m. Planche étroite ou tringle de bois attachée contre le côté de l'établi ou sur le mur de l'atelier, pour y placer les outils à manche. *Ratelier* dans une écurie au-dessus de la mangeoire, pour y mettre le foin et la paille. *Ratelier*, pièce de bois façonné pour poser les fusils dans une caserne ou un corps de garde.

RAVALEMENT, s. m. En t. de men., allégissement fait au milieu d'un pilastre ou sur un bâti quelconque pour former une partie saillante, comme aux cadres ravalés. Ce que l'on nomme élégissement en termes d'ouvriers.

RAYON, s. m. T. de géom. Demi-diamètre d'un cercle, ou toute ligne droite menée du centre à un point de la circonférence du cercle ; *rayon*, chacune des tablettes d'une bibliothèque ou armoire, et autres corps de tablettes.

RAYONNANT, ANTE, adj. Tout ce qui rayonne, montants ou autres dont la direction tend à un centre commun.

REBOURS, s. m. En t. de men. , bois dont les fils ne sont pas parallèles à sa surface, et à contre-sens les uns des autres, ou quand on est obligé de travailler à contre-sens de ses fils.

RECALER, v. a. T. de men. Action de dresser, finir, un tenon, une mortaise, un joint quelconque, etc., au ciseau, au rabot, selon que le cas l'exige.

RECOUVREMENT, s. m. Toute saillie ou rebord qui recouvre un joint ou autre objet.

RECTANGLE, adj. et s. m. Au subst., parallélogramme, qui a quatre angles droits. A l'adj., *triangle rectangle*, celui des triangles qui a un angle droit.

RECTILIGNE, adj. *Figure rectiligne*. Toutes figures terminées par des lignes droites.

REDANS, s. m. pl. T. d'arch. Ressauts d'espace en espace pour conserver un mur de niveau.

RÉDUCTION, s. f. T. de géom. Opération par laquelle on change une figure en une autre semblable, mais plus petite.

RÉDUIRE, v. a. T. de géom. Changer une figure quelconque en une autre semblable et plus petite ; *réduire* un dessin, un plan, un profil, etc , le faire plus petit en conservant les proportions de ses parties.

REFEND, s. m. Mur ou cloison de *refend* qui fait des séparations dans l'intérieur d'un bâtiment ; *bois de refend*, scié de long.

REFENDRE, v. a. Scier de long, fendre de nouveau.

REFUITE (donner de la), s. f. T. de men. Aux ouvrages emboîtés on élargit les trous des chevilles dans les tenons , en dehors de chaque côté, pour faciliter les planches à se retirer en largeur sans se séparer aux joints , c'est ce qu'on appelle donner de la refuite.

RÈGLE, s. f. Instrument long, droit et plat, qui sert à tirer des lignes droites et pour prendre les mesures. *Règle*, opération d'arithmétique.

REMPLISSAGE, s. m. Action de remplir ; chose dont on remplit. *Remplissage de cloison hourdée*, planche étroite que l'on met pour remplir, poteau de *remplissage*, montant de *remplissage*, etc.

REPLANIR, v. a. T. de men. Action de finir l'ouvrage, le polir, rendre la surface unie.

REPOUSSOIR, s. m. Cheville de fer qui sert à en faire sortir une autre.

RESSAUT, s. m. T. d'arch. Saillie d'une partie qui sort de la ligne droite.

RETOMBÉE, s. f. Naissance d'une voûte ou autres ouvrages cintrés. *Retombée*, se dit de tous points, toutes arêtes d'un endroit quelconque de l'élévation abaissées perpendiculairement sur la base ou sur le plan. *Les lignes de retombée sont d'aplomb lorsque le plan ou la base est considérée de niveau.*

REVÊTEMENT, s. m. Action de *revêtir* un mur ou autres objets avec des planches, des lambris ou autres choses, etc.

RÉVOLUTION, s. f. En t. de men. et d'arch., retour d'un escalier à l'aplomb de son départ du bas.

RIFLER, v. a. T. de men. Dégrossir, amincir le bois avec la demi-varlope ou le rabot.

RIVER, v. a. Rabattre et aplatir la pointe d'un clou sur l'autre côté de la chose qu'il perce.

ROND-ENTRE-DEUX-CARRÉS, s. m. Moulure ronde formant un quart de cercle ou quart d'ovale entre deux filets ou carrés.

ROSACE, s. f. T. d'arch. Ornement en forme de rose.

RUSTIQUE, adj. T. d'arch. Composé de parties brutes et dénué d'ornement. *Ordre rustique*, celui dont la colonne est ornée de refends et de bossages.

S

SABLIÈRE, s. f. T. d'arch. Pièce de bois placée horizontalement dans un pan de bois pour porter les solives.

SABOT, s. m. T. de men. Outil de moulure ou autres, préparés pour des ouvrages cintrés. Le fût de l'outil est cintré dessous, suivant le cintre de l'ouvrage. — Monture du calibre pour pousser les moulures en plâtre.

SAILLIE, s. f. T. d'arch. Avance d'une pièce quelconque, hors du nu ou corps de l'ouvrage.

SAPIN, s. m. Grand arbre résineux et toujours vert. Bois de France et étranger, veiné, de couleur blanc jaunâtre, propre aux ouvrages légers, et dont on fait beaucoup usage à Paris.

SCIE, s. f. Lame de fer, longue, étroite, taillée d'un des côtés en petites dents. *Scie à refendre*,

— à débiter, — à tenons, — à araser, — allemande, — à chantourner, — à main ou *couteau-scie.*

SCIER, v. a. Couper avec une scie.

SCOTIE, s. f. Moulure en forme de gorge ronde et creuse, qui se place entre les tores de la base d'une colonne ou d'un pilastre.

SÉCANTE, s f. T. de géom. Ligne qui en coupe une autre. Ligne droite qui coupe la circonférence d'un cercle.

SECTEUR, s. m. Surface ou partie d'un cercle, comprise entre deux rayons et l'arc que comprennent ces rayons.

SECTION, s. f. T. de géom. *Point de section,* endroit où deux lignes s'entre-coupent. Ligne qui marque la division d'un solide faite sur sa surface. *Section conique* et *section cylindrique,* coupe d'un cône et coupe d'un cylindre.

SEGMENT, s. m. Partie d'un cercle comprise entre un arc et sa corde.

SERGENT, s. m. Instrument de menuisier qui sert à faire approcher les joints des assemblages et des parties collées.

SEUIL, s. m. Pièce de bois ou traverse qui est au bas de l'ouverture d'une porte. Aire d'une embrasure de porte. On nomme aussi *seuil* le plancher ou parquet qui revêt cette aire.

SOCLE, s. m. T. d'arch. Base carrée. En t. de men., partie saillante sans moulure qu'on rapporte au bas des chambranles ou autres ouvrages.

SOLIDE, s. m. T. de géom. et de math. Corps considéré comme ayant les trois dimensions, hauteur, largeur et profondeur. *Solide,* adj. Ce qui est ferme, qui a de la consistance, ouvrage solide qui peut résister au choc des corps ou à l'injure du temps.

SOLIDITÉ, s. f. Qualité de ce qui est solide. T. de géom. synonyme de volume. La *solidité* d'un corps, la quantité de matière qu'il contient.

SOLIVE, s. f. Pièce de bois qui soutient un plancher. *Solive,* mesure ancienne employée au toisé des bois de charpente, trois pieds cubiques (remplacée par le décistère).

SOLIVEAU, s. m. Petite solive.

SOMMET, s. m. Le haut, la partie la plus élevée, d'un objet quelconque. Sommet d'un triangle, d'une pyramide, etc.

SOMMIER, s. m. T. de men. Le montant qui tient les deux bras d'une monture de scie.

SOUBASSEMENT, s. m. Appui de croisée ou autre ouvrage de peu de hauteur, servant à porter d'autre ouvrage.

SOUPENTE, s. f. Plancher construit dans la hauteur d'une pièce pour faire un cabinet au-dessus de la pièce.

SOUS-TENDANTE, s. f. T. de géom. Corde d'arc, ligne droite des points de l'extrémité de l'arc. Au pl. *Sous-tendantes.*

SPHÈRE, s. f. T. de géom. Boule ronde. Corps solide où toutes les lignes tirées du centre à la surface sont égales.

SPHÈRE ELLIPTIQUE, s. f. Sphère allongée sur son axe.

SPHÉRIQUE, adj. Ce qui a rapport ou ressemble à la sphère.

SPHÉROÏDE, s. m. T. de géom. Sphère aplatie sur son axe vertical, et dont le diamètre horizontal est plus grand que le diamètre vertical.

SPIRALE, s. f. Courbe qui va toujours en s'éloignant du point autour duquel elle fait plusieurs révolutions.

STALLE, s. f. Siége de bois en menuiserie, placée dans le chœur d'une église ; cloison en bois dans une écurie, servant à séparer les chevaux.

STÉRÉOGRAPHIE, s. f. Art de représenter les solides sur un plan, ou art de dessiner les corps solides.

STÉRÉOMÉTRIE, s. f. Traité de la mesure des solides.

STÉRÉOTOMIE, s. f. Science de la coupe des solides.

STYLOBATE, s. m. Piédestal portant plusieurs colonnes; plinthe large.

STYLOMÉTRIE, s. f. Art de mesurer les colonnes.

SUPERFICIE, s. f. T. de géom. Surface; longueur et largeur sans profondeur.

SUPERFICIEL, ELLE, adj. Qui n'est qu'à la superficie. Mètre *superficiel,* toise *superficielle,* etc.

SURBAISSÉ, ÉE, adj. Se dit des arcades et des voûtes qui ne sont pas en plein cintre.

SURFACE, s. f. Superficie des corps et parties planes.

SURHAUSSER, v. a. Élever une voûte ou une arcade au delà de son plein cintre.

SYMÉTRIE, s. f. Rapport de grandeur et de figure qu'ont entre elles et avec le tout les parties d'un corps.

SYNONYME, adj. et s. m. Se dit des mots dont la signification est à peu près la même.

T

TABLE, s. f. Meuble ordinairement de bois, posé sur un ou plusieurs pieds ou sur des tréteaux. *Table* carrée, ronde, ovale, etc.

TABLEAU, s. m. T. d'arts et métiers. L'intérieur d'une baie de porte ou de croisée, non compris les feuillures. *Tableau,* ouvrage de peinture sur une surface de bois, de toile, etc.; table peinte en noir pour écrire ou tracer des figures dans les classes.

TABLE SAILLANTE (Panneau a). T. de men. Panneau embrevé en saillie sur les bâtis. Le panneau du bas des portes destinées à l'extérieur. On l'embrève en saillie sur les bâtis pour que l'eau ne coule pas dans le joint sur la traverse du bas. C'est ce qu'on appelle panneau à table saillante.

TABLETTE, s. f. (Rayon). Planche ou partie

36

pleine, posée dans l'intérieur des armoires pour y placer quelque chose.

TAILLANT, s. m. Tranchant d'un outil, d'une lame, etc.

TAILLOIR, s. m. Partie supérieure du chapiteau d'une colonne ou d'un pilastre, sur laquelle posé l'architrave de l'entablement.

TALON, s. m. Moulure en forme de doucine renversée. *Talon renversé*, à baguette ou à carrés, etc.

TAMBOUR, s. m. Menuiserie qui recouvre quelques saillies ou ferme une trappe.

TAMPON, s. m. T. de men. Grosse cheville qui bouche le trou d'une planche. *Tampon*, morceau de bois qu'on met dans les murs en pierre, pour recevoir les broches ou les clous avec lesquels on arrête la menuiserie.

TAMPONNER, v. a. Percer les trous dans les murs, et y enfoncer des tampons en bois.

TANEVA, s. m. T. de men. Moulure simple, formant un chanfrein entre deux carrés.

TANGENTE, s. f. Ligne qui touche une courbe à un de ses points.

TAQUET, s. m. T. de men. Petit morceau de bois dans lequel est une entaille d'équerre pour y placer le bout d'un tasseau lorsqu'on ne veut pas l'attacher.

TARABISCOT, s. m. T. de men. Moulure de dégagement. Petite rainure carrée ou un peu arrondie sur une de ses arêtes.

TARAUD, s. m. Pièce d'acier à vis, qui sert à faire les écrous.

TARIÈRE, s. f. T. de charp. Outil qui sert à percer des trous ronds dans le bois.

TASSEAU, s. m. Petite tringle de bois qui sert à soutenir une tablette.

TENAILLE, s. f. Instrument de fer avec lequel on tient, on saisit, on arrache les clous ou autres objets.

TENON, s. m. Bout d'une pièce de bois préparé pour entrer dans une mortaise.

TÊTE DE MORT, s. f. T. de men. Une cheville rompue plus bas que la surface de l'ouvrage.

TÉTRAÈDRE, s. m. Corps solide régulier, dont la surface est composée de quatre triangles équilatéraux égaux.

TÉTRAGONE, s. m. et adj. Polygone qui a quatre angles et quatre côtés; *carré*.

TIERS-POINT, s. m. T. de men. et d'horlog. Lime triangulaire qui sert pour affûter les scies.

TILLEUL, s. m. Bois de France; plein et léger, doux à travailler, de couleur blanc jaunâtre.

TIROIR, s. m. Espèce de petite caisse qui se tire à coulisse. *Tiroir* de table, d'armoire, de commode, etc.

TOISE, s. f. Mesure ancienne de six pieds.

TOISÉ, s. m. Mesurage à la toise. Art de mesurer les surfaces et les solides.

TOISEUR, s. m. Celui qui toise l'ouvrage.

TORE, s. m. T. d'arch. Grosse moulure ronde aux bases des colonnes ou des pilastres.

TORSER, v. a. Contourner une colonne en spirale, la rendre *torse*.

TOSCAN, adj. Ordre d'architecture, le premier et le plus simple.

TOUR, s. m. Machine pour façonner en rond le bois, la pierre, les métaux, etc.

TOUR À PATE, s. m. Espèce de table de cuisine qui sert à faire de la pâtisserie.

TOURBILLON, s. m. Tenon rond qui tourne dans sa mortaise.

TOURNE-A-GAUCHE, s. m. T. de men. Outil pour donner de la voie à une scie.

TOURNE-VIS, s. m. Outil en acier mince et plat d'un bout, pour entrer dans la fente de la tête des vis et les faire tourner.

TOURNISSE, s. f. Poteau de remplissage qui prend de la sablière à la décharge dans les pans de bois.

TRACER, v. a. Tirer des lignes d'un dessin, d'un plan, etc. *Tracer* l'ouvrage, les mortaises, les tenons, les coupes, etc.

TRAIT, s. m. Partie de géométrie, stéréographie et stéréotomie, appliquées à la coupe des pierres et du bois en charpente et menuiserie.

TRANCHÉ, ÉE, adj. Bois *tranché*, celui dont les fils ne sont pas parallèles à sa surface. Planche *tranchée*, soit par ses fils obliques ou des nœuds vicieux.

TRAPÈZE, s. m. T. de géom. Figure rectiligne à quatre côtés inégaux, dont deux sont parallèles.

TRAPÈZE ISOCÈLE, s. m. T. de géom. Figure rectiligne à quatre côtés, dont deux parallèles et inégaux, et les deux autres égaux.

TRAPÉZOÏDE, s. m. T. de géom. Figure rectiligne à quatre côtés inégaux et quatre angles inégaux, qui n'a pas de côtés parallèles.

TRAPPE, s. f. Porte placée horizontalement pour fermer une ouverture.

TRAVÉE, s. f. Espace entre deux poutres ou entre la poutre et le mur. En t. de men., partie de plancher ou de parquet entre deux joints.

TRAVERSE, s. f. T. de men. Pièce de bois faisant partie d'un bâti quelconque, dont la position est en travers. *Traverse* du bas, du milieu, du haut, etc.

TRAVERSER, v. a. En t. de men., action de corroyer le bois en travers de ses fils.

TREILLAGE ou TREILLIS, s. m. Barreaux de bois qui se croisent et forment divers compartiments.

TREMBLE, s. m. Bois de France, espèce de peuplier tendre et spongieux, de couleur blanchâtre.

TRÉMIE, s. f. Espèce d'auge carrée en forme pyramidale, d'où le blé s'écoule et tombe entre les meules du moulin.

TRÉPIED, s. m. Ustensile de cuisine à trois pieds en fer ou en bois ; — siége à trois pieds.

TRÉTEAU, s. m. Espèce de banc composé d'une pièce de bois longue et étroite portée sur quatre pieds montants assemblés en pieds de banc.

TRIANGLE, s. m. Figure qui a trois angles et trois côtés ; en t. de men., instrument pour tracer des lignes d'équerre.

TRIANGULAIRE, adj. Qui a trois angles.

TRINGLE, s. f. Pièce de bois menue et longue.

TRIGLYPHE, s. f. T. d'arch. Sorte de gravures formant ornement dans la frise de l'entablement de l'ordre dorique. Vitruve le nomme en latin, au masculin, *triglyphus*, *triglyphi*.

TRIGONE, s. m. et adj. Polygone à trois angles et trois côtés (triangle) ; — à trois angles.

TRIGONOMÉTRIE, s. f. Quatrième partie de la géométrie, composée des trois premières. Art de mesurer les triangles.

TROMPE, s. f. T. d'arch. Coupe en coquille ou voûte en saillie. En t. de men., *trompe sur angle*, celle qui supporte un angle saillant, pan coupé ou fort chanfrein à l'angle d'un bâtiment, seulement dans la partie du bas, et cintré dans le haut pour racheter l'angle du bâtiment ; *trompe dans l'angle*, celle qui est construite dans un angle rentrant ; *trompe en tour creuse*, celle qui est creuse en plan ; *trompe en tour ronde*, celle qui porte une tour en demi-cercle.

TROMPILLON, s. m. T. d'arch. Petite trompe au milieu d'une arrière-voussure ou d'une calotte d'assemblage pour recevoir et assembler le bout des montants du bâti.

TRONQUÉ, ÉE, adj. En t. de géom., corps qui n'est pas entier. Cône *tronqué*, pyramide *tronquée*, colonne *tronquée*, etc.

TRUMEAU, s. m. Espace d'un mur entre deux fenêtres ; — glace qui occupe cet espace.

TRUSQUIN, s. m. T. de men. Instrument de menuiserie qui sert à tracer les lignes parallèles d'épaisseur et de largeur, et les lignes des mortaises et des tenons, etc.

TYMPAN, s. m. T. d'arch. Panneau du milieu d'un fronton.

U

UNI, IE, adj. Simple, égal, sans aspérité. Panneau *uni*, surface *unie*.

UNIR, v. a. Joindre deux ou plusieurs choses ; *unir*, rendre égal, polir, aplanir un ouvrage quelconque.

UNITÉ, s. f. Toute grandeur considérée isolément, et comme ne faisant qu'un tout ; *unité*, premier nombre, un.

USAGE, s. m. Coutume, pratique reçue.

USÉ, ÉE, adj. Détérioré par l'usage.

V

VALET, s. m. En t. de men., instrument de fer qui sert à tenir le bois sur l'établi d'un menuisier.

VANTAIL, s. m. Au pl. *Vantaux*. Battant ou châssis d'une porte ou d'une croisée. On appelle porte à un vantail celle qui ouvre d'une seule partie sur la largeur, et porte à deux vantaux celle qui ouvre en deux parties sur la largeur.

VARLOPE, s. f. Grand rabot à poignée qui sert à dresser la surface du bois. *Demi-varlope*, celle qui est plus petite, et qui ne sert qu'à dégrossir. *Varlope à onglet*, varlope moins longue qui sert à dresser les onglets des cadres, etc.

VASISTAS, s. m. Petite partie dans une porte ou une croisée qui s'ouvre et se ferme à volonté. Un vasistas, dans une croisée, est un petit châssis ouvrant de la grandeur d'un des carreaux de la croisée.

VÉRIFICATEUR, s. m. Celui qui est commis pour vérifier un compte, un mémoire, le toisé ou métrage, le compte du prix d'un ouvrage, etc.

VERMOULU, UE, adj. Piqué de vers. Bois *vermoulu*, planche *vermoulue*.

VERTICAL, LE, adj. Perpendiculaire à l'horizon (aplomb). Ligne *verticale*, ligne d'aplomb ; angle *vertical*, etc.

VERTICALEMENT, adv. D'une manière d'aplomb ou perpendiculairement à l'horizon.

VESTIBULE, s. m. Pièce à l'entrée d'un bâtiment, servant de passage pour aller aux autres pièces.

VILEBREQUIN, s. m. Outil pour percer des trous par le moyen d'une mèche en fer tenue au vilebrequin, qui n'est que la manivelle pour faire tourner la mèche.

VIS, s. f. Cylindre de bois ou de métal cannelé en ligne hélice au pourtour. *Vis de presse*, *vis d'étau*, *vis à bois*, etc. *Vis à pas carrée*, celle dont la cannelure est carrée.

VITRÉ, ÉE, adj. Garni de vitres. Châssis *vitrés*, cloison *vitrée*, etc.

VOIE, s. f. Route d'un lieu à un autre. En t. de men., *donner de la voie à une scie*, pencher les dents de la scie à droite et à gauche, par le moyen d'un tourne-à-gauche, pour faciliter le passage de la scie dans le bois.

VOLET, s. m. Petite porte, pleine ou d'assemblage, placée sur les croisées pour fermeture ou sur une porte vitrée. On nomme aussi les volets de croisées *guichets*.

VOLIGE, s. f. Planche mince de bois blanc, feuillet de tremble, peuplier ou autre bois tendre.

VOLUTE, s. f. Ornement en forme de spirale. *Volute* du chapiteau ionique ; *volute* du chapiteau corinthien ; *volute* du chapiteau composite, etc.

VOUSSOIRS ou VOUSSEAUX, s. m. pl. Pierres qui forment une voûte. En t. de men., parties qui

ressemblent aux voussoirs et forment une voussure.

VOUSSURE, s. f. Courbure d'une voûte. En t.
de men., partie pleine ou d'assemblage formant
une voûte. Dans une embrasure de porte ou de
croisée, elle se nomme *arrière-voussure*.

VOUTE, s. f. Maçonnerie en arc dont les pièces
se soutiennent les unes les autres. En t. de men.,
plafond cintré en arc.

VOUTÉ, ÉE, adj. Qui a une voûte, qui est en
voûte.

VOUTE D'ARÊTE, s. f. Voûte qui a des angles
saillants formés par la rencontre de plusieurs
berceaux qui se coupent ou se joignent.

VOUTE EN ARC DE CLOITRE, s. f. Voûte
dont le cintre est en ogive et forme arcade gothique.

VRILLE, s. f. Outil de fer ou d'acier propre à
percer des trous ronds; espèce de mèche ayant le
bout en forme de vis pour lui donner action d'entrer dans les bois. Les menuisiers se servent de la
vrille pour percer des trous, quand ils ne peuvent
pas se servir du vilebrequin.

Z

ZONE, s. f. Chacune des cinq divisions de la
terre d'un pôle à l'autre, *les deux zones glaciales,
les deux zones tempérées et la zone torride;*
développement de la surface de la sphère par *zones,*
bandes parallèles et circulaires.

TABLE DES MATIÈRES.

FAUTES A CORRIGER.

Page 10, ligne 8 : *au lieu de* décoratian, *lisez* décoration.

— 20, ligne 6 : *au lieu de* cinq à sept millimètres, *lisez* cinq à sept centimètres.

— 32, ligne 17 : *au lieu de* ces deux bouts, *lisez* ses deux bouts.

— 93, ligne 2 : *au lieu de* de de 17 modules, *lisez* de 17 modules.

Même page, ligne 12 : *au lieu de* les délails, *lisez* les détails.

Page 149, ligne 19 : *au lieu de* élever du plan, *lisez* élevez du plan.

Paris. — Imprimé par E. Thunot et Cᵉ, 26, rue Racine.

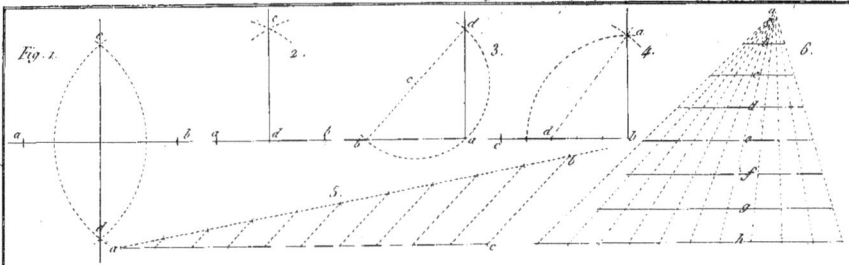

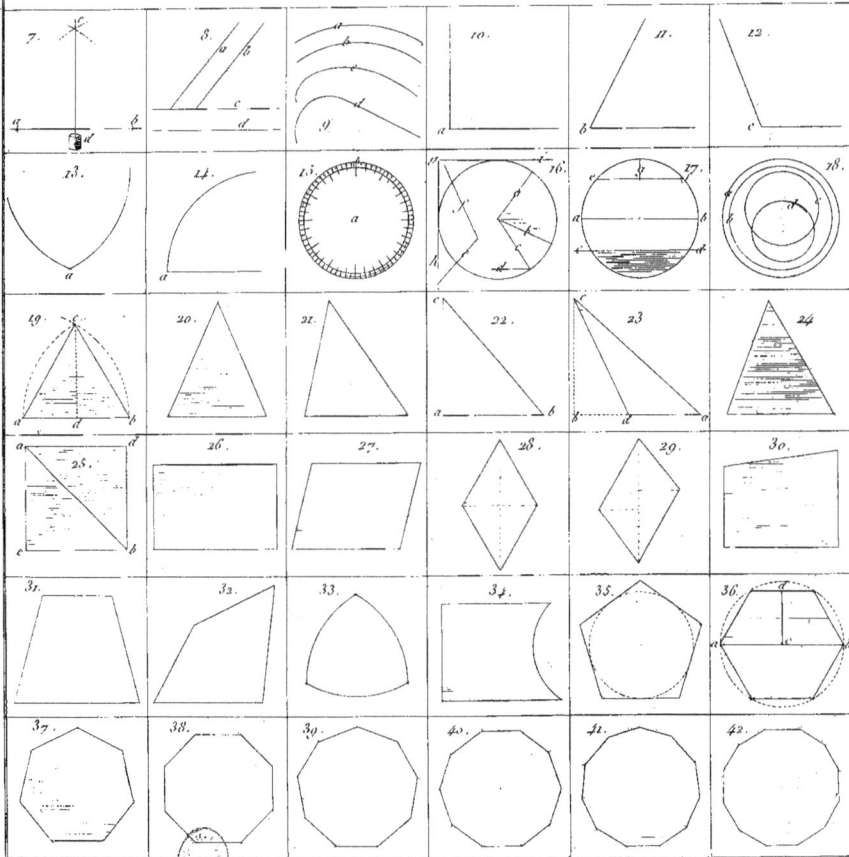

Coulon del. et sculp.

Fig. 1.

2.

3.

4.

5.

6.

7.

8.

9.

10.

11.

12.

13.

14.

15.

16.

17.

18.

19.

20.

21.

22.

23.

24.

25.

26.

27.

28.

29.

30.

31.

32.

33.

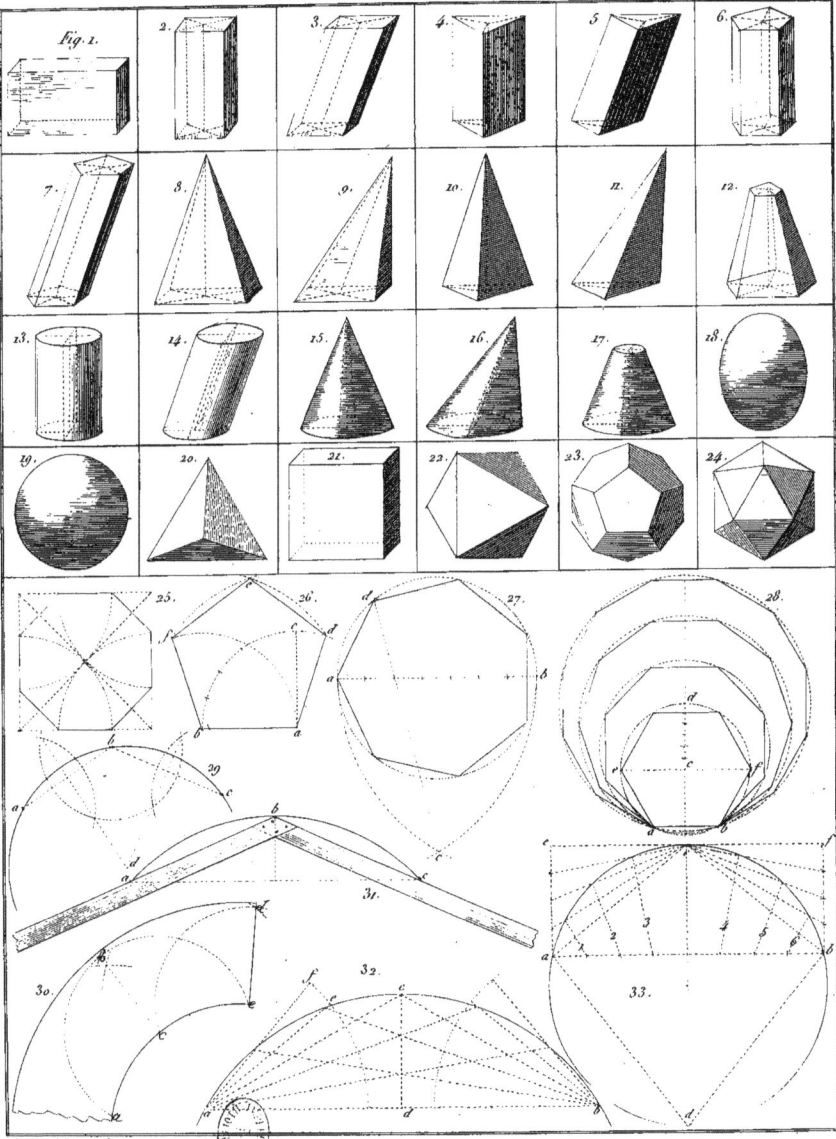

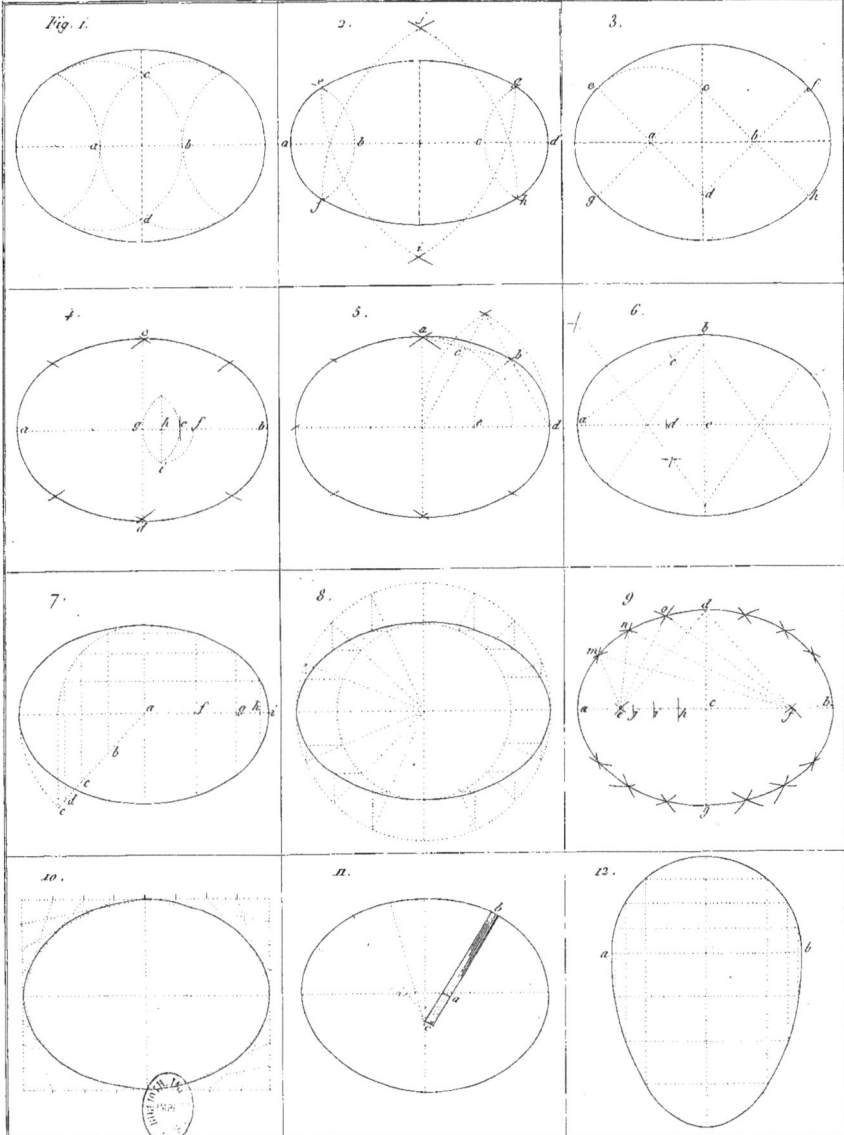

Pl. 4.

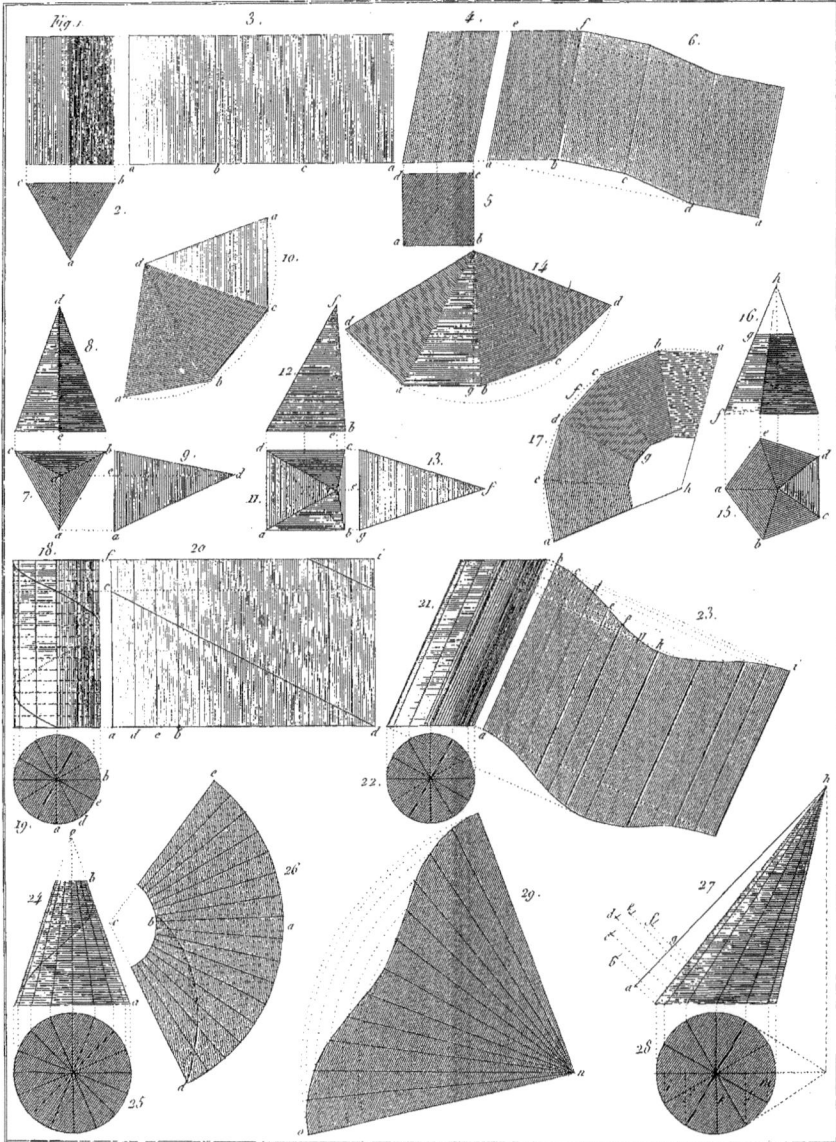

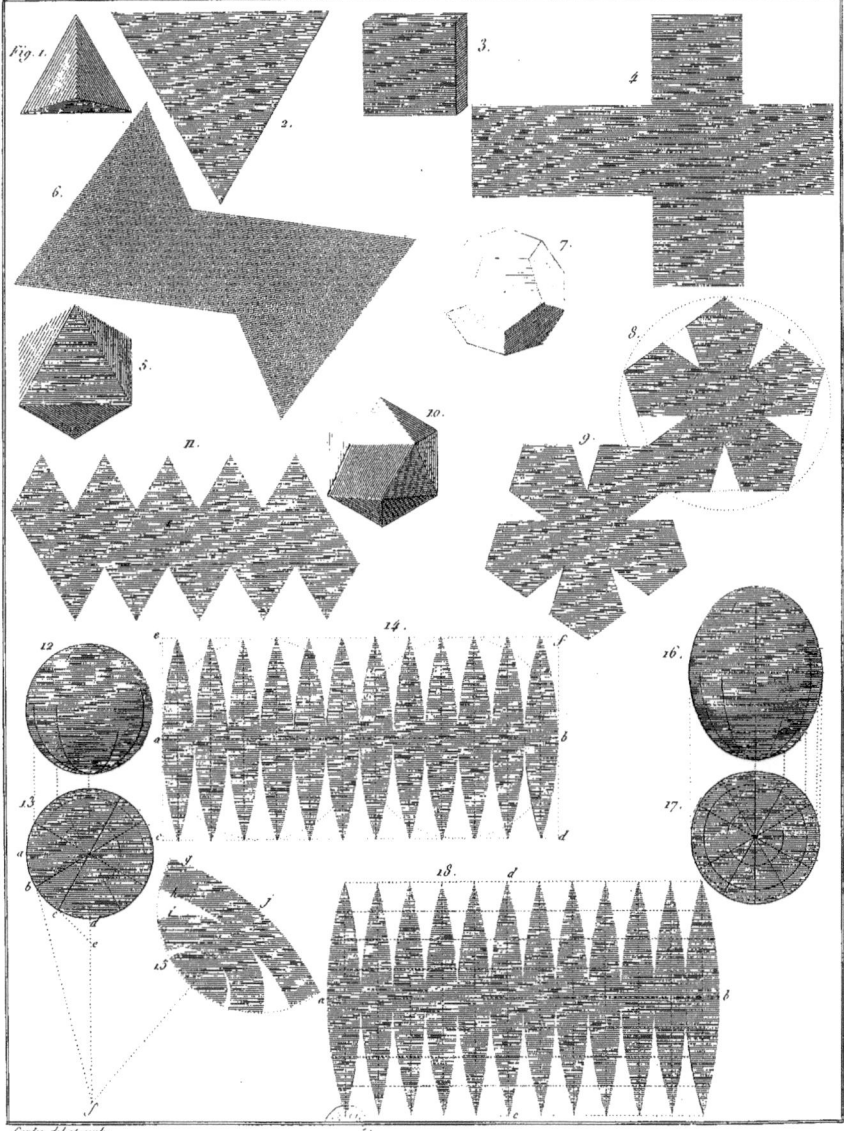

Pl. 5

Fig. 1.

2.

3.

4.

6.

7.

5.

8.

10.

9.

11.

12.

13.

14.

16.

17.

18.

15.

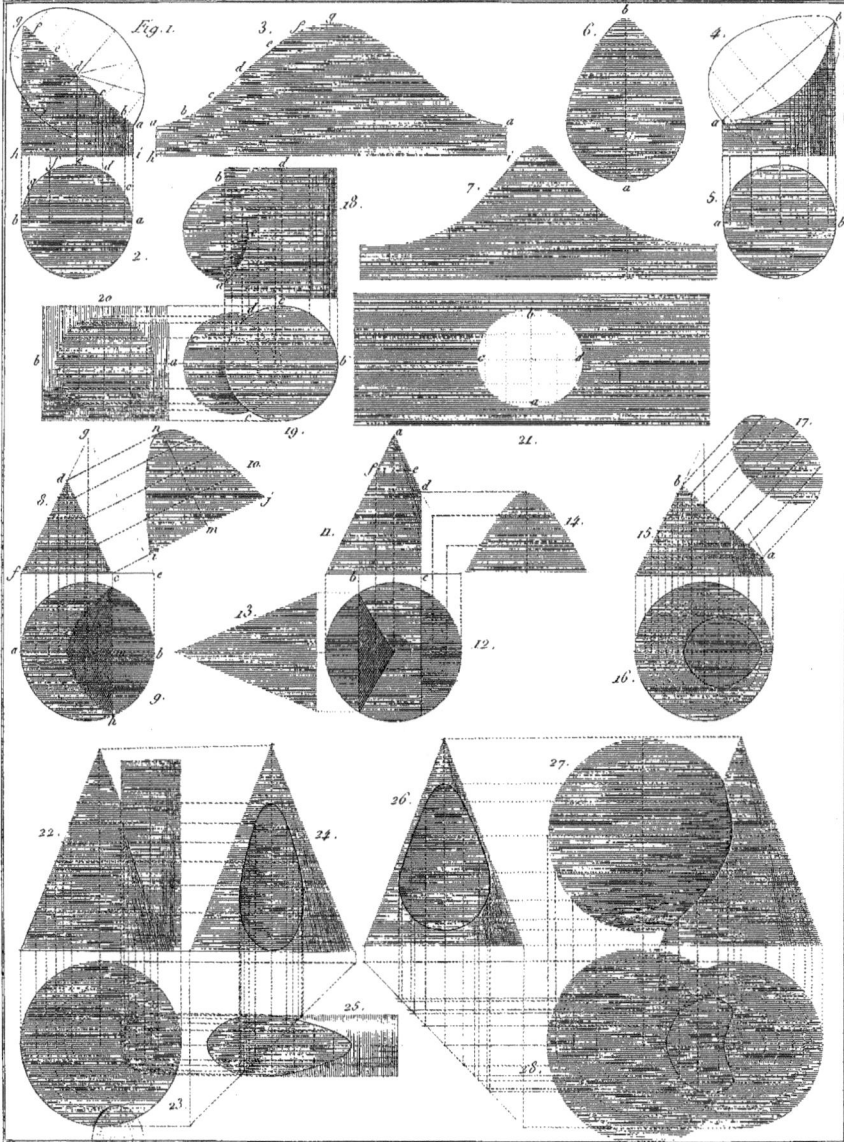

Pl. 6.

Fig. 1.

Pl. 7.

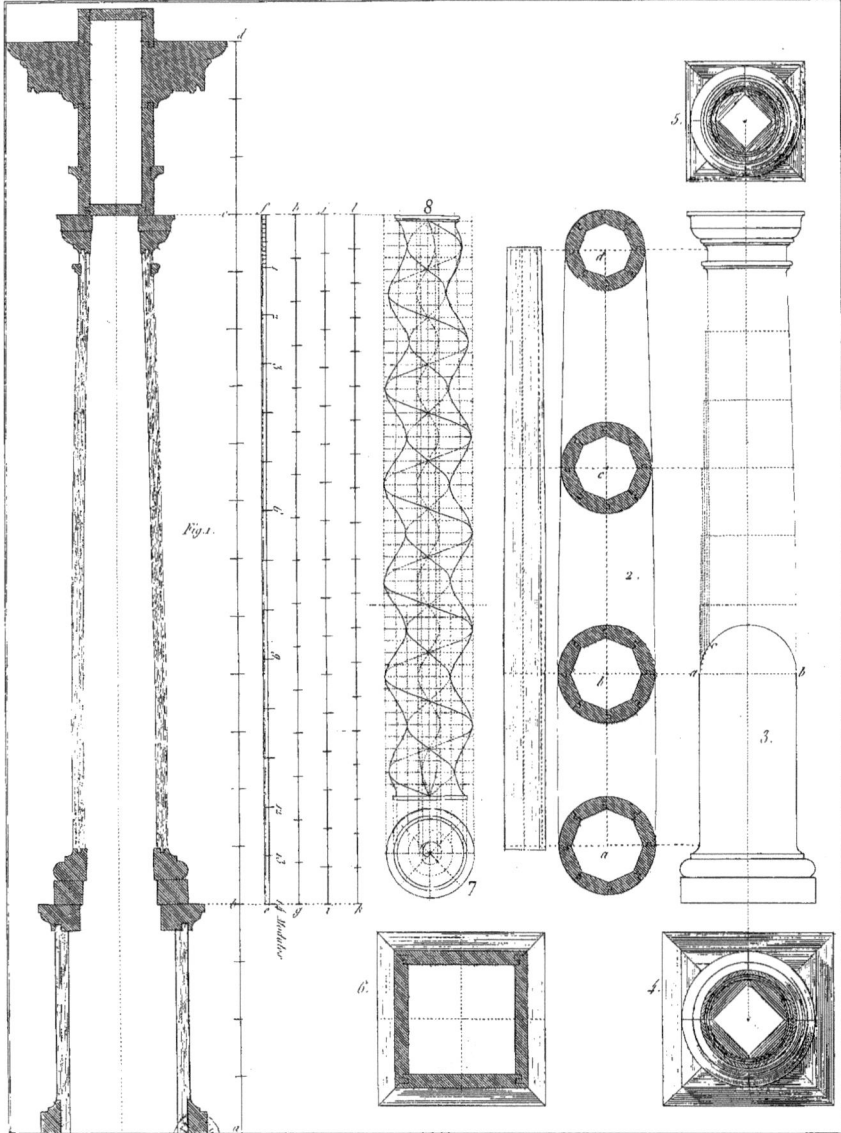

Fig. 1.

Fig. 7

5 m 3 p

4 m 3 p

3 m 9 p. 6

7 m 10 p. 6

Fig. 1.

Fig. 2.

6 m 6 p

8 m 9 p

12 m 9 p

1   2   3   6   12 Mod

Pl. II.

Coulon del et sculp.

Pl. 12

1   2   1 2   2   1 2   2   1

2 m

5 m. 6 p.

7 m. 6 p.

2 m

12 mod.

4   3   3   6   12 mod.

Coutan del. et sculp.

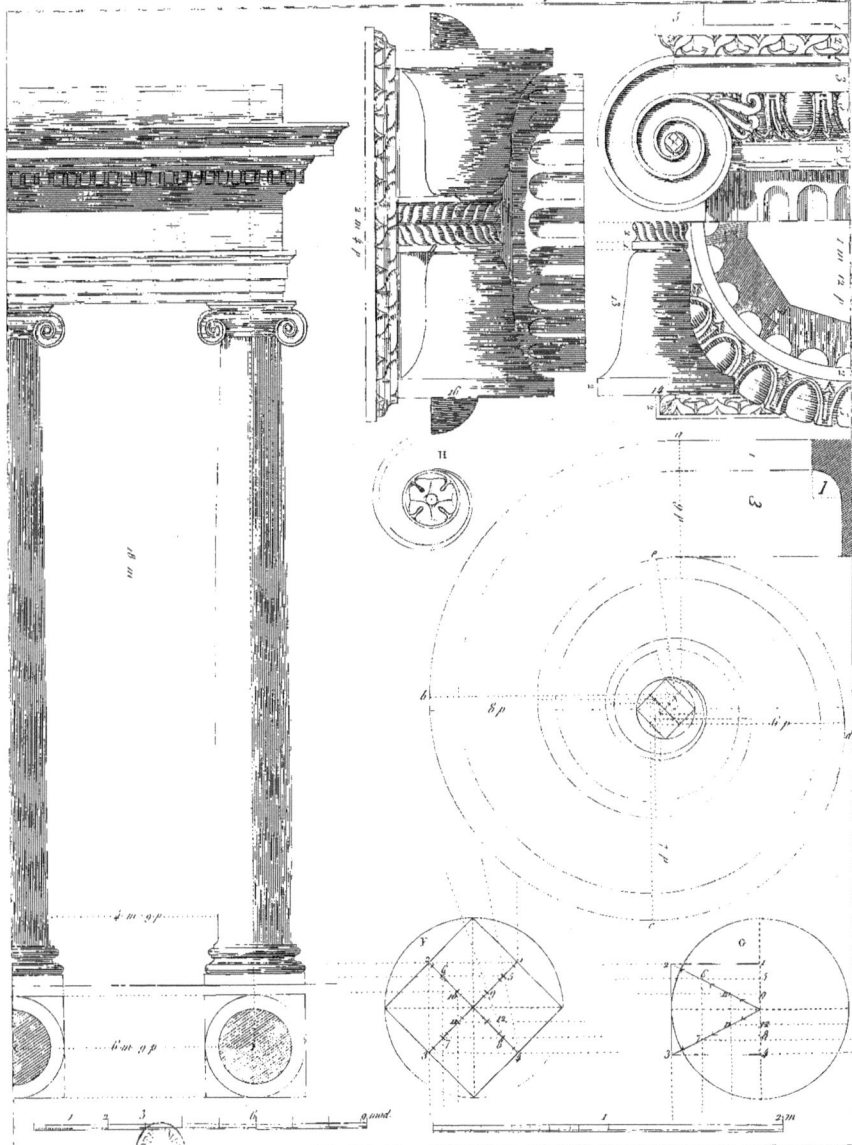

2 m 2 p　　　　2 m 2 P

16.

2 4 2

1 m n p

a

d

7

5.

3½

3½

7

3

8

8

3

1

2

3

4

5

6

7

8

9.m

10

6.

6.

3

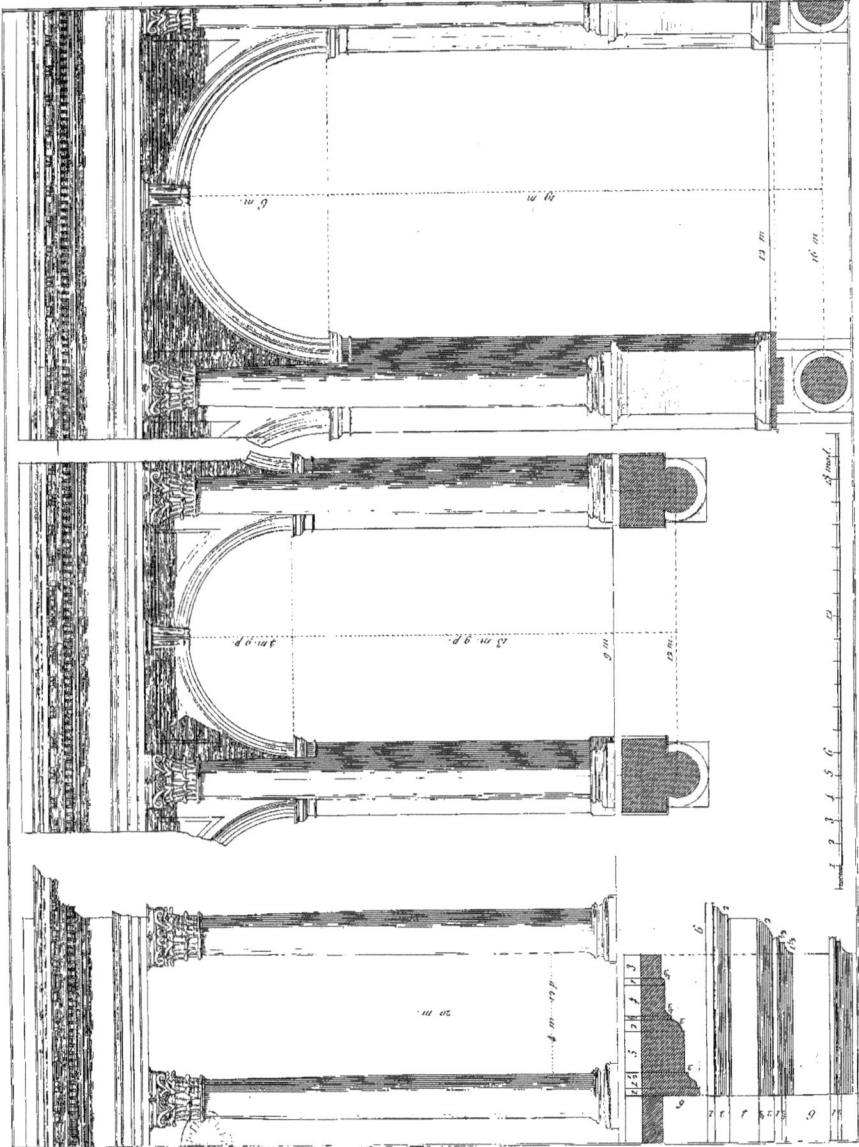

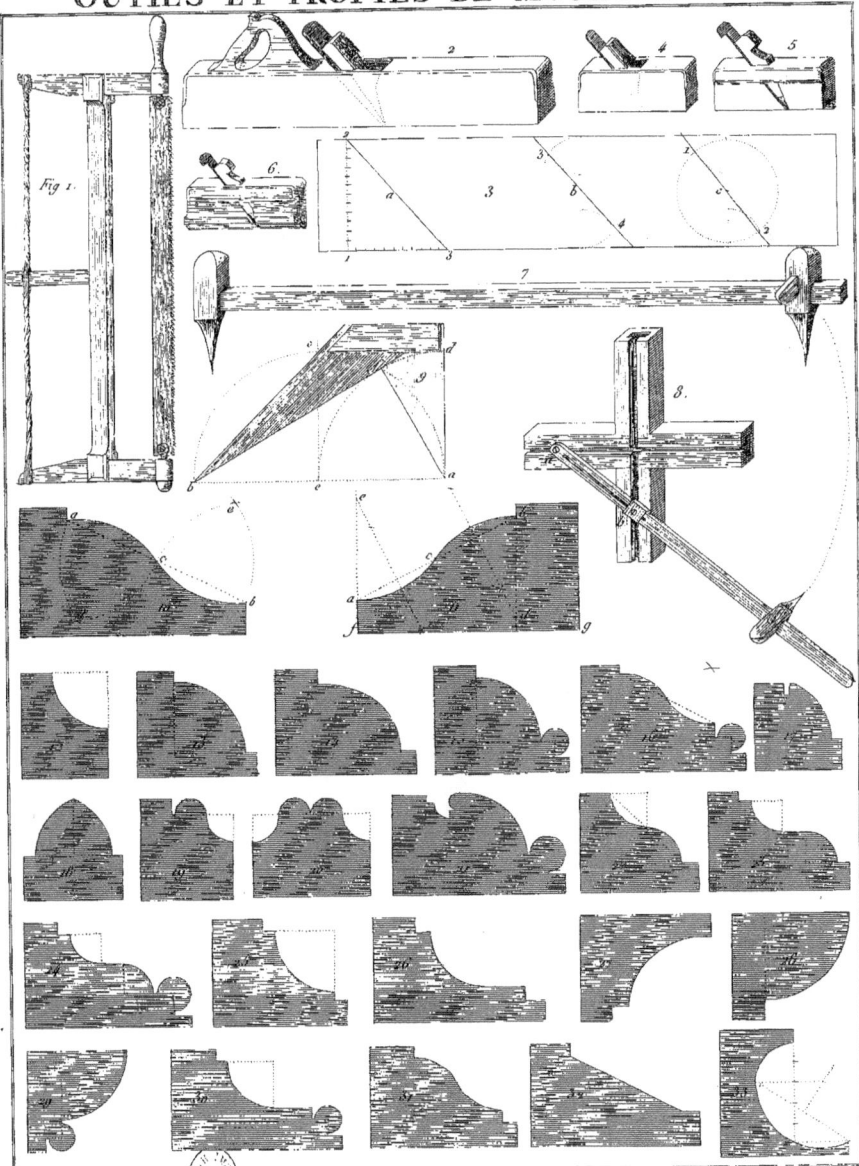

Fig. 1.

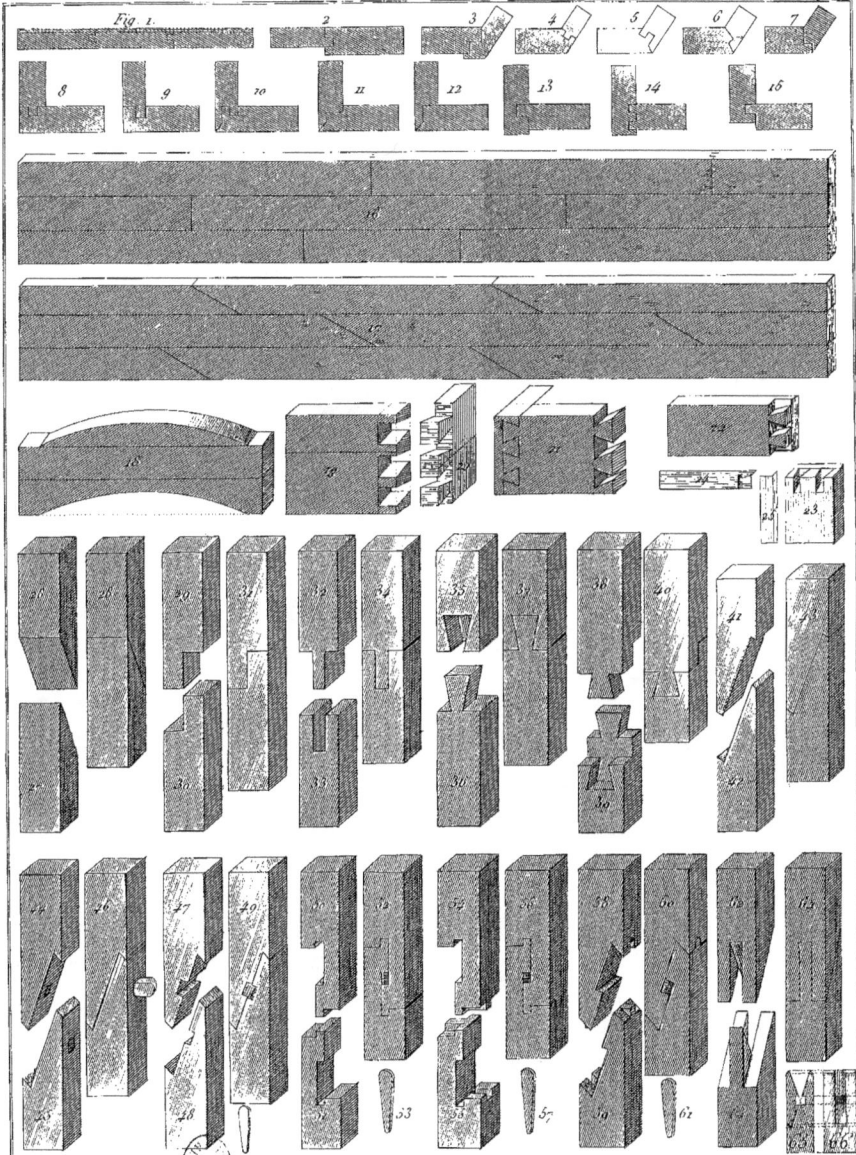

Coulon del. et sculp.

Pl. 23.

Fig. 1.

Fig. 1.

3

4

5

6

7

2

1   2   3 mètre   6 pi.

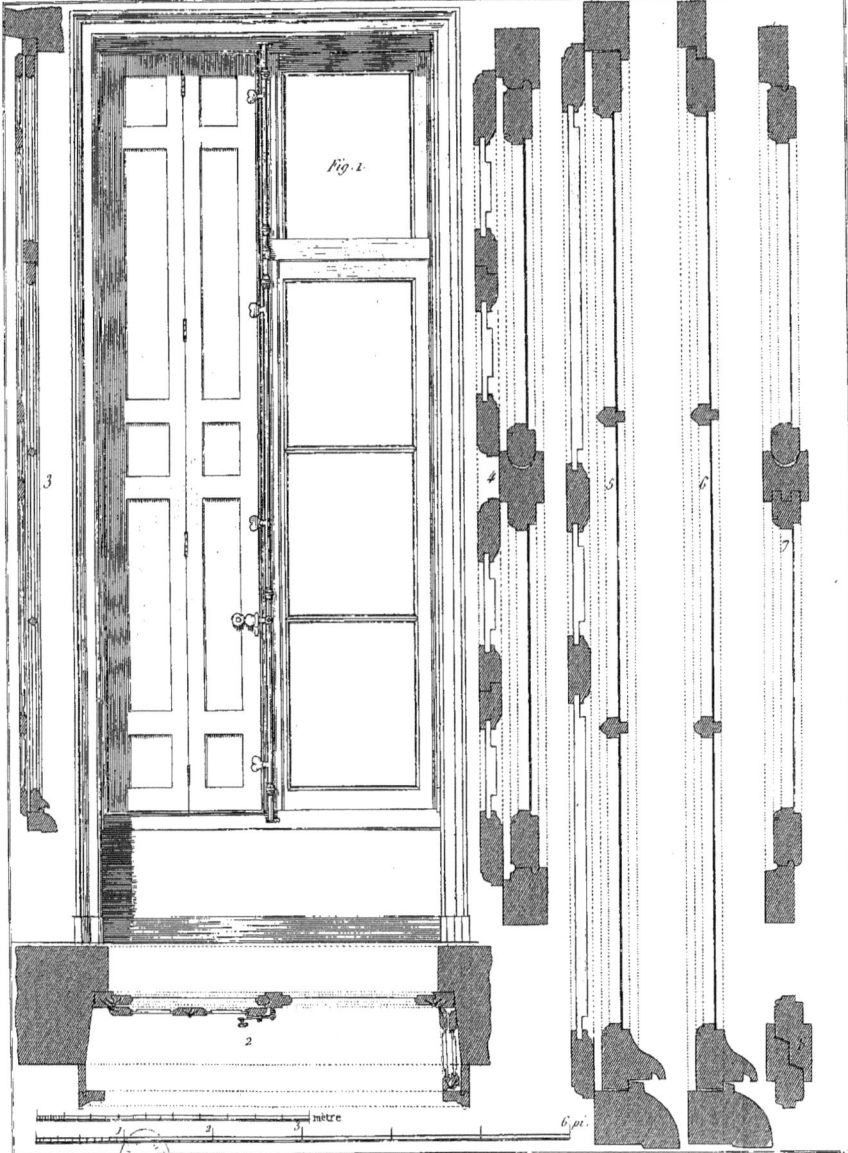

Pl. 25.

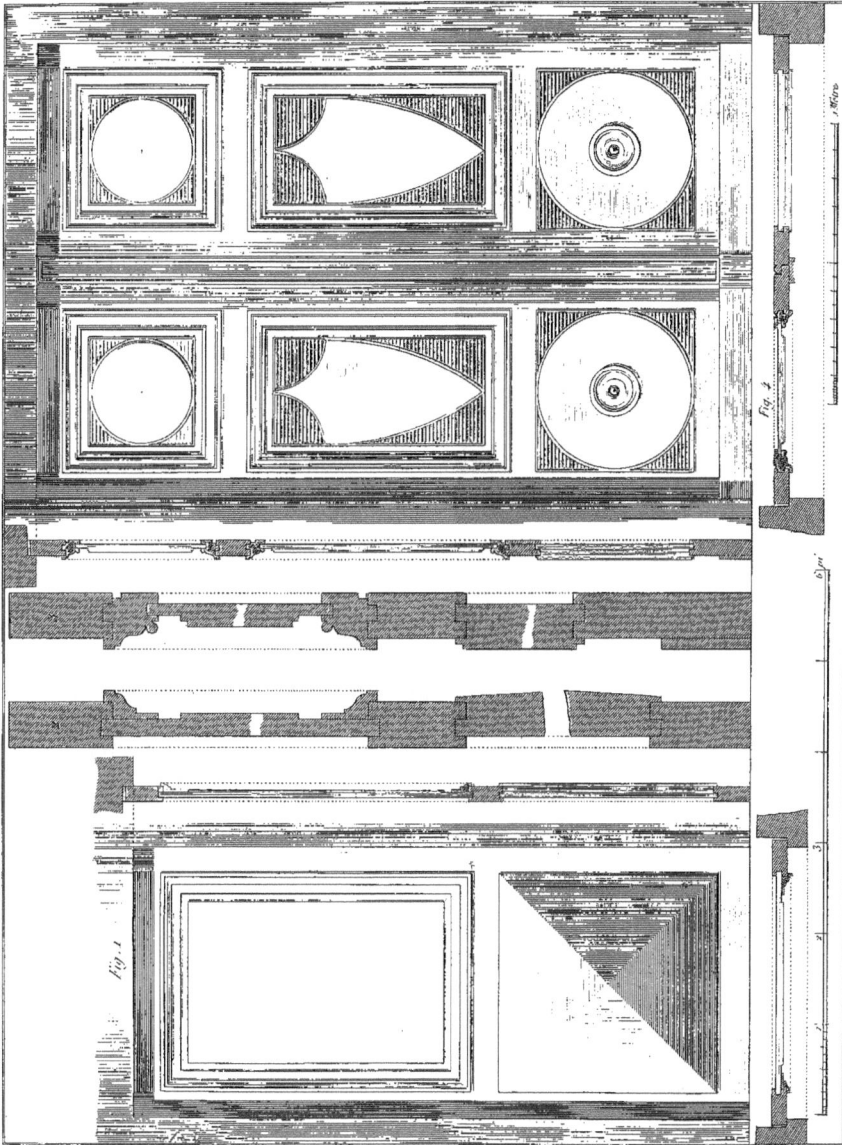

Coulon del. et sculp.

Pl. 26.

1 *Mètre*

9 *pieds*

Pl. 27.

Coulon del et sculp.

Pl. 28

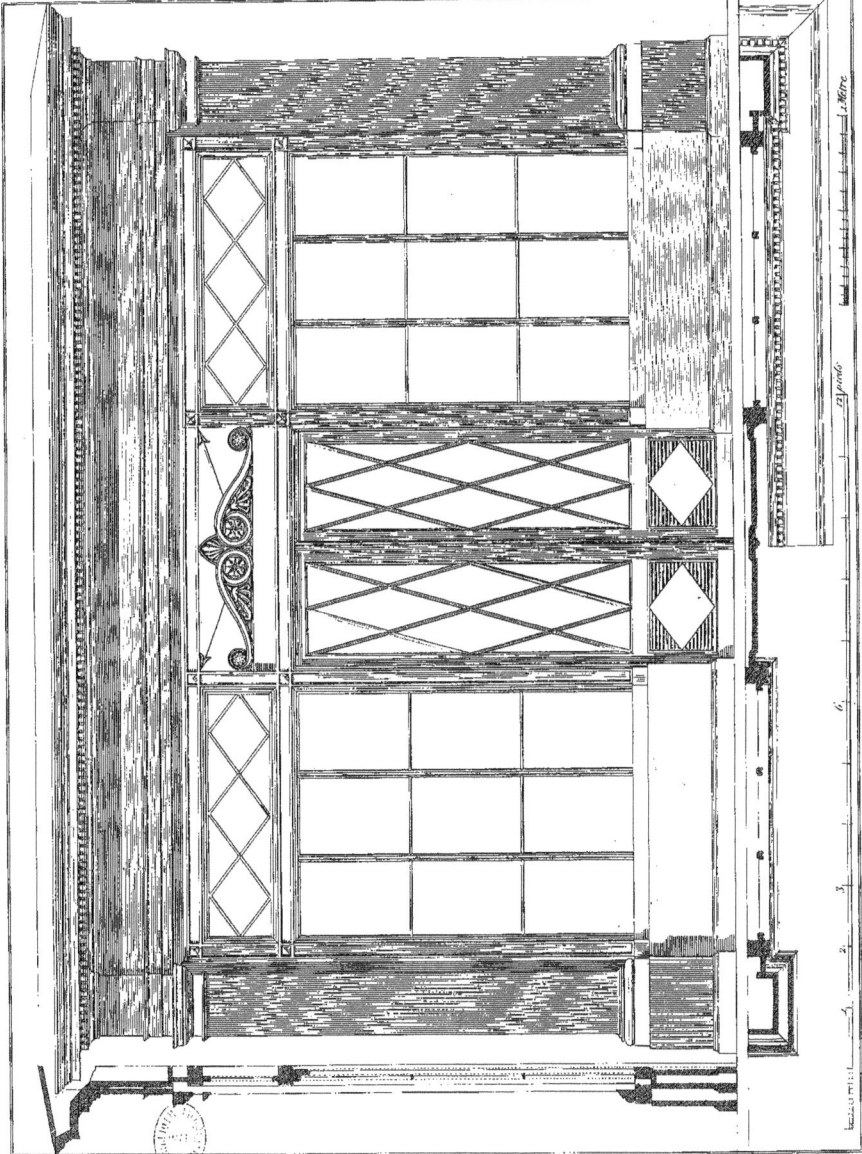

Coulon del et sculp

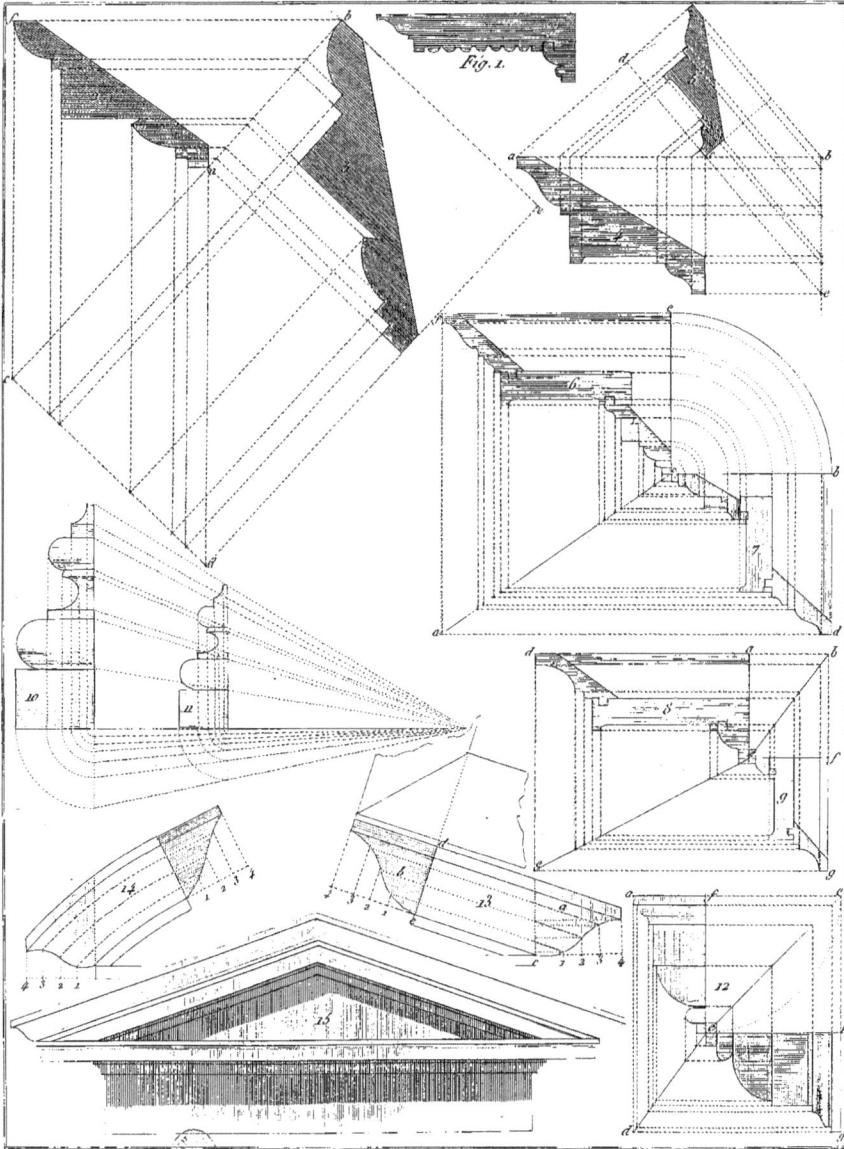

Fig. 1.

Fig. 1.

6.

5.

4.

3.

2.

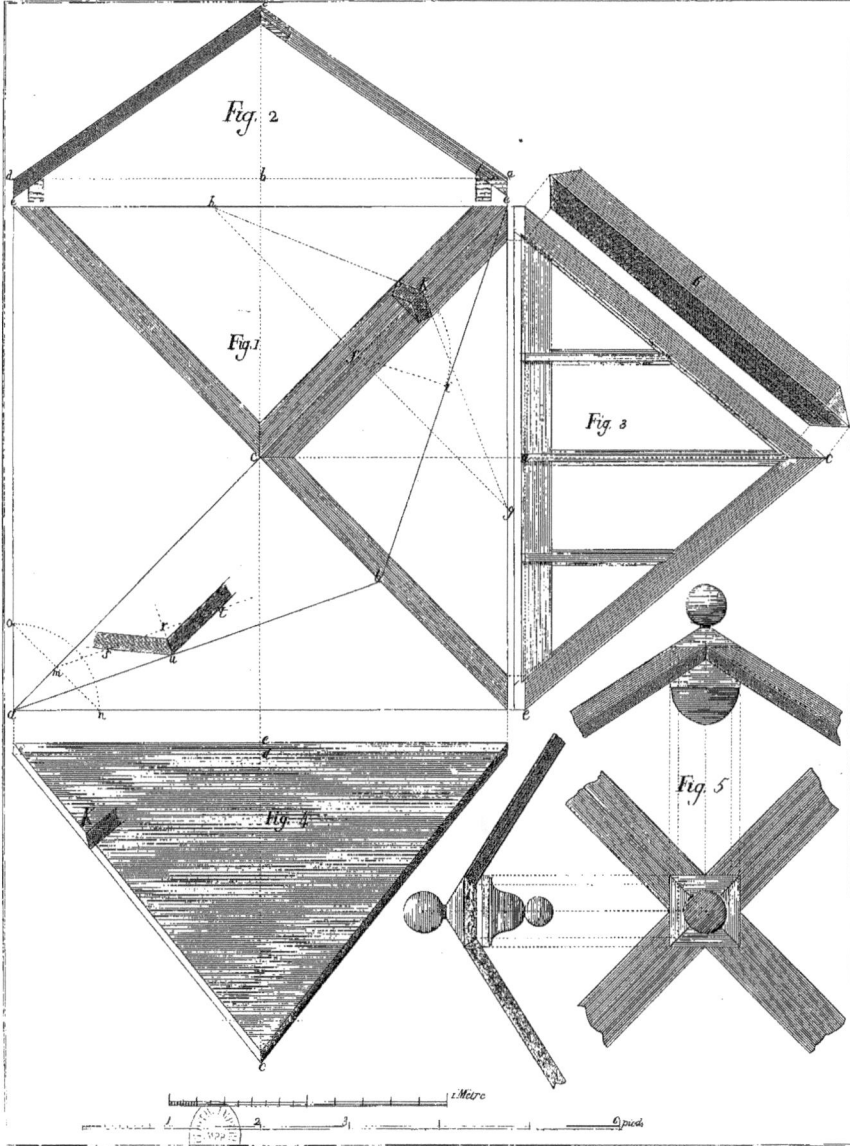

Fig. 2

Fig. 1

Fig. 3

Fig. 4

Fig. 5

1.Metre

9 pieds

Coulondel et sculp

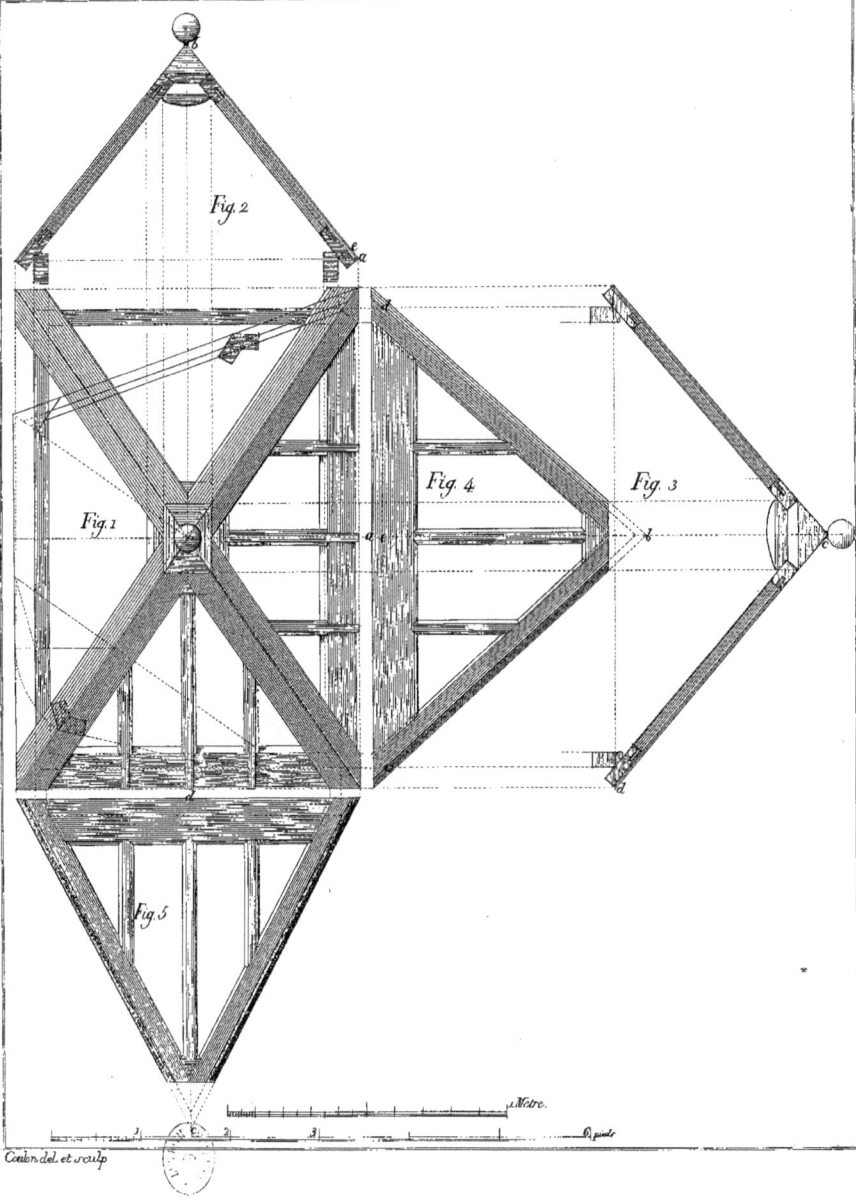

Fig. 2

Fig. 1

Fig. 4

Fig. 3

Fig. 5

1 Mètre.

0 pieds

Caton del. et sculp.

Pl. 35

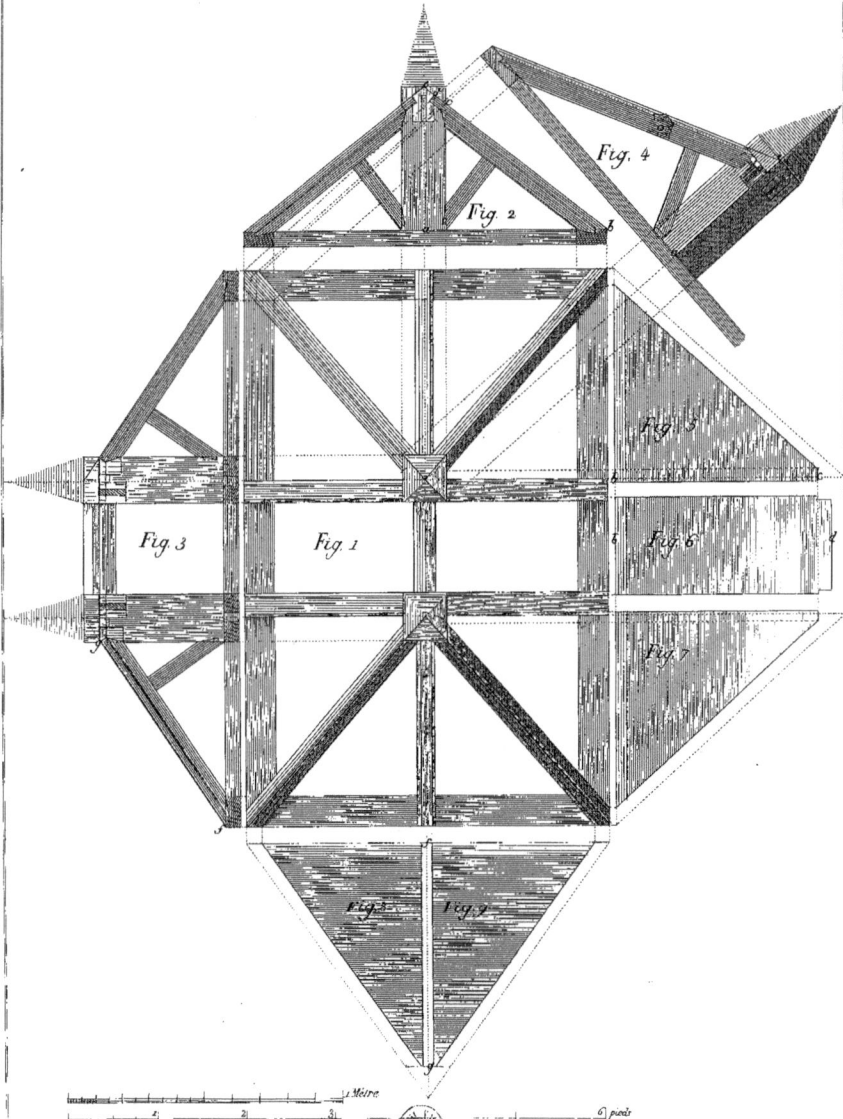

Fig. 4

Fig. 2

Fig. 5

Fig. 3

Fig. 1

Fig. 6

Fig. 7

Fig. 8

Fig. 9

1 Mètre

6 pieds

Coulon del. et Sculp

Pl. 36

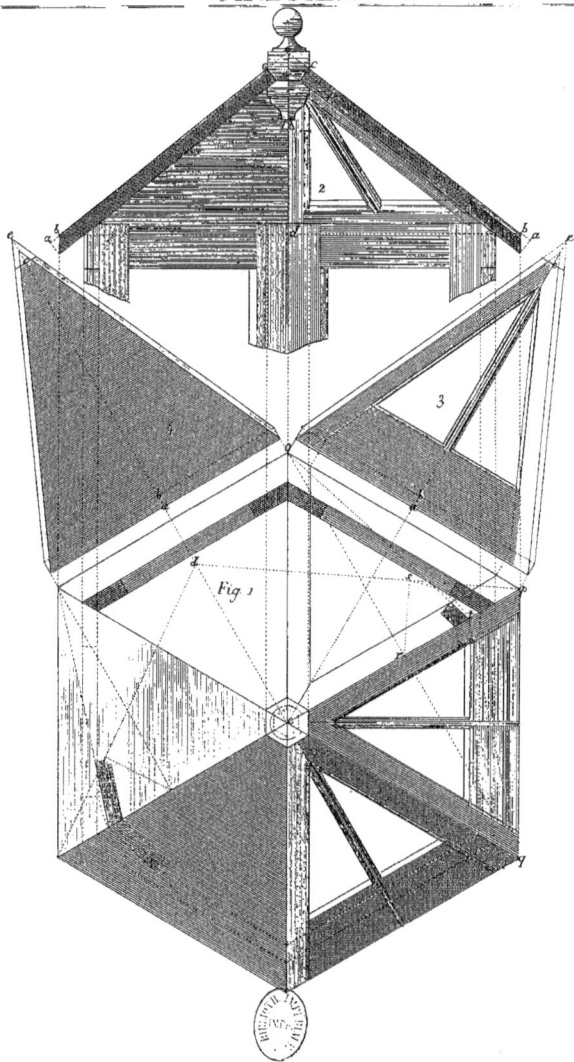

Fig 1

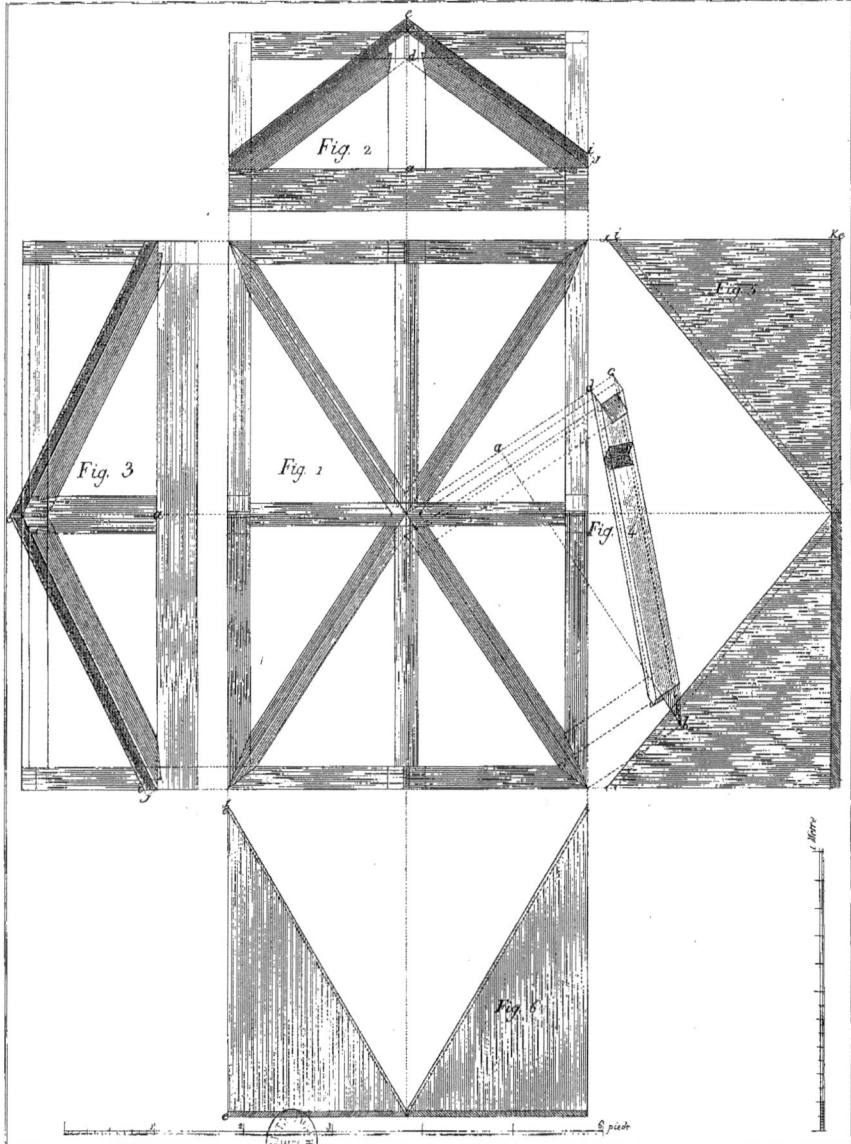

Fig. 2

Fig. 3

Fig. 1

Fig. 3

Fig. 4

Fig. 5

Pl. 38

Fig. 1

Fig. 2

Fig. 3

Fig. 4

Fig. 5

Fig. 6

Fig. 8

Fig. 7

Fig. 9

1 Mètre

6 pieds

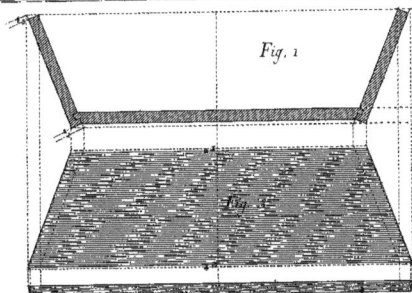

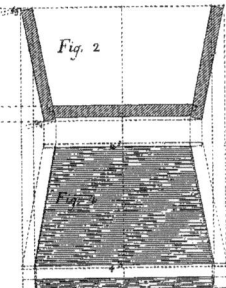

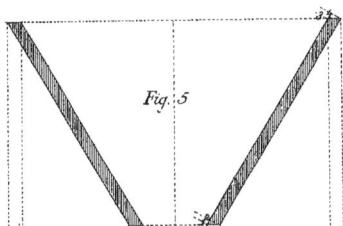

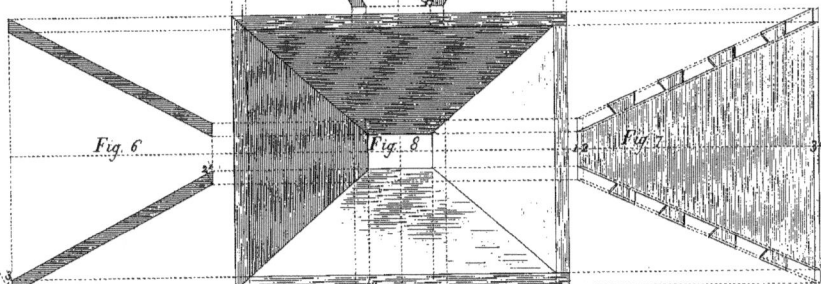

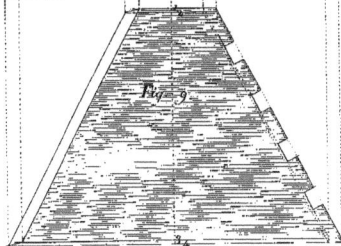

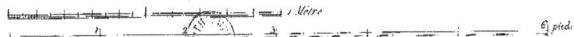

Coulon del. et sculp.

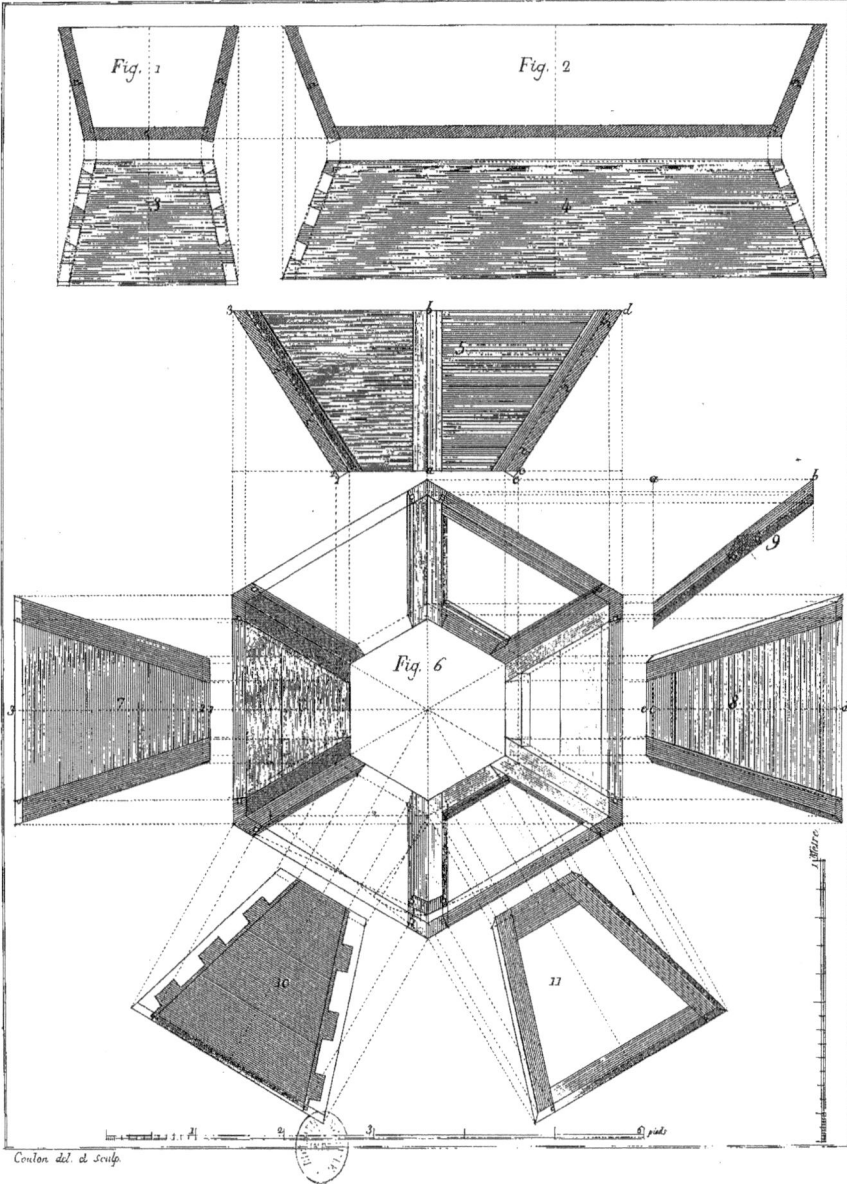

 Pl. 39

Fig. 1

Fig. 2

Fig. 6

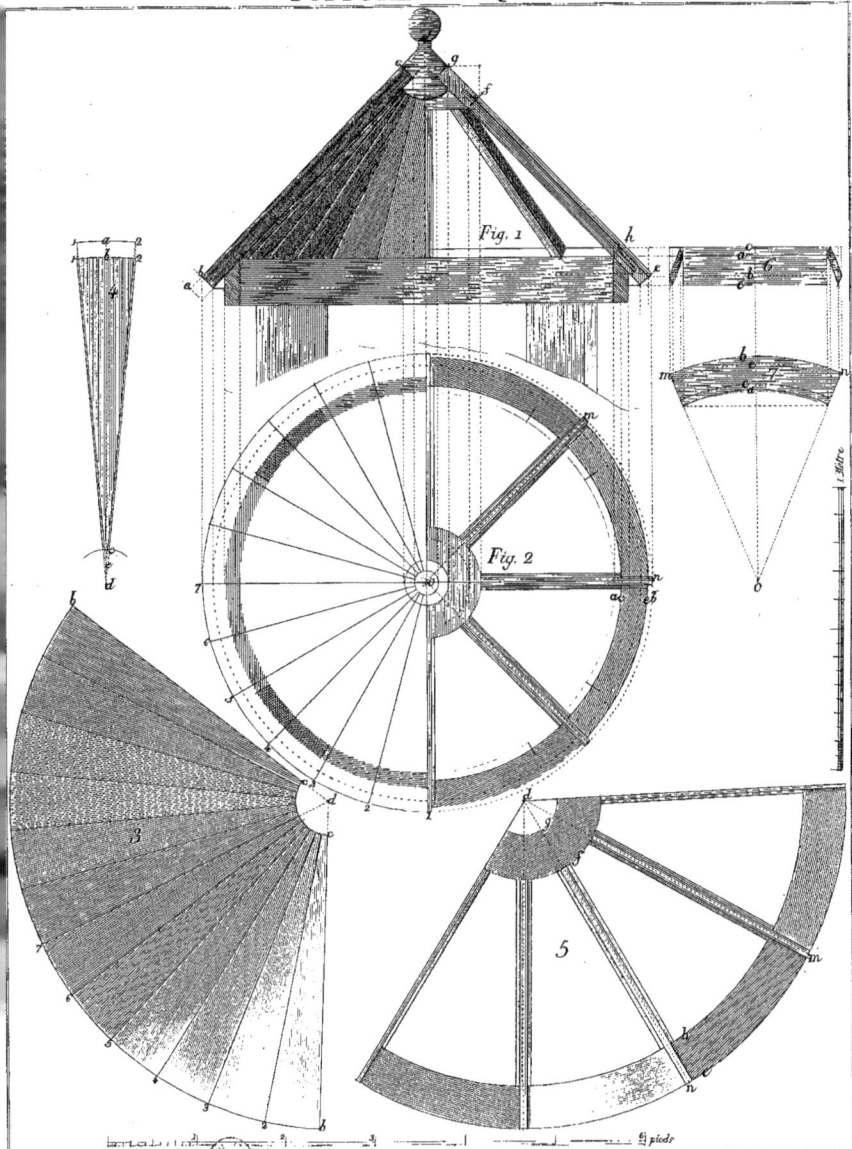

Fig. 1

Fig. 2

Coulon del. et sculp.

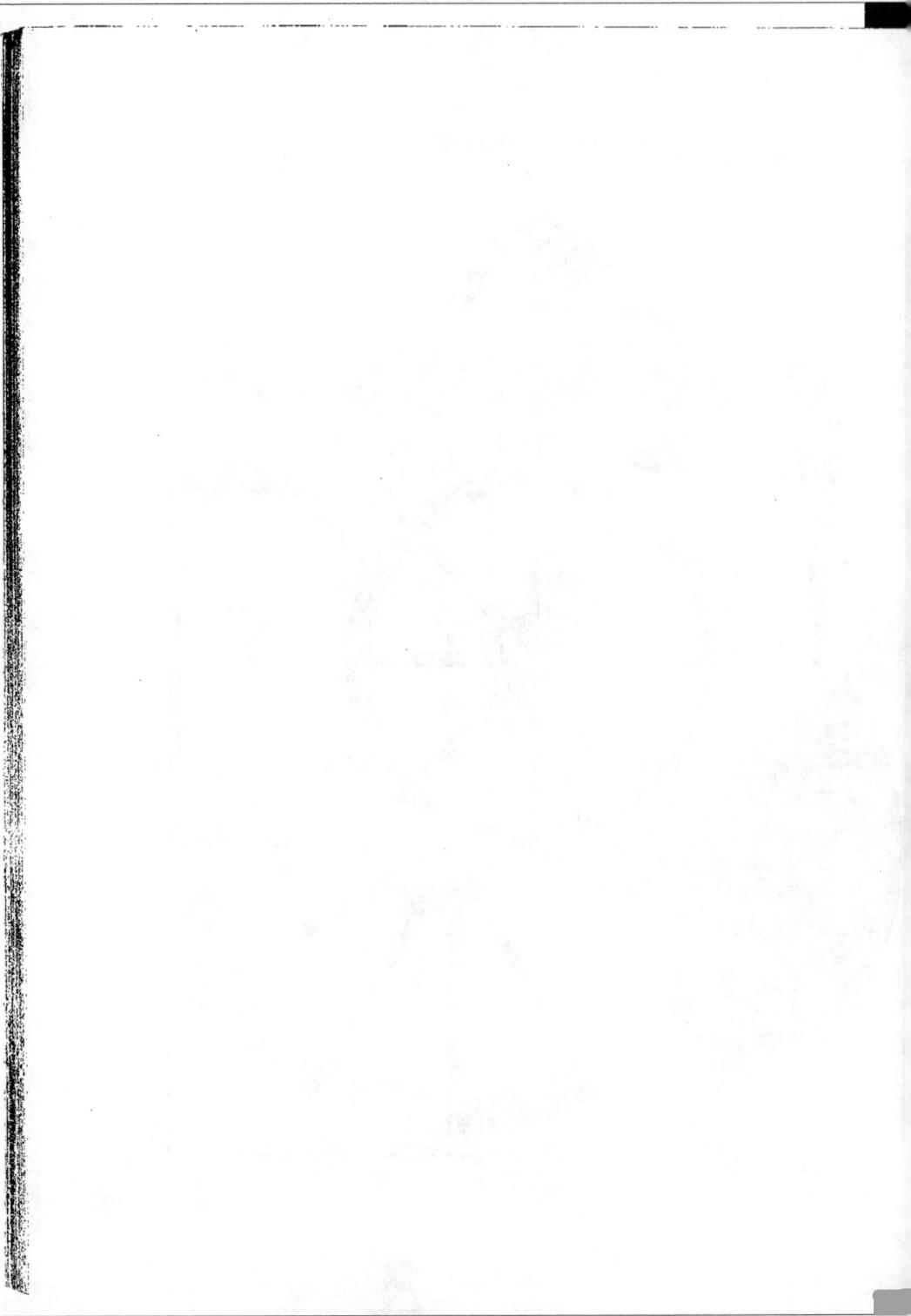

Fig. 1

Fig. 2

Fig. 3

Fig. 4

1 Mètre

6 pieds

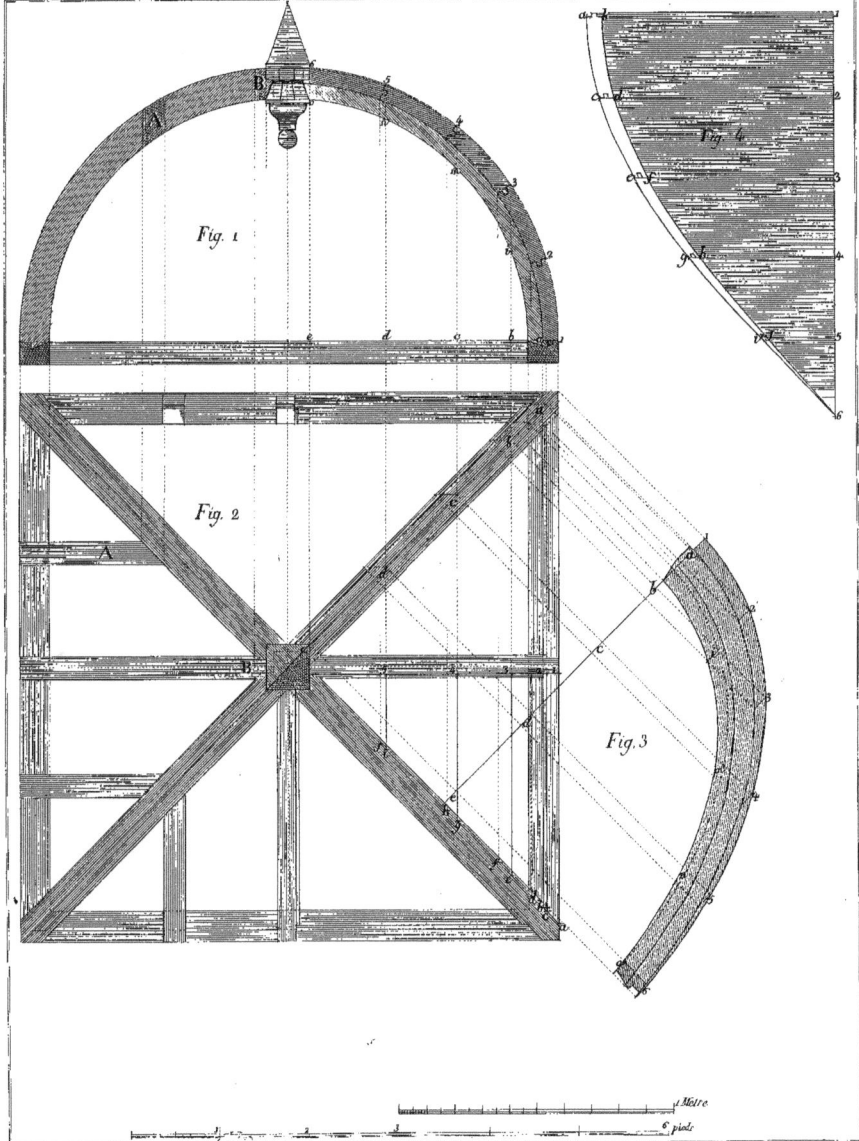

Coulon del. et sculp.

Fig. 1

Fig. 5

Fig. 6

Fig. 2

Fig. 3

Fig. 4

Metre

pieds

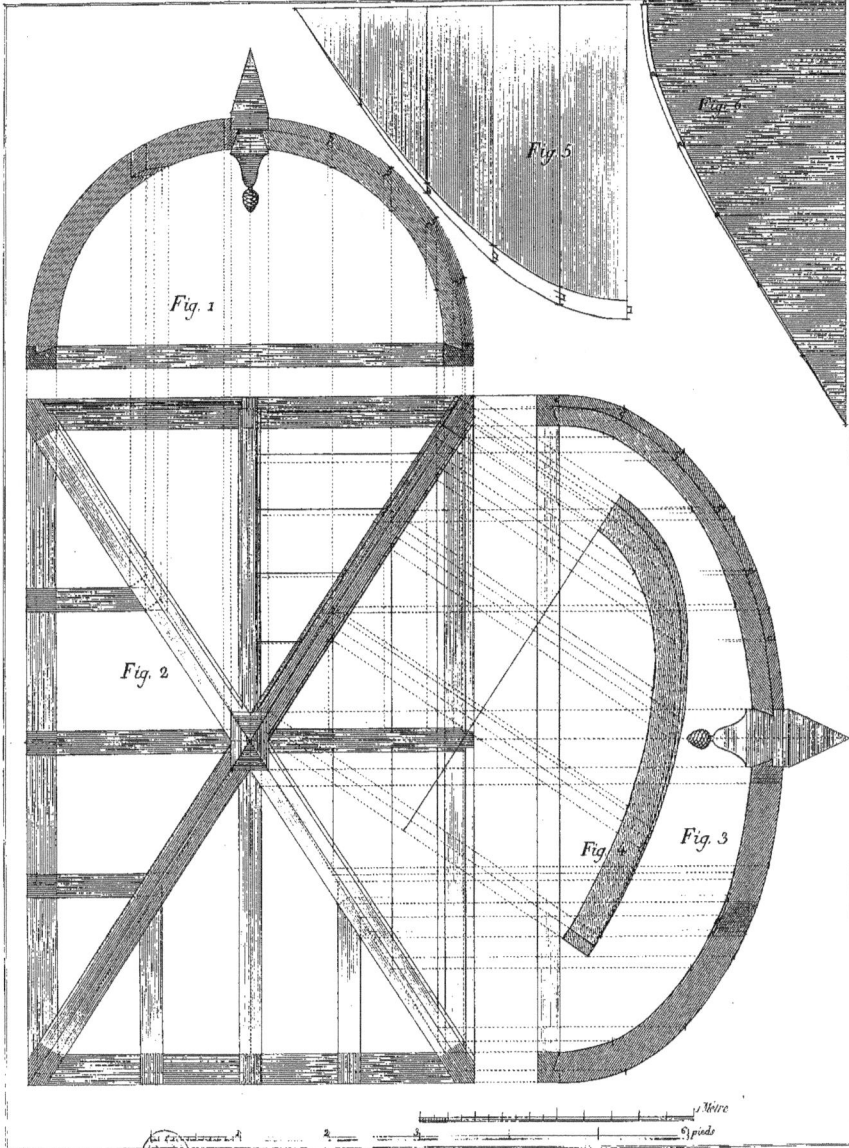

Coulon del. et sculp.

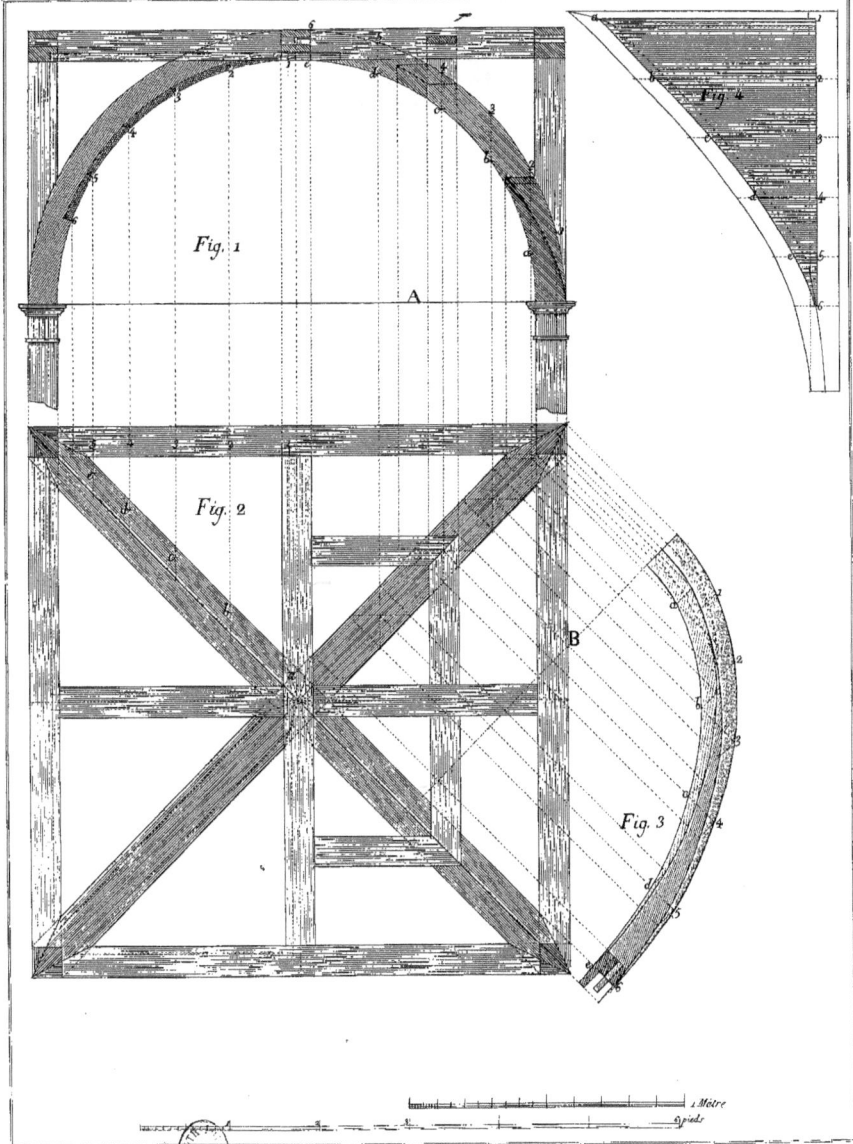

Fig. 1

Fig. 4

A

Fig. 2

B

Fig. 3

1 Mètre

5 pieds

Pl. 45.

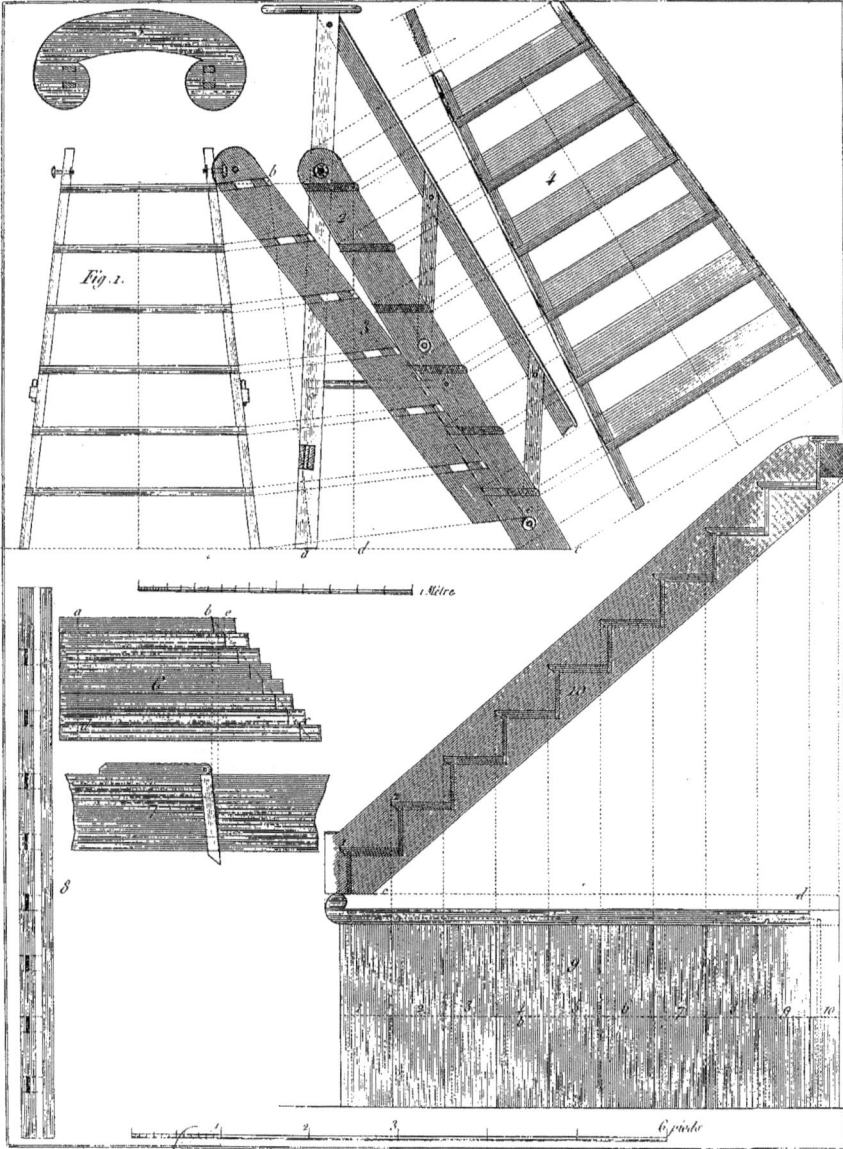

Fig. 1.

1 Mètre

6 pieds

Coulon del. et sculp.

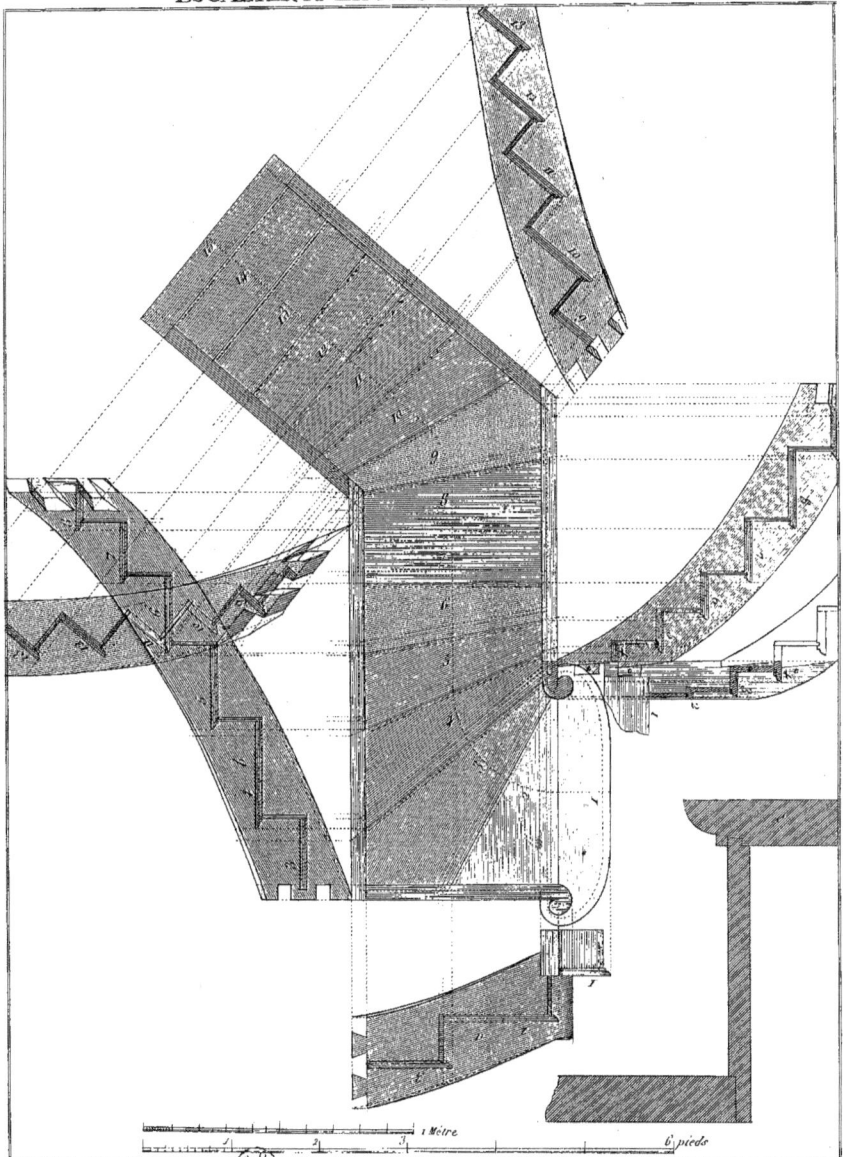

1 Mètre   6 pieds

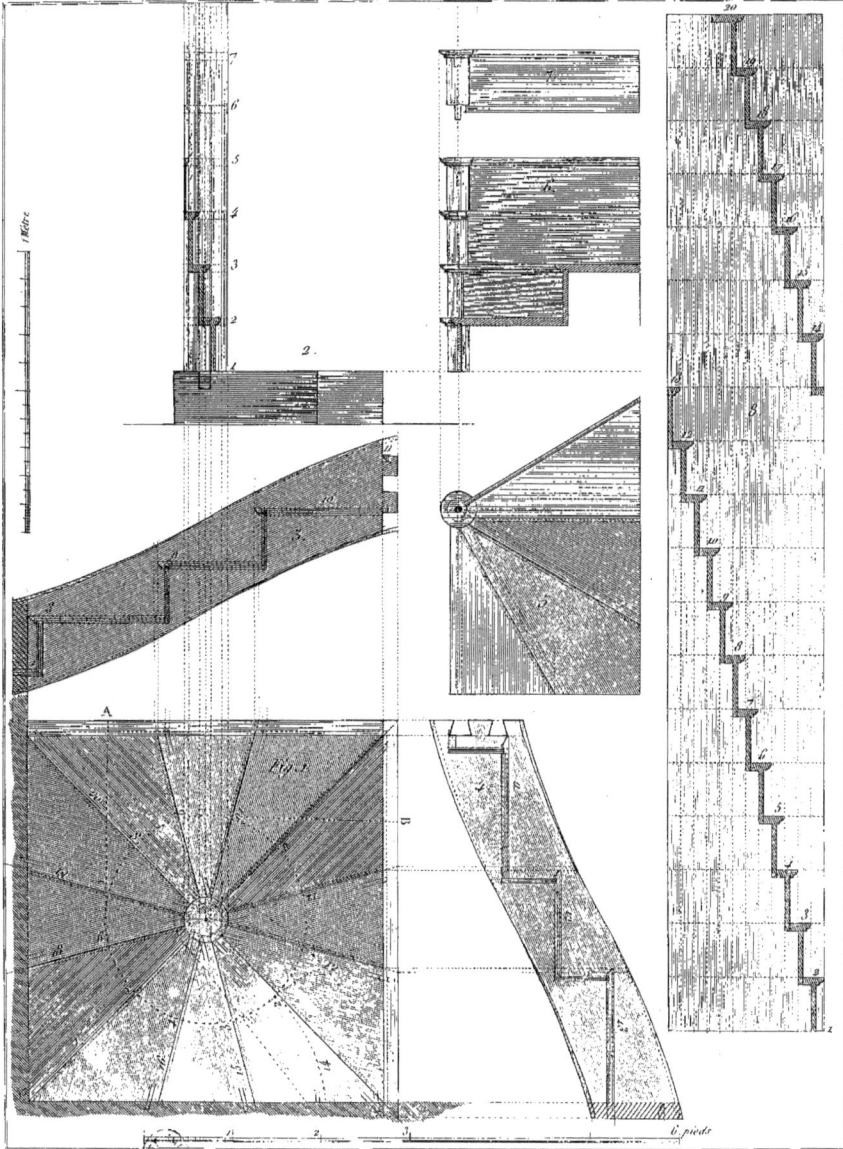

1 Mètre

Fig. 1.

A
B

6 pieds

Fig. 1.

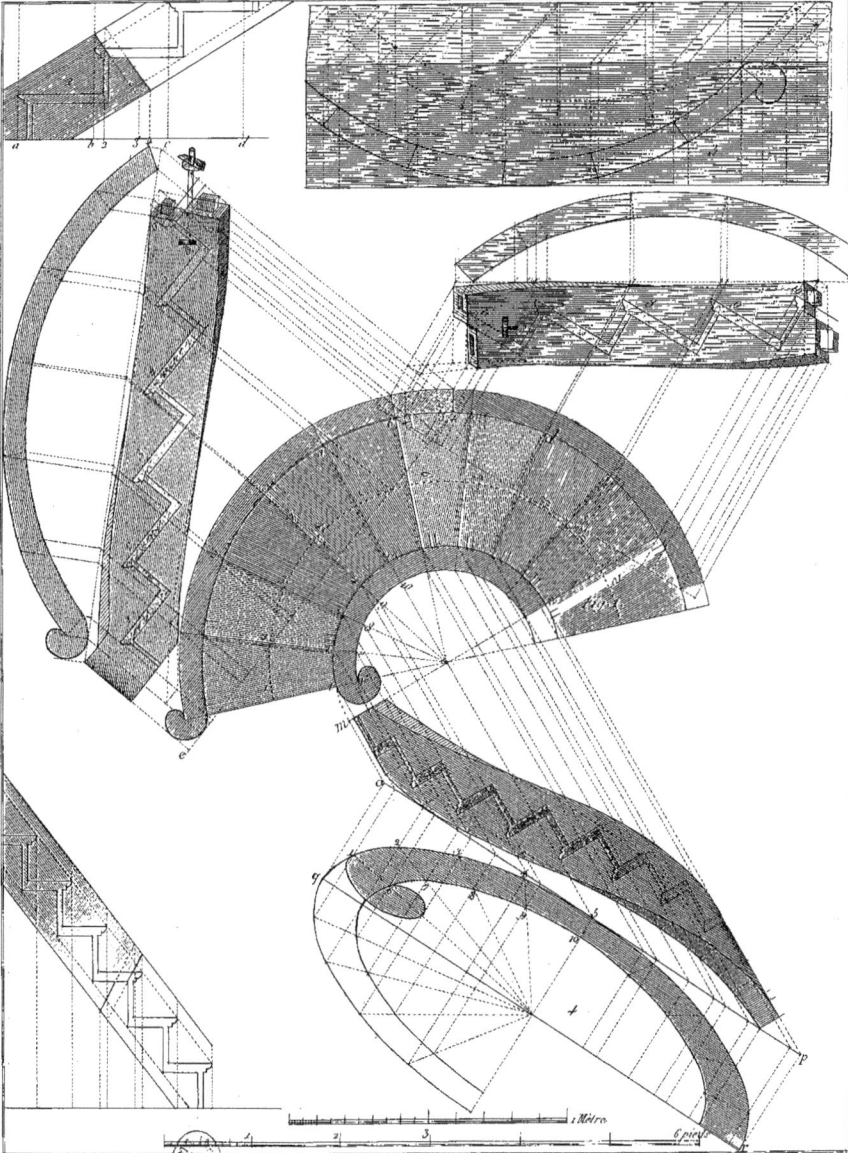

Pl. 50.

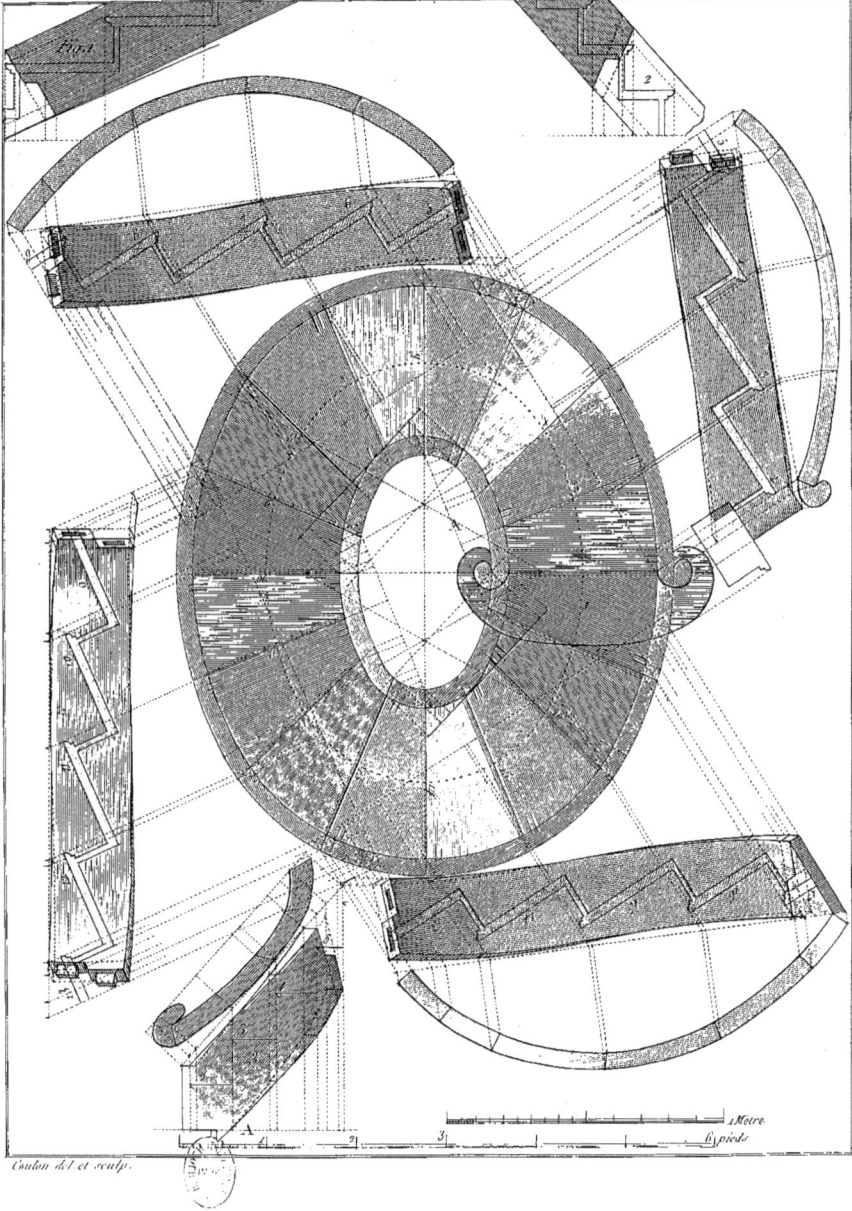

Fig. 1

A

1 Metre

6 pieds

Pl. 51.

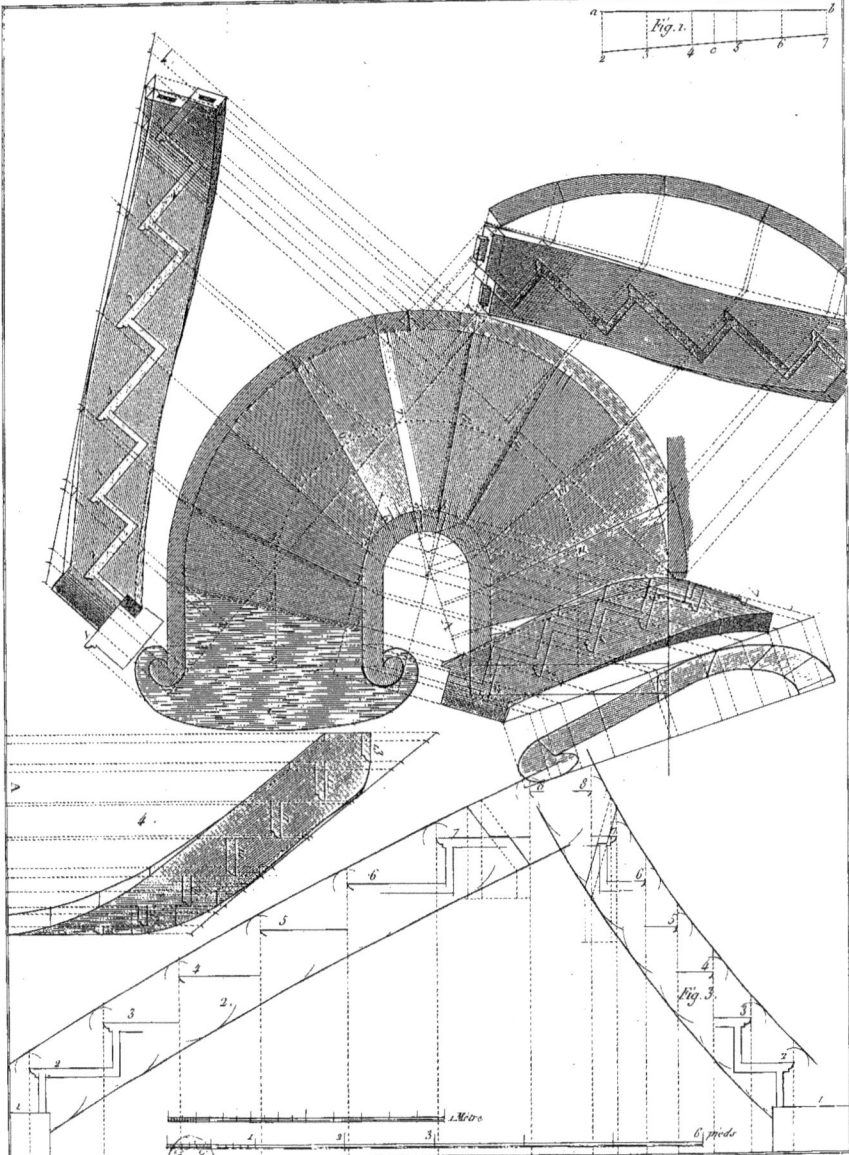

Fig. 1.

Fig. 3.

1 Mètre

6 pieds

Coulon del. et sculp.

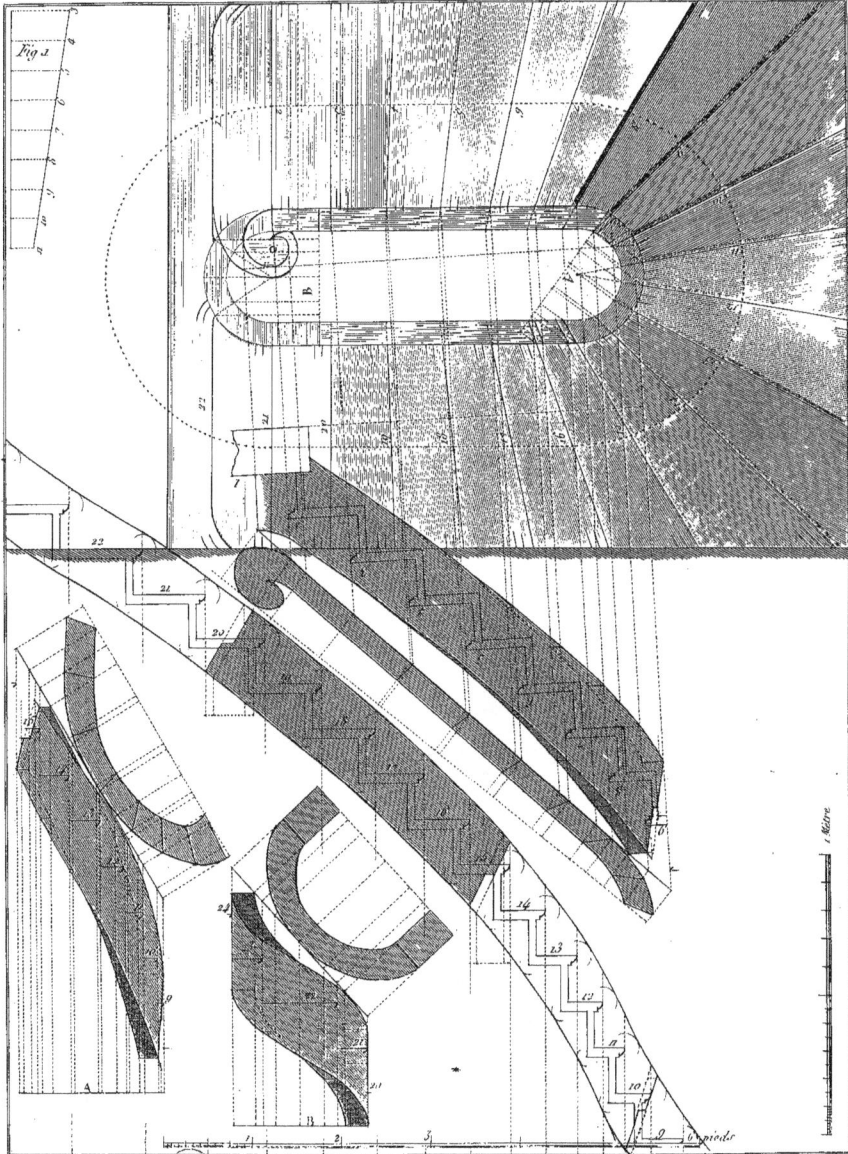

Fig. 1

Caton del. et sculp.

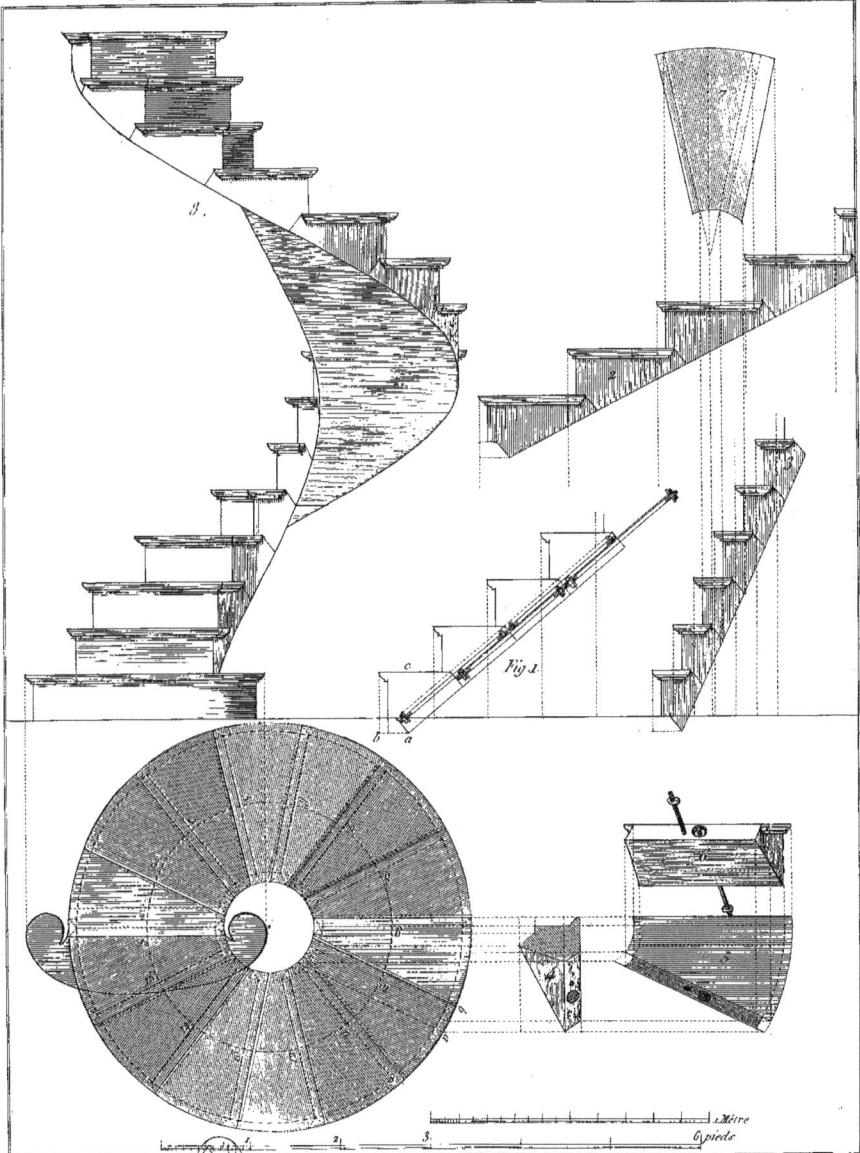

Fig. 1.

1.Mètre

6 pieds

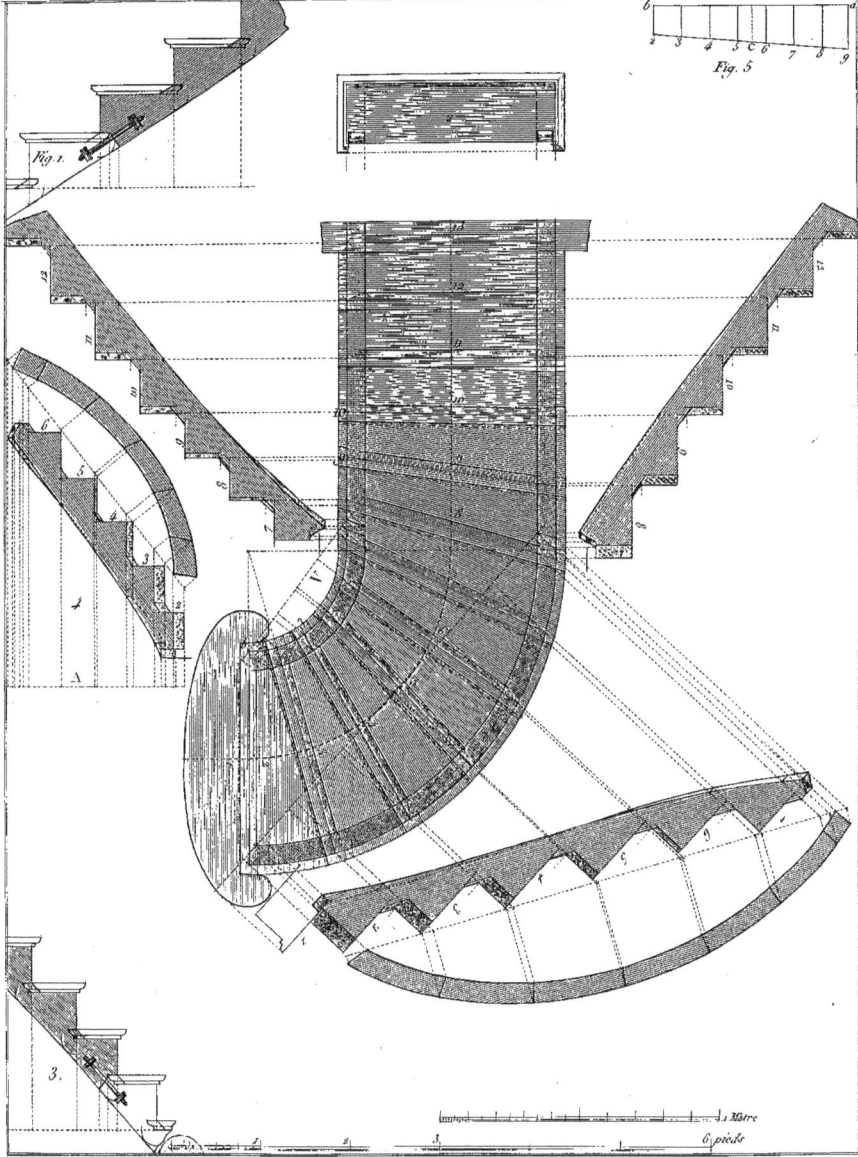

Fig. 5

Fig. 1.

3.

1 Mètre

6 pieds

Coulon del. et sculp.

Fig 1.

2

3

3

4

6

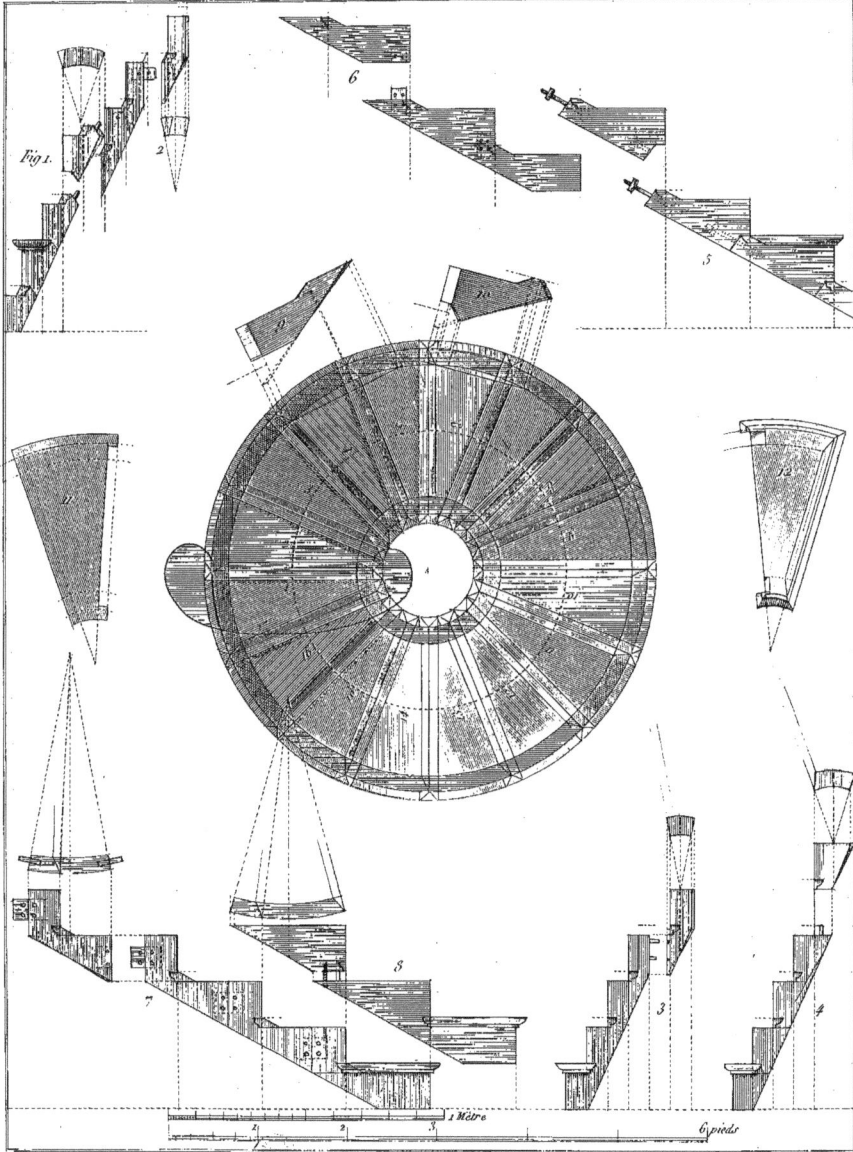

Fig 1.

1 Mètre

6 pieds

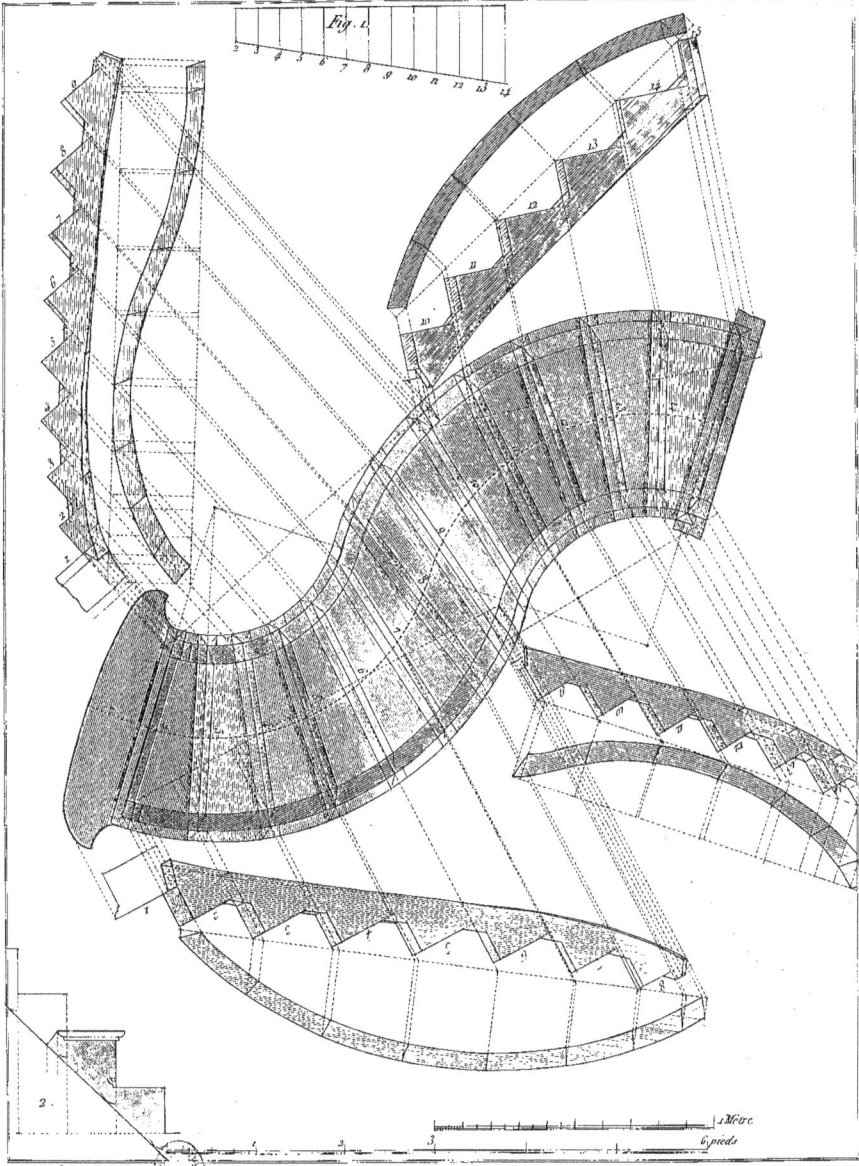

Fig. 1.

1 Mètre

6 pieds

2.

Coulon del. sculp

Pl.58.

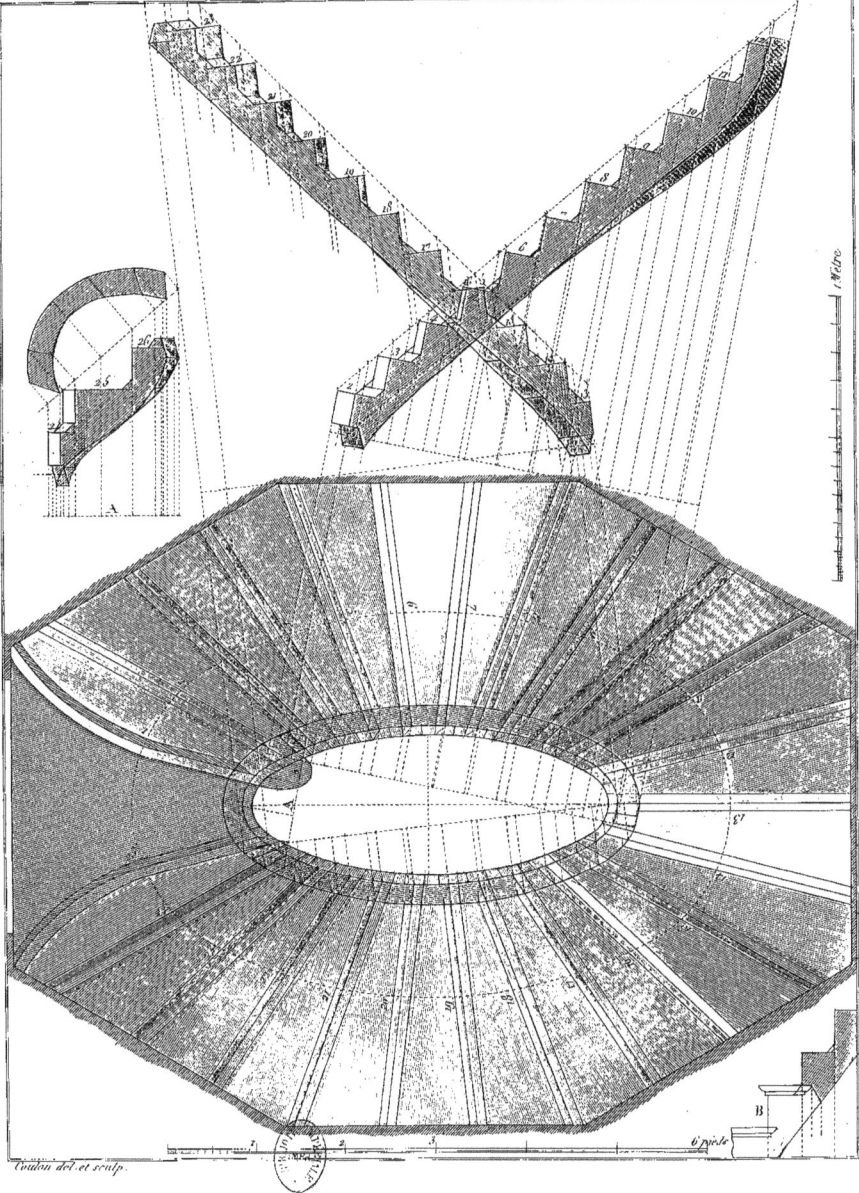

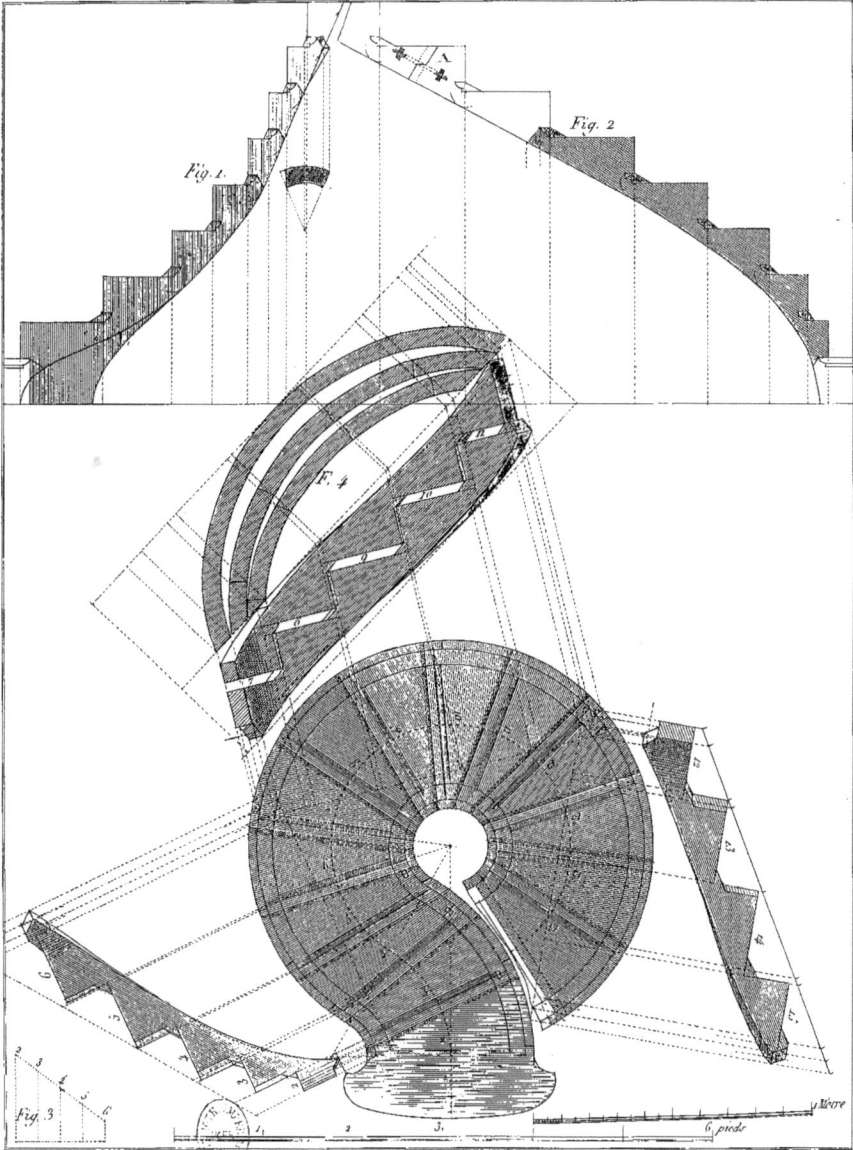

Fig.1.

Fig.2

F.4

Fig.3

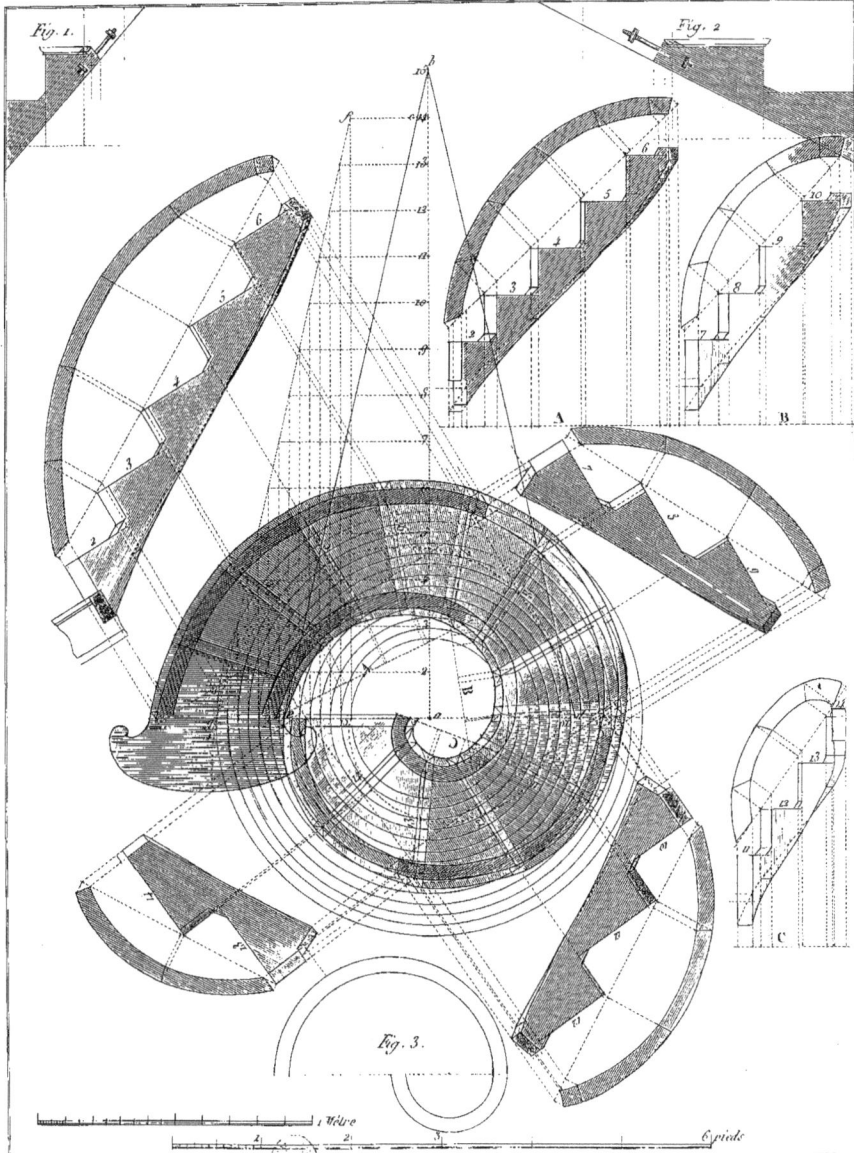

Fig. 1.

Fig. 2.

A.

B.

C.

Fig. 3.

1 Mètre

6 pieds

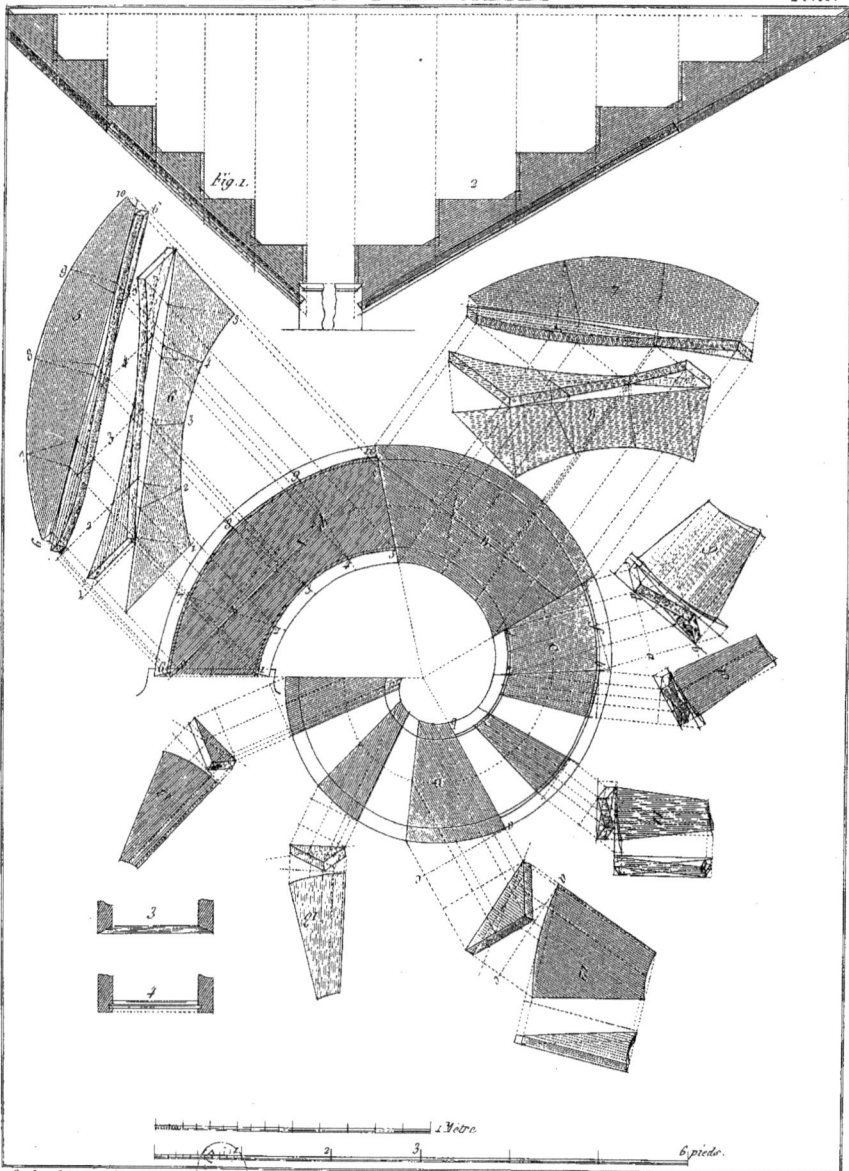

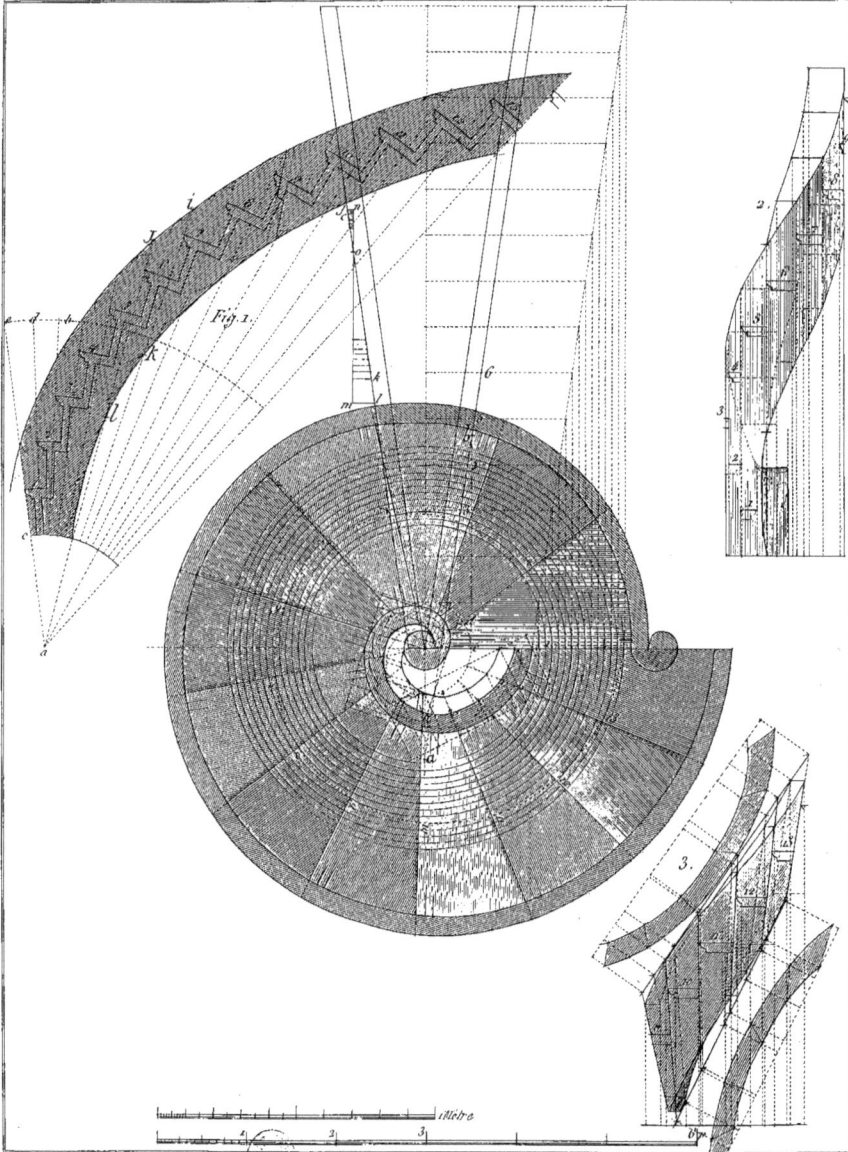

Fig. 1.

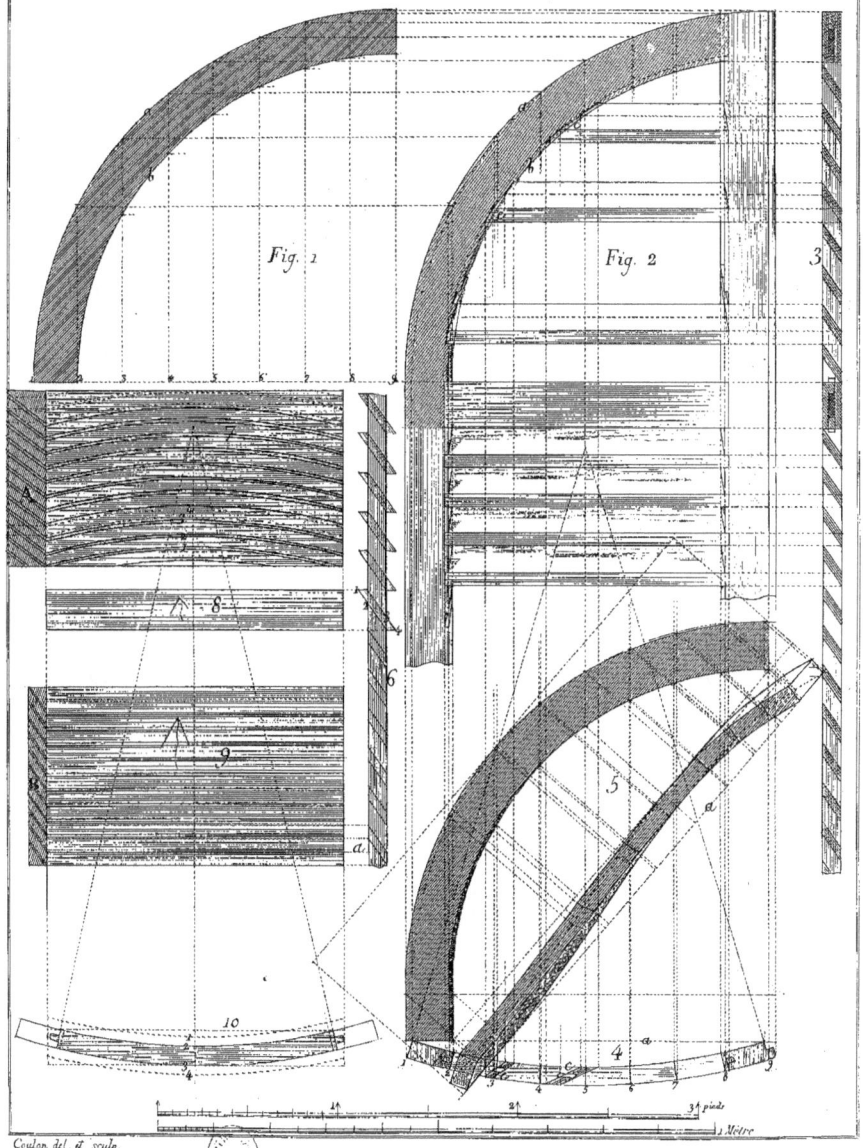

Fig. 1

Fig. 2

3

8

9

6

5

4

10

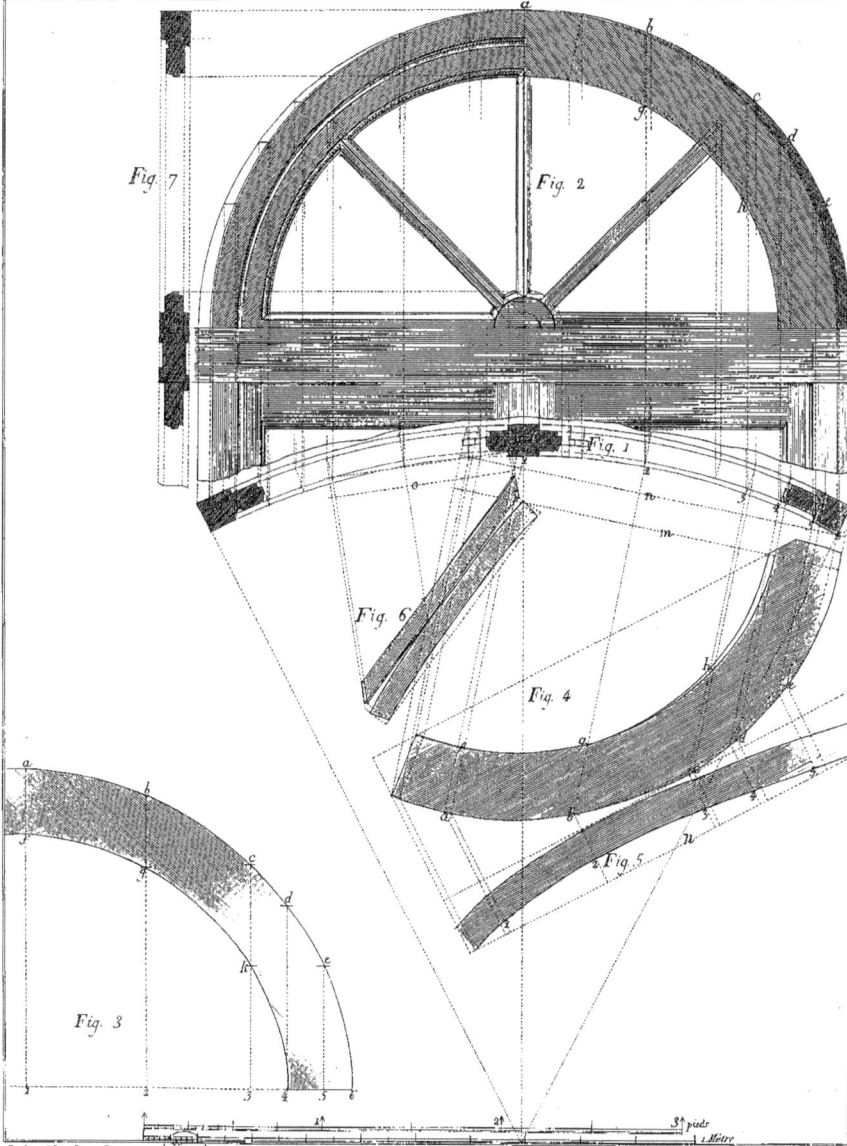

Fig. 7

Fig. 2

Fig. 1

Fig. 6

Fig. 4

Fig. 3

Fig. 5

Coulon del. et sculp.

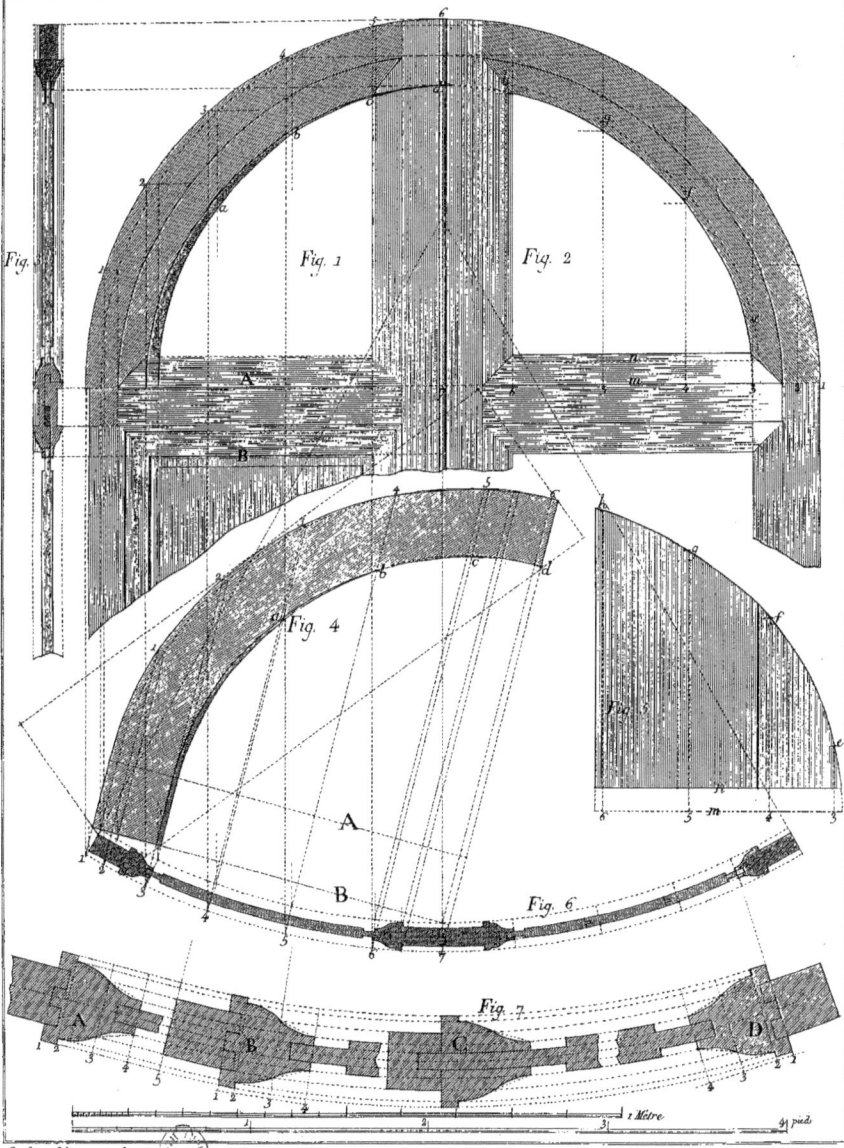

Fig. 3

Fig. 1

Fig. 2

A

B

Fig. 4

Fig. 5

A

B

Fig. 6

A

B

C

D

Fig. 7

1 Mètre

3½ pieds

Coulon del. et sculp.

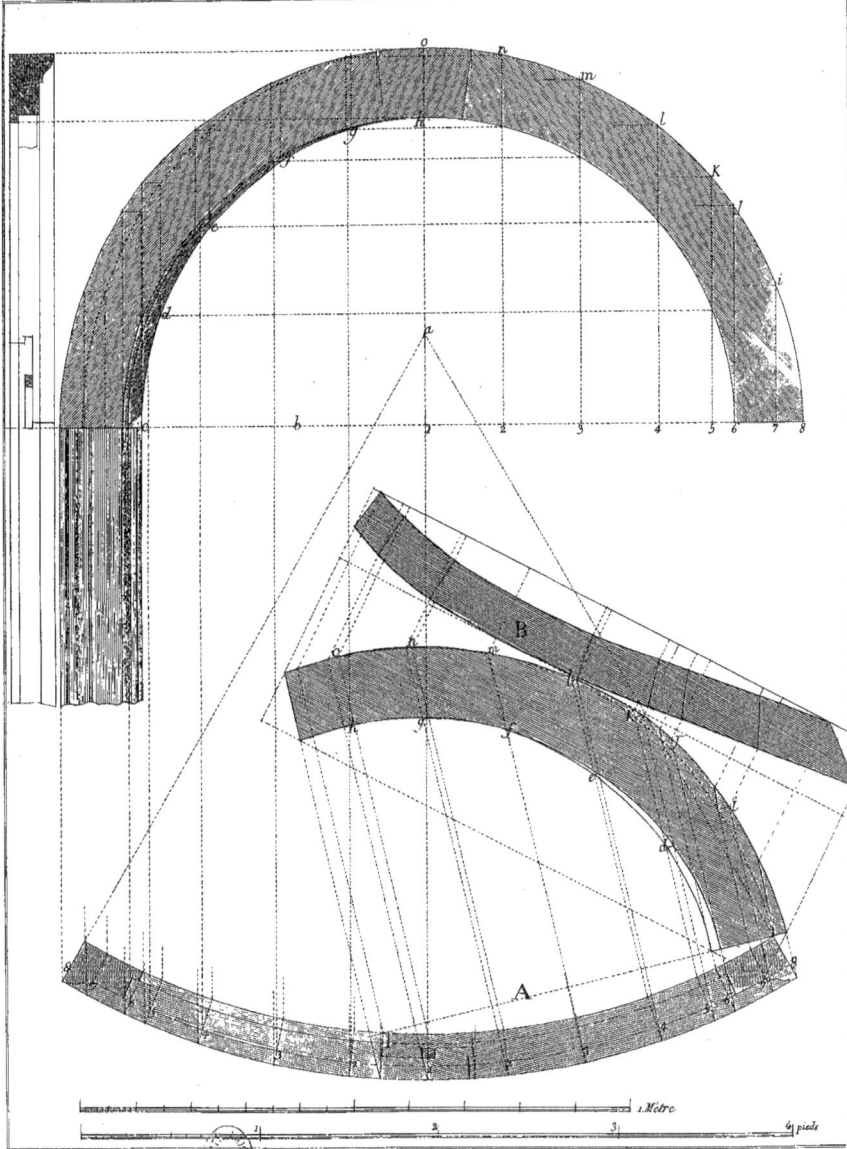

1.Mètre

4 pieds

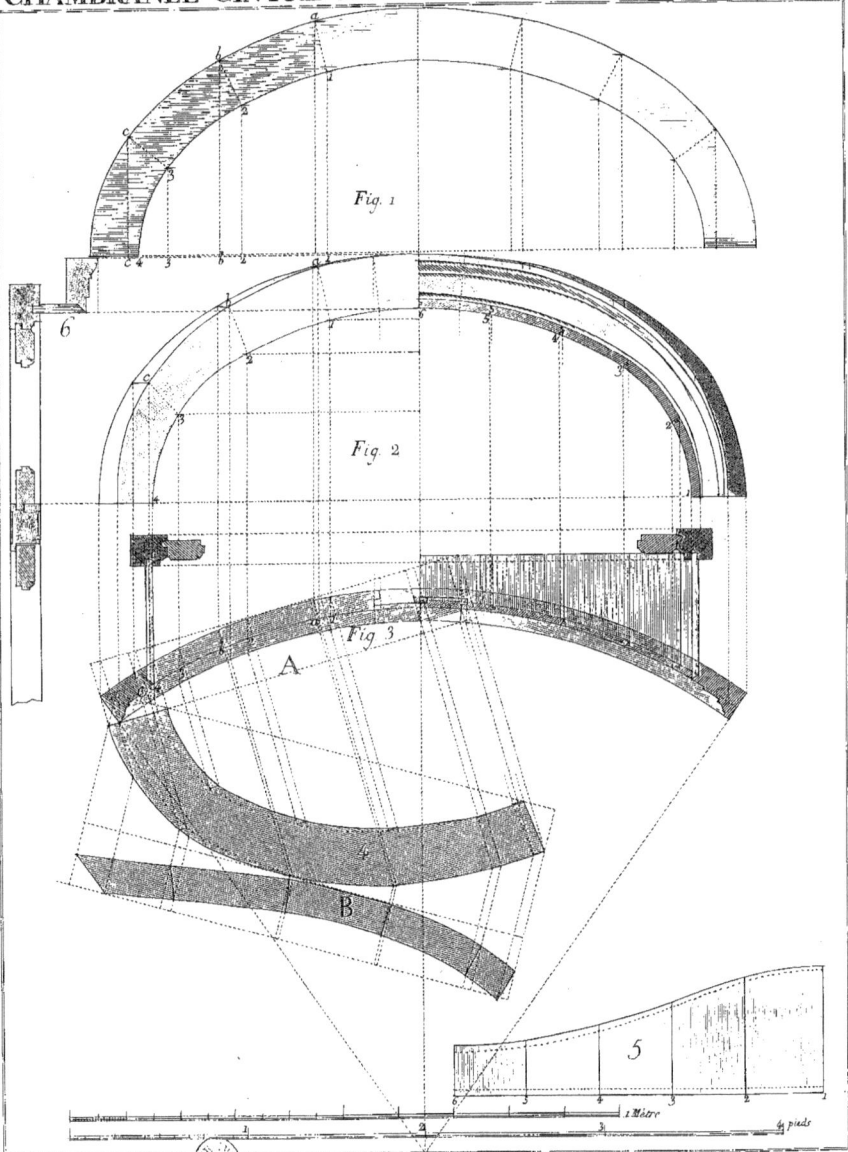

Fig. 1

Fig. 2

Fig. 3

A

B

5

1 Mètre

4 pieds

Conlon del. et sculp.

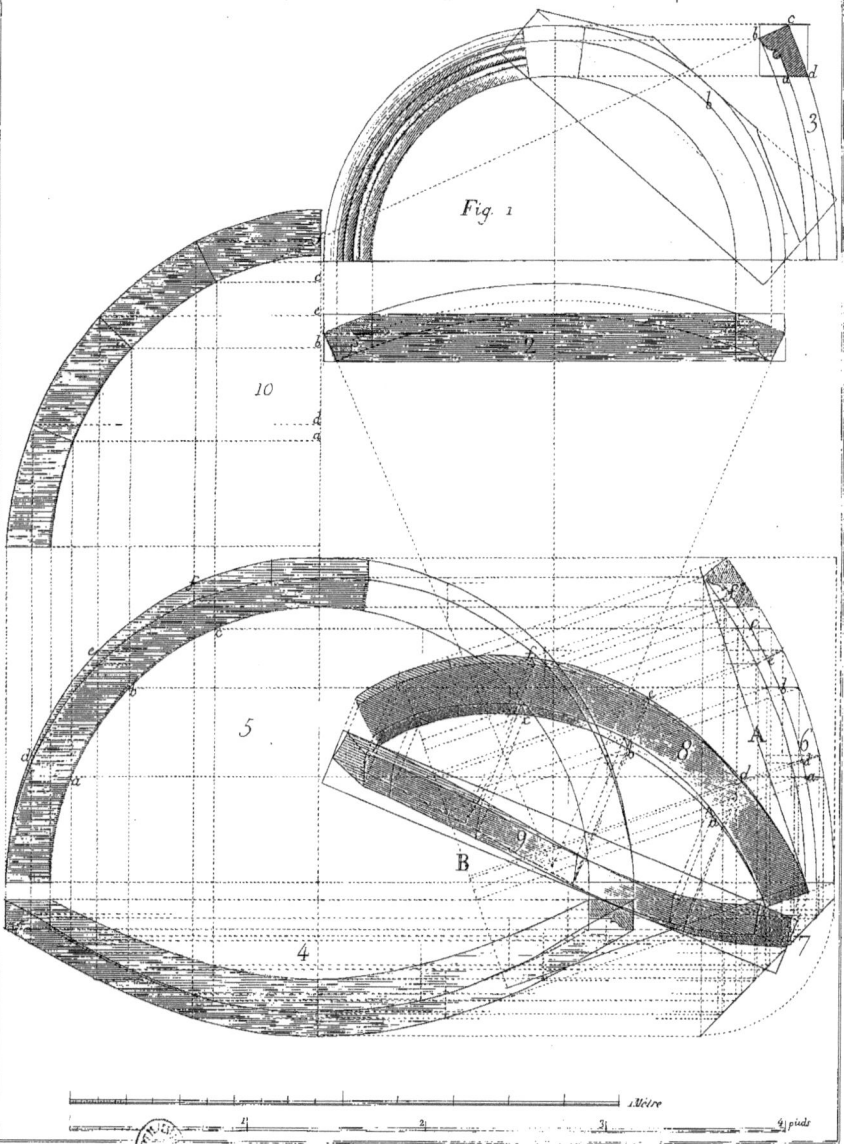

Fig. 1

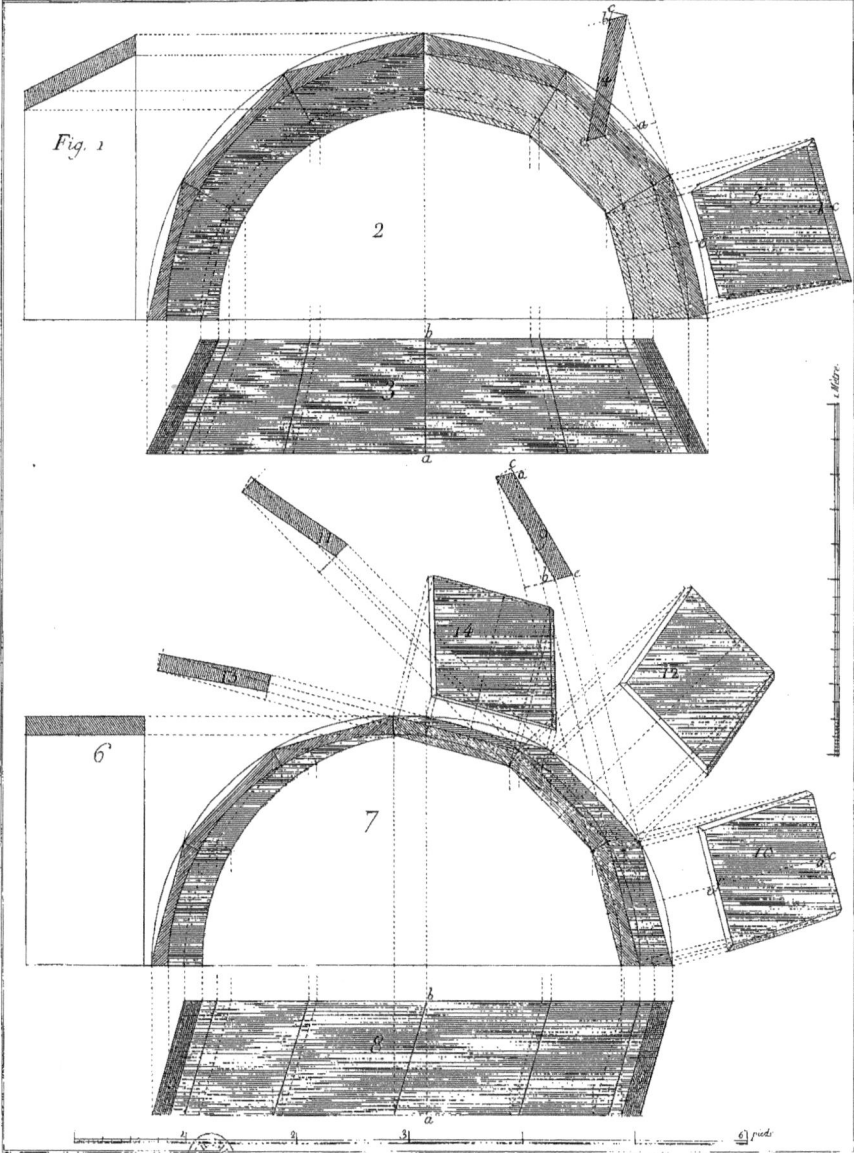

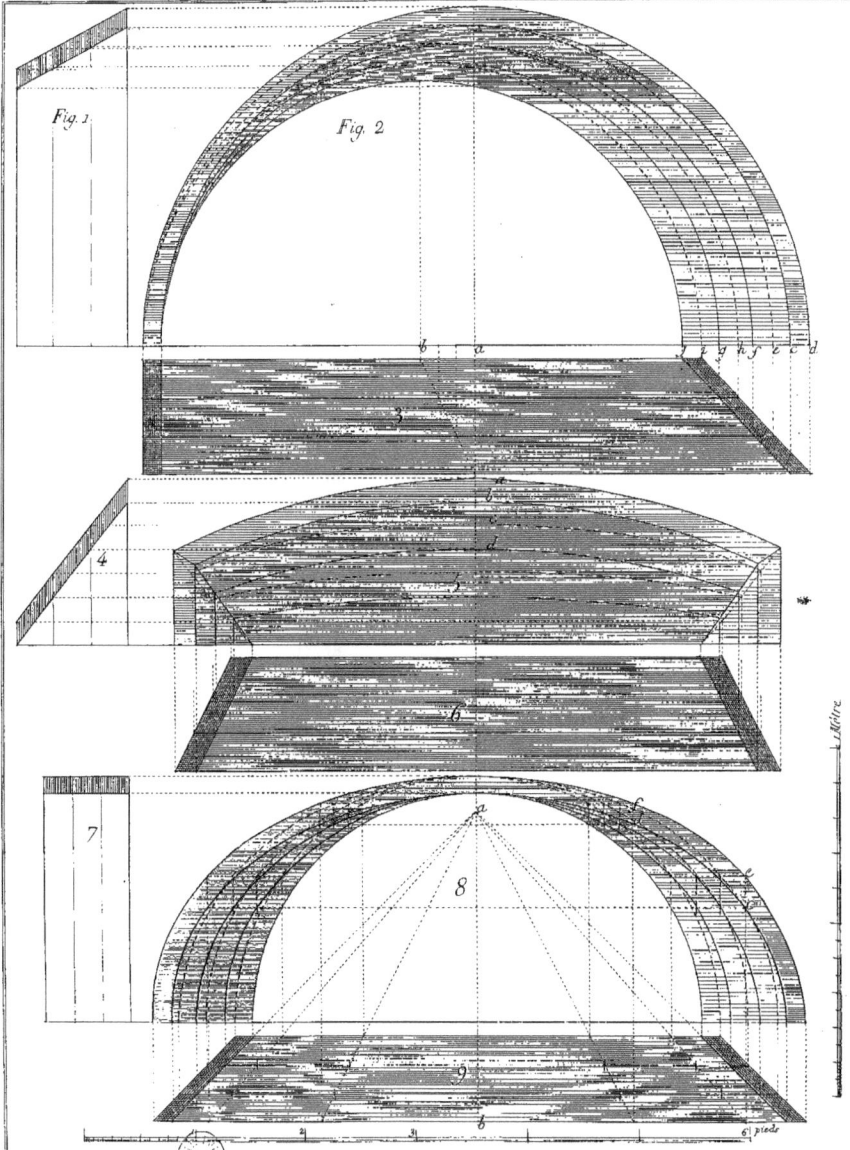

Fig. 1

Fig. 2

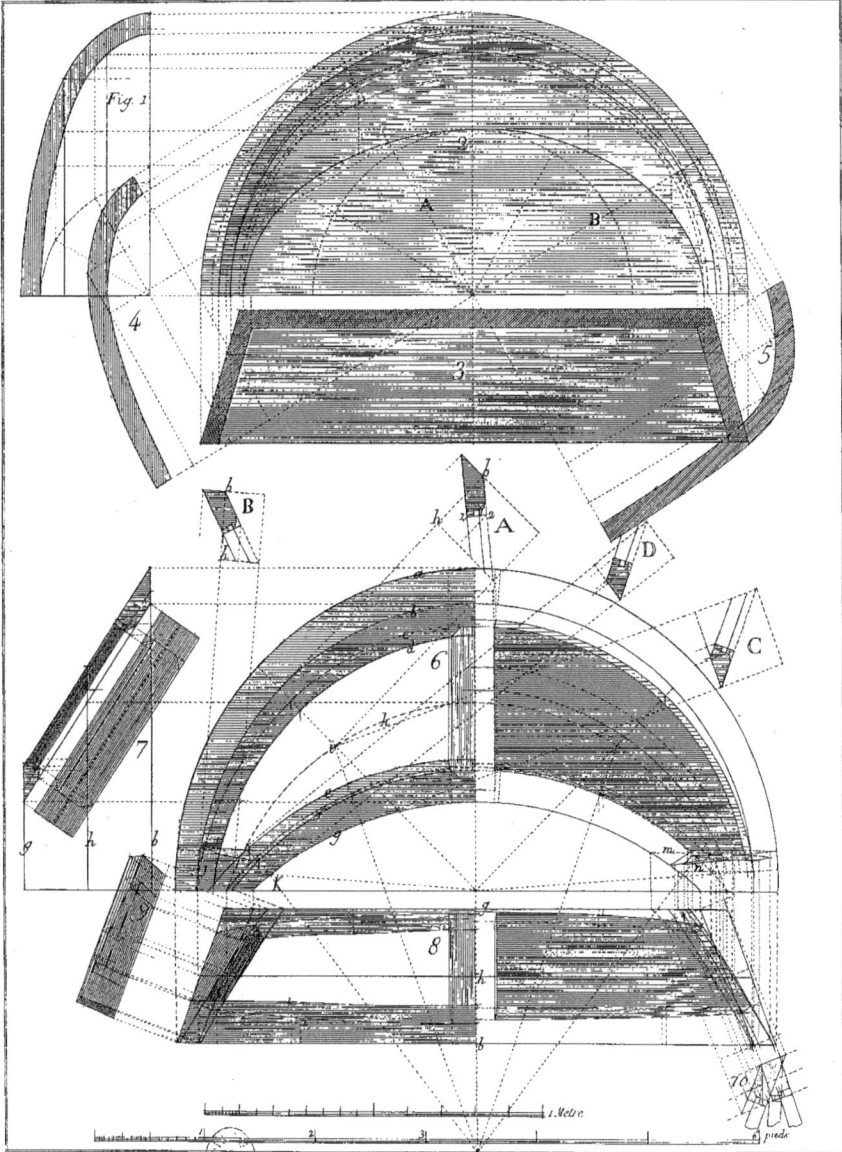

Fig 1

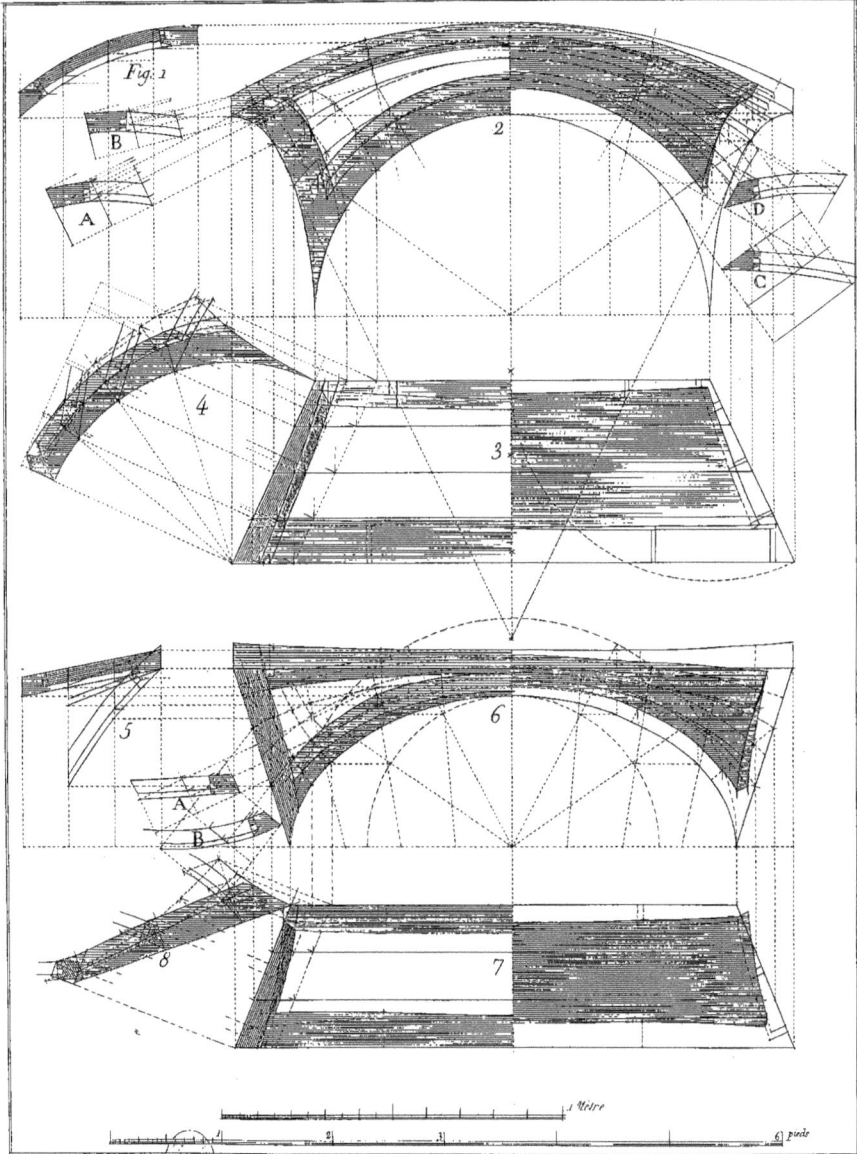

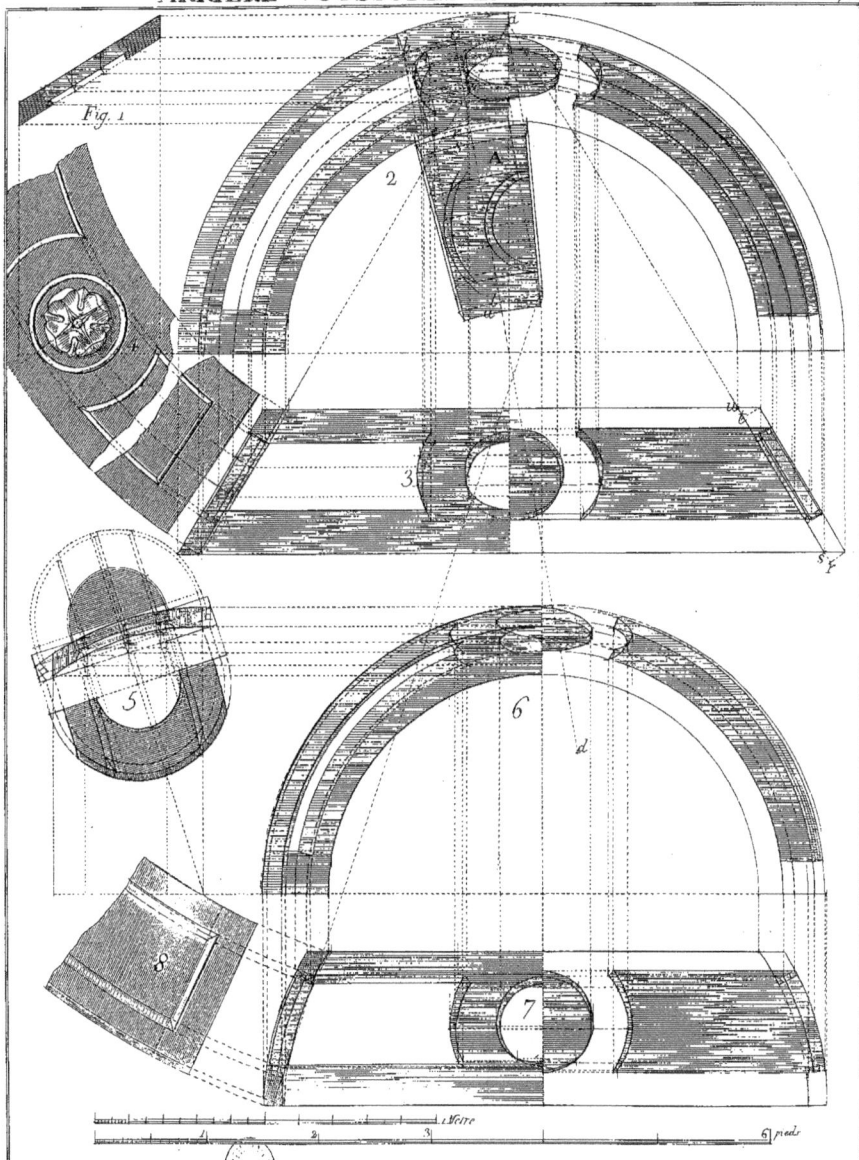

Fig. 1.

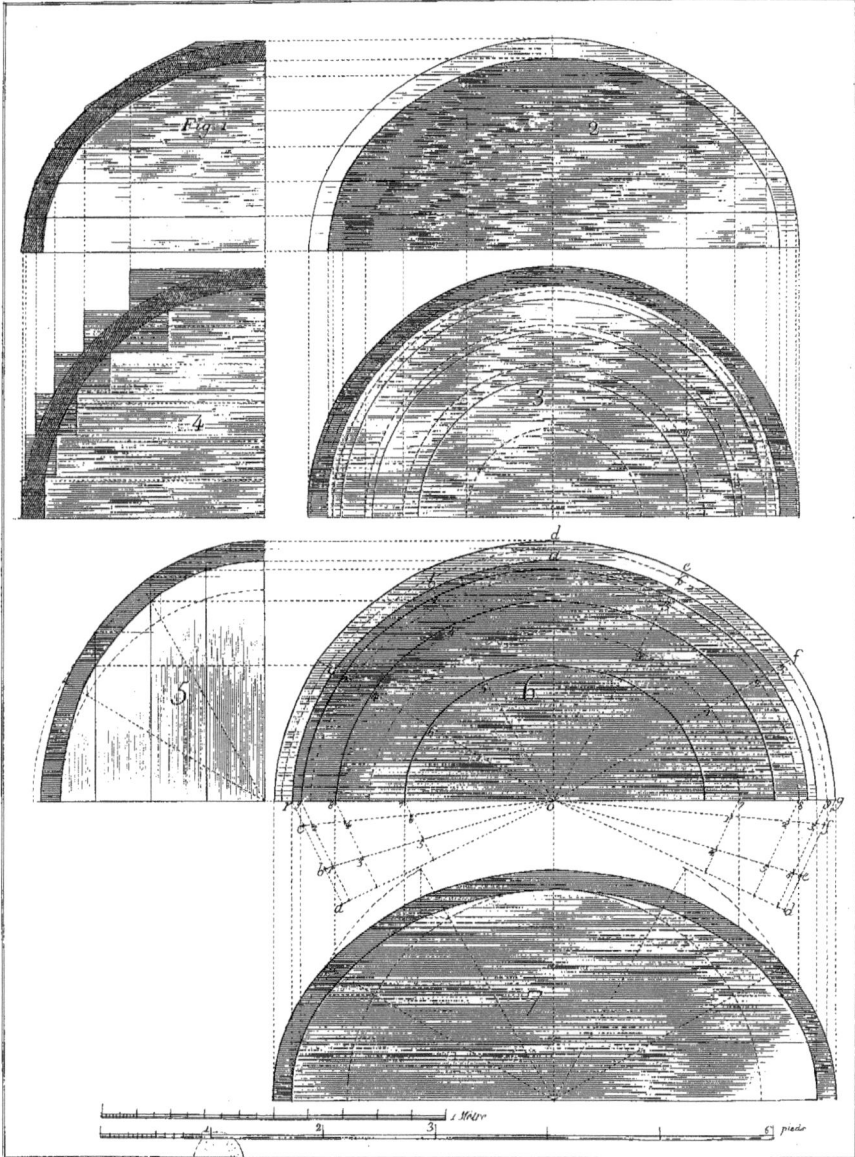

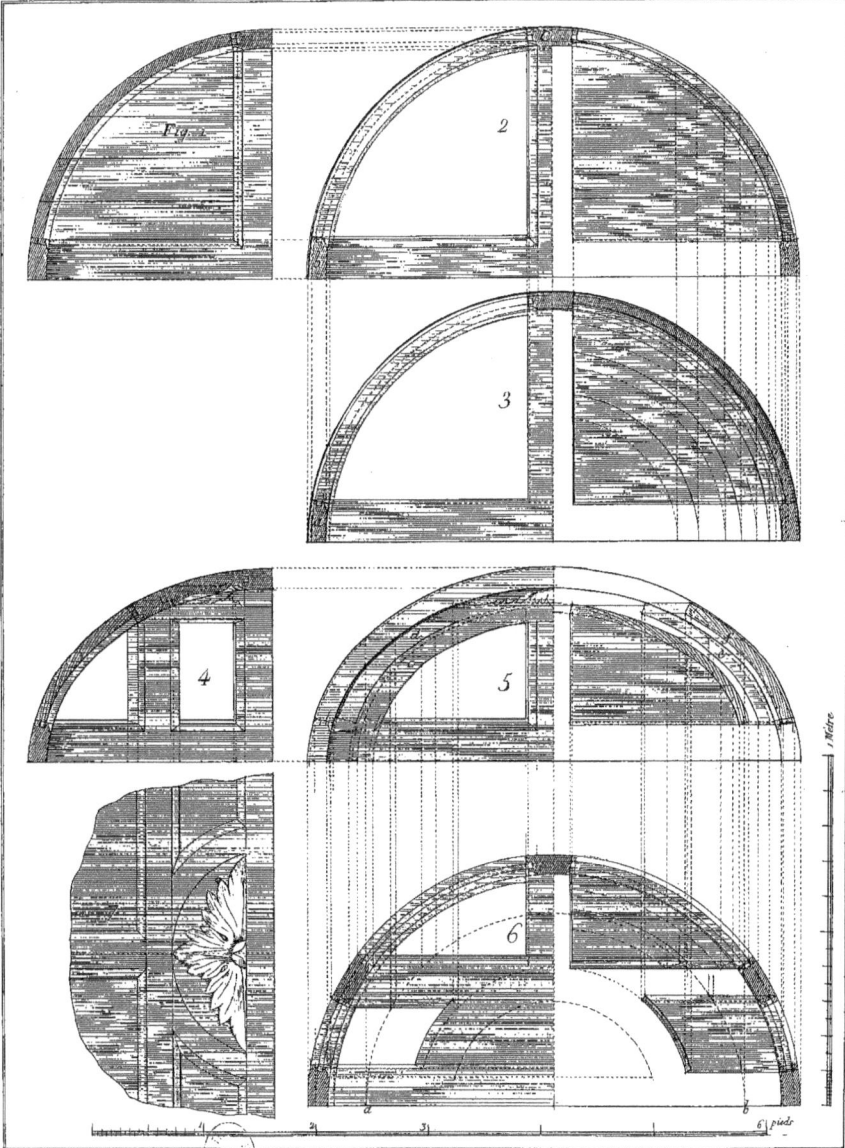

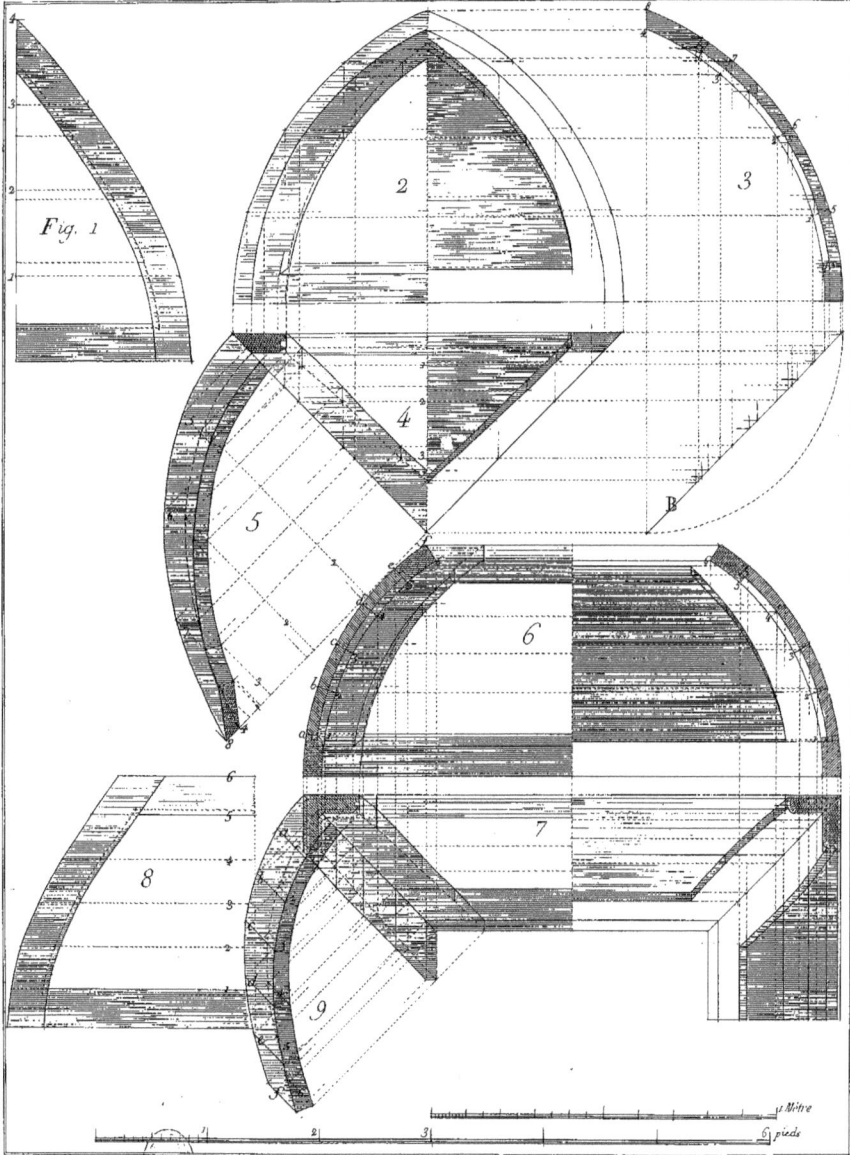

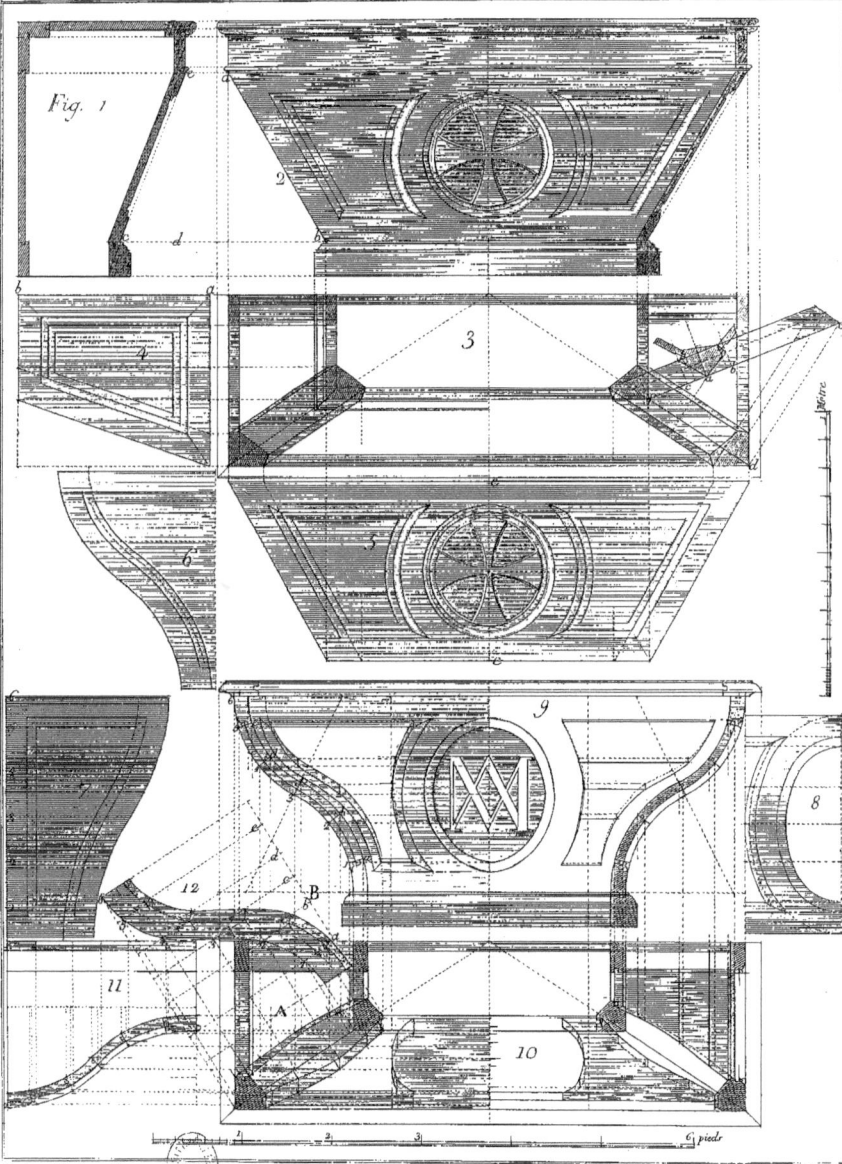

Fig. 1

Fig. 1

Fig. 2

Mètre

A C   E   D B

Fig. 3

Coulon del et sculp

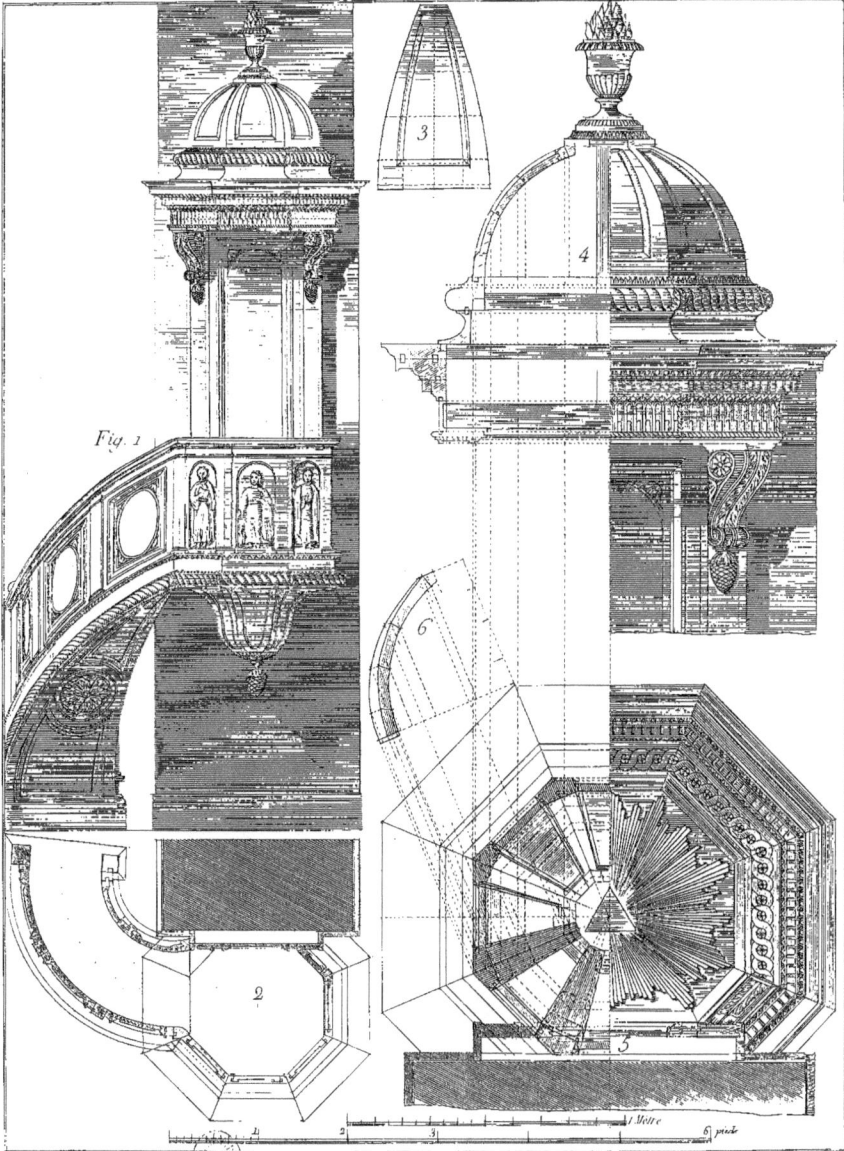

Fig. 1

2

3

4

5

6

Fig. 1

J. Reims.

Coulon del. et sculp.

Pl. 82.

Fig. 9.

Fig. 10.

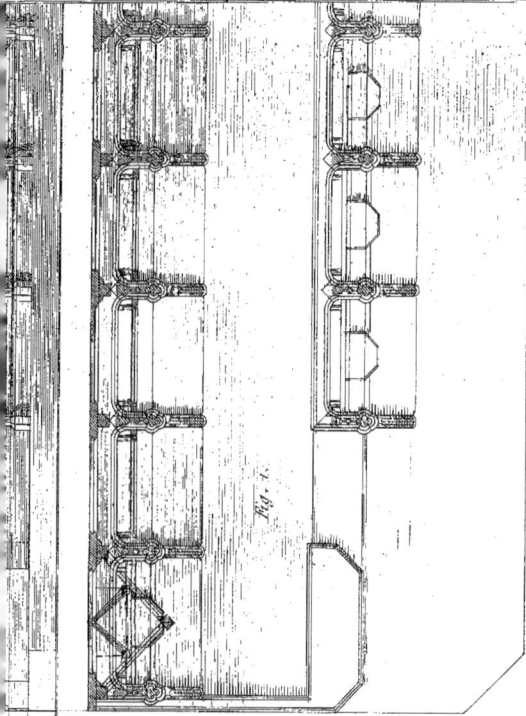

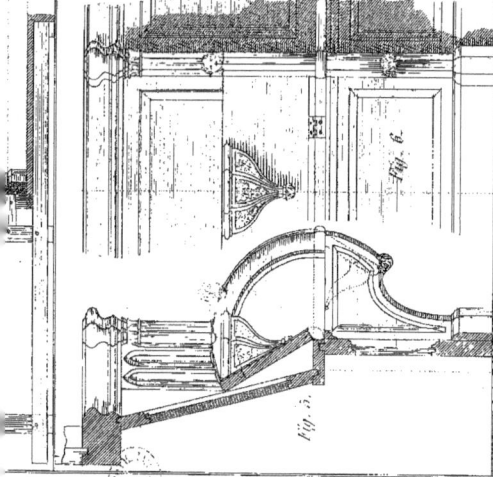

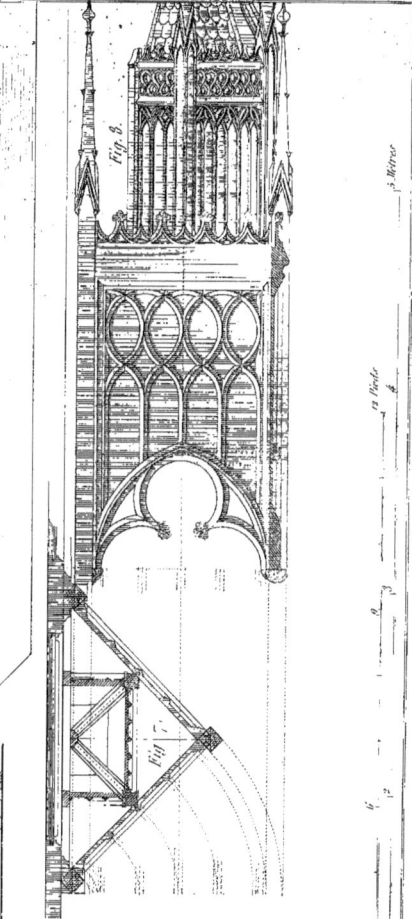

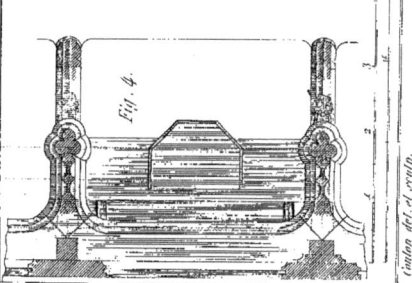

Fig. 1.

Fig. 8.

Fig. 7.

Fig. 6.

Fig. 5.

Fig. 4.

Gaulon del. et sculp.

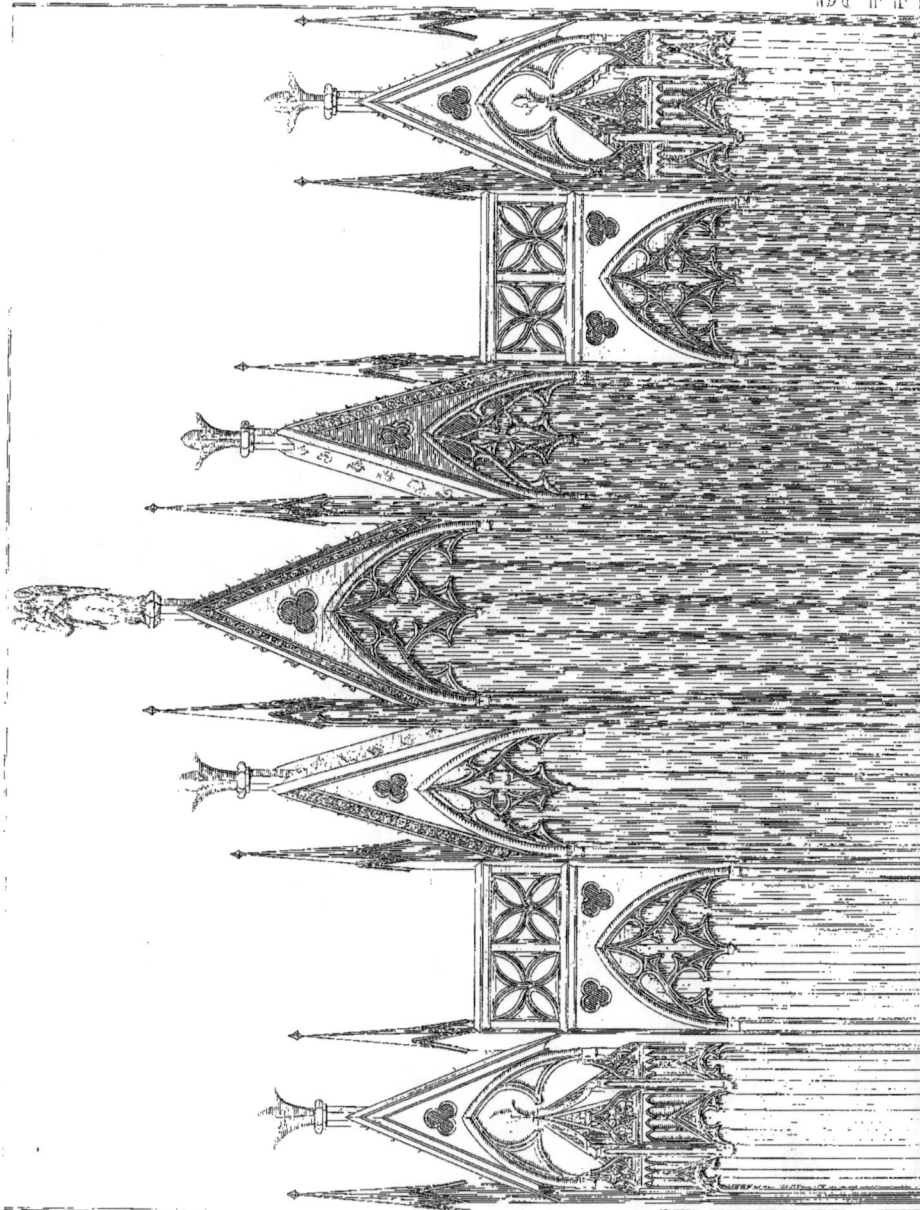

Pl. 81.

Fig. 1.

Fig. 2.

Coulon del. et sculp.